普通高等教育"十一五"国家级规划教材
面向 21 世纪课程教材
高等院校石油天然气类规划教材

石 油 工 程

(第三版·富媒体)

采油工程分册

张继红　张承丽　夏惠芬　卢祥国　主编

石油工业出版社

内 容 提 要

本书系统讲述了油井生产系统基本流动过程的动态规律，全面阐述了自喷、气举、有杆泵、潜油电泵、螺杆泵及水力射流泵等采油技术和注水、水力压裂、酸化开发措施的基本原理与设计方法，介绍了稠油、高凝油开采技术和解决常见生产问题的技术方法。本书以二维码为纽带，加入富媒体资源，立体地拓展了教材的功能和展现形式，为读者提供了更为丰富的资源和便利的学习条件。

本书可作为石油工程本科专业教材，也可作为研究生、成人教育及相近专业的参考教材，或供从事油田开发的技术人员参考。

图书在版编目（CIP）数据

石油工程：富媒体．采油工程分册/张继红等主编．—3版．
—北京：石油工业出版社，2024.8
高等院校石油天然气类规划教材
ISBN 978-7-5183-6621-7

Ⅰ.①石… Ⅱ.①张… Ⅲ.①石油工程-
高等学校-教材②石油开采-高等学校-教材　Ⅳ.①TE

中国国家版本馆 CIP 数据核字（2024）第 069461 号

出版发行：石油工业出版社
　　　　　（北京市朝阳区安华里2区1号楼　100011）
　　　　　网　　址：www.petropub.com
　　　　　编辑部：（010）64523694
　　　　　图书营销中心：（010）64523633
经　　销：全国新华书店
排　　版：三河市聚拓图文制作有限公司
印　　刷：北京中石油彩色印刷有限责任公司

2024年8月第3版　2024年8月第1次印刷
787毫米×1092毫米　开本：1/16　印张：19.75
字数：510千字

定价：60.00元
（如发现印装质量问题，我社图书营销中心负责调换）
版权所有，翻印必究

第三版前言

《石油工程》作为高等院校石油天然气类规划教材、普通高等教育"九五"国家级重点教材暨面向21世纪课程教材和普通高等教育"十一五"国家级规划教材，一直是东北石油大学石油工程本科专业的主干课教材，是油气井工程和油气田开发工程硕士研究生入学考试的指定教材，也曾是中国地质大学（武汉）石油工程专业所选用的主干课教材。

《石油工程》第一版于2000年2月由石油工业出版社出版，2000年6月获中国石油天然气集团公司优秀教学成果一等奖，2002年10月获中华人民共和国教育部颁发的全国普通高等学校优秀教材二等奖，共印刷8次，得到了全国各石油高校师生及10多个油田工程技术人员的一致认可。

《石油工程（第二版）》是为了满足石油工程专业主干课程的教学需要，在《石油工程》第一版的基础上，结合石油工程技术的飞速发展实际，针对相关内容进行了更新与补充完善，于2005年底开始准备修订，于2006年8月被正式批准为普通高等教育"十一五"国家级规划教材进行建设，于2010年12月修订完成并由石油工业出版社出版，共印刷13次，得到了全国相关石油院校师生及油田工程技术人员的一致好评。

《石油工程（第三版）》是根据当前石油工程专业应用型本科学生的培养需求，以及新业态下石油工程生产实际和未来发展需要，在第二版的基础上，按照油藏工程、采油工程、钻井工程三个方向分别进行修订，并作为《石油工程》的三个分册独立出版。

本书的修订原则是：按照"石油工程Ⅱ（采油工程）"国家级线下一流课程的建设要求，保持《石油工程（第二版）》教材中采油工程部分内容的系统性和完整性；坚持推陈出新，对第二版中的相关内容进行更新、增补及删改，显著提升教学内容的时效性和先进性；满足专业认证专业和应用型本科专业教学需要，对第二版中不够完善的部分重新编写，保证教材的适用性和完整性；严格执行标准化及理论联系实际的原则，深化对学生科学素养和分析解决实际复杂工程问题能力的培养；注重多元主体的信息参与和传播，极大丰富课程思政教学资源，有效借助智能媒体信息源，强化课程思政育人效能和本科教育数字化升级。

本书是在《石油工程（第二版）》的基础上修订的，是东北石油大学石油工程学院采油工程课程组全体教师多年来教学科研实践中集体智慧的结晶。本书共包括八章内容，第一章、第四章由张继红、王凤娇编写，第二章由夏惠芬、马文国编写，第三章由夏惠芬、周亚洲编写，第五章、第八章由卢祥国、谢坤编写，第六章由张承丽编写，第七章由李铭编写。

为了保证教材内容的系统性和完整性，本教材的总体内容可能超过了某些院校教学计划规定的学时数，对此，建议授课教师在使用本教材时可根据教学大纲进行选讲，对一些有必要了解的内容可指导学生自学。

在本教材的编写及修订过程中，得到了东北石油大学石油工程学院杨二龙、冯福平、曹广胜等教授以及课程组许多青年教师的指导与帮助，得到了大庆油田许多采油工程技术专家的帮助与支持，黑龙江省地方高校"101计划"（石油与天然气工程领域本科教育教学改革试点工作）给予了大力支持，在此一并表示感谢。

由于编者水平有限，书中错误之处在所难免，诚恳欢迎使用本教材的师生和广大读者给予批评指正。

编者
2024年1月

第二版前言

普通高等教育"九五"国家级重点教材暨面向21世纪课程教材《石油工程》，2000年2月由石油工业出版社出版，2000年6月获中国石油天然气集团公司优秀教学成果一等奖，2002年10月获中华人民共和国教育部颁发的全国普通高等学校优秀教材二等奖。

《石油工程》一直是东北石油大学石油工程本科专业的主干课教材、油气井工程和油气田开发工程硕士研究生入学考试的指定教材，也曾被中国地质大学（武汉）作为石油工程专业的主干课教材，它为东北石油大学《石油工程》校级优质课、省级精品课、国家级精品课的建设以及石油与天然气工程国家一级重点学科的建设奠定了坚实的基础。《石油工程》作为高等院校石油天然气类规划教材，自2000年2月出版以来共印刷8次，已销向全国10多个油田的工程技术人员，收到了良好的效果。

为了适应近年来石油工程技术的飞速发展，根据《石油工程》教材使用过程中的情况，听取任课教师和学生的意见及建议，2005年底开始组织有关人员对《石油工程》的有关内容进行更新及补充完善，以满足石油工程专业主干课程的教学需要。2006年8月《石油工程（第二版）》被正式批准为普通高等教育"十一五"国家级规划教材进行建设。

《石油工程（第二版）》的修订原则是：保持《石油工程》第一版的体系，保证教材内容的系统性、完整性；坚持推陈出新，对第一版中的相关内容进行更新、增补及删改，保持教材内容的先进性；满足教学需要，对第一版中不够完善的部分，重新编写，保证教材的适用性；严格执行标准化及理论联系实际的原则，以培养学生的科学素养和分析解决实际问题的能力。

本书是在《石油工程》第一版的基础上修订的，是东北石油大学石油工程学院全体教师多年来教学科研实践中集体智慧的结晶。本书第一、二、十八至二十章由殷代印负责制定修订大纲，第三至第九章由李士斌负责制定修订大纲，第十至第十七章由陈涛平负责制定修订大纲。具体参加本书修订工作的有陈涛平（第一章一、二、五、七节、第九章四至六节、第十、十一章、第十三章五至七节、第十四章四节、第十五章三、四节、新编写绪论及第十七章）、殷代印（第一章一、三、六节及第二十章、新编写第十九章）、王立军（第一章二、四、五节）、张继成（新编写第二章）、张景富（第三、四、六章）、孙玉学（第五章）、李士斌（第七章四节、第九章二、三节）、毕雪亮（第七章）、范振中（第八章、第九章一节）、王常斌（第十二章第十三章一至四节）、曹广胜（第十四章、第十六章）、夏惠芬（第十五章一、二节）、吴景春（第十八章）。全书由陈涛平任主编并统稿，殷代印、李士斌任副主编。为了保证教材内容的系统性和完整性，本教材的总体内容可能超过了某些院校教学计划规定的学时数，对此，建议授课教师在使用本教材时可根据教学大纲进行选讲，必要时对部分内容可指导学生自学。

在本教材的编写及修订过程中，得到了东北石油大学石油工程学院许多师生的帮助与支持，在此表示衷心的感谢。

由于编者水平有限，书中错误之处在所难免，诚恳欢迎使用本教材的师生和广大读者给予批评指正。

编者
2010年12月

第一版前言

石油工程专业是在原钻井工程、采油工程和油藏工程三个专业的基础上重新构建的，为了满足石油工程专业主干课——石油工程的教学需要，在"石油行业类主干专业人才培养方案及教学内容体系改革的研究与实践"项目中"石油工程专业人才培养方案及教学内容体系改革的研究与实践"专题组的支持下，根据石油工程专业人才的培养目标，经过充分调研及专家论证，于1996年6月拟定了"石油工程"教材编写大纲初稿，后经修改、完善，"石油工程"教材被正式批准作为普通高等教育"九五"国家级重点教材进行建设。经过全体编写人员的不懈努力，于1997年编写出《石油工程》初稿，并作为讲义在大庆石油学院石油工程专业九五级试用；在试用的基础上进行了认真修改，修改后的第二稿又在石油工程专业九六级试用；后经再次修改和审定，被定为面向21世纪课程教材。

在《石油工程》的编写过程中，努力贯彻"少而精、广而新"的原则，将石油工程领域中原钻井工程、采油工程和油藏工程三个专业的知识有机地结合起来，构建了新的教材体系，使其既避免了原三个专业教材之间的重复，又填补了它们之间的空白，同时注重了有关内容的相互渗透和融合，提高了其综合化程度，从而使本教材具有较强的系统性、完整性。考虑到石油工程专业人才培养方案中，将工艺流程及常规工程设计分别设置在生产实习及"石油工程"课程设计两个实践教学环节中学习，因此，本教材重点介绍石油工程的基本内容、基本概念和基本原理，使学生通过本课程的学习，掌握石油工程领域中广泛应用的工艺技术及其基本原理，从而为后继专业选修课的学习以及未来从事石油工程技术与工程管理工作奠定坚实的专业基础。

本教材是在大庆石油学院胡靖邦和陈涛平的主持下开始进行编写的，其中第一章由宋洪才编写、第二章由张景富编写、第三章由李子丰编写、第四章由孙玉学编写、第五章由张景富编写、第六章和第七章由刘永建编写、第八章和第九章由陈涛平编写、第十章由王常斌编写、第十一章一至四节由王常斌编写、第十一章五至七节由陈涛平编写、第十二章由赵子刚编写、第十三章一至二节由夏惠芬编写、第十三章三至四节由陈涛平编写、第十四章由赵子刚编写、第十五章由王立军编写、第十六章和第十七章由张丽囡编写。全书由陈涛平统稿。

在编写、试用及修改过程中，一直得到大庆石油学院翟云芳教授、张建群教授、李邦达教授及石油工程系许多教师的指导与帮助，同时还得到大庆油田许多工程技术人员的帮助与支持，在此一并表示感谢。

西安石油学院李璗教授和周春虎教授分别审阅了全书，并提出了许多宝贵的修改意见，给了编者极大的帮助，在此表示衷心的感谢。

由于编写人员水平有限，书中错误之处在所难免，诚恳欢迎使用本教材的师生和广大读者批评指正。

编者
1999年10月

目录

第一章 油气井的基本流动规律 ... 1
- 第一节 油气井流入动态 ... 1
- 第二节 油气井生产系统的气液两相管流 ... 23
- 第三节 嘴流动态 ... 35
- 习题 ... 38
- 参考文献 ... 39

第二章 自喷采油及节点系统分析 ... 41
- 第一节 自喷采油 ... 42
- 第二节 节点系统分析 ... 55
- 习题 ... 62
- 参考文献 ... 62

第三章 有杆泵采油 ... 63
- 第一节 系统组成及泵的工作原理 ... 63
- 第二节 悬点运动规律 ... 67
- 第三节 悬点载荷计算 ... 71
- 第四节 平衡计算 ... 76
- 第五节 曲柄轴扭矩及电动机功率计算 ... 79
- 第六节 泵效影响因素及提高措施 ... 85
- 第七节 有杆泵采油系统选择设计 ... 89
- 第八节 有杆泵采油系统工况分析 ... 93
- 第九节 有杆泵采油系统效率及提高措施 ... 101
- 习题 ... 106
- 参考文献 ... 107

第四章 其他人工举升方法 ... 108
- 第一节 潜油电泵采油 ... 108
- 第二节 螺杆泵采油 ... 117
- 第三节 水力活塞泵采油 ... 124
- 第四节 射流泵采油 ... 129
- 第五节 气举采油 ... 133
- 第六节 排水采气 ... 140
- 第七节 人工举升方法的优选及组合应用 ... 165
- 习题 ... 172
- 参考文献 ... 173

第五章　注水 ... 175
第一节　水源、水处理和注水 ... 175
第二节　小层吸水能力及测试方法 ... 186
第三节　分层注水技术 ... 195
第四节　水井调剖调驱技术 ... 201
习题 ... 214
参考文献 ... 214

第六章　水力压裂 ... 215
第一节　造缝机理 ... 216
第二节　压裂液 ... 220
第三节　支撑剂 ... 225
第四节　裂缝扩展模型 ... 231
第五节　水力压裂优化设计 ... 234
第六节　压裂工艺 ... 239
第七节　水平井压裂 ... 243
第八节　体积压裂 ... 246
习题 ... 249
参考文献 ... 249

第七章　酸化 ... 251
第一节　酸化增产原理 ... 252
第二节　酸液及添加剂 ... 260
第三节　酸化设计及酸处理工艺 ... 269
习题 ... 272
参考文献 ... 273

第八章　油井生产维护 ... 274
第一节　防砂和清砂 ... 274
第二节　油井防蜡和清蜡 ... 285
第三节　油井找水和堵水 ... 288
第四节　稠油开采技术 ... 292
习题 ... 306
参考文献 ... 307

富媒体资源目录

序号	名称	页码
1	视频1-1 自喷井生产系统	1
2	视频1-2 油气混合物在油管中的流动特征	24
3	视频1-3 大庆精神：三老四严	34
4	视频1-4 嘴流特性	36
5	视频2-1 自喷采油	42
6	视频3-1 有杆泵采油井的系统组成	64
7	视频3-2 泵的工作原理	66
8	视频3-3 简谐运动模型	67
9	视频3-4 曲柄滑块机构模型	68
10	视频3-5 气动平衡	77
11	视频3-6 机械平衡	77
12	视频4-1 国产738系列潜油电泵是名副其实的"中国芯"	108
13	视频4-2 机动螺杆泵井的系统组成	117
14	视频4-3 螺杆泵的结构	117
15	视频4-4 水力活塞泵采油	124
16	视频4-5 射流泵结构组成	129
17	视频4-6 我国首个自营深水气田：陵水17—2气田水下采气树	133
18	视频5-1 反应沉淀池沉淀	177
19	视频5-2 真空脱氧	180
20	视频5-3 注水井分层测试	192
21	视频5-4 分层注水	195
22	视频6-1 水力压裂原理	215
23	视频6-2 支撑剂悬浮实验	220
24	视频6-3 水力压裂处理不当可能对环境造成的危害	225
25	视频6-4 支撑剂	225
26	视频6-5 支撑剂沉降	229
27	视频6-6 分段压裂	239
28	视频6-7 投球滑套分段压裂工艺流程	240
29	视频6-8 水平井压裂工艺	243
30	视频7-1 酸处理概述	251
31	视频7-2 碳酸盐岩储层酸化原理	252
32	视频7-3 砂岩储层酸化原理	259
33	视频7-4 酸液及添加剂	260
34	视频7-5 酸处理工艺	270
35	视频8-1 筛管防砂	276

本教材富媒体资源由作者提供，有需要可联系290711073@qq.com。

第一章

油气井的基本流动规律

本章要点

本章以油气井流入动态为基础,分别介绍了单相流体渗流时的流入动态、油气两相渗流时的流入动态及组合型流入动态的基本理论和描述方法,并通过多油层油藏的油井流入动态讲解,实现理论问题与工程实际应用有机结合;介绍了气液两相管流的五种流动型态及气液两相管流压力分布计算步骤;讲解了嘴流特性及气液临界流动。

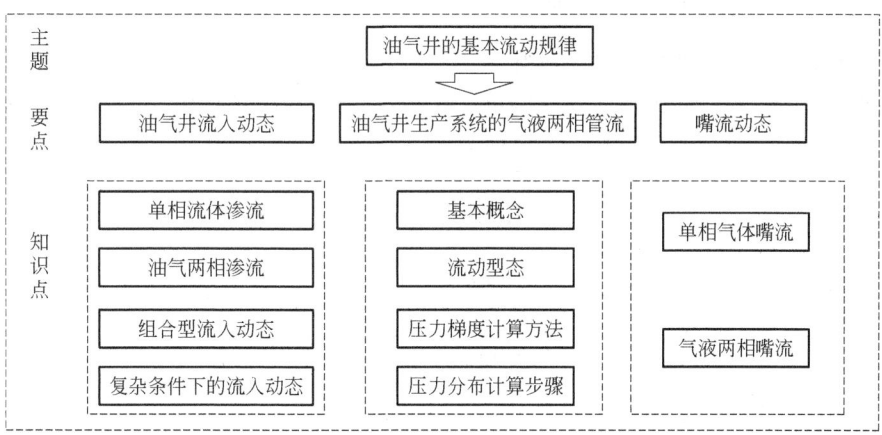

油气井生产系统中有以下几个流动过程:从油藏到井底的流动——油层中的渗流;从井底到井口的流动——井筒中的管流;从井口到地面计量站分离器的流动——集输管线中的管流;为了稳定、安全生产,有些井还有通过油嘴及井下安全阀的流动——嘴流。为此,本章将分别介绍油气井生产系统的基本流动规律及计算方法(视频1-1)。

视频1-1 自喷井生产系统

第一节 油气井流入动态

油气井流入动态是指在一定的油气层压力下,流体(油、气、水)产量与相应井底流动压力的关系,它反映了油藏向该井供油、气的能力。表示产量与流压关系的曲线称为流入动态曲线(Inflow Performance Relationship Curve),简称IPR曲线,又称指示曲线(Index Curve)。就单井而言,IPR曲线是油气层工作特性的综合反映,因此,它既是确定油气井合

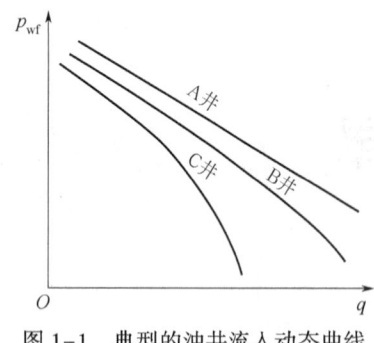

图 1-1 典型的油井流入动态曲线

理工作方式的主要依据,又是分析油气井动态的基础。典型的流入动态曲线如图 1-1 所示。根据油气层渗流力学的基本理论可知,IPR 曲线的基本形状与油藏驱动类型、完井状况、油藏及流体物性有关,大体可分为直线型（A井）、复合型（B井）及曲线型（C井）。即使在同一驱动方式下,p_{wf}—q 关系的具体数值,还将取决于油藏压力、渗透率及流体物理性质等。不同驱动方式下产量、井底流压与油藏物性、流体物性、完井状况之间的定量关系已在渗流力学中做了详细讨论,不再赘述。本章仅从研究油气井生产动态的角度来讨论不同条件下的流入动态曲线及其绘制方法。

一、单相流体渗流时的流入动态

由于气体与液体的性质差异,使得它们向井流入的动态各异,下面分别进行讨论。

1. 单相液体渗流时的流入动态

1) 符合线性渗流规律时的流入动态

根据达西定律,定压边界圆形油层中心一口井及圆形封闭地层中心一口井的产量分别为

$$q_o = \frac{2\pi K_o h(p_e - p_{wf})}{\mu_o B_o (\ln \frac{r_e}{r_w} + S)} \tag{1-1}$$

$$q_o = \frac{2\pi K_o h(p_e - p_{wf})}{\mu_o B_o \left(\ln \frac{r_e}{r_w} - \frac{1}{2} + S\right)} \tag{1-2}$$

式中　q_o——油井产量（地面）,m^3/s;

K_o——油层的有效渗透率,m^2;

h——油层有效厚度,m;

μ_o——地层油的黏度,$Pa \cdot s$;

B_o——原油体积系数;

p_e——供给边缘压力,Pa;

p_{wf}——井底流动压力,Pa;

r_e——油井供油（泄油）半径,m;

r_w——井底半径,m;

S——表皮因子,与油井完善程度有关。

在非圆形封闭泄油面积的情况下,其产量公式可根据泄油面积形状和油井位置进行校正,即令式(1-2)中的 $r_e/r_w = C_x \sqrt{A}/r_w$,其中 C_x 值按泄油面积形状和井的位置查表 1-1 求得。此外,对于圆形油藏:

$$r_e = C_x \sqrt{A} \Rightarrow C_x = \sqrt{1/3.14} = 0.5643$$

表 1-1　不同泄油面积形状和油井位置下的 C_x 值

形状与位置	□	⬡	△	▱60°	⅓	2:1	4:1
C_x	0.571	0.565	0.604	0.610	0.678	0.668	1.368

形状与位置	5:1	1:1	2:1	2:1	2:1	4:1	
C_x	2.066	0.884	1.485	0.966	1.440	2.206	1.925

形状与位置	4:1	4:1	1:1	2:1	2:1	2:1	△
C_x	6.590	9.36	1.724	1.794	4.072	9.523	10.135

实际生产中，油井的平均地层压力 $\bar{p}_R$ 有时比供给边缘压力 p_e 易求得，因此式(1-1) 和式(1-2) 也可以写成：

定压边界条件下：

$$q_o = \frac{2\pi K_o h(\bar{p}_R - p_{wf})}{\mu_o B_o \left(\ln \dfrac{r_e}{r_w} - \dfrac{1}{2} + S \right)}$$

封闭边界条件下：

$$q_o = \frac{2\pi K_o h(\bar{p}_R - p_{wf})}{\mu_o B_o \left(\ln \dfrac{r_e}{r_w} - \dfrac{3}{4} + S \right)}$$

单相液体渗流条件下，油层及流体物性基本不随压力变化，于是，上述产量公式又可写成：

$$q_o = J_o(\bar{p}_R - p_{wf}) \tag{1-3}$$

式(1-3) 也称为油井的流动方程，其中：

定压边界条件下：

$$J_o = \frac{2\pi K_o h}{\mu_o B_o \left(\ln \dfrac{r_e}{r_w} - \dfrac{1}{2} + S \right)} \tag{1-4a}$$

封闭边界条件下：

$$J_o = \frac{2\pi K_o h}{\mu_o B_o \left(\ln \dfrac{r_e}{r_w} - \dfrac{3}{4} + S \right)} \tag{1-4b}$$

由式(1-3) 可得

$$J_o = \frac{q_o}{\bar{p}_R - p_{wf}} \tag{1-5}$$

J_o 称为采油指数，它是一个表示油井产能大小的指标，这一指标综合反映了油层性质、流体性质、完井条件及泄油面积等与油井产量之间的关系。根据式(1-5)，在单相液体渗流条件下，狭义上的采油指数可以定义为油井产量与生产压差之比，即数值上等于单位生产压差下的油井产量。J_o 的数值可以用来评价和分析油井的生产能力，J_o 值大说明油井生产能力强，反之则说明生产能力弱。在对比不同油层的生产能力时，为了消除油层厚度因素，常用单位油层厚度的采油指数，即比采油指数。比采油指数的数值等于采油指数除以油层有效厚度，因此也称为每米采油指数。

常用系统试井资料来求得采油指数，只需测得 3~5 个稳定工作制度下的产量及其相应的井底流压，便可绘制出该井的 IPR 曲线。由于单相液体渗流时的 IPR 曲线为一直线，所以斜率的负倒数便是采油指数；在纵坐标（压力坐标）上的截距即为油层压力。求得采油指数后便可用式(1-3)、式(1-4a) 预测不同流压下的产量及推算油层的有关参数。

例 1-1 A 井位于面积 $A=4\times10^4 m^2$ 的正方形泄油面积的中心，井底半径 $r_w=0.1m$，原油体积系数 $B_o=1.2$，表皮系数 $S=3$，试根据表 1-2 所给的测试资料绘制 IPR 曲线，并求采油指数 J_o、地层压力 $\bar{p}_R$、流动系数 $K_o h/\mu_o$ 及井底流压 $p_{wf}=8.8MPa$ 时的产量。

表 1-2　A 井系统试井数据

流压，MPa	11.2	10.2	9.7	9.1
产量，m³/d	16.1	35.9	46.1	57.9

解：(1) 用表 1-2 中的数据绘制的 IPR 曲线，如图 1-2 所示。
(2) 求采油指数、流动系数、地层压力及 $p_{wf}=8.8MPa$ 时的产量。

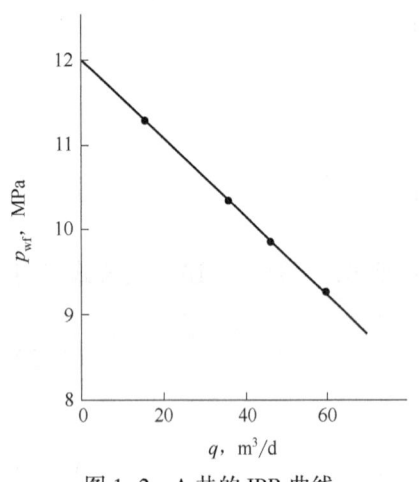

图 1-2　A 井的 IPR 曲线

$$J_o = \frac{q_{o2}-q_{o1}}{p_{wf1}-p_{wf2}} = \frac{60-12}{11.4-9} = 20[m^3/(MPa \cdot d)]$$

由表 1-1 查得该井 $C_x=0.571$，则

$$\frac{r_e}{r_w} = \frac{0.571\times\sqrt{40000}}{0.1} = 1142$$

$$\frac{K_o h}{\mu_o} = \frac{J_o B_o\left(\ln\frac{r_e}{r_w} - \frac{3}{4} + S\right)}{2\pi}$$

$$= \frac{20\times 1.2(\ln1142 - 0.75 + 3)}{2\pi\times 86400\times 10^6}$$

$$= 0.4107\times 10^{-9}[m^3/(Pa \cdot s)]$$

$$= 0.4107[\mu m^2 \cdot m/(mPa \cdot s)]$$

直线外推至 $q_o=0$ 处的地层压力为 12MPa。

当流压 $p_{wf}=8.8MPa$ 时的产量为

$$q_o = 20\times(12-8.8) = 64(m^3/d)$$

根据式(1-5) 可以将采油指数定义为产油量与生产压差之比或单位生产压差下的油井产量；而根据例 1-1 中求取采油指数的方法又可以将采油指数定义为 IPR 曲线斜率的负倒数或每增加单位生产压差时油井产量的增加值。这对单相液体渗流的直线型 IPR 曲线而言，其结果是相同的，但对于非直线型的 IPR 曲线，其结果将有较大的区别，因此不能将上述几种定义采油指数的方式简单地进行推广，否则将使结果出现较大的偏差。值得说明的是，对于单相液体渗流的情况，储层渗透率、流体黏度及流体体积系数均不随压力发生改变，采油指数为常量；而多相流体渗流时，上述参数均随压力改变而改变，采油指数不再是常量；此外，对于非牛顿流体而言，在渗流过程中，其渗透率为变量，采油指数也不再是常量。因此，广义上的采油指数，应该说明相应的流动压力；其实质是在某一流动压力条件下，每增加单位生产压差，油井产量的增加值。

2) 符合非线性渗流规律时的流入动态

当油井产量很高时，在井底附近将不再符合线性渗流，而呈现高速非线性渗流。根据渗流力学中非线性渗流二项式，油井产量与生产压差之间的关系可表示为

$$\bar{p}_R - p_{wf} = Aq_o + Bq_o^2 \tag{1-6}$$

变形得

$$\frac{\bar{p}_R - p_{wf}}{q_o} = A + Bq_o$$

式中 A，B——与油层及流体物性等有关的系数。

因此，在系统试井时，如果单相液流呈非线性渗流，可由试井资料绘制 $(\bar{p}_R - p_{wf})/q_o$ 与 q_o 的关系曲线，该关系曲线为一直线，直线的斜率为 B，截距为 A。求得 A、B 后，便可利用式(1-6)预测非达西渗流范围内的油井流入动态。

2. 单相气体渗流时的流入动态

1) 符合线性渗流规律时的流入动态

根据达西定律，定压边界、圆形气层中心有一口气井稳定生产时，距井轴 r 处的流量为

$$q_r = \frac{2\pi r h K_g}{\mu_g} \frac{\mathrm{d}p}{\mathrm{d}r} \tag{1-7}$$

式中 q_r——半径为 r 处的气体流量，m^3/s；
r——距井轴的任意半径，m；
p——半径为 r 处的压力，Pa；
K_g——气层有效渗透率，m^2；
μ_g——气体黏度，$Pa \cdot s$；
h——气层有效厚度，m。

对于定压边界、稳定流动，各过流断面的质量流量不变，根据气体连续方程和状态方程，将半径 r 处的流量 q_r 折算为标准状态下的气井产量 q_g，并对式(1-7)积分得

$$q_g = \frac{\pi K_g h T_{sc} Z_{sc}}{p_{sc} T \ln \frac{r}{r_w}} 2 \int_{p_{wf}}^{p} \frac{p}{\mu Z} \mathrm{d}p \tag{1-8}$$

式中 q_g——标准状态下气井的产量，m^3/s；
T——气层温度，K；
T_{sc}——标准温度，K；
p_{sc}——标准压力，Pa；
Z——气体压缩因子；
Z_{sc}——标准状态下气体的压缩因子。

式(1-8)中，气体黏度 μ 与压缩因子 Z 均为压力 p 的函数，积分的方法之一是引用假（拟）压力的概念。假压力的定义式为

$$\varphi = 2 \int_{p_0}^{p} \frac{p}{\mu Z} \mathrm{d}p \tag{1-9}$$

所以

$$2\int_{p_{wf}}^{p} \frac{p}{\mu Z} dp = 2\int_{p_0}^{p} \frac{p}{\mu Z} dp - 2\int_{p_0}^{p_{wf}} \frac{p}{\mu Z} dp \quad (1-10)$$
$$= \varphi - \varphi_{wf}$$

于是，式(1-8)可写为

$$q_g = \frac{\pi K_g h T_{sc} Z_{sc}}{p_{sc} T \ln \frac{r}{r_w}} (\varphi - \varphi_{wf}) \quad (1-11)$$

又因 $r=r_e$ 时，$\varphi=\varphi_e$，所以

$$q_g = \frac{\pi K_g h T_{sc} Z_{sc}}{p_{sc} T \ln \frac{r_e}{r_w}} (\varphi_e - \varphi_{wf}) \quad (1-12)$$

根据天然气的物性资料，用数值积分法或其他方法求得假压力 φ_e、φ_{wf} 后，再由式(1-12)求得气井产量 q_g。这种研究气井流入动态的方法具有可靠的理论基础，但计算过程较繁杂。因此在工程中常近似地用平均压力 $p = \frac{(p_e + p_{wf})}{2}$ 求 μ 和 Z，并认为在积分范围内是常数，将式(1-8)简化为

$$q_g = \frac{\pi K_g h T_{sc} Z_{sc}}{p_{sc} T \bar{\mu}_g \bar{Z} \ln \frac{r_e}{r_w}} 2\int_{p_{wf}}^{p_e} p \, dp \quad (1-13)$$

求积得

$$q_g = \frac{\pi K_g h T_{sc} Z_{sc} (p_e^2 - p_{wf}^2)}{p_{sc} T \bar{\mu}_g \bar{Z} \ln \frac{r_e}{r_w}} \quad (1-14)$$

式中 $\bar{\mu}_g$——平均压力下气体黏度，Pa·s；

$\bar{Z}$——平均压力下气体的压缩因子。

令

$$D = \frac{\pi K_g h T_{sc} Z_{sc}}{p_{sc} T \bar{\mu}_g \bar{Z} \ln \frac{r_e}{r_w}}$$

则有

$$q_g = D(p_e^2 - p_{wf}^2) \quad (1-15)$$

式(1-15)也称为气体稳定流动的达西产能公式。式(1-15)中气体的产量与压力的平方差呈线性关系，因此利用系统试井资料绘制的 $(p_e^2 - p_{wf}^2)$ 与 q_g 的关系曲线将是一条通过原点的直线，其斜率为 D。求得 D 后，便可利用式(1-15)预测稳定线性渗流条件下的气井流入动态。

2) 符合非线性渗流规律时的流入动态

由于天然气的黏度小，它在地层中渗流时流速较大，很容易出现非线性渗流，所以气井的流入动态常按非线性渗流规律进行研究。

(1) 二项式方程。气井的二项式流入动态方程为

$$p_e^2 - p_{wf}^2 = Aq_g + Bq_g^2 \quad (1-16)$$

两边同除 q_g 得

$$\frac{p_e^2-p_{wf}^2}{q_g}=A+Bq_g \quad (1-17)$$

因此，如果以 $\Delta p^2/q_g=(p_e^2-p_{wf}^2)/q_g$ 作纵坐标，以 q_g 作横坐标，则式(1-17) 所描述的关系在此坐标系下为一条直线，如图 1-3 所示，直线在纵轴上的截距为 A，斜率为 B。矿场上将 $(\Delta p^2/q_g)$ 与 q_g 的关系曲线称为二项式特征曲线。

A、B 一经确定，该井的产能方程即可写为 $\Delta p^2=Aq_g+Bq_g^2$，从中求解 q_g，则得

$$q_g=\frac{-A+\sqrt{A^2+4B\Delta p^2}}{2B} \quad (1-18)$$

利用式(1-18)，求得一组不同 p_{wf} 下的 q_g，即可绘出气井的流入动态曲线，如图 1-4 所示。

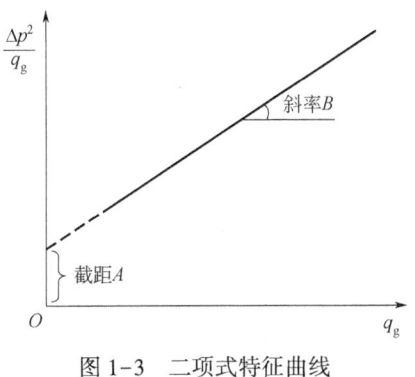

图 1-3　二项式特征曲线　　　　　图 1-4　气井的流入动态曲线

将 $p_{wf}=p_R=1.03\times10^5$ Pa 代入式(1-18) 所求得的产量称为气井的绝对无阻流量 q_{AOF}：

$$q_{AOF}=\frac{-A+\sqrt{A^2+4B(p_e^2-p_{wf}^2)}}{2B} \quad (1-19)$$

气井的绝对无阻流量常可用来衡量气井生产能力的大小及进行气井间生产能力的比较。

（2）指数式方程。气井的指数式流入动态方程为

$$q_g=C(p_e^2-p_{wf}^2)^n \quad (1-20)$$

式中　C——与气层及流体性质有关的系数；

n——渗流指数，$0.5\leqslant n<1$。

将式(1-20) 两端取对数得

$$\lg q_g=\lg C+n\lg(p_e^2-p_{wf}^2) \quad (1-21)$$

可以看出，如果以 $\lg q_g$ 作横坐标，以 $\lg(\Delta p^2)$ 作纵坐标，则式(1-21) 所描述的 $\lg q_g$ 与 $\lg(\Delta p^2)$ 的关系为一条直线。该直线在横轴上的截距为 $\lg C$、斜率为 n。利用试井资料求出 C、n 后，便可由式(1-20) 绘制气井的流入动态曲线，并求得其绝对无阻流量 q_{AOF}，即

$$q_{AOF}=C(p_e^2-p_a^2)^n \quad (1-22)$$

与液体相比，气体具有更大的压缩性，因此，在上述研究气井流入动态的过程中，气体的产量均指标准状态下的产量，气井的压力均采用绝对压力而非表压力。

二、油气两相渗流时的流入动态

当油藏中出现油气两相渗流时,油层及流体物性都随压力而变化,油井产量与井底流压之间将呈现非线性关系,因而必须根据油气两相渗流的基本规律来研究其油井流入动态。

1. 油气两相渗流时流入动态的基本公式

根据达西定律,平面径向渗流的油井产量公式为

$$q_o = \frac{2\pi r K_o h}{\mu_o B_o} \frac{dp}{dr} \tag{1-23}$$

因油相渗透率 $K_o = K_{ro} K$,代入式(1-23) 求积得

$$q_o = \frac{2\pi K h}{\ln \frac{r_e}{r_w}} \int_{p_{wf}}^{p_e} \frac{K_{ro}}{\mu_o B_o} dp \tag{1-24}$$

由于 K_{ro}、μ_o 及 B_o 都是压力的函数,所以应先确定它们与压力之间的具体关系后,方可求积得出油井流入动态。这种绘制 IPR 曲线的方法,虽然具有可靠的理论基础,但一般需要用数值方法计算积分,计算过程较繁杂,因此在工程中常用简便的近似方法来绘制 IPR 曲线。

2. 沃格尔型流入动态

1) 量纲一的 IPR 曲线及沃格尔方程

当地层压力低于饱和压力时,油藏的驱动类型为溶解气驱,此时整个油藏均处于气液两相流动状态。1968 年,沃格尔(Vogel)利用计算机通过对若干典型的溶解气驱油藏中油井流入动态曲线的计算发现,以流压与油藏压力的比值 $p_{wf}/\bar{p}_R$ 为纵坐标,相应流量下的产量与流压为零时的最大产量的比值 q_o/q_{omax} 为横坐标,在此量纲一的坐标中,不同采出程度下的 IPR 曲线很接近(图 1-5)。除高黏度原油及严重污染的油井外,IPR 曲线都有类似的形状。因此,沃格尔在排除了特殊情况后,绘制了一条如图 1-6 所示的参考曲线,这一曲线被称为沃格尔曲线。该曲线可用下面的方程(沃格尔方程)表示,即

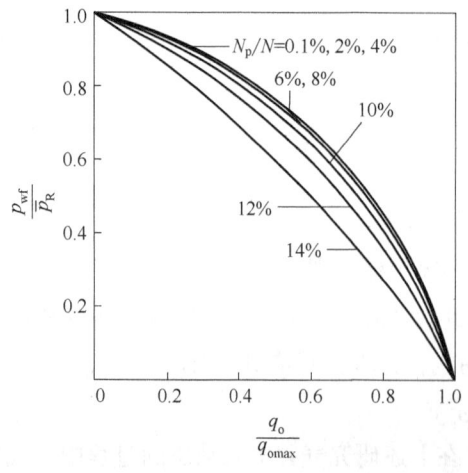
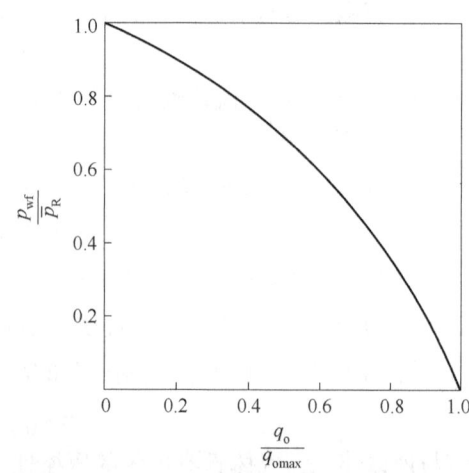

图 1-5 不同采出程度下的量纲一的 IPR 曲线 图 1-6 溶解气驱油藏量纲一的 IPR 曲线(沃格尔曲线)

$$\frac{q_o}{q_{omax}} = 1 - 0.2\frac{p_{wf}}{\bar{p}_R} - 0.8\left(\frac{p_{wf}}{\bar{p}_R}\right)^2 \qquad (1-25)$$

1992 年，威金斯（Wiggins）等研究表明 IPR 曲线解析式可用多相流方程的泰勒级数解来表达

$$\frac{q_o}{q_{omax}} = \frac{C_1}{D}\left(\frac{p_{wf}}{\bar{p}_R}\right) + \frac{C_2}{D}\left(\frac{p_{wf}}{\bar{p}_R}\right)^2 + \frac{C_3}{D}\left(\frac{p_{wf}}{\bar{p}_R}\right)^3 + \frac{C_4}{D}\left(\frac{p_{wf}}{\bar{p}_R}\right)^4 \qquad (1-26)$$

其中

$$C_1 = -\left[\left(\frac{K_{ro}}{\mu_o B_o}\right)_{\Pi=0} + \left(\frac{K_{ro}}{\mu_o B_o}\right)'_{\Pi=0} + \frac{1}{2}\left(\frac{K_{ro}}{\mu_o B_o}\right)''_{\Pi=0} + \frac{1}{6}\left(\frac{K_{ro}}{\mu_o B_o}\right)'''_{\Pi=0}\right]$$

$$C_2 = \frac{1}{2}\left(\frac{K_{ro}}{\mu_o B_o}\right)'_{\Pi=0} + \frac{1}{2}\left(\frac{K_{ro}}{\mu_o B_o}\right)''_{\Pi=0} + \frac{1}{4}\left(\frac{K_{ro}}{\mu_o B_o}\right)'''_{\Pi=0}$$

$$C_3 = -\left[\frac{1}{6}\left(\frac{K_{ro}}{\mu_o B_o}\right)''_{\Pi=0} + \frac{1}{6}\left(\frac{K_{ro}}{\mu_o B_o}\right)'''_{\Pi=0}\right]$$

$$C_4 = \frac{1}{24}\left(\frac{K_{ro}}{\mu_o B_o}\right)'''_{\Pi=0}$$

$$D = \left(\frac{K_{ro}}{\mu_o B_o}\right)_{\Pi=0} + \frac{1}{2}\left(\frac{K_{ro}}{\mu_o B_o}\right)'_{\Pi=0} + \frac{1}{6}\left(\frac{K_{ro}}{\mu_o B_o}\right)''_{\Pi=0} + \frac{1}{24}\left(\frac{K_{ro}}{\mu_o B_o}\right)'''_{\Pi=0}$$

$$\Pi = \frac{\bar{p}_R - p}{\bar{p}_R}$$

从式(1-26)中可以看出，流动几何形态 r_e/r_w，油层绝对渗透率 K，油层孔隙度 ϕ，流动类型及表皮系数 S 对 IPR 曲线并没有明显的影响，因为包含这些因素的常数在推导过程中已被约去了。式(1-26)与式(1-25)具有相同的形式，这表明沃格尔方程中的参数具有一定的物理意义，而不只是随机的拟合参数。如果能计算出流度函数和它对压力的导数，式(1-26)可用来描述任何油藏的解析 IPR 曲线关系，这为沃格尔方程提供了理论依据。因此，可以将沃格尔方程（或量纲一的 IPR 曲线）看作是溶解气驱油藏渗流方程通解的近似解。

例 1-2 已知 B 井油藏平均压力 $\bar{p}_R = 13\text{MPa}$，流压 $p_{wf} = 11\text{MPa}$ 时的产量 $q_o = 30\text{m}^3/\text{d}$。试利用沃格尔方程绘制该井的 IPR 曲线。

解：(1) 计算 q_{omax}。

将已知值代入式(1-25)，得

$$q_{omax} = \frac{30}{1 - 0.2 \times \frac{11}{13} - 0.8\left(\frac{11}{13}\right)^2} = 116.3(\text{m}^3/\text{d})$$

(2) 预测不同流压下的产量。

用式(1-25)计算不同流压下的产量，其结果列于表 1-3 中。

表 1-3 B 井不同流压下的产量

流压，MPa	12	11	10	9	7	5
产量，m³/d	15.6	30	43.3	55.6	76.8	93.6

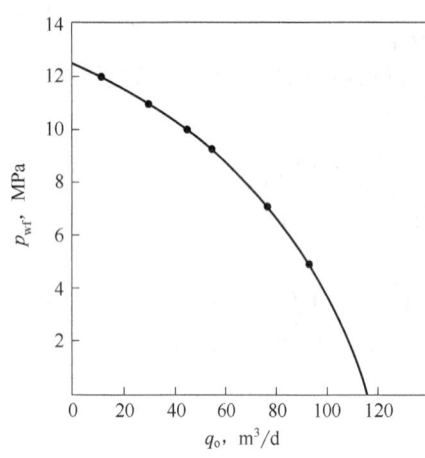

图 1-7 B 井的流入动态曲线

(3) 用表 1-3 中的数据绘制的 IPR 曲线, 如图 1-7 所示。

由此可知, 应用沃格尔方程不需要大量的油层及流体物性资料, 只需获取产量及相应的井底流压就可以简便地求出油井的 IPR 曲线, 并预测不同流压下的产量。矿场实践表明, 用沃格尔方程预测溶解气驱油藏的油井产量一般都能得到较满意的结果。

2) 不完善井沃格尔方程的修正

沃格尔在建立量纲一的 IPR 曲线和方程时, 认为油井是理想的完善井, 而实际油井的非完善性将增加或降低井底附近的压力降, 使压降曲线偏离理想的压降曲线, 如图 1-7 所示, 从而影响油井的流入动态。

实际油井的完善程度可用流动效率 FE 表示, 即

$$\text{FE} = \frac{\bar{p}_R - p'_{wf}}{\bar{p}_R - p_{wf}} \tag{1-27}$$

$$= \frac{\bar{p}_R - p_{wf} - \Delta p_s}{\bar{p}_R - p_{wf}}$$

其中

$$\Delta p_s = p'_{wf} - p_{wf} \tag{1-28a}$$

或

$$\Delta p_s = \frac{q_o \mu_o B_o}{2\pi K_o h} S \tag{1-28b}$$

式中 p'_{wf}——理想完善井的流压, MPa;

p_{wf}——同一产量实际非完善井的流压, MPa;

Δp_s——非完善井表皮附加压力降, MPa。

因为油井的污染半径及污染区的渗透率一般难以确定, 所以无法用公式直接求表皮因子 S 及 Δp_s。通常用压力恢复曲线求出 S 和 Δp_s 后, 可由下式计算完善井的流压 p'_{wf}:

$$p'_{wf} = p_{wf} + \Delta p_s \tag{1-29}$$

完善井 $S=0$, FE=1; 非完善井 $S>0$, FE<1; 超完善井 $S<0$, FE>1。

(1) 斯坦丁方法。斯坦丁 (Standing) 给出 $0.5 \leqslant \text{FE} \leqslant 1.5$ 范围内的量纲一流入动态曲线, 如图 1-9 所示。图中横坐标的 q_{omax} 仍是指 FE=1 时的最大产量。图 1-9 可用来计算 FE≠1 的实际油井的流入动态曲线。如果用理想完善井的流压 p'_{wf} 代替沃格尔方程中的实际流压 p_{wf}, 也可以用沃格尔方程求 FE≠1 时的 IPR 曲线。

$$\frac{q_o}{q_{omax \atop (\text{FE}=1)}} = 1 - 0.2 \frac{p'_{wf}}{\bar{p}_R} - 0.8 \left(\frac{p'_{wf}}{\bar{p}_R}\right)^2 \tag{1-30}$$

$$p'_{wf} = \bar{p}_R - (\bar{p}_R - p_{wf}) \text{FE} \tag{1-31}$$

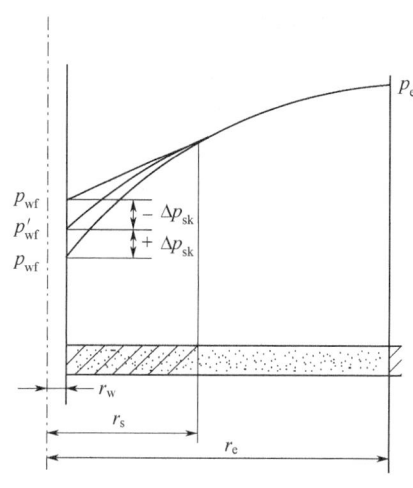

图1-8 完善、非完善井压力分布示意图　　图1-9 斯坦丁量纲一的IPR曲线

例1-3 C井 $\bar{p}_R = 13\text{MPa} < p_b$，$p_{wf} = 11\text{MPa}$ 时产量 $q_o = 30\text{m}^3/\text{d}$，FE = 0.8。试求该井的IPR曲线。

解：① 求FE=1时的最大产量。

$$p'_{wf} = 13 - (13-11) \times 0.8 = 11.4(\text{MPa})$$

$$q_{omax \atop (FE=1)} = \frac{30}{1 - 0.2 \times \frac{11.4}{13} - 0.8 \times \left(\frac{11.4}{13}\right)^2} = 143.25(\text{m}^3/\text{d})$$

② 预测不同流压下的产量。

先由式(1-31)求不同 p_{wf} 对应的 p'_{wf}，而后由式(1-30)求相应的产量。例如FE=0.8，$p_{wf} = 12\text{MPa}$ 时有

$$p'_{wf} = 13 - (13-12) \times 0.8 = 12.2(\text{MPa})$$

$$q_o = 143.25 \left[1 - 0.2 \times \frac{12.2}{13} - 0.8 \times \left(\frac{12.2}{13}\right)^2\right] = 15.43(\text{m}^3/\text{d})$$

按上述方法求得不同流压下的产量列于表1-4中。

表1-4 C井不同流压下的产量

流压，MPa	12	11	10	9	8	6	4	2	0
产量，m³/d	15.43	30	43.7	56.53	68.49	89.81	107.7	122.0	132.9

③ 根据计算结果绘制的IPR曲线如图1-10所示。

(2) 哈里森方法。哈里森(Harrison)提供了 $1 \leq \text{FE} \leq 2.5$ 范围内的量纲一的IPR曲线(图1-11)。该曲线可用来计算高流动效率井的IPR曲线和预测低流压下的产量。因为哈里森未提供相应的方程，所以只能用查图法计算。

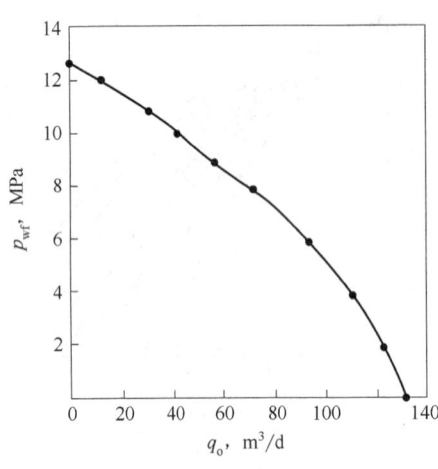
图 1-10 C 井的 IPR 曲线

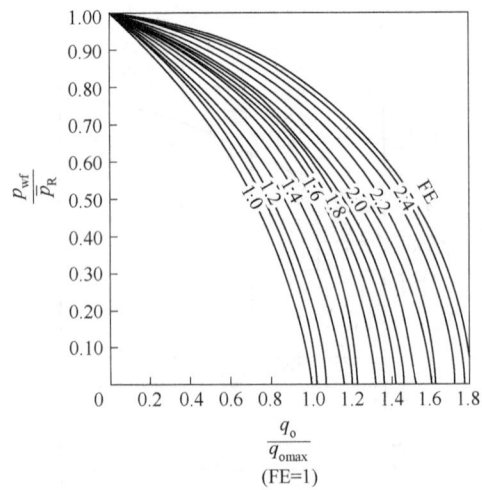
图 1-11 哈里森量纲一的 IPR 曲线

例 1-4 D 井 FE=2.0，其他同例 1-3 中的 C 井，试计算该井在 $p_{wf}=3$MPa 时的产量及最大产量 $q_{omax \atop (FE=2)}$。

解：① 求 FE=1 时的 q_{omax}。

$$p_{wf}/\bar{p}_R = 11/13 = 0.8462$$

根据 $p_{wf}/\bar{p}_R = 0.8462$ 查图 1-11 中 FE=2 的曲线得 $q_o / q_{omax \atop (FE=1)} = 0.59$，则

$$q_{omax \atop (FE=1)} = \frac{q_o}{0.49} = \frac{30}{0.49} = 61.22 (\text{m}^3/\text{d})$$

② 求该井最大产量，即 FE=2，$p_{wf}=0$ 时的产量 $q_{omax \atop (FE=2)}$。

由图 1-11 中 FE=2 的曲线查得 $p_{wf}=0$ 时，$q_{omax \atop (FE=2)} / q_{omax \atop (FE=1)} = 1.53$，则

$$q_{omax \atop (FE=2)} = 1.53 \, q_{omax \atop (FE=1)}$$
$$= 1.53 \times 61.22$$
$$= 93.67 (\text{m}^3/\text{d})$$

③ 计算该井 $p_{wf}=3$MPa 时的产量 q_o。

由 $p_{wf}/\bar{p}_R = 3/13 = 0.231$ 查图 1-10 中 FE=2 的曲线得 $q_o / q_{omax \atop (FE=1)} = 1.45$，则

$$q_o = 1.45 \times 61.22 = 88.77 (\text{m}^3/\text{d})$$

3）量纲一的 IPR 曲线方程的通式

从图 1-4 可以看出，不同采出程度下的无量纲 IPR 曲线尽管很相近，但并不完全一致，这反映了不同采出程度的影响，考虑到 IPR 曲线的这种差异，将沃格尔方程改写为

$$\left(\frac{q_o}{q_{omax}}\right)_{FE=1} = 1 - V\left(\frac{p'_{wf}}{\bar{p}_R}\right) - (1-V)\left(\frac{p'_{wf}}{\bar{p}_R}\right)^2 \qquad (1-32)$$

式中 V——沃格尔参数。

沃格尔参数 V 的变化范围为 0~1，当 $V=0.2$ 时，即得式（1-25）的沃格尔方程。V 的大小与油井的采出程度有关，油井的采出程度越大，V 越大。

由式(1-27) 解得

$$p'_{wf}/\bar{p}_R = 1 - \text{FE}(\Delta p/\bar{p}_R) \tag{1-33}$$

其中

$$\Delta p = \bar{p}_R - p_{wf} \tag{1-34}$$

将式(1-33) 代入式(1-32)，即得考虑油井不完善及采出程度影响的 IPR 曲线方程的通式

$$\left(\frac{q_o}{q_{omax}}\right)_{\text{FE}\neq 1} = (2-V)\text{FE}\left(\frac{\Delta p}{\bar{p}_R}\right) + (V-1)\text{FE}^2\left(\frac{\Delta p}{\bar{p}_R}\right)^2 \tag{1-35}$$

应用式(1-35) 时，FE 需要用压力恢复曲线确定，V 需要用系统试井资料确定。

为了确定 V，将式(1-35) 变形为

$$\frac{q_o}{p_D} = a + b p_D \tag{1-36}$$

其中

$$p_D = \Delta p / \bar{p}_R \tag{1-37}$$

$$a = (2-V)\text{FE}\, q_{omax} \tag{1-38}$$

$$b = (V-1)\text{FE}^2 q_{omax} \tag{1-39}$$

由式(1-38) 和式(1-39) 得

$$V = \frac{a\text{FE} + 2b}{a\text{FE} + b} \tag{1-40}$$

$$q_{omax} = \frac{a}{(2-V)\text{FE}} \tag{1-41}$$

当由压力恢复曲线求出油井的 $\bar{p}_R$ 和 FE 后，按式(1-36) 对 q_o/p_D 和 p_D 进行回归，求出直线的截距 a 和斜率 b，从而由式(1-40) 和式(1-41) 分别求出 V 和 q_{omax}，便可应用式(1-35) 作出油井的 IPR 曲线。

3. 组合型流入动态

1) 完善井的组合型 IPR 曲线

当油藏压力 $\bar{p}_R$ 高于饱和压力 p_b，而流压 p_{wf} 低于饱和压力时，油藏中将同时存在单相油流与油气两相流动。在单相油流区域流入动态曲线为一直线；在油气两相流动区域流入动态曲线可用沃格尔方程描述；在饱和压力点处，因为压力、流量连续，所以流入动态曲线也应连续。这样便可组合出 IPR 曲线，如图 1-12 所示。

(1) 单相原油流动部分。当 $p_{wf} \geqslant p_b$ 时，油藏中全部为单相液体流动，此时流入动态可表示为

$$q_o = J_o(\bar{p}_R - p_{wf}) \tag{1-42}$$

单相液流采油指数可由测试结果 q_{otest} 与 p_{wftest} 求得

$$J_o = \frac{q_{otest}}{\bar{p}_R - p_{wftest}} \tag{1-43}$$

流压等于饱和压力时的产量 q_b 为

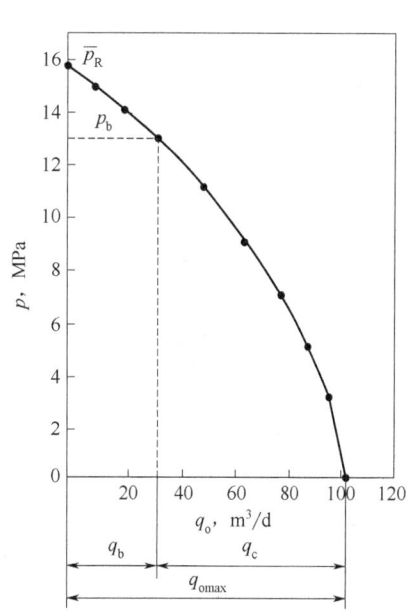

图 1-12 组合型 IPR 曲线

$$q_b = J_o(\bar{p}_R - p_b) \tag{1-44}$$

（2）油气两相流动部分。当 $p_{wf} < p_b$ 时，油藏中出现油气两相流动，IPR 曲线由直线变为曲线。如果用 p_b 及 q_b 代替沃格尔方程中的 $\bar{p}_R$ 及 q_{omax}，则可用沃格尔方程来描述 $p_{wf} < p_b$ 时的流入动态，即

$$q_o = q_b + q_c \left[1 - 0.2 \frac{p_{wf}}{p_b} - 0.8 \left(\frac{p_{wf}}{p_b} \right)^2 \right] \tag{1-45}$$

分别对式（1-42）和式（1-45）求导，并注意到在 $p_{wf} = p_b$ 点，IPR 曲线为光滑曲线，左右导数应相等，则得

$$q_c = \frac{J_o p_b}{1.8} \tag{1-46a}$$

将 $J_o = q_b / (\bar{p}_R - p_b)$ 代入式（1-46a）得

$$q_c = \frac{p_b}{1.8 \left(\dfrac{\bar{p}_R}{p_b} - 1 \right)} \tag{1-46b}$$

如果测试时的流压高于饱和压力（即 $p_{wftest} > p_b$），则可直接用式（1-43）、式（1-44）和式（1-46a）求得 J_o，q_b 和 q_c，而后用式（1-45）求不同流压下的产量，从而绘出相应的 IPR 曲线。

如果测试时的流压低于饱和压力（即 $p_{wftest} > p_b$），则不能用式（1-43）求单相流动时的采油指数 J_o。为此，将式（1-44）和式（1-46a）代入式（1-45）可得

$$J_o = \frac{q_{otest}}{\bar{p}_R - p_b + \dfrac{p_b}{1.8} \left[1 - 0.2 \left(\dfrac{p_{wftest}}{p_b} \right) - 0.8 \left(\dfrac{p_{wftest}}{p_b} \right)^2 \right]} \tag{1-47}$$

于是，将测试得到的 q_{otest}、p_{wftest} 代入式（1-47）便可求得 $p_{wf} > p_b$ 条件下的单相流采油指数 J_o。

当油井在流压低于饱和压力下生产时，油层中为气液两相流动，因此仅用上述的单相流采油指数来分析油井的生产能力是不够的。如果能用两相流状态（$p_{wf} < p_b$）下的采油指数分析其生产能力、进行油井之间生产能力的比较将更具有实际意义。两相流动状态下的采油指数可定义为增大单位生产压差时的产量增加值，其值等于流入动态曲线上某一点斜率的负倒数，即

$$J_o' = -\frac{dq_o}{dp_{wf}} \tag{1-48}$$

式中 J_o'——油气两相流条件（$p_{wf} < p_b$）下的采油指数。

由式（1-45）、式（1-46a）及式（1-48）可得

$$J_o' = \left(\frac{1}{9} + \frac{8}{9} \frac{p_{wf}}{p_b} \right) J_o \tag{1-49}$$

从式（1-49）可以看出，两相流条件下的采油指数 J_o' 与井底流压有关，即流入动态曲线上各点的 J_o' 是不同的，J_o' 随着 p_{wf} 的降低而减小。当 $p_{wf} < p_b$ 时，$J_o' < J_o$；当 $p_{wf} = p_b$ 时，$J_o' = J_o$。

例 1-5 已知 $\bar{p}_R = 16\text{MPa}$，$p_b = 13\text{MPa}$，$p_{wf} = 14\text{MPa}$ 时的产量 $q_o = 20\text{m}^3/\text{d}$。试求 $p_{wf} =$

8MPa 时的产量与采油指数，并绘制该井的 IPR 曲线。

解： ① 计算 J_o、p_b、q_c 及 q_{omax}。

因 $p_{wftest} > p_b$，可采用式（1-43）、式（1-44）及式（1-46a）分别求 J_o、p_b、及 q_c：

$$J_o = \frac{20}{16-14} = 10 [\text{m}^3/(\text{MPa} \cdot \text{d})]$$

$$q_b = 10 \times (16-13) = 30 (\text{m}^3/\text{d})$$

$$q_c = \frac{10 \times 13}{1.8} = 72.2 (\text{m}^3/\text{d})$$

② 求 $p_{wf} = 8$MPa 时的 q_o 与 J_o'：

$$q_o = 30 + 72.2 \times \left[1 - 0.2 \times \frac{8}{13} - 0.8 \times \left(\frac{8}{13}\right)^2\right] = 71.45 (\text{m}^3/\text{d})$$

$$J_o' = \left(\frac{1}{9} + \frac{8}{9} \times \frac{8}{13}\right) \times 10 = 6.58 [\text{m}^3/(\text{MPa} \cdot \text{d})]$$

③ 计算不同流压下的产量列于表 1-5 中。

表 1-5　E 井不同流压下的产量

流压，MPa	15	14	13	11	9	7	5	3	0
产量，m³/d	10	20	30	48.6	64.5	77.7	88.1	95.8	102.2

④ 用表 1-5 中的数据绘制出 IPR 曲线。

2）组合型 IPR 曲线的通式

前面介绍的组合型 IPR 曲线只是针对完善井而言的，下面介绍考虑油井不完善与采出程度影响时的组合型无量纲 IPR 曲线。

（1）单相原油流动部分。该部分与完善井一样，仍可用式（1-42）、式（1-43）及式（1-44）描述其流入动态、采油指数及饱和压力下的产量。

（2）油气两相流动部分。采用与完善井相同的方法，参照 IPR 曲线方程的通式（1-35）可得

$$q_o = q_b + q_c \left[(2-V)\text{FE}\left(\frac{p_b - p_{wf}}{p_b}\right) + (V-1)\text{FE}^2 \left(\frac{p_b - p_{wf}}{p_b}\right)^2\right] \quad (1-50)$$

对式（1-50）求导并注意到在 $p_{wf} = p_b$ 点，式（1-42）与式（1-50）的导数值应相等，所以有

$$q_c = \frac{J_o p_b}{(2-V)\text{FE}} \quad (1-51\text{a})$$

或

$$q_c = \frac{p_b}{(2-V)\text{FE}\left(\frac{\bar{p}_R}{p_b} - 1\right)} \quad (1-51\text{b})$$

将式（1-44）和式（1-51）代入式（1-50），整理得单相油流采油指数

$$J_o = \frac{q_o}{(\bar{p}_R - p_{wf}) + \frac{\text{FE}(V-1)(p_b - p_{wf})^2}{(2-V)p_b}} \quad (1-52)$$

根据油气两相流动条件下采油指数的定义，对式（1-50）求导可得

$$J_o' = \left[1-\text{FE} + \frac{V \cdot \text{FE}}{2-V} - \frac{2(V-1)\text{FE}}{(2-V)} \frac{p_{wf}}{p_b} \right] J_o \quad (1-53)$$

当 $V=0.2$，$\text{FE}=1$ 时，以上各式将分别还原为完善井情况下相应的形式。

4. 费特科维奇流入动态方程

费特科维奇（Fetkovich）研究认为，在饱和压力以下产油的井，其流入动态与气井很类似，也可以用指数方程描述，即

$$q_o = J_o'(\bar{p}_R^2 - p_{wf}^2)^n \quad (1-54a)$$

或

$$\frac{q_o}{q_{o\max}} = \left[1 - \left(\frac{p_{wf}}{\bar{p}_R}\right)^2 \right]^n \quad (1-54b)$$

费特科维奇对 40 口油井试井资料的计算表明，n 约为 $0.568 \sim 1.0$。

在 $\bar{p}_R > p_b > p_{wf}$ 的情况下，费特科维奇将从 p_{wf} 到 $\bar{p}_R$ 的整个压力函数近似地用两个不同的直线段来代替，从而导出了两相流和单相流相结合的方程：

$$q_o = J_o'(\bar{p}_R^2 - p_{wf}^2) + J_o(\bar{p}_R - p_b) \quad (1-55)$$

当存在非线性渗流时，可以给出更一般的方程：

$$q_o = J_o'(\bar{p}_R^2 - p_{wf}^2)^n + J_o(\bar{p}_R - p_b) \quad (1-56)$$

三、复杂条件下的流入动态

前面的讨论是针对单层油气藏中单相或油气两相渗流而进行的，下面将分别简要介绍三相渗流、聚合物驱、斜井、水平井及多油层油藏等几种复杂条件下的油井流入动态。

1. 油、气、水三相渗流时的油井流入动态

沃格尔建立的无量纲 IPR 曲线未考虑含水情况，而就大多数注水开发油田而言，随着采出程度的增加，油井早晚要见水，如果流压低于饱和压力，就将出现油、气、水三相渗流。佩特布拉斯（Petrobras）根据油流的沃格尔方程和水油的定生产指数，从几何学角度导出了油、气、水三相渗流时的 IPR 曲线（图 1-13）及计算公式

$$q_b = J(\bar{p}_R - p_b) \quad (1-57)$$

$$q_{o\max} = q_b + \frac{Jp_b}{1.8} \quad (1-58)$$

$$q_{l\max} = q_{o\max} + \frac{f_w}{9-8f_w}\left(\bar{p}_R - \frac{q_{o\max}}{J}\right) \quad (1-59)$$

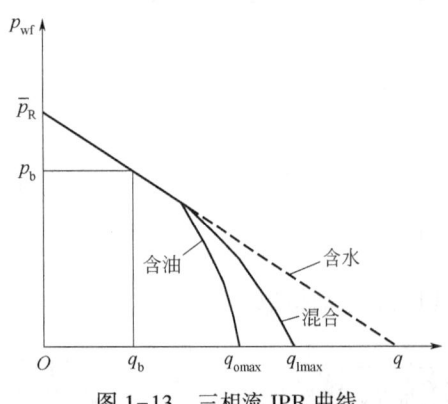

图 1-13 三相流 IPR 曲线

$$p_{wf} = \begin{cases} \bar{p}_R - \dfrac{q}{J} & (0<q<q_b) \\ f_w\left(\bar{p}_R - \dfrac{q}{J}\right) + 0.125(1-f_w)p_b\left[\sqrt{81-80\dfrac{q-q_b}{q_{omax}-q_b}}-1\right] & (q_b \leqslant q<q_{omax}) \\ f_w\left(\bar{p}_R - \dfrac{q_{omax}}{J}\right) - (9-8f_w)\dfrac{q-q_{omax}}{J} & (q_{omax} \leqslant q<q_{lmax}) \end{cases} \quad (1-60)$$

式中 q_{omax}——井底流压为零时的最大产油量，m^3；

q_{lmax}——井底流压为零时的最大产液量，m^3/d；

f_w——含水率；

J——采液指数。

测试时，如果 $p_{wftest}>p_b$，则

$$J = q_{test}/(\bar{p}_R - p_{wftest}) \quad (1-61)$$

测试时，如果 $p_{wftest}<p_b$，则

$$J = \dfrac{q_{test}}{(1-f_w)\left[\bar{p}_R - p_b + \dfrac{p_b A}{1.8} + f_w(\bar{p}_R - p_{wftest})\right]} \quad (1-62)$$

其中

$$A = 1 - 0.2\left(\dfrac{p_{wftest}}{p_b}\right) - 0.8\left(\dfrac{p_{wftest}}{p_b}\right)^2 \quad (1-63)$$

此外，威金斯等的研究表明，含水井中的水相与油相，都可以用式(1-26)来表征其流入动态，只是其中的相对渗透率、黏度、体积系数应分别采用水相与油相的值。他们的模拟计算还表明油藏中原始含水饱和度对各相 IPR 曲线形状的影响与采出程度对 IPR 曲线形状的影响趋势相同，即随着原始含水饱和度的增加，IPR 曲线变直。

2. 聚合物驱油井流入动态

聚合物驱地层流体的流变性基本符合幂律模式，可根据幂律流体的渗流规律求聚合物驱油井的流入动态。但因受剪切降解等影响，聚合物驱地层流体的流变参数（稠度系数、流性指数）沿渗流方向在不断变化，使得理论求解较难且精度差。为此，一些学者在理论分析的基础上，给出的半经验方程式为

$$p_e - p_{wf} = Aq^{nb} \quad (1-64)$$

$$A = a\left[\dfrac{\mu_e(r_e^{1-n} - r_w^{1-n})}{(2\pi h)^n(1-n)K}\right]^b \quad (1-65)$$

式中 μ_e——液体有效黏度；

n——液体流性指数；

K——地层渗透率；

a, b——回归系数，由实测资料确定。

3. 斜井、水平井的流入动态

斜井、水平井与直井几何形状的差异使它们即便处于相同的油层中，其泄油体及油向井筒流入的方式也有所不同，因而不能将直井的产量公式与流入动态曲线方程直接应用于斜井

与水平井，需重新建立适合它们的产能及流入动态预测方法。

1）斜井、水平井流入动态的基本公式

（1）斜井。1975年，辛科（Cinco）等给出了一口斜井与一口垂直井采油指数比值的表达式：

$$J_s/J_v = \ln(r_e/r_w)/\ln(r_e/r_{we}) \tag{1-66}$$

用式(1-66)求斜井采油指数 J_s 关键是确定斜井的井底有效半径 r_{we}。辛科等所给的 r_{we} 计算公式较繁杂，1979年范德维利斯（van dez Vlise）等给出了一个简便计算斜井井底有效半径的公式，即

$$r_{we} = \frac{h}{4\cos a_i}\left[0.454\left(360\frac{r_w}{h}\right)\right]^{\cos a_i} \tag{1-67}$$

此式适用于均质油藏且井斜角 a_i 大于 20° 的情况。显然，当井斜角过大，油井接近水平时，将无法用式(1-67)计算斜井的井底有效半径。

（2）水平井的稳态流动。定压椭圆边界和直线供给界的水平井产量公式可用等值渗流阻力法导出。

根据等值渗流阻力的概念，椭圆油藏中水平井的流动阻力可分为两部分：一部分是由椭圆形边界流向一个通过水平井的假想的垂直裂缝时遇到的阻力，即外阻；另一部分是油井本身的内阻。设长轴为 $2a$、短轴为 $2b$ 的椭圆形定压边界中有一条裂缝，且裂缝半长 $L/2$ 等于焦距 c（图 1-14），取儒科夫斯基函数

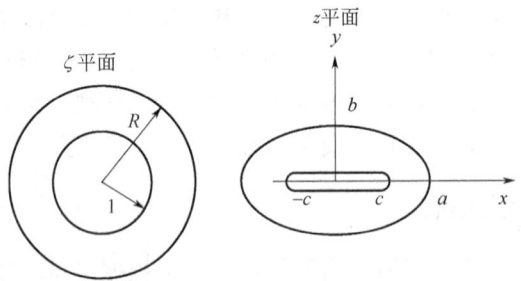

图 1-14　有椭圆边界的裂缝保角变换图

$$z = \frac{c}{2}\left(\zeta + \frac{1}{\zeta}\right) \tag{1-68}$$

则把 z 平面上的椭圆形边界变为 ζ 平面上半径为 $R = \sqrt{\dfrac{a+b}{a-b}}$ 的圆形边界，而把联结焦点的裂缝变为单位半径的圆周。由径向渗流公式得

$$\begin{aligned}
q_o &= \frac{2\pi(\Phi_e - \Phi_c)}{B_o \ln \dfrac{R}{1}} = \frac{2\pi(\Phi_e - \Phi_c)}{B_o \ln \sqrt{\dfrac{a+b}{a-b}}}\\
&= \frac{2\pi(\Phi_e - \Phi_c)}{B_o \ln \dfrac{a+b}{c}} = \frac{2\pi(\Phi_e - \Phi_c)}{B_o \ln \dfrac{a+\sqrt{a^2-L^2/4}}{L/2}}
\end{aligned} \tag{1-69}$$

式中　Φ_e，Φ_c——半径等于 r 和 1 处的势。

分析式(1-69)，则可得垂直裂缝的外阻为

$$\Omega_1 = \frac{\mu_o}{2\pi K_o h} \ln \frac{a+\sqrt{a^2-L^2/4}}{L/2} \tag{1-70}$$

把原地层厚度 h 看成井距，而水平井长度 L 相当于地层厚度，则内阻为

$$\Omega_2 = \frac{\mu_o}{2\pi K_o h} \ln \frac{h}{2\pi r_w} \tag{1-71}$$

因此，水平井产量为

$$q_o = \frac{2\pi K_o h(p_e - p_{wf})/\mu_o B_o}{\ln \frac{a+\sqrt{a^2-L^2/4}}{L/2} + \frac{h}{L} \ln \frac{h}{2\pi r_w}} \tag{1-72}$$

如果供给边界为一直线，则把水平井看成垂直井，经过镜像反映得一无穷井排，如图 1-15 所示。其中一口井的外阻为

$$\Omega_1 = \frac{\mu_o L_e}{K_o L h} \tag{1-73}$$

内阻为

$$\Omega_2 = \frac{\mu_o}{2\pi K_o h} \ln \frac{h}{2\pi r_w} \tag{1-74}$$

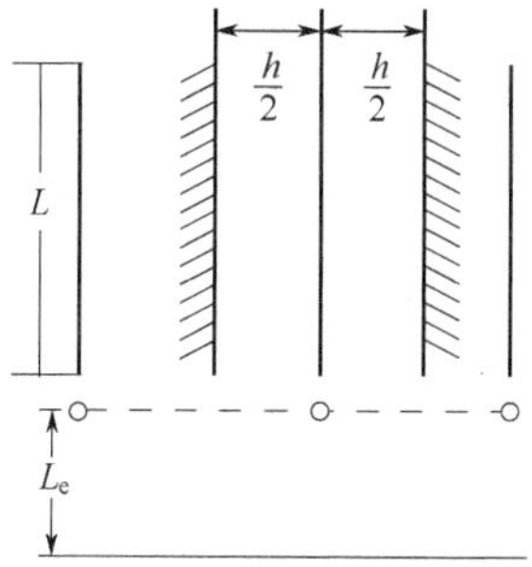

则水平井产量为

$$q_o = \frac{2\pi K_o h(p_e - p_{wf})/\mu_o B_o}{\frac{2\pi L_e}{L} + \frac{h}{L} \ln \frac{h}{2\pi r_w}} \tag{1-75}$$

图 1-15　水平井源汇反映示意图

式(1-72)假定水平井位于油层中部的垂直平面内，距油层顶部和底部均为 $h/2$。当油井偏离油层中部 δ 距离时，则应修正为

$$q_o = \frac{2\pi K_o h(p_e - p_{wf})/\mu_o B_o}{\ln \frac{a+\sqrt{a^2-L^2/4}}{L/2} + \frac{h}{L} \ln \frac{(h/2)^2-\delta^2}{h r_w/2}} \quad \left(\delta < \frac{h}{2}\right) \tag{1-76}$$

当油层的垂向渗透率 K_V 与水平渗透率 K_H 有较大差异时，需要对水平井产量公式进行非均质修正，即用 $\sqrt{K_V K_H}$ 代替公式中的 K_o。

(3) 水平井的拟稳态流动。对位于长 $2x_e$，宽 $2y_e$ 且 $(2x_e)/(2y_e) = 1 \sim 20$ 的封闭边界矩形泄油区内的一口水平井，马塔利科（Mutalik）等将其看成一口无限导流井，给出了其拟稳态的产量公式

$$q_o = \frac{2\pi K_o h(\bar{p}_R - p_{wf})/\mu_o B_o}{\ln \frac{r'_e}{r_w} - A' + S_f + S_m + S_{CA} + D_q - C'} \tag{1-77}$$

其中

$$r'_e = (A/\pi)^{1/2}$$
$$S_f = -\ln[L/(4r_w)]$$

式中　A'——泄油区形状表皮系数，圆形 $A' = 0.75$，矩形 $A' = 0.738$；

S_f——长度为 L 的完全穿透无限导流裂缝的表皮系数；

S_m——机械表皮系数；

S_{CA}——形状相关表皮系数；

C'——形状因子转换常数，取 $C'=1.386$；

D_q——井筒附近紊流引起的表皮系数。

巴布（Babu）和奥登（Odeh）在均布流量的条件下，给出了位于长 $2x_e$、宽 $2y_e$ 的矩形泄油区内，一口长 L、方向平行于 $2x_e$（$L<2x_e$）的水平井的拟稳态产能公式

$$J_o = \frac{2\pi(2x_e)\sqrt{K_y K_v}/(\mu_o B_o)}{\ln\dfrac{\sqrt{2y_e h}}{r_w} + \ln C_H - 0.75 + S_R} \tag{1-78}$$

式中　K_y——垂直于井筒方向的水平渗透率；

K_v——垂向渗透率；

C_H——水平井形状系数；

S_R——泄油水平面内由部分穿透引起的表皮系数。

可以看出，按前述基本公式预测斜井、水平井流入动态所需参数较多，工程中常难以确定，因此，需寻求简便的方法。

2）斜井、水平井流入动态方程

（1）程氏方程。1989年，程（Cheng）对溶解气驱油藏中的斜井、水产井的流入动态进行了研究，他发现斜井、水平井的 IPR 曲线也可视为沃格尔型曲线，随着井斜角的不断增大，斜井与直井的产能比逐渐增加，斜井的 IPR 曲线大都逐渐向右偏离直井的沃格尔曲线，如图 1-16 所示。因此，采用回归方法得到了不同井斜角下斜井的 IPR 曲线方程：

$$\frac{q_o}{q_{omax}} = A - B\left(\frac{p_{wf}}{\bar{p}_R}\right) - C\left(\frac{p_{wf}}{\bar{p}_R}\right)^2 \tag{1-79}$$

式中　A，B，C——与井斜角有关的系数，其值见表 1-6。

表 1-6　A，B，C 数值表

井斜角，(°)	0	15	30	45	60	75	85	88.56	90
A	1	0.9998	0.9969	0.9946	0.9926	0.9915	0.9915	0.9914	0.9885
B	0.2	0.2210	0.1254	0.0221	-0.0549	-0.1002	-0.1120	-0.1141	-0.2055
C	0.8	0.7783	0.8682	0.9663	1.0395	1.0829	1.0964	1.0964	1.1818

（2）本达克利亚方程。1989年，本达克利亚（Bendakhlia）等用两种三维三相黑油模拟器研究了多种情况下溶解气驱油藏水平井的流入动态，他们发现无论用沃格尔方程还是费特科维奇方程都不能与实际曲线很好地拟合，为此将上述两个方程组合为

$$\frac{q_o}{q_{omax}} = \left[1 - V\left(\frac{p_{wf}}{\bar{p}_R}\right) - (1-V)\left(\frac{p_{wf}}{\bar{p}_R}\right)^2\right]^n \tag{1-80}$$

式中　V，n——与采出程度有关的参数，由图 1-17 确定。

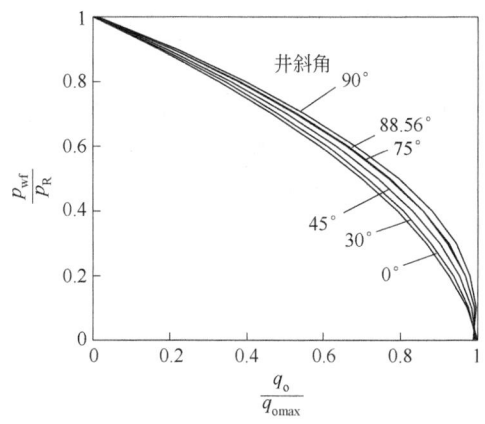
图 1-16　斜井、水平井的 IPR 曲线

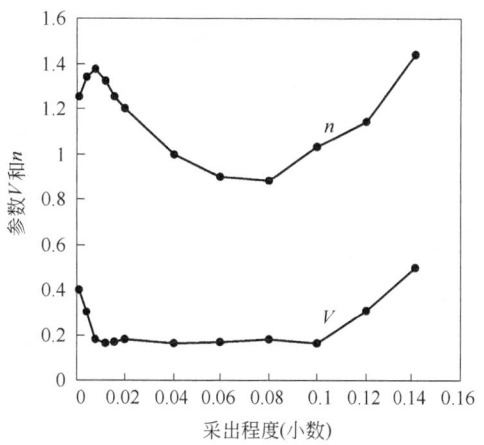
图 1-17　参数 V，n 与采出程度的关系曲线

4. 多油层油藏的油井流入动态

前面的讨论主要是针对单层油藏或层间差异不大的多油层油藏。下面介绍各层间差异较大而又合采时的油井流入动态。

如果把具体的多油层油藏简化为如图 1-18(a) 所示的情况，并假定层间没有窜流，则油井总的 IPR 曲线及分层 IPR 曲线将如图 1-18(b) 所示。在流压开始低于 14MPa 后，只有Ⅲ层工作；当流压降低到 12MPa 和 10MPa 后，则Ⅰ层和Ⅱ层陆续出油。总的 IPR 曲线则是分层 IPR 曲线的叠加。其特点是：随着流压的降低，由于参加工作的小层数增多，产量将大幅度增加，采油指数也随之而增大。

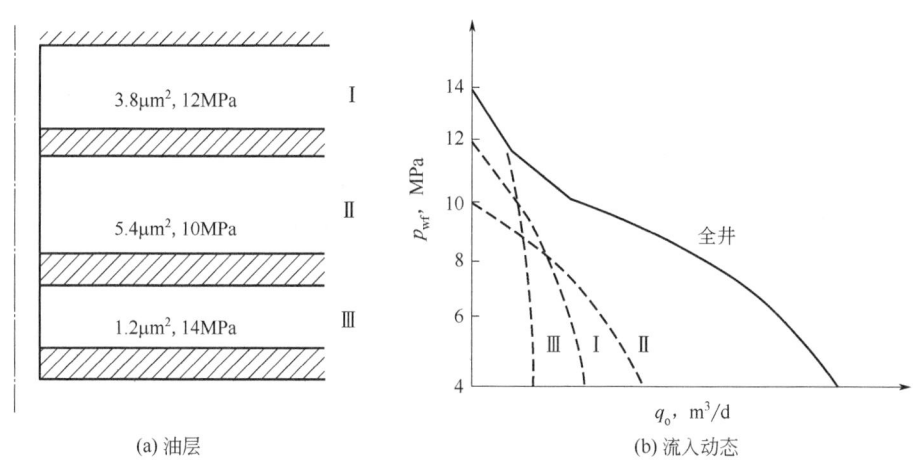

图 1-18　多油层油藏油井流入动态

对层间差异较大的水驱油藏，采用多层合采时将出现高渗透层单独水淹，而中、低渗透层仍然存在产油的情况，其油井的流入动态及含水率的变化与油层、水层的压力及采油指数、产水指数有关。

当水层压力高于油层压力时，井底流压降至油层静压之前，油层不出油，水层产出的一部分水转渗入油层，油井含水率为 100%。当流压低于油层静压后，油层开始出油，油井含水率随之而降低。只要水层压力高于油层压力，油井含水率必然随流压的降低而降低，与采油指数是否高于产水指数无关，而后者只影响其降低的幅度。这种情况下，放大压差提高产液量既可增加产油量，又可降低含水率。

当油层压力高于水层压力时，则出现完全相反的情况。油井含水率将随流压的降低而上升，上升的幅度除油、水层间的压力差外，还与产水指数和采油指数的相对大小有关。对于这种情况，放大压差生产虽然也可以提高产油量，但会导致含水率上升。

当油层与水层压力相等或油水同层时，含水率将不随产量而改变。

根据上面介绍的方法，对于简单情况下的多层油藏含水井，可以通过合层测试所得的 IPR 曲线来分析油、水层的情况及其含水变化规律。对于多层见水，而水淹程度又差异较大的复杂情况，虽然可以用上述方法绘制油、水和总的 IPR 曲线及其含水率变化曲线，但它所说明的主要是全井的综合情况，或者只能定性地说明出油层及出水层的情况。要确切掌握分层的流入动态，必须进行分层测试。

5. 未来油井的流入动态

在衰竭式开采油藏中，油井的产能随油层压力和采出程度的变化而变化。因此，正确预测未来油井的流入动态，具有重要的实际意义。

1) 费特科维奇方法

在式(1-54)中的 n 为常数，而 J'_o 随油层压力 $\bar{p}_R$ 线性变化，即

$$J'_{of} = J'_{op}\left(\frac{\bar{p}_{Rf}}{\bar{p}_{Rp}}\right) \tag{1-81}$$

式中，下标 f 和 p 分别表示未来和目前的油层条件。因此，未来油层压力 $\bar{p}_{Rf}$ 下的流入动态方程为

$$q_{of} = J'_{op}\left(\frac{\bar{p}_{Rf}}{\bar{p}_{Rp}}\right)(\bar{p}_{Rf}^2 - \bar{p}_{wf}^2)^n \tag{1-82}$$

2) 沃格尔—费特科维奇组合方法

组合的思路是先用费特科维奇方法确定未来油层压力下的最大产量，后用沃格尔方程计算其流入动态。由式(1-54)和式(1-82)求得目前和未来油层压力下的最大产量分别为

$$q_{omaxp} = J'_{op}\bar{p}_{Rp}^{2n} \tag{1-83}$$

$$q_{omaxf} = J'_{op}\left(\frac{\bar{p}_{Rf}}{\bar{p}_{Rp}}\right)\bar{p}_{Rf}^{2n} \tag{1-84}$$

将式(1-83)与式(1-84)相除得

$$q_{omaxf} = q_{omaxp}\left(\frac{\bar{p}_{Rf}}{\bar{p}_{Rp}}\right)^{2n+1} \tag{1-85}$$

将式(1-85)代入沃格尔方程式(1-25)，则得未来油层压力下的流入动态方程为

$$q_{of} = q_{omaxf}\left[1 - 0.2\left(\frac{p_{wf}}{\bar{p}_{Rf}}\right) - 0.8\left(\frac{p_{wf}}{\bar{p}_{Rf}}\right)^2\right] \tag{1-86}$$

第二节　油气井生产系统的气液两相管流

在油气井生产系统中，从井底到井口的流动和从井口到地面计量站分离器的流动常为油、气、水混合物的多相管流。但是由于油和水都是液体，它们流动的力学关系有类似之处，所以实践中常把它们作为液相来统一考虑。这样，便可以将油气井生产系统中油、气、水混合物的多相管流，简化为气液两相管流来进行研究。

一、气液两相管流的基本概念

气液两相管流是分析油气井生产系统特性的基本理论，其核心问题是探讨沿程压力损失及其影响因素，这对正确地分析油气井生产动态和进行举升系统工艺设计具有重要意义。

1. 气液两相管流的特性参数

由于气相密度明显小于液相密度，气液两相沿井筒中的油管向上流动时，气相的实际流动速度将大于液相。这种由于气相和液相间的密度差而产生的气相超越液相的现象称为滑脱。滑脱现象的出现使得气液两相管流除了要引用单相流动的参数外，还要使用一些两相流动所特有的参数。

1）持液率和空隙率

在气液两相管流的过流断面中，液相面积 A_1 占过流断面面积 A 的份额称为持液率 H_1，又称为截面含液率或真实含液率，即

$$H_1 = A_1/A \tag{1-87}$$

同理，气相面积 A_g 占过流断面面积的份额称为空隙率（$1-H_1$），又称为截面含气率或真实含气率，即

$$1-H_1 = A_g/A \tag{1-88}$$

因过流断面完全被气液两相所占据，故持液率和空隙率之和为 1。

在两相流的计算中常用到无滑脱持液率 H_1'，它表示管流截面上液相体积流量与气液混合物总体积流量的比值，也称为体积含液率，即

$$H_1' = \frac{q_1}{q_g+q_1} \tag{1-89}$$

2）实际速度、表观速度、混合物速度和滑脱速度

气、液相的实际速度 v_g、v_1 分别是指气相、液相在所占断面上的平均速度，即

$$v_g = q_g/A_g \tag{1-90}$$
$$v_1 = q_1/A_1 \tag{1-91}$$

因为两相管流中气、液各相在过流断面上所占的面积不易测得，所以实际速度很难计算。为了便于研究，在气、液两相流体力学中引用了表观速度，又称为折算速度。所谓表观速度就是假定管子的全部过流断面只被两相混合物中的一相占据时的流动速度，即

气相表观速度：
$$v_{sg} = q_g/A \tag{1-92}$$

液相表观速度：
$$v_{sl} = q_l/A \tag{1-93}$$

由于 $A_g < A$ 且 $A_l < A$，显然 $v_{sg} < v_g$ 且 $v_{sl} < v_l$。

由表观速度的定义不难得出，气、液混合物速度 v_m 是气、液相表观速度之和，即
$$v_m = v_{sg} + v_{sl} \tag{1-94}$$

出现滑脱现象时，气相实际速度大于液相实际速度，二者之差称为滑脱速度 v_s，即
$$v_s = v_g - v_l \tag{1-95}$$

3) 气液两相混合物的密度和无滑脱密度

在某过流断面上取微小流段 ΔL，气液两相混合物的密度 ρ_m 定义为此微小流段中两相混合物的质量与其体积之比，即
$$\rho_m = \frac{A_g \Delta L \rho_g + A_l \Delta L \rho_l}{A \Delta L}$$

即
$$\rho_m = (1 - H_l) \rho_g + H_l \rho_l \tag{1-96}$$

同理，在理想的无滑脱（$v_g = v_l = v_m$）情况下，气、液两相混合物的无滑脱密度 ρ_{ns} 为
$$\rho_{ns} = (1 - H_l') \rho_g + H_l' \rho_l \tag{1-97}$$

4) 滑脱损失

存在滑脱时，由于 $v_g > v_l$，显然 $H_l > H_l'$，这表明存在滑脱时的液相实际过流断面比无滑脱情况时的液相过流断面增大了，因此，将增大气液混合物的密度，从而增大混合物的重位压力梯度。这种因滑脱现象而产生的附加压力损失称为滑脱损失，单位管长上的滑脱损失可用存在滑脱时混合物的密度与不考虑滑脱情况时混合物的密度之差 $\Delta \rho_m$ 表示，即
$$\Delta \rho_m = \rho_m - \rho_{ns} = (H_l - H_l')(\rho_l - \rho_g) \tag{1-98}$$

2. 气液两相管流的流动型态

在气液两相管流中，由于流动机理的复杂性，两相介质的分布状况是多种多样的。各相可以是密集的，也可以是分散的。这种不同的分布状态，称为气液两相流动的流动型态，简称流型。因为不同流动型态的气液混合物遵循各自不同的流动规律，所以流动型态的判别是气液两相管流研究的首要环节。在低流速条件下，常通过透明管段直接观察流动型态；在高流速时，需采用高速摄影、X 射线摄影等方法；也可采用各种探针测取有关信息从而进行推算及判别；而根据流动机理建立的流动型态判别模型近年来也取得了成功。由于研究方法的不同，不同研究者所提供的流动型态的划分与判别条件，目前尚不统一。

1) 垂直管中气液两相的流动型态（视频 1-2）

气液两相混合物在垂直管中向上流动时，经典的流型划分结果如图 1-19(a) 所示。

视频 1-2
油气混合物
在油管中的
流动特征

(1) 泡状流。此时，井筒内流体的压力稍低于饱和压力，少量的气体从油中分离出来，以小气泡的形式分散于液中。虽然小气泡具有一定的膨胀能量，但是由于气泡在井筒横断面上所占的比例很小，且气体与液体的密度相差很大，所以气泡容易从液体中滑脱而自行上升。此时，小气泡的膨胀能量没有起到举升液体的作用，此能量损失即滑脱损失。

(2) 弹状流。在向上流动过程中，随着压力的降低，小气泡逐渐膨胀，并且互相合并成大气泡，最后，大气泡成为顶部凸起的炮弹形气泡。

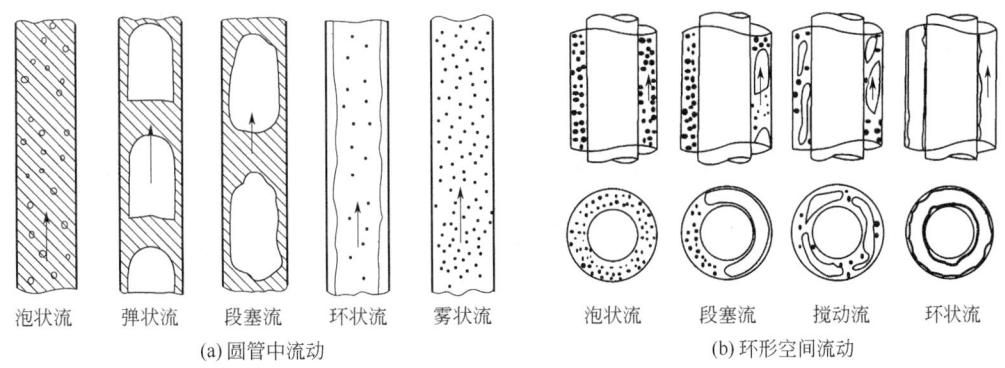

图 1-19 垂直管中气、液两相的流动型态

（3）段塞流。随着井筒内流体的压力进一步低于饱和压力，气体继续分离出来，并且进一步膨胀，且炮弹形大气泡形成气体柱塞，使井筒内出现一段液体、一段气体的柱塞状流动。这时气柱好像活塞一样推动液体上升，对液体具有很大的举升作用，气体的膨胀能量得到充分的利用。但是，这种一段一段的气柱好像是一破漏的活塞，在举液过程中，部分已被上举的液体又沿着气柱的边缘滑脱下来，需要重新被上升的气流举升，这样就造成了能量的损失。因此，尽管段塞流是两相流中举升效率最高的流型，但仍有一定的滑脱损失。

（4）环状流。随着气体的继续分离和膨胀，气体柱塞不断加长而突破液体柱塞，形成中间为连续气流，管壁附近为环形液流的流动型态。此时，气体携带液体的能力仍然很强。

（5）雾状流。当气体的量继续增加时，中间的气柱几乎完全占据了井筒的横断面，液体呈滴状分散在气柱中，由于液体被高速的气流所携带，几乎没有滑脱损失。此时，气体的速度增加很快，开始出现明显的加速度损失。

另外，也有些学者将气液两相在垂直圆管中向上流动的流动型态划分为泡状流、段塞流、环状流、雾状流。研究表明，在垂直环形空间中气液两相流的流动型态也可划分为泡状流、段塞流、搅动流、环状流四种，如图 1-19(b) 所示。

2）水平管中气液两相的流动型态

当气液混合物在水平管中流动时，由于几何条件的不同，其流动型态与垂直管中的稍有不同。实践表明，一般可以将水平管中气液两相的流动型态大致分为七种，如图 1-20 所示。

（1）泡状流。此时气体量很少，气体以气泡的形式在管道中与液体一同做等速流动。

（2）团状流。随着气体量的增多，气泡合并成为较大的气团。气团在管道中与液体一同流动。

（3）层状流。气体量再增多，则气团连成一片。气相与液相分成具有光滑界面的气体层和液体层。

（4）波状流。气体量进一步增多，流速提高，在气液界面上引起波浪。

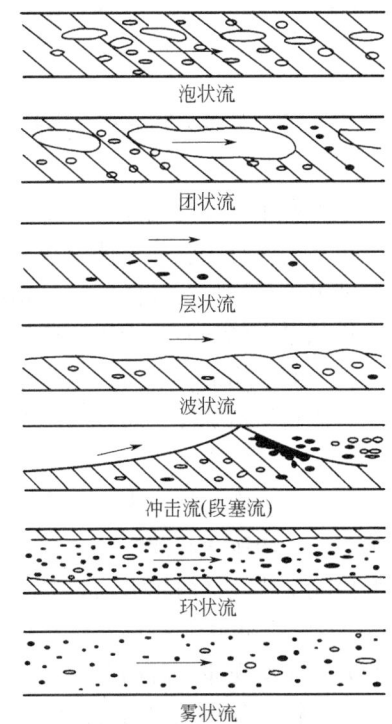

图 1-20 水平管中气液两相的流动型态

（5）冲击流（段塞流）。气体流速更大时，波浪加剧。波浪的顶部不时可高达管壁的上部。此时，低速的波浪将阻挡高速气流的通过，然后又被气流吹开和带走一小部分。被带走的液体，或散成液滴，或与气体一起形成泡沫。

（6）环状流。气体的量和流速继续增大，要求更大的断面供其通过。起初，气流将液体的断面压缩成新月形。随着气体流速的继续增大，液体断面将进一步变薄，并且沿管壁搭接成环形断面。于是，气体携带着液滴以较高的速度在环形液流的中央流过。

（7）雾状流。当气体的流速很大时，液体被气流吹散，以液滴或雾的形式随着高速气流向前流动。

区分不同的流型并研究其流动规律，对于气液两相管流计算是十分必要的。但由于其流动的复杂性，不同研究者根据自己在实验中的观察和实验结果，在计算中对流型的描述和划分方法及标准也不尽相同。除上述根据两相介质分布的外形划分外，还有按照流动的数学模型进行流型划分的方法。两类划分方法具有确定的对应关系，见表1-7。

表1-7 流动型态划分结果对应关系

划分方法	管路	划分结果					
两相介质分布外形	垂直	泡状流	雾状流	弹状流	段塞流	环状流	
	水平	泡状流	雾状流	团状流	冲击流（段塞流）	层状流	波状流	环状流
流动的数学模型	全部	分散流		间歇流		分离流		

气液两相混合物在倾斜管中流动时，其流动型态与管路的倾斜角有关。1987年巴尼（Barnea）根据前人和她自己的研究成果，提出了能够判别倾斜角度为-90°~+90°范围内气液两相全部流动型态的统一模型，它也可以用于垂直管流和水平管流。

二、气液两相管流的研究模型

气液两相流动的规律比单相流动复杂得多，它不仅与两相介质存在的比例有关，而且与其分布状况等有关。为了便于研究，常采用简化的模型进行处理，以探讨其流动规律。其中常用的模型有均相流动模型、分相流动模型和流动型态模型。

均相流动模型简称为均流模型，它是把气液两相混合物看成均匀介质，其流动的参数取两相介质的平均值，从而按照单相介质来处理其流体动力学问题。这种模型对泡状流和雾状流具有较高的精确性，对其他流型误差大。均流模型计算简单、使用方便，在工程中曾被广泛应用。

分相流动模型简称为分流模型，它是把气液两相看成气、液相各自分开的流动，每相介质都有其平均流速和独立的物性参数，并建立每相介质的流体动力特性方程。该模型比均流模型更能反映气液两相流动状况的变化，但其计算较均流模型复杂。

流动型态模型是将气液两相流动分成几种典型的流型，然后按照不同流型的流动机理分别研究其流动规律。流动型态模型在数学计算上非常复杂，一般需要借助计算机进行求解。但由于它根据各种流型的特点建立相应的关系式，从而能深入地研究两相流动的实质。这种模型不仅具有普遍意义，而且具有较高的精确性，是今后气液两相流动的研究方向。

三、气液两相管流压力梯度计算方法

由于气液两相管流流动机理的复杂性,建立普遍适用于油气井生产系统压力梯度的计算方法是很困难的。20 世纪 60 年代以哈格多恩—布朗（Hagedorn-Brown）、奥齐思泽斯基（Orkiszewski）等为代表的方法,能够适用于垂直管中气液两相流动压力梯度的计算。20 世纪 70 年代,贝格斯—布里尔（Beggs-Brill）给出了能够适用于 $-90°\sim+90°$ 倾斜管中气液两相流动压力梯度的计算方法,20 世纪 80 年代马克赫杰（Mukherjee）—布里尔对此做了进一步的改进。20 世纪 90 年代以来,出现了基于流动型态模型的计算方法,如安萨瑞（Ansari）、乔克希（Chokshi）等的垂直管压力梯度计算模型,卡亚（Kaya）、戈梅斯（Gomez）等的倾斜（$-90°\sim+90°$）管综机械模型。这些模型的计算较为复杂,目前工程应用还不多。因此,现以适用于垂直管流计算的阻力系数法和适用于倾斜管流计算的马克赫杰-布里尔方法为例,说明气液两相管流压力梯度的计算方法,并概述环形空间两相流动及油、气、水混合物多相流动的常用处理方法。

1. 阻力系数法

1952 年波埃特曼—卡彭特（Poettmann-Carpenter）在忽略加速度项后,根据多相垂直管流能量方程提出了计算气液两相垂直管流压力梯度的阻力系数法,1979 年大庆石油学院陈家琅等根据大庆油田 112 口自喷井资料得出了阻力系数公式。

1）压力梯度

当油井的产量不是特别大时,油、气、水混合物在两个过流断面之间的动能差是很小的,可以忽略不计,则油、气、水混合物在两个过流断面之间的平均压力梯度方程为

$$\frac{\Delta p}{\Delta z}=\bar{\rho}_{\mathrm{m}}g+\lambda\,\frac{\bar{\rho}_{\mathrm{m}}}{d}\,\frac{\bar{v}_{\mathrm{m}^2}}{2} \tag{1-99}$$

或

$$\frac{\Delta p}{\Delta z}=\bar{\rho}_{\mathrm{m}}g+\lambda\,\frac{q_{\mathrm{o}}^{2}G_{\mathrm{t}}^{2}}{1.234d^{5}\bar{\rho}_{\mathrm{m}}} \tag{1-100}$$

式中 $\frac{\Delta p}{\Delta z}$——两个过流断面之间的平均压力梯度,Pa/m;

$\bar{\rho}_{\mathrm{m}}$——两个过流断面之间油、气、水混合物的平均密度,kg/m³;

$\bar{v}_{\mathrm{m}}$——两个过流断面之间油、气、水混合物的平均流速,m/s;

λ——油气水混合物的阻力系数;

d——管径,m;

q_{o}——地面脱气原油的产量,m³/s;

G_{t}——伴随每生产 1m³ 地面脱气原油同时产出的油、气、水混合物的总质量,kg/m³。

2）油、气、水混合物的平均流速、总质量及平均密度

沿井筒自下而上的各个过流断面上,油、气、水混合物的总质量为一常数,但其体积流量逐渐增大。为了研究方便,需要找出一个不变的体积作为研究的基础。在稳定生产时,单位时间内生产的地面脱气原油的体积是不变的。取 1m³ 地面脱气原油的体积作为分析的基础,则在某压力 p 和温度 T 下（井筒某过流断面处）油、气、水混合物的总体积流量为

$$q_m = q_o V_t \tag{1-101}$$

式中　V_t——在某压力 p 和温度 T 下，伴随每生产 $1m^3$ 地面脱气原油的同时产出油、气、水混合物的总体积，m^3/m^3。

伴随 $1m^3$ 地面脱气原油同时产出的油、气、水在地面及井筒中的数量可根据油、气、水的物理性质求得，见表1-8。

由此可得，当地面每生产 $1m^3$ 脱气原油时，在压力 p 和温度 T 下（某过流断面处）油气水混合物的总体积 V_t、流速 v_m、总质量 G_t 及密度 ρ_m 分别为

$$V_t = B_o + \frac{Zp_{sc}T}{pT_{sc}}(R_p - R_s) + V_w \tag{1-102}$$

$$v_m = \frac{q_o}{\pi d^2/4} V_t \tag{1-103}$$

$$G_t = \rho_o + \rho_{ng} R_p + \rho_w V_w \tag{1-104}$$

$$\rho_m = \frac{G_t}{V_t} \tag{1-105}$$

表1-8　伴随 $1m^3$ 地面脱气原油同时产出的油、气、水在地面及井筒中的数量

物理量	位置	状态	油	气	水
体积 m^3/m^3	地面	压力 p_{sc}，温度 T_{sc}	1	R_p	V_w
	井筒	压力 p，温度 T	B_o	$\frac{Zp_{sc}T}{pT_{sc}}(R_p - R_s)$	V_w
质量 kg/m^3	地面	压力 p_{sc}，温度 T_{sc}	ρ_o	$R_p \rho_{ng}$	$\rho_w V_w$
	井筒	压力 p，温度 T	$\rho_o + \rho_{ng} R_s$	$(R_p - R_s)\rho_{ng}$	$\rho_w V_w$

注：R_p 为生产气油比，m^3/m^3；V_w 为生产水油比，m^3/m^3；ρ_{ng} 为生产的天然气密度，m^3/m^3。

当 p_1 和 p_2 相差不大时，可以用式(1-102)计算某压力范围（p_1 至 p_2）和相应的温度范围（T_1 至 T_2）内 V_t 的平均值 $\bar{V}_t$。只是式(1-102)中的 p 应该采用 p_1 和 p_2 的平均值 $\bar{p}$，T 应该采用 T_1 和 T_2 的平均值 $\bar{T}$。其他随压力和温度而变化的各个量（如 B_o，Z，R_s）也应采用相应于 $\bar{p}$ 和 $\bar{T}$ 下的数值，即

$$\bar{V}_t = B_o + \frac{\bar{Z}p_{sc}\bar{T}}{\bar{p}T_{sc}}(R_p - \bar{R}_s) + V_w \tag{1-106}$$

所以，平均速度为

$$\bar{v}_m = \frac{q_o}{\pi d^2/4}\bar{V}_t \tag{1-107}$$

平均密度为

$$\bar{\rho}_m = \frac{G_t}{\bar{V}_t} \tag{1-108}$$

3）阻力系数

油、气、水混合物的阻力系数 λ 与气液两相混合物雷诺数 Re_{tp} 之间的关系曲线可以回归为

$$\lambda = 10^{a_o + a_1 \lg Re_{tp} + a_2(\lg Re_{tp})^2} \quad 0.1 \leqslant \lambda \leqslant 10 \tag{1-109}$$

其中

$$Re_{\mathrm{tp}} = Re_{\mathrm{sg}}^{\frac{10K}{10K+1}} Re_{\mathrm{sl}}^{\exp(1/K)} \quad (1\text{-}110)$$

$$Re_{\mathrm{sg}} = d \frac{q_{\mathrm{o}}(R_{\mathrm{P}}-R_{\mathrm{s}})\rho_{\mathrm{ng}}}{\pi d^2/4} \frac{1}{u_{\mathrm{g}}} \quad (1\text{-}111)$$

$$Re_{\mathrm{sl}} = d \frac{q_{\mathrm{o}}(\rho_{\mathrm{o}}+\rho_{\mathrm{ng}}R_{\mathrm{s}}+\rho_{\mathrm{w}}V_{\mathrm{w}})}{\pi d^2/4} \frac{1}{u_{\mathrm{l}}} \quad (1\text{-}112)$$

$$K = \frac{(R_{\mathrm{P}}-R_{\mathrm{s}})\rho_{\mathrm{ng}}}{\rho_{\mathrm{o}}+\rho_{\mathrm{ng}}R_{\mathrm{s}}+\rho_{\mathrm{w}}V_{\mathrm{w}}} \quad (1\text{-}113)$$

$$a_{\mathrm{o}} = \frac{-2.01919}{(100K)^5+0.12378} + 36.38606 - 2.85044(100K) + 0.21200(100K)^2 \quad (1\text{-}114)$$

$$a_1 = \frac{1.02862}{(100K)^{4.95712}+0.10732} - 17.15179 + 1.93051(100K) - 0.12118(100K)^2 \quad (1\text{-}115)$$

$$a_2 = \frac{-0.15604}{(100K)^5+0.10732} + 1.88304 - 0.25857(100K) + 0.01549(100K)^2 \quad (1\text{-}116)$$

式中　Re_{sg}——气相折算雷诺数；

　　　Re_{sl}——液相折算雷诺数；

　　　K——气液质量比，kg/kg。

2. Beggs-Brill 方法

Beggs-Brill 方法是可用于水平、垂直和任意倾斜气液两相管流计算的方法。它是 Beggs 和 Brill 根据在长 15m、直径分别为 25.4mm 和 38mm 的聚丙烯管中，用空气和水进行实验的基础上提出的，也是目前用于斜直井、定向井和水平井井筒多相流动计算的一种较普遍的方法。

试验工作是实验管倾斜度分别为 ±0°、±5°、±10°、±20°、±35°、±55°、±75°、±90° 情况下，气体流量 $0 \sim 0.098\mathrm{m}^3/\mathrm{s}$、液体流量 $0 \sim 0.0019\mathrm{m}^3/\mathrm{s}$、持液率（液相存容比）$0 \sim 0.87\mathrm{m}^3/\mathrm{m}^3$、系统压力 $0.241 \sim 0.655\mathrm{MPa}$、压力梯度 $0 \sim 0.0166\mathrm{MPa/m}$、倾斜度 $-90° \sim +90°$ 以及水平管气液两相流动的全部流型范围内进行的。在每种倾角下调节不同的气液流量和观察流型，并测量持液率和压力梯度。

假设气液混合物既未对外作功，也未受外界功，则单位质量气液混合物稳定流动的机械能守恒方程为

$$-\frac{\mathrm{d}p}{\mathrm{d}Z} = \rho g \sin\theta + \rho \frac{\mathrm{d}E}{\mathrm{d}Z} + \rho v \frac{\mathrm{d}v}{\mathrm{d}Z} \quad (1\text{-}117\mathrm{a})$$

式中　p——压力；

　　　ρ——气液混合物平均密度；

　　　g——重力加速度；

　　　v——混合物平均流速；

　　　$\mathrm{d}E$——单位质量的气液混合物的机械能量损失；

　　　Z——垂向坐标；

　　　θ——管线与水平方向的夹角。

式(1-117a)右端三项表示了气液两相管流的压力降消耗于三个方面，即位差、摩擦和加速度：

$$-\frac{\mathrm{d}p}{\mathrm{d}Z}=\left(\frac{\mathrm{d}p}{\mathrm{d}Z}\right)_{位差}+\left(\frac{\mathrm{d}p}{\mathrm{d}Z}\right)_{摩擦}+\left(\frac{\mathrm{d}p}{\mathrm{d}Z}\right)_{加速度} \tag{1-117b}$$

1) 位差压力梯度

消耗于混合物静水压头的压力梯度：

$$\left(\frac{\mathrm{d}p}{\mathrm{d}Z}\right)_{位差}=\rho g\sin\theta=[\rho_1 H_1+\rho_g(1-H_1)]g\sin\theta \tag{1-117c}$$

2) 摩擦压力梯度

克服管壁流动阻力消耗的压力梯度：

$$\left(\frac{\mathrm{d}p}{\mathrm{d}Z}\right)_{摩擦}=\lambda\frac{v^2}{2D}\rho=\lambda\frac{G/A}{2D}v \tag{1-117d}$$

式中 λ——流动阻力系数；
D——管的流通截面积；
G——混合物的质量流量。

3) 加速度压力梯度

由于动能变化而消耗的压力梯度：

$$\left(\frac{\mathrm{d}p}{\mathrm{d}Z}\right)_{加速度}=\rho v\frac{\mathrm{d}v}{\mathrm{d}Z} \tag{1-117e}$$

忽略液体压缩性和考虑到气体质量流速变化远远小于气体密度变化，并应用气体状态方程，则由式(1-117e)可导出

$$\left(\frac{\mathrm{d}p}{\mathrm{d}Z}\right)_{加速度}=-\frac{\rho v v_{\mathrm{sg}}}{p}\frac{\mathrm{d}p}{\mathrm{d}Z} \tag{1-117f}$$

其中

$$v_{\mathrm{sg}}=Q_{\mathrm{g}}/A$$

式中 v_{sg}——气相表观（折算）流速；
Q_{g}——气体体积流量。

4) 总压力梯度

由式(1-117b)至式(1-117f)可得到总压力梯度为

$$-\frac{\mathrm{d}p}{\mathrm{d}Z}=[\rho_1 H_1+\rho_g(1-H_1)]g\sin\theta+\lambda\frac{Gv}{2DA}-\frac{[\rho_1 H_1+\rho_g(1-H_1)]vv_{\mathrm{sg}}}{p}\frac{\mathrm{d}p}{\mathrm{d}Z} \tag{1-117g}$$

整理式(1-117g)得

$$-\frac{\mathrm{d}p}{\mathrm{d}Z}=\frac{[\rho_1 H_1+\rho_g(1-H_1)]g\sin\theta+\dfrac{\lambda Gv}{2DA}}{1-\{[\rho_1 H_1+\rho_g(1-H_1)]vv_{\mathrm{sg}}\}/p} \tag{1-118}$$

式(1-118)便是Beggs-Brill方法所采用的基本方程，实际上也是其他一些方法所采用的方程，只是其中 H_1 和 λ 的计算有所不同。

3. 马克赫杰—布里尔方法

1985年马克赫杰—布里尔根据他们的实验研究结果，给出了气液两相倾斜管流的压力梯度计算方法，它能够适应直井、斜井、水平井井筒及地面管线压力梯度的计算。马克赫

杰—布里尔所用的实验管路为内径 38mm 的普通钢管,管路呈倒"U"形,中部可以升降,使其两侧管路与水平方向的夹角能在 0°~90°范围变化。实验所用气相为空气,液相分别为煤油和润滑油两种。

1) 压力梯度

取坐标 z 的正向与流体的流动方向相反,则压力梯度方程为

$$\frac{dp}{dz}=\frac{\rho_m g\sin\theta+f_m\rho_m v_m^2/(2d)}{1-\rho_m v_m v_{sg}/p} \quad (1-119)$$

2) 持液率

马克赫杰—布里尔根据所测得的实验数据,通过回归分析,给出的气液两相倾斜管流的持液率相关规律为

$$H_1=\exp\left[(c_1+c_2\sin\theta+c_3\sin^2\theta+c_4 N_1^2)\frac{N_{vg}^{c_5}}{N_{vl}^{c_6}}\right] \quad (1-120)$$

其中

$$N_1=u_1\left(\frac{g}{\rho_1\sigma^3}\right)^{1/4} \quad (1-121)$$

$$N_{vl}=v_{sl}\left(\frac{\rho_1}{g\sigma}\right)^{1/4} \quad (1-122)$$

$$N_{vg}=v_{sg}\left(\frac{\rho_1}{g\sigma}\right)^{1/4} \quad (1-123)$$

式中 σ——液相的表面张力;

u_1——液相的黏度;

c_1,c_2,c_3,c_4,c_5,c_6——系数,见表 1-9。

3) 流动型态

马克赫杰—布里尔在计算气液两相混合物摩阻系数时考虑了流动型态的变化,流动型态由式(1-122) 判别,即

$$N_{vgsm}=10^{1.401-2.694 N_1+0.521 N_{vl}^{0.329}} \quad (1-124)$$

表 1-9 马克赫杰—布里尔持液率公式回归系数

流动方向	流型	系数					
		c_1	c_2	c_3	c_4	c_5	c_6
向上和水平	全部	-0.380113	-0.129875	-0.119788	2.343227	0.475686	0.288657
向下	分层流	-1.330282	4.808139	4.171584	56.262268	0.079951	0.504887
	其他	-0.516644	0.789805	0.551627	15.519214	0.371771	0.393952

若 $N_{vg}\geqslant N_{vgsm}$,则为环雾流,否则为泡状流—段塞流。

4) 摩阻系数

对于泡状流—段塞流,气液两相混合物摩阻系数 f_m 用无滑脱摩阻系数 f_{ns} 表示,可查莫迪摩阻系数图或由式(1-125) 计算:

$$f_{ns} = \begin{cases} \dfrac{64}{Re_{ns}} & Re_{ns} \leqslant 2300 \\ \left[1.14 - 21g\left(\dfrac{e}{d} + \dfrac{21.25}{Re_{ns}^{0.9}}\right)\right]^{-2} & Re_{ns} > 2300 \end{cases} \qquad (1-125)$$

无滑脱雷诺数 $\qquad Re_{ns} = v_m \rho_{ns} d / u_{ns} \qquad (1-126)$

无滑脱混合物密度 $\qquad \rho_{ns} = (1-H_1')\rho_g + H_1'\rho_1 = \dfrac{q_g \rho_g + q_1 \rho_1}{q_g + q_1} \qquad (1-127)$

无滑脱混合物黏度 $\qquad u_{ns} = (1-H_1')u_g + H_1'u_1 \qquad (1-128)$

无滑脱持液率 $\qquad H_1' = v_{s1}/v_m \qquad (1-129)$

对于普通新油管，其管壁绝对粗糙度可取 $e=0.01524mm$，实际取值时应考虑油管腐蚀与结垢情况。

对于环雾流，气液两相混合物摩阻系数 f_m 考虑为相对持液率 H_r 和无滑脱摩阻系数 f_{ns} 的函数，确定以下步骤。

(1) 计算相对持液率：

$$H_r = H_1'/H_1 \qquad (1-130)$$

(2) 根据 H_r 按表1-10确定摩阻系数比 f_r。

(3) 根据 Re_{ns} 由摩阻系数公式式(1-125)计算无滑脱摩阻系数 f_{ns}。

(4) 计算气液两相混合物摩阻系数，即

$$f_m = f_r f_{ns} \qquad (1-131)$$

表1-10　H_r 与 f_r 的关系

H_r	0.01	0.20	0.30	0.40	0.50	0.70	1.00
f_r	1.00	0.98	1.20	1.25	1.30	1.25	1.00

4. 环空气液两相流动的处理方法

气液混合物在有杆泵抽油井的油管及油套环空中的流动均为环形空间中的气液两相流动，这种流动较之圆管中的气液两相流动要复杂得多。目前，工程中常用水力相当直径方法，即对管径和管壁粗糙度进行修正，从而将圆管中的研究成果扩展到环空。

1) 水力相当直径

水力半径 R 的定义为过流断面 A 与湿周 χ 之比，即

$$R = A/\chi \qquad (1-132)$$

直径为 d 的圆管，其水力半径为

$$R = \dfrac{A}{\chi} = \dfrac{\pi d^2/4}{\pi d} = \dfrac{d}{4} \qquad (1-133)$$

式(1-133)表明，作为水力特性长度，圆管的直径是水力半径的4倍。

对于环空而言，人们参照圆管的情况，取环空的水力相当直径 d_e 为环空水力半径 R 的4倍，即

$$d_e = 4R \qquad (1-134)$$

于是，环空流动的计算中，可用水力相当直径 d_e 代替涉及管径为一次方关系式中的管径，如雷诺数和摩阻。但计算流速时，仍用实际过流断面的面积。

2）相当粗糙度

1976年科尼什（Cornish）提出，环空的相当粗糙度 e_e 可以按照下式计算，即

$$e_e = e_o \left(\frac{d_o}{d_o + d_i} \right) + e_i \left(\frac{d_i}{d_o + d_i} \right) \tag{1-135}$$

式中　e_e——环空相当粗糙度；

e_i，e_o——环空内管、外管的有效粗糙度，取值时应考虑环空壁面的腐蚀与结垢情况。

5. 油、气、水混合物多相流动的处理方法

在油井中，经常遇到的是油、气、水混合物的多相流动，但目前人们对其流动规律的研究甚少，绝大多数研究者仍然还只能把注意力集中在气液两相流动上，而只在进行液相物性参数计算时，常按照油水混合物的体积含水率来处理水对液相物性参数的影响，即

$$\rho_l = (1-f_w)\rho_o + f_w \rho_w \tag{1-136}$$
$$u_l = (1-f_w)u_o + f_w u_w \tag{1-137}$$
$$\sigma_l = (1-f_w)\sigma_o + f_w \sigma_w \tag{1-138}$$

式中　ρ_o，ρ_w，ρ_l——油、水及其混合物的密度；

u_o，u_w，u_l——油、水及其混合物的黏度；

σ_o，σ_w，σ_l——油、水及其混合物的表面张力；

f_w——油水混合物的体积含水率。

四、气液两相管流压力分布计算步骤

按气液两相管流的压力梯度公式计算沿程压力分布时，影响流体流动规律的各项物理参数（密度、黏度等）及混合物的密度、流速都随压力和温度而变，而沿程压力梯度并不是常数，因此气液两相管流要分段计算以提高计算精度。同时计算压力分布时要先给出相应管段的流体物性参数，而这些参数又是压力和温度的函数，压力却又是计算中要求的未知数。因此，通常每一管段的压力梯度均需采用迭代法进行。有两种迭代方法：用压差分段、按长度增量迭代和用长度分段、按压力增量迭代。

以 Beggs-Brill 方法为例，用压差分段、按长度增量迭代的步骤是：

（1）已知任一点（井口或井底）的压力 p_0 作为起点，任选一个合适的压力降 Δp 作为计算的压力间隔；

（2）估计一个对应 Δp 的长度增量 ΔL，以便根据温度梯度估算该段下端的温度 T_1；

（3）计算该管段的平均温度 $\overline{T}$ 及平均压力 $\overline{p}$，并确定在该 $\overline{T}$ 和 $\overline{p}$ 下的全部流体性质参数；

（4）计算该管段的压力梯度 $\dfrac{dp}{dL}$；

（5）计算对应于 Δp 的该段管长 $\Delta L = \dfrac{\Delta p}{dp/dL}$；

（6）将第（5）步计算得的 ΔL 与第（2）步估计的 ΔL 进行比较，两者之差超过允许范围，则以计算的 ΔL 作为估计值，重复第（2）至第（5）步的计算，直至两者之差在允许范

围 ε_0 内为止；

（7）计算该管段下端对应的长度 L_i 及压力 p_i

$$L_i = \sum_{i=1}^{n} L_i, p_i = p_0 + i\Delta p (i = 1,2,3,\cdots,n)$$

（8）以 L_i 处的压力为起点，重复第（2）至第（7）步，计算下一管段的长度 L_{i+1} 和压力 p_{i+1}，直到各段的累加长度等于或大于管长（$L_n \geqslant L$）时为止。

图1-21为Beggs-Brill方法用长度增量迭代的多相管流压力分布计算框图。

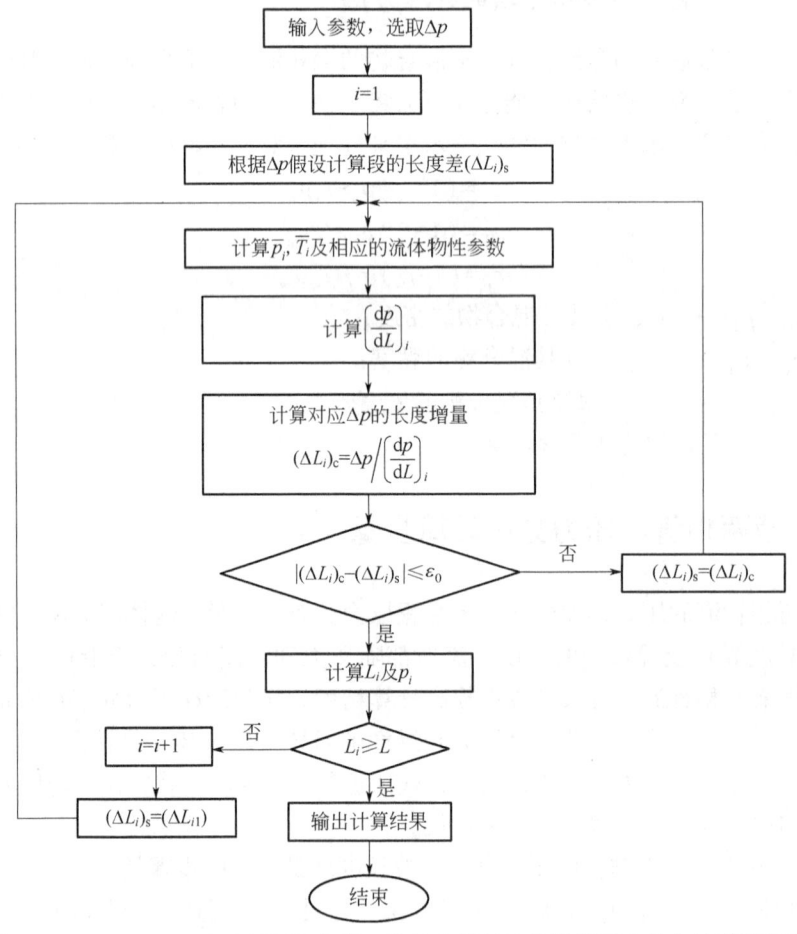

图1-21　Beggs-Brill方法用压差分段、按长度增量迭代计算压力分布的程序框图

用长度差分段、按压力增量迭代的步骤与上述步骤类似，只是要选取合适的 ΔL，估计 ΔL 对应的压力增量 Δp。

思政新篇　**大庆精神之三老四严**（视频1-3）。

视频1-3　大庆精神：三老四严

第三节　嘴流动态

油嘴是调节和控制自喷井产量的装置，位于自喷井井口位置（图1-22）。一般情况下，在选择井口的油嘴的大小时，除要求保证油井高产稳产外，还要求油井的生产能够保持稳定，即地面管线的压力波动不影响油井产量。为此有必要对气液混合物通过油嘴的流动规律进行分析。

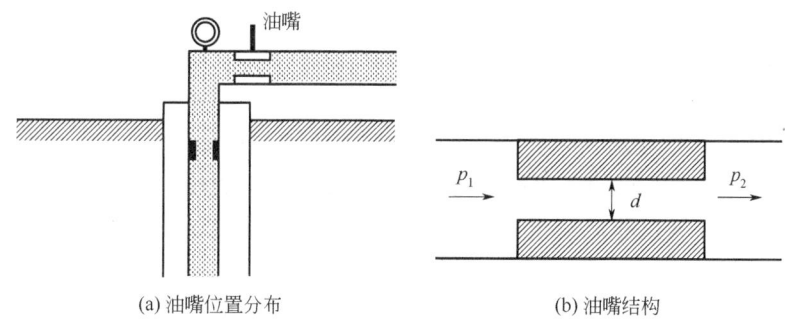

图1-22　油嘴位置及结构示意图

一、单相气体嘴流

气液混合物通过油嘴的流动规律较为复杂，因此，首先对单相气体通过油嘴的流动规律进行分析，以便为研究气液混合物通过油嘴的流动规律奠定基础。

将高压气体稳定通过油嘴视为绝热过程，并忽略其能量损失及位能变化，则有

$$\rho = \rho_1 \left(\frac{p}{p_1}\right)^{\frac{1}{k}} \tag{1-139}$$

得到气体通过油嘴后的密度为

$$\rho_2 = \rho_1 \left(\frac{p_2}{p_1}\right)^{\frac{1}{k}} \tag{1-140}$$

根据气体稳定流动能量方程

$$\frac{\mathrm{d}p}{\rho} + v\mathrm{d}v = 0 \tag{1-141}$$

将式(1-141)积分，得

$$\frac{v_2^2 - v_1^2}{2} = -\int_{p_1}^{p_2} \frac{\mathrm{d}p}{\rho} \tag{1-142}$$

通过油嘴的体积流量一定，由于油嘴面积远小于油管面积，因此，v_1远小于v_2，可以忽略v_1^2。

将密度计算公式(1-140)代入式(1-142)，并积分得

$$v_2 = \sqrt{\frac{2k}{k-1} \frac{p_1}{\rho_1} \left[1 - \left(\frac{p_2}{p_1}\right)^{\frac{k-1}{k}}\right]} \tag{1-143}$$

因此，得到标准状态下通过油嘴的气体流量，为

$$q_{sc} = \frac{4.066 \times 10^3 p_1 d_{ch}^2}{\sqrt{\gamma_g T_1 Z_1}} \sqrt{\frac{k}{k-1}\left[\left(\frac{p_2}{p_1}\right)^{\frac{2}{k}} - \left(\frac{p_2}{p_1}\right)^{\frac{k+1}{k}}\right]} \tag{1-144}$$

式中 q_{sc}——标准状态下通过油嘴的气体流量，m^3/d；

d_{ch}——油嘴直径，mm；

p_1——油嘴入口端面处的压力，MPa；

p_2——油嘴出口端面处的压力，MPa；

γ_g——气体的相对密度；

T_1——油嘴入口端面处的温度，K；

Z_1——入口处气体的压缩因子；

k——气体绝热指数。

式（1-144）为通过油嘴的气量与压力之间的关系式，利用此式可做出如图1-23所示的曲线，并求得最大气量和最大气量时油嘴出、入口端面处的压力比（临界压力比）分别为

$$q_{max} = \frac{4.066 \times 10^3 p_1 d_{ch}^2}{\sqrt{\gamma_g T_1 Z_1}} \sqrt{\left(\frac{k}{k-1}\right)\left[\left(\frac{2}{k+1}\right)^{\frac{2}{k-1}} - \left(\frac{2}{k+1}\right)^{\frac{k+1}{k-1}}\right]} \tag{1-145}$$

$$\frac{p_2}{p_1} = \left(\frac{2}{k+1}\right)^{\frac{k}{k-1}} \tag{1-146}$$

由此可知，在一定的油嘴直径 d_{ch} 及上游压力 p_1 下，当 $\frac{p_2}{p_1} > \left(\frac{2}{k+1}\right)^{\frac{k}{k-1}}$ 时，气体为非临界流动，气流速度比压力波的传播速度小，下游压力 p_2 的变化将会逆流向上传播，从而使流量发生变化；当 $\frac{p_2}{p_1} \leq \left(\frac{2}{k+1}\right)^{\frac{k}{k-1}}$ 时，气体为临界流动（即流体的流速达到压力波在该流体介质中的传播速度——声速），此时气流速度已等于或大于压力波的传播速度，下游压力 p_2 的变化已无法逆流向上传播，因而流量不随压力比 p_2/p_1 变化而保持定值（视频1-4）。

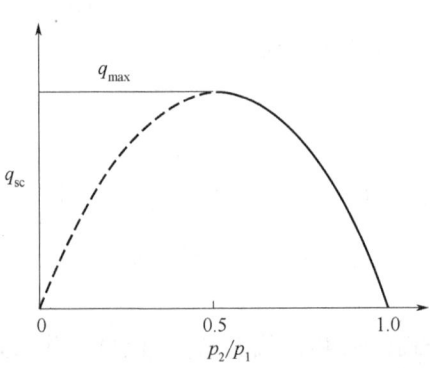

视频1-4 嘴流特性　　　　图1-23 q_{sc} 与 $\frac{p_2}{p_1}$ 的关系曲线

空气的临界压力比约为 0.528，天然气的约为 0.546。油气混合物从井底流到井口时，在油嘴前的油压 p_{wh} 和油嘴后的回压 p_B 作用下通过油嘴，由于油压较小，气体在井口膨胀，体积流量较大，而油嘴直径又很小，因此混合物流过油嘴时流速极高。一般认为在油气混合物中的声速小于单相介质中的声速，所以混合物通过油嘴也可达到临界流动。

二、气液两相嘴流

油气混合物通过油嘴的流动近似于单相气体的流动，当压力比不大于 0.528（空气的临界压力比）时，大体上在嘴内产生等于声速的流动速度。此时，通过油嘴的流量将不受油嘴后压力波动的影响，而只与油嘴前的压力有关，即

$$p_{wh} = \frac{cR_{go}^n q_o}{d_{ch}^m} \quad (1-147)$$

式中 p_{wh}——油压（即 p_1），Pa；
q_o——油的产量，m³/d；
R_{go}——气油比；
d_{ch}——油嘴直径，mm；
c, m, n——与流体性质等有关的经验常数，见表 1-11。

式（1-147）是嘴流参数之间的关系式，即气油比、油嘴直径一定时，在临界流动条件下，产量和井口油压成线性关系。当油井以临界流动通过油嘴生产时，油压与流量的关系受油藏尺寸的控制，而油井产量不会由于地面管线压力等下游压力干扰而产生波动，这也是保障整个生产系统稳定生产的重要条件。实际生产中，还常根据油嘴这一性质，做出通过油嘴的压差 Δp 与产量 q_o 的关系曲线，称为油嘴特性曲线，如图 1-24 所示，对于有油嘴的生产系统，油嘴特性曲线是开展节点系统分析的重要依据。

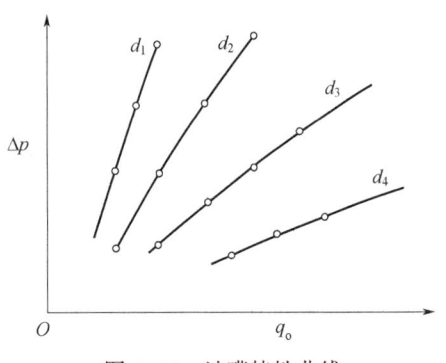

图 1-24 油嘴特性曲线

表 1-11 两相临界流动关系式经验常数

关系式	c	m	n
吉尔伯特（Gilbert）	0.2031	1.84	0.546
巴克森德尔（Baxendell）	0.1787	1.93	0.546
若斯（Ros）	0.2816	2.00	0.500
阿冲（Achong）	0.08948	1.88	0.650
皮莱瓦里（Pilehvari）	0.4942	2.11	0.313

习题

1. 采油指数的物理意义是什么？影响单相流与油气两相流采油指数的因素有何异同？
2. 单相气体渗流和单相液体渗流的流入动态有什么区别？
3. 为什么单相渗流时采油指数为一常数。
4. 已知 A 井产量为 $30\text{m}^3/\text{d}$，B 井的产量为 $20\text{m}^3/\text{d}$，能否认为 A 井产能高于比 B 井产能，请说明原因。
5. 请说明油井的表皮系数在什么情况下可能小于零。
6. 已知一六边形泄油面积为 $5\times10^4\ \text{m}^2$，其中心有一口油井，井底半径 $r_w=0.1\text{m}$，原油体积系数 $B_o=1.15$，表皮系数 $S=3$，油井系统试井数据见表 1-12。试根据所给的测试资料绘制 IPR 曲线，并求采油指数 J_o，地层压力 $\bar{p}_R$，流动系数 $\dfrac{K_o h}{u_o}$ 及井底流压 $p_{wf}=8.5\text{MPa}$ 时的产量。

表 1-12 油井系统试井数据

流压，MPa	11	10	9.5	9
产量，m^3/d	18.0	39.5	50.3	61.0

7. 某气井的供给边缘压力 $p_e=15.0\text{MPa}$，系统试井数据见表 1-13，试求其绝对无阻流量。

表 1-13 气井系统试井数据

流压，MPa	11.5	10.4	9.5	8.7
产量，m^3/d	181	209	228	242

8. 已知某井的油层平均压力 $\bar{p}_R=15\text{MPa}$，当井底流压 $p_{wf}=12\text{MPa}$ 时测得产量 $q_o=25.6\text{m}^3/\text{d}$。试利用沃格尔方程绘制该井的 IPR 曲线。

9. 某井稳定试井结果为：当 $p_{wf}=12\text{MPa}$ 时，产量 $q_o=30\text{m}^3/\text{d}$；当 $p_{wf}=7\text{MPa}$ 时，产量 $q_o=76.8\text{m}^3/\text{d}$。试利用沃格尔方程绘制该井的 IPR 曲线。

10. 已知某井 $\bar{p}_R=14\text{MPa}<p_b$，当 $p_{wf}=11\text{MPa}$ 时 $q_o=30\text{m}^3/\text{d}$，FE=0.7。试求该井的 IPR 曲线。

11. 已知某井 $\bar{p}_R=14\text{MPa}<p_b$，当 $p_{wf}=12\text{MPa}$ 时 $q_o=35\text{m}^3/\text{d}$，FE=2.3。试求该井的 IPR 曲线。

12. 已知某井 $\bar{p}_R=16\text{MPa}$，$p_b=13\text{MPa}$，$p_{wf}=15\text{MPa}$ 时的产量 $q_o=25\text{m}^3/\text{d}$，试求 $p_{wf}=10\text{MPa}$ 时的产量与采油指数，并绘制该井的 IPR 曲线。

13. 已知某井 $\bar{p}_R=16\text{MPa}$，$p_b=13\text{MPa}$，$p_{wf}=8\text{MPa}$ 时产量 $q_o=80\text{m}^3/\text{d}$。试计算 p_{wf} 为 15MPa 和 6MPa 的产量及采油指数。

14. 试分析多油层油藏的油井产量、含水率与油、水层压力及采油指数、采水指数的关系。

15. 试分析当水层压力高于油层压力时，油井含水率随井底流压的变化。
16. 试述用管长分段、按压力增量迭代，求两相管流压力分布的计算步骤。
17. 计算气液两相管流压力梯度的阻力系数法与马克赫杰-布里尔方法的基本思路有何异同？
18. 临界流动的特点是什么？它在油井管理中有何应用？
19. 试用沃格尔方程推导得到采油指数大小的表达式。
20. 试推导关系式：$q_c = \dfrac{p_b}{1.8} J_o$。

参考文献

[1] KE 布朗. 升举法采油工艺（卷一）[M]. 北京：石油工业出版社，1987.

[2] 李晓平，李治平. 两相采油指数与单相采油指数的关系及其应用 [J]. 石油钻采工艺，1995，17（3）：51-54.

[3] 李璗，正卫红，王爱华. 水平井产量公式分析 [J]. 石油勘探与开发，1997，24（5）：76-79.

[4] 陈元千. 无因次 IPR 曲线通式的推导及线性求解方法 [J]. 石油学报，1986，7（2）：63-73.

[5] 万仁溥. 水平井开采技术 [M]. 北京：石油工业出版社，1995.

[6] 陈家琅，陈涛平. 石油气液两相管流 [M]. 北京：石油工业出版社，2010.

[7] 陈家琅，陈涛平，魏兆胜. 抽油机井的气液两相流动 [M]. 北京：石油工业出版社，1994.

[8] Babu D K, Odeh A S. Productivity of a Horizontal Well [J]. SPERE, 1989, (4): 417-421.

[9] Benddakhlia H, Aziz K. Inflow Performance Relationships for Solution-Gas Drive Horizontal Wells [C]. SPE 19823, 1989.

[10] Cheng A M. Inflow Performance Relationships for Solution-Gas Drive Slanted/Horizontal Wells [C]. SPE 20720, 1990.

[11] Cinco H, Miller F G, Ramey H J. Unsteady State Pressure Distribution Created by a Directionally Drilled Well [J]. JPT, 1975, 27 (11): 1392-1400.

[12] Fetkovich M J. The Isochronal Testing of Oil Wells [C]. SPE 4529, 1973.

[13] Joshi S D. Production Forecasting Methods for Horizontal Well [C]. SPE 17580, 1988.

[14] Joshi S D. Augmentation of Well Productivity Using Slant and Horizontal Wells [J]. JPT, 1988, 40 (6): 729-739.

[15] Standing M B. Inflow Performance Relationship for Damaged Wells Producing by Solution Gas Drive [J]. JPT, 1970, 22 (11): 1399-1400.

[16] Vogel J V. Inflow Performance Relationships for Solution-Gas Drive Wells [J]. JPT, 1968, 20 (1): 83-92.

[17] Wiggins M L, Russell J E, Jennings J W. Analytical Development of Vogel Type Inflow Performance Relationships [C]. SPE 23580, 1996.

[18] Wiggins M L, Russell J E, Jennings J W. Analytical Inflow Performance Relationships for Three- phase Flow in Bounded Reservoirs [C]. SPE 24055, 1992.

[19] 金海英. 油气井生产动态分析 [M]. 北京: 石油工业出版社, 2010.

[20] 阎昌琪. 气液两相流 [M]. 3版. 哈尔滨: 哈尔滨工程大学出版社, 2017.

[21] 金潮苏, 范昆仑, 高书香. 采油工程 [M]. 2版. 北京: 石油工业出版社, 2015.

[22] 万仁溥. 中国采油工程 [M]. 北京: 石油工业出版社, 2015.

[23] 吴奇. 采油工程方案设计 [M]. 北京: 石油工业出版社, 2022.

第二章 自喷采油及节点系统分析

本章要点

本章以自喷井生产系统和油气井生产系统节点概念为基础,介绍了自喷井能量与消耗、自喷井生产管理、自喷井的分层开采、生产协调点理论原理,开展了自喷井生产系统分析、普通节点分析和函数节点分析。

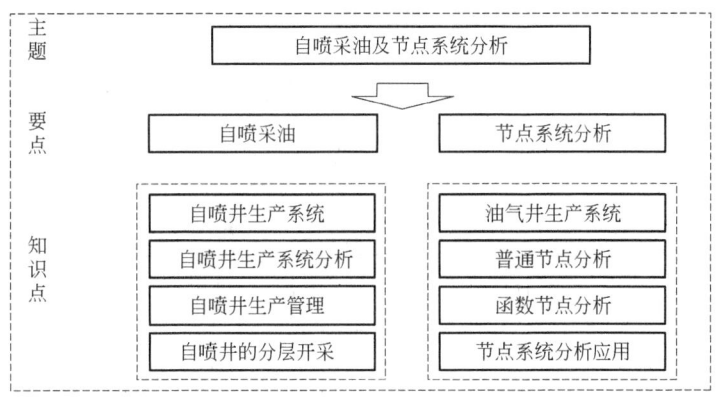

采油方法通常是指将流到井底的原油采到地面上所采用的方法,其中包括自喷采油法和人工举升两大类。利用油层自身的能量使油喷到地面的方法称为自喷采油法;当油层能量低,不能自喷生产时,则需要人们利用一定的机械设备给井底的油流补充能量,从而将油采到地面,这种采油方法称为人工举升或机械采油法。按照给井底油流补充能量的方式,人工举升方法还可以进一步细分:

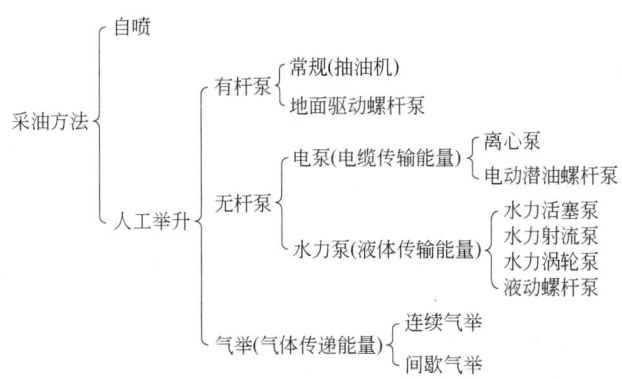

本章介绍自喷采油方法,并以自喷井生产系统分析为例,介绍能够使油气井最优化生产的节点系统分析方法,其他采油方法将在后续两章中介绍。

第一节　自喷采油

视频 2-1
自喷采油

自喷井生产系统中,原油依靠油层所提供的压能克服重力及流动阻力自行流动,不需人为地补充任何能量。因此,自喷采油设备简单、管理方便、经济效益好,备受人们的青睐(视频2-1)。

一、自喷井生产系统

自喷井系统组成如图 2-1 所示,它分为井筒设备和地面设备。井筒设备包括油管、封

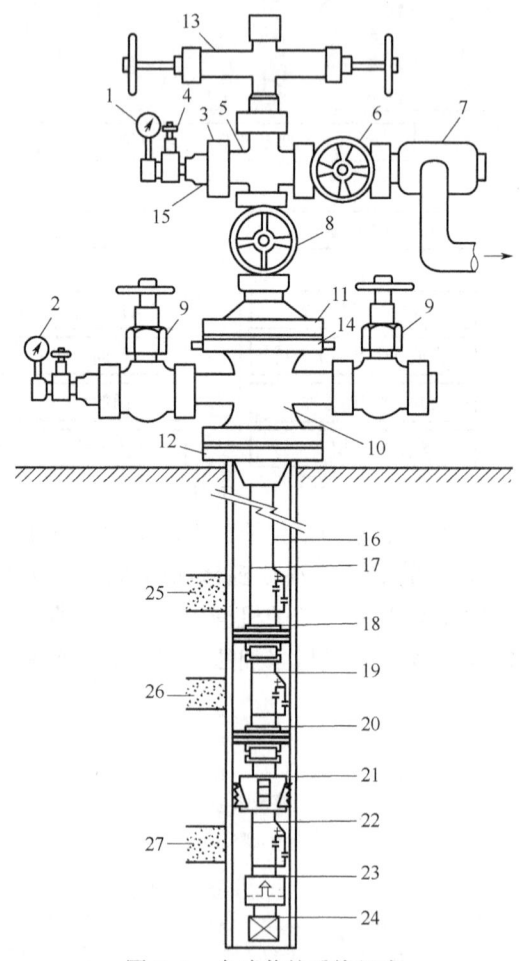

图 2-1　自喷井的系统组成

1—油压表;2—套压表;3—卡箍;4—压力表控制阀;5—油管四通;6—生产阀门;7—油嘴套;
8—总阀门;9—套管阀门;10—油管头;11—油管头上法兰;12—套管法兰;
13—清蜡阀门;14—顶丝法兰;15—接头;16—油管;17,19,22—配产器;
18,20—封隔器;21—支撑器;23—撞击器;24—丝堵;25,26,27—油层

隔器、配产器等，地面设备包括井口装置（内有油嘴）等。油井不采用分层开采（合采）时，自喷井就不需下入封隔器和配产器，这样，自喷井中的管柱结构就更加简单。

1. 生产系统

1）油管

油管是在油井套管中下入的一根直径较小的钢管，它是油、气从井底流到井口的通道。套管中下入油管后，从井口到井底形成了油管和油套环形空间两个通道，油套环形空间的作用是测试井底生产动态资料、油井洗井时与油管形成回路、安装配产器以控制各油层的产量等。自喷井的油管一般下入到油层中部以下。油管的直径要适合于油气的产量，这与井筒中能量的利用和消耗有关，直径越小，气体的膨胀能利用率越高，但摩擦消耗的能量也越多；直径越大，摩擦消耗的能量越小，但气体的膨胀能利用率也越低。所以要合理选择油管直径，充分利用能量。油田常用的油管直径为 $\Phi 62mm$、$\Phi 75mm$ 等。

2）封隔器

封隔器是用来封堵油套环形空间，以便对油田进行分层开采及进行特殊作业的一种井下工具。封隔器连接在油管上一同下入井筒套管中，它在工作时起密封作用的橡胶筒胀开，将油套环形空间封堵住；在需要起出时，橡胶筒恢复原状，可随油管一起从油井中取出。

封隔器的种类繁多，其主要作用是将各油层封隔成互不干扰的独立系统，因此，对它的基本要求是封得严，工作可靠，起出、下入方便，耐高温高压，抗油和抗腐蚀性好。

3）配产器

配产器是用于油井分层开采工艺的工具。配产器与油管相连接，其中装有油嘴，它和封隔器配套使用可起到井下配产的作用。配产器是通过选择安装不同直径的油嘴来进行配产的。封隔器把不同产能的油层分隔开来，各个油层流出的油要流过各个配产器中不同直径的油嘴，才能在油管中汇合。原油流过直径大的油嘴能量损失小而流过直径小的油嘴能量损失大。这样，在对应高压油层的配产器中安装小直径的油嘴，在对应低压油层的配产器中安装大直径的油嘴，可使各油层的产能得以发挥，产油量达到配产的要求。

配产器既要为所对应的油层控制合适的生产压差，实现按各层段定量采油，还要为以下各层的油流、层段的测试仪表和工具提供通道。

4）井口装置

井口装置又叫采油树，它是控制和调节油井生产的主要设备。通过井口装置中的油嘴可以调节油井全井的产量，同时它还具有悬挂油管、密封井口油套环形空间等作用。

2. 自喷井能量与消耗

自喷井生产系统中，原油从地层流到地面分离器，一般要经过四个基本流动过程：从油层到井底的流动——油层中的渗流；从井底到井口的流动——油管中的流动；通过油嘴的流动——嘴流；从井口到分离器的流动——地面管线中的流动。油井自喷的能量来自油层，原油从油层流到井底后具有的压力（简称流压），既是油层油流到井底后的剩余压力，同时又是继续向上流动的动力。

如果流压足够高，在平衡了相当于油层深度的静液柱压力和克服流动阻力之后，在井口尚有一定的剩余压力（简称油压），则原油将通过油管、油嘴和地面管线流到计量站。当油井的井口压力高于原油饱和压力时，井内沿油管流动的是单相原油，其流动规律与流体力学中单相油管流的规律完全相同。当自喷井的井底压力低于饱和压力时，则整个油管内部都是油气两相流动。当井底压力高于饱和压力而井口压力低于饱和压力时，油流上升过程中其压力低于饱和压力后，油中溶解的天然气开始从油中分离出来，油管中便由单相液流变为油气两相流动，从油中分离出的溶解气不断膨胀并参与举升液体，油气两相管流的能量来源除压能外，气体膨胀能成为很重要的方面。一些溶解气驱油藏的自喷井流压很低，主要是靠气体膨胀能来维持油井自喷。但并非所有的气体膨胀能量都可以有效地举油，这要看气体在举升系统中作功的条件。油气在流动过程中的分布状态不同，气体膨胀举油的条件不同，其流动规律也不相同。

在单相管流中，由于液体压缩性很小，各个断面的体积流量和流速相同。在多相管流中，沿井筒自下而上随着压力不断降低，气体不断从油中分出和膨胀，使混合物的体积流量和流速不断增大，而密度则不断减小。多相管流的压力损失除重力和摩擦阻力外，还有由于气流速度增加所引起的动能变化的损失。另外，在流动过程中，混合物密度和摩擦阻力沿程随气液体积比、流速及混合物流动结构而变化。

二、自喷井生产系统分析

油田投入开发后，随着不断地开采，地下情况处于运动和变化之中。这些变化又通过生产井的油、气、水产量和压力的变化反映出来，应当及时掌握和分析这些变化，掌握油、气、水在油层中运动规律和分布情况，掌握油层中压力的分布和变化规律，查明在油田开发过程中能量消耗和能量补充的平衡情况，研究油层生产能力的变化与注水强度、压力变化、油井水淹之间的关系。使生产井的工作制度同地层变化的情况协调起来，控制不利因素，保持油井高产稳产。只有通过各个生产井的各种变化并把它们综合起来进行分析，才能为整个油田动态分析提供准确的资料和依据，并对各个注采井提出有效的工艺措施，不断完善开发方案，改善油田开发效果。

油井的生产分析包括以下内容：

（1）油井的工作制度是否合理，对自喷井来说，就是生产压差是否合理。合理的生产压差应保证压力、含水、油气比、含砂量等平稳和充分地发挥各小层的作用。

（2）油井的产能有无变化，对自喷井来说，就是分析产量、压力、采油指数、含水等的变化及变化的原因。

（3）油井井筒、地面流程和设备的技术状况。

（4）对注水开发油田，分析油井注水后见效、见水及水淹特征，分析油井井下作业的效果。

（5）分析各小层的产量、压力变化情况。

在油井生产分析中，要占有大量真实的动、静态资料，才能抓住影响油井高产稳产的主要矛盾，保证采取的措施得当。

在分析中，注意有层次的逐一分析的方法。应该先地面再井筒，及时排除地面和井筒的故障，然后主攻地下。对于注水开发油田，油井上出问题要注意从相邻生产井和注水井上找原因，有时油井上的问题根源在注水井。

1. 井筒压力分析

1）压力关系

自喷井正常生产时，地面看到的油压 p_t、回压 p_B、套压 p_c 与井底流压 p_f 之间的关系以及井中的状态，如图 2-2 所示。

（1）油管系统：

$$p_f = p_t + \frac{L\bar{\gamma}}{10} + p_{fr} \tag{2-1}$$

式中 $\dfrac{L\bar{\gamma}}{10}$ ——油管中全部重力损失，Pa；

$\bar{\gamma}$ ——混合物平均重度，N/m³；

p_{fr} ——沿油管流动时摩擦阻力损失，Pa。

（2）套管系统：

$$p_f = p_g + p_c + \frac{H\bar{\gamma}}{10} \tag{2-2}$$

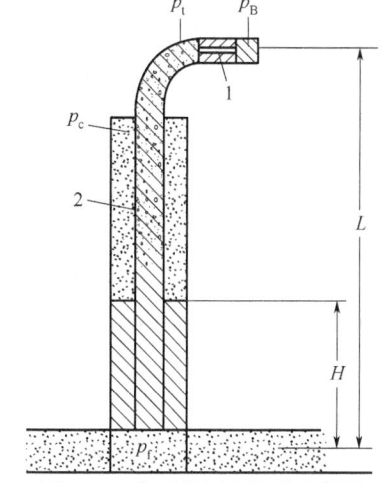

图 2-2　自喷井压力关系示意图
1—油管；2—井口装置（内有油嘴）；L—井深

式中 $\bar{\gamma}$ ——液面以下液体的平均重度，N/m³；

H ——环空中的液柱高度，m；

p_g ——由于环形空间气柱所造成的压力，Pa。

因气体的重度很小，所以 p_g 可以忽略不计，则

$$p_f = p_c + \frac{H\bar{\gamma}}{10} \tag{2-3}$$

如图 2-2 所示，自喷井生产时，油套环形空间上部充满了从油中分离出来的天然气，气体的下面存在一个液面，液面距油层中部的距离 H，取决于流压与饱和压力 p_b 的关系，也和原油性质等其他因素有关。

当 $p_f < p_b$ 时，井底有自由气，整个环形空间全被气体充满，此时环形空间的液面就在管鞋附近，可以认为 $H \approx 0$，此时，式（2-3）变为

$$p_f = p_c$$

即套压近似地反映了井底流动压力的大小。

当 $p_f > p_b$ 时，井底无自由气，天然气在距井底某一高度处才能分离出来，这时的环形空间的气体是从环形空间中分离出来的。

（3）套压与油压的关系。

从式（2-2）和式（2-3）中得出油压与套压的关系：

$$p_t + p_B + p_{fr} = p_c + \frac{H\bar{\gamma}}{10} \tag{2-4}$$

当 $p_f < p_b$ 时，如上所述，$H = 0$，即

$$p_c = p_t + p_B + p_{fr}$$

所以，一般情况下，$p_c > p_t$，当 $\dfrac{H\bar{\gamma}}{10} > p_B + p_{fr}$ 时，则 $p_c < p_t$。

出现套压小于油压的原因，一般认为油井温度低、油稠、环形空间中气体分离很慢，环

形空间中液面 H 很高。$\frac{H\bar{\gamma}}{10}$ 值大、p_c 仅反映为环形空间中的气体压力。

综上所述，自喷井正常生产时，各压力之间的关系为

$$p_e > p_f > p_c > p_t > p_B$$

2) 生产分析

自喷井在正常生产过程中，各项参数一般比较平稳，这些参数包括产油量 Q_o，生产油气比 R_p，溶解油气比 R_s，含水率 W，流压 p_f，套压 p_c、油压 p_t 和回压 p_B，如果这些参数发生变化，特别是突然变化，说明生产中有了问题。应及时分析，找出原因，采取措施，使油井能够稳定生产。

油压是油流到井口的剩余压力。油压高，剩余能量大。除了由于地层能量供给发生变化而引起油压变化外，在日常油井分析中，常见到如下几种情况。

由于各种原因（油管中结蜡、原油脱气、含水增多）增加了井筒中的流动阻力或加大了液柱的重力均会使油压降低。地面管线结蜡、油流不畅使油压增加。换大油嘴（或油嘴被刺大）油压减小。换小油嘴（或油嘴被堵）油压增加。

在分析油压变化时，要注意油嘴前的油压与油嘴后的回压的关系。（详见第一章第三节，嘴流动态部分）如果油压与回压相差不大，回压的变化就影响到油压，这时地面流程中出现任何故障，使回压发生变化，都将影响油井的生产，使生产不稳。所以在管理上，应尽可能使油压在两倍（左右）于回压的条件下工作。

套压的变化基本上可反映出井底流压的变化。油嘴换小（或被堵）使油压上升，也导致流压升高，此时套压也随之加大。井底有了堵塞，环空中由于砂桥、稠油、结蜡的堵塞都会使套压下降（下封隔器的井除外）。

油井的产量、油气比、含水等生产指标的突然变化，一般是由于地面或井筒中的故障所致。当流压高于饱和压力时，每生产一吨油所伴随的气量，应保持在溶解油气比的数值上。流压低于饱和压力时，油气比要上升，井筒或井底中存在堵塞时，油气比突然升高，这是由于堵塞时对于油气流动的阻力不同。

生产井中出现故障，要反映到产量和压力的变化上来。例如油管中结蜡，在生产中的现象是油压下降，套压、流压升高，产量下降。如油压、套压、流压全都上升，但产量下降，一般可分析为出油管线被堵，流通不畅所致。但低于饱和压力下生产的井，井内堵塞常伴随着油气比的升高。高于饱和压力生产的井，这种现象不明显。

2. 地层生产分析

我国主要油田都采用注水开发，因此，只就注水开发的油井对单井做一些分析，有关其他动态分析问题在油田开发一书中论述。

当自喷井不正常生产时，在排除了地面、井筒中可能的原因之后，要进行地下分析。一般情况下，控制自喷井生产的主要矛盾方面在地下油层。

地下情况分析，主要是分析地层中能量供消平衡中所表现出来的压力变化，对自喷生产的影响，注入与采出的平衡的情况；由于多油层非均质对油井生产所造成的影响；地层生产能力的变化，见水前后有关参数变化等。对单井或井组分析来说，需要油水井的注采曲线、综合数据表、小层栅状图等资料，在分析时要注意对小层的动态研究。

1) 油层压力

油层压力（油层静压）是驱油能量大小的指标。油层压力高，驱动能量大，生产就稳定、主动。油层压力低，就给生产带来困难。因此保持油层压力对油田的稳产、高产具有十分重要的意义。

油田未投入开发前，油层各处呈均衡承压状态，这时油层孔隙中流体所承受的压力，称为原始油层压力。一般原始油层压力与静水柱压力成正比：

$$p_{si} = \frac{\alpha H \gamma}{10} \tag{2-5}$$

式中　p_{si}——原始地层压力，1.013×10^5Pa；

H——油层中部深度，m；

γ——水的密度，kg/m³；

α——压力系数，取 0.8~1.2。

各油田的压力系数是不一致的。老君庙油田的压力系数为 1.14~1.20，胜利油田约为 1.03。压力系数不一致是由于水的矿化度、重度不同以及地质构造作用所造成。地下水与地表的连通情况好的压力系数高、连通性差的系数低，也有油层压力出现异常情况，凡是压力系数在 0.8~1.2 以外的低值或高值均属异常，这与地层的断裂和剥蚀作用有关。

油田投入开发后，关井测得的静压是目前的油层压力，由于生产井之间存在着相互干扰，目前油层压力是动地层压力。在几个小层同时生产的油井中关井测得的静压，是全井的平均静压。它与各小层的静压关系取决于各小层的窜流程度。

从表 2-1 中看出，全井测得的静压值，区别于任一小层。油井在某一流压下工作时，各小层仍以自己的压力在共同的流压下工作。因此，全井平均静压并无实际意义，而对于油井分析有意义的是小层压力。

表 2-1　某井测静压资料

生产层位	平均渗透率，D	有效厚度，m	静压，atm
S.1¹⁻⁵	0.0	3.8	174.1
S.2²⁻⁶	3.5	7.3	174.6
S.3¹~6¹	2.0	6.0	187.4
S.1¹~6¹			178.1

油层投入生产后，各井的油层压力均会有些变化。变化的大小取决于驱动方式和开采速度。注水开发的油田，取决于注入量与采出量的平衡，井组的注采比的大小是影响油层压力升降的主要因素。

采油是能量消耗的过程，注水是能量补充的过程。油层静压下降是由于采的多，注的少，油层内部出现了亏空，说明能量消耗大于补充。此时应适当提高注入速度，以达到恢复压力平衡的条件；如果地层压力已保持在原始压力附近，则注采比保持在 1.0 左右（当有活跃边水时，注采比可适当减少）；如果地层压力低于原始地层压力，则应使注采比大于1.0。我国某油田的开发经验证明，当地层压力不低于原始压力 5atm 时，油井自喷能力仍比较旺盛。各油田应定出原始地层压力的允许下降值，做为一个开采界限。

在增大注采比以恢复地层压力的过程中，应注意油井的含水上升速度。常常是随着注采比的增加，油井含水上升速度也加快。某井组用 1.0~1.15 的注采比时，每采出 1.0% 的地质储量,含水率上升0.9%~2.45%。用1.2~1.3的注采比则含水率上升为2.34%~4.59%。

油层的非均质程度越大,油水的黏度差越大,在相同的注采比条件下,油井含水率上升也越快。

2) 井底流压

井底流压,一方面是油层压力在克服油层中的流动阻力后所剩余的压力;同时又是垂直管流的始端压力(动力),因此,流压的变化要同时受这两个方面的影响。

流压经常随着油层压力而变化。注水开发的油田,注水见效,油层压力恢复,在油井工作制度不变的情况下,一般流压也随之上升。某井流压随油层压力升降的情况见表2-2。

表2-2 某井流压随油层压力升降数据

井号	油嘴 mm	日产量 t	含水率 %	地层压力 atm	总压降 atm	流压 atm	生产压差 atm	地层压力 变化
1	6	26	5.0	97	-9.0	85.5	11.5	压力升
	6	31	14.0	106	0	91.0	15	
2	7	53	0	169.9	-26.1	162.4	7.5	压力降
	7	46	0	159.5	-35.5	154.8	4.7	

油井含水后,流压也要产生变化。从油层流动来看,由于水逐渐驱替原油,形成油水两相流动,如果油水混合流动时的流动阻力小于纯油流动阻力,井底流压上升,反之,井底流压则下降。从油管垂直流动来看,由于含水率上升,在产液量相同的情况下,液气比下降,混合物平均重度增加,相应的流压也要上升。某油田有个统计资料,含水率每增加1%,流压提高4~5atm。

流压和含水的上升速度、井的油产量、油气比、饱和压力都有关系。在一口井中,不同的含水阶段,含水与流压的增加幅度也有差别。

水在井筒中的分布,上下各处不一致。井筒中各断面的气体流量是上部多,下部少。气量大的地方带油、水的能力强,气量少则携带能力差,所以含水井中,上部流压梯度小,下部流压梯度大(流压梯度是每100m井深的压差值)。由于在井底积水,加大了流压值,油井自喷能力减弱,甚至停喷。在一些低压油田(总压差为-20atm),含水率在低于20%的情况下,就自喷不正常,但在地层压力高的油田,含水率高达90%左右仍能自喷。

由此可见,关键在于注水保持油层压力,只有油层压力高,作为举油能量的流压也高的情况下,才能使自喷井的产量长期保持在较高的水平上。

3) 油井含水

油井含水的变化是油井地下分析中的重要内容,按油井含水程度,一般分三个阶段:低含水阶段,含水率为0~20%;中含水阶段,含水率为20%~60%;高含水阶段,含水率大于60%。

不同含水阶段,含水变化速度不同,低含水期,由于水淹面积小,油饱和度高,水的相渗透率还不大,因此见水初期,含水上升速度不快,如图2-3所示。中含水期情况正相反,含水上升速度快。高含水

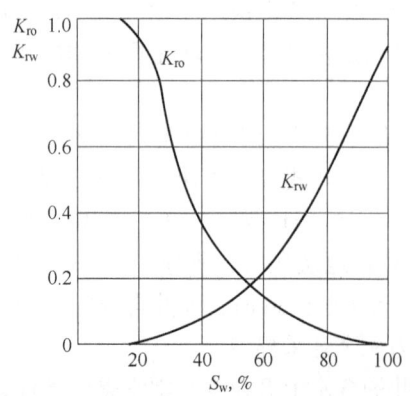

图2-3 相对渗透率与饱和度关系

期，原油靠注入水冲洗携带出来，含水趋于稳定，上升速度缓慢。

油井含水上升速度也同注采系统有关，一般单向供水的比多向供水的井含水上升快（因为多向供水的油井两端都是高压区）。在多油层情况下，油井含水上升的速度同见水层的压力高低及该见水层在全井生产中的地位有关。主力油层出水，一般含水上升速度快，非主力油层往往含水上升速度较慢。注水强度大，一般油井含水上升速度高，降低注水强度，则含水上升速度随之下降。

油井含水上升速度，反映了油水在油层中的运动规律，反映了见水层和主力油层的关系、注采关系、注采强度等因素。

4）采油指数

采油指数是单位压差下的原油日产量，用来衡量油井生产能力的大小，计算式见式(1-5)。对比油层流体流入井底的产量公式 $q_o = J_o(p_e - p_f)$ 和径向流产量公式 $J_o = 2\pi kh/(\mu \ln \dfrac{R}{\gamma})$ 不难看出，采油指数和油井的泄油面积、流动系数有关。为了更好地比较各油层的生产能力，常引入比采油指数，即单位油层厚度的采油指数，比采油指数的数值等于采油指数除以油层有效厚度，因此也称为每米采油指数。根据上述定义，也可以把含水油井在单位压差下的产液能力叫采液指数。

采油指数一方面表示油层的生产能力，另一方面用来鉴别油井产量下降的原因、修井及增产措施的效果。采油指数的变化表示油层的变化。从径向流产量等式可以看出，当几何参数一定时，影响采油指数的是 K，h，μ 这几个参数。

采油指数一般是改变 2~3 次油井的工作制度（自喷井换油嘴，抽油井调冲程、冲数）分别测量每种工作方式下的流压及相应的产量，将所得数据绘成如图 2-4 所示。

在测量参数时，一定要等油井生产稳定后进行，否则不准确。这种方法，称为稳定试井法。有了采油指数，进而可以求油层的其他参数，如流动系数等。图 2-4 中的 AB 线称为指示曲线，有时指示曲线不是一条直线，采油指数随着压力、产量的变化而变化。影响采油指数变化的原因，分不同情况来讨论。

在单油层开采条件下，采油指数的变化可归纳为以下原因。

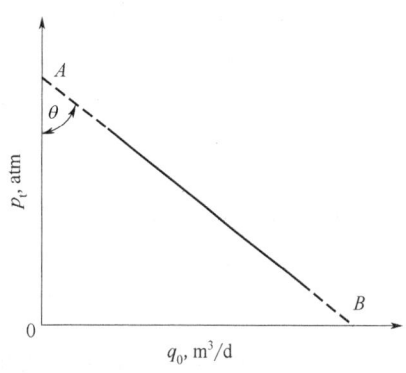

图 2-4 采油指示曲线

（1）压力变化。在地层压力高于饱和压力，而流压低于饱和压力的情况下，对于这类油井，在开采过程中，当地层压力稳定或上升时，采油指数的变化取决于井底流压的变化，流压上升，采油指数 J_o 也上升，反之亦然。流压的变化，能左右采油指数的变化，主要是相渗透率发生了变化。如图 2-5 所示，流压下降，井底附近的（低于饱和压力范围的）脱气半径增大，气体饱和度增加，油饱和度减少，降低了油的相渗透率，故使采油指数值降低。虽然流压下降后增加了生产压差，油井产量有提高，但单位压差的产量却降低了。因此随着流压的降低和脱气区域的增大同时产生两种效应，一是采油指数降低；二是油井产量有所提高。根据同样的道理，流压上升后，由于脱气区减小及该区域内的气相饱和度降低，有利于油流，故采油指数增加。

（2）油井随着含水率上升，产油量逐渐减少，采油指数下降。仍然是上述的生产条件，当油井见水后，由于增加了新的因素，采油指数的变化如图 2-6 所示。

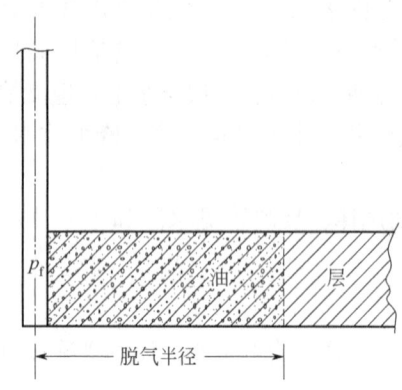

图 2-5 脱气区示意图

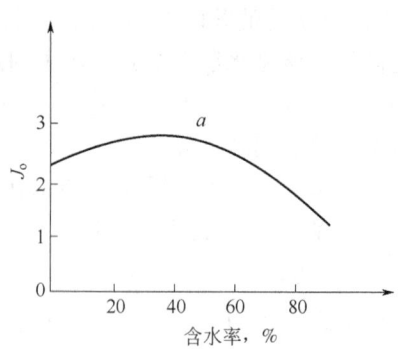

图 2-6 某含水与采油指数的关系

当存在脱气区，从采油指数随含水率上升而变化的曲线 a 看到，含水率较低（40%以前）时采油指数随含水率上升而增加；以后，指数随含水率上升而下降，含水率高于 60%以后，采油指数低于见水前的数值。

油井见水后，由于井筒中的流体重度的增大，流压增加，可使脱气区半径减小有利于油流，但井底附近增加了水饱和度，从而影响油流。油井含水所引起的这两种变化对油流来说，是相互矛盾的，采油指数的大小反映了在油层中特别是井底附近地区流动阻力的大小。当有利于油流的因素（脱气区减小，气相饱和度降低）占主导地位时，则指数增加。不利于油流的因素（水饱和度增大）占主导地位时，则指数下降。这就是曲线 a 起初增高而后降低的原因。

（3）影响采油指数的其他因素。凡是影响到井底附近流动系数 Kh/μ 的，都会影响采油指数。例如油井出砂，结蜡堵塞了油层的孔道，使采油指数降低。甚至有时发现原油的黏度随着开采在变化（有的是油的物性改变，有的是由于采出水产生乳化），也会使采油指数改变。

经过修井及其他增产措施的井，采油指数都应改变，这是检验修井增产措施效果的重要依据。但在油井开采过程中，当采油指数下降时，为了保持较高的采油水平，可适当地放大压差。低渗透率油层采油指数较低，油井生产能力不高，宜在油层压力尚高的情况下，及时采取增产措施以提高油井的生产能力。

3. 采油指数在多层生产分析中的应用

目前开发的油田，大多数为非均质多油层，层间、层内差异都比较大，给油井分析带来了困难。把具体的多油层理想化，成为如图 2-7 所示的情况。

如果在改变流压时，小层间没有垂向的相互窜流，随着流压的降低，各个小层的指示曲线及全井指数将如图 2-8 所示。

用作图的方法，在相同的流压下，把各小层的产量迭加起来，即可作出全井指示曲线。

如图 2-8 所示，流压开始低于 150atm 后，只有小层Ⅲ参与工作，低于 120atm 和 100atm 后，Ⅰ、Ⅱ小层陆续出油。全井指示曲线的特点是：随着流压的降低，产量将大幅度增加。这是由于参与工作的小层越来越多。因此，随着流压的降低，全井采油指数也不断增加。油井见水后，可能是某个高渗透小层单独见水，而其他各小层仍然是产油层，在这种情况下，随着流压的升高或降低，油井的总产液量、油井含水率都会有相应变化（表2-3），根据全井指示曲线及油、水层指示曲线，可以分析小层工作情况（产油能力、抽、水层压力），进而把井下油水层情况搞清。

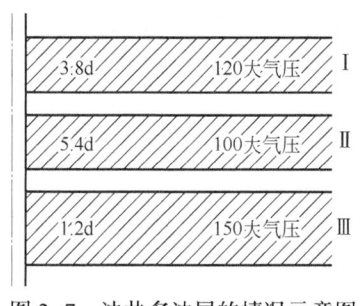

图 2-7　油井多油层的情况示意图

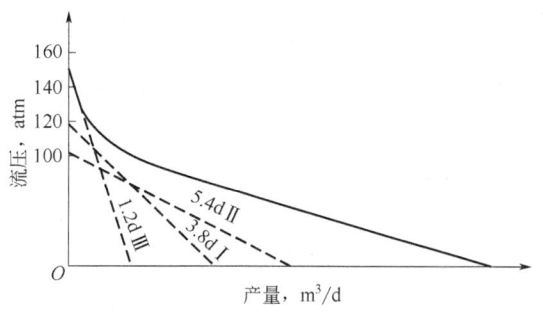

图 2-8　分层级全井指示曲线

表 2-3　某井生产动态数据

产液量 Q_L, t/d	含水率 W, %	液压 p_f, kg/cm²	油产量 Q_g, t/d	水产量 Q_w, t/d
22	68.2	135	7	15
37	51.4	123	18	19
52.5	43.8	110	29.5	23

从表2-3的资料来看，随着流压的降低，产液量、油产量增多，含水降低。这是油水层合采的一种情况，可根据上述条件，利用绘制油水层指示曲线的方法，把油水层的关系找出来。

如图2-9所示分别绘出全井指示曲线 a 和油、水层指示曲线 b、c。然后将它们分别延长至与纵轴相交，交点是产量等于零时的井底流压即静压。水层静压力为 176atm，油层静压力为 142.5atm。全井生产时静压力为 153atm。可以求出采油指数、采水指数和全井采液指数分别为 0.894、0.325 和 1.21。

该井在生产过程中随着流压的降低，会出现产液量，油量上升，含水降低的现象。这是由于水层压力大于油层压力，随着流压的降低，逐步增加了油层的产油量，虽然流压降低后，产水量也增加，但不如产油量增加的幅度大，因此产液量增加，但含水却下降。这里要注意影响含水随产量变化的两个因素：(1) 油、水层的压力关系；(2) 油、水层的采油、采水指数的数量关系。在生产中也有与此相反的现象，即随着流压的降低含水上升。对此，可以用类似的道理来解释。

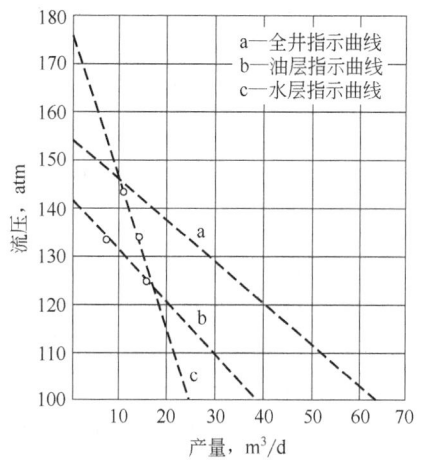

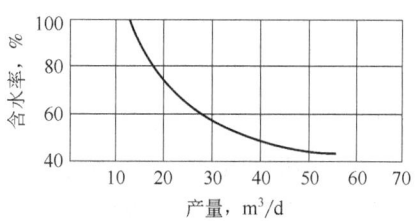

图 2-9　各种指示曲线与含水率的关系

4. 非均质油层原油性质变化对采油指数的影响

有的油区，油井虽然是单层开采，但层内差异较大，见水层的厚度占整个油层厚度的比例较小。这时，油井虽然出水，但采油指数变化却不大。这种情况发生在见水层出水，油层出油，互不影响的条件下，而在一些厚油层中，虽然见水层薄，但采油指数降低，这是因为见水层出的水对出油层有影响（如倒播），从而使出油能力下降。有的油层较稀松，井底有砂柱遮盖油层，采油指数下降。也有的井在开采过程中，粉油层和树油层相互接替，由于稠、稀油层的相互干扰和稠、稀油层的流动系数的差别，采油指数也有所变化。往往是稠油层接替稀油层做主力油层时，采油指数下降。

以上讲的是影响采油指数变化的因素，由于采油指数的改变而导致产量的变化，这是影响生产的油层方面的原因，也只能对油层施行措施而加以改善。

上面讲的压力、含水、出砂、多油层都是采油指数变化的条件，是外因。采油指数改变的根本原因是改变了组成采油指数的渗透率、有效厚度及原油黏度。对改变井网的几何关系也有影响，但不是主要的。

在多油层情况下，开始可能全部油层都能在一定流压下参与工作，然而随着时间的推移，部分油层在新的流压条件下可能不会参与工作，此时如果仍然用全井的有效厚度去考虑采油指数，则采油指数就会减小。多油层的情况下，一定要立足于小层的指数变化，单一油层的情况下，应注意层内的非均质情况。

5. 油井综合分析

油井在油田上并不是孤立的，开采同一油藏的油井，它们处于同一个水动力学系统中，一口井工作制度的改变，会影响其他井的工作。这种相互作用，突出地表现在注水开发油田的注水井与油井的关系上。因此在作油井分析时，不能不联系周围有关的注水井和相邻的油井的动态进行综合分析。油井综合分析一般按以下步骤进行。

（1）掌握油层、油井情况，了解全井射孔的油层数，各层的厚度、渗透率，原油地下黏度，非均质程度，油水井各层连通情况，储量，层系的划分情况，井下技术条件（管柱结构、封隔器、配产器的位置及密封情况）。油层的原始资料，如静压、饱和压力、原始油气比、原油性质等。

（2）掌握油井生产情况。全井生产情况包括：油嘴、产量、含水、油气比、油压、套压、流压、静压、采油指数等；小层测试资料及油、水化验数据；油井采油史、采油各生产阶段（试油、试采、注水后见水各阶段）特征，将以上的静、动态资料绘制成表（连通图、管柱、采油曲线等）。

（3）在油井分析中，通过揭露矛盾、分析矛盾和解决矛盾，使油井充分发挥合理的生产能力。通过检查开采指标找矛盾。检查油井的总压差、地饱压差、流饱压差、采油速度、采油指数、无水采收率、含水上升速度、油气比等指标，找出油井变化超过或达不到指标的原因，以便进行调整。从层间找矛盾。寻找层间的差异及其变化（产量、压力、水线等），检查是否需要调整。

（4）分析原因时，还应考虑注水井方面，注水层位有无变动、注水强度有无变化、注入压力及全井注入量有无变化；油井方面，生产层位有无变化，出水层位及含水变化，层段划分是否合理，井下配产是否恰当，井内有无砂堵、蜡堵，有无积水，层面有无钻井液污染；注水井有无积垢，地面流程是否合理，油流阻力有无变化；相邻油井的动态、工作制度是否改变，配产及配产层位有无变化等。

在分析时要结合开采历史去分析，因为每一个变化都是有原因的，运用对比的方法进行鉴别，分析哪些是一贯的规律，哪些是突然的变化，分清现象与本质问题。

（5）通过分析，认识到问题的所在后，就要提出措施，在实施以后，要注意观察，以判断分析的正确性，必要时再进行调整。使人们的认识逐步符合客观的实际情况。

三、自喷井生产管理

在油井按设计投产以后，要加强对油井生产动态的监测，看其是否达到了设计要求，并了解生产参数随时间的变化。自喷井监测的参数有产油量、产气量、产水量、井口油压、套压、温度，有条件时要定期测量井底流压，并对产出的油、气、水进行化验分析。如果通过油井分析发现不正常现象，应及时分析原因，采取措施，解决问题。油井分析主要包括以下内容。

1. 油井产能变化

如果产能增大，正常的情况是注水见效，不正常的情况可能是井下配产器或封隔器出了问题，使得高产层生产过量。如果产能减少，常见的原因是油层压力下降、油层近井地段堵塞、油嘴堵塞、油管结蜡等。

2. 含水率变化

一般含水率缓慢上升是正常现象，但如果含水率上升很快，可能是油层水淹、底水锥进等原因造成的，也可能是配产器或封隔器出现故障，使高含水层产量增大。

3. 压力变化

正常生产时，流压、套压、油压一般在一定的范围内波动，但如果某一项或几项压力突然发生较大的变化，可能是油井中某一部分发生堵塞，或是油嘴脱落等原因造成的。压力发生变化时，产量一般也随之发生变化。其他出现的变化可根据具体情况进行分析。

四、自喷井的分层开采

在多油层条件下，只用井口一个油嘴控制全井的生产，对各小层来说，是做不到合理生产的，必须对各小层分别加以控制，即采用分层开采技术。

在多油层油藏开发中，油井分层开采，水井分层配注，是为了在开发好高渗透层的同时，充分发挥中低渗透层的生产能力，调整层间矛盾，在一定的采油速度下使油田稳定自喷高产。分层开采可分为单管分采和多管分采两种井下管柱结构。

1. 单管分采

单管分采指只下一套油管柱，用单管多级封隔器将各油层分隔开，同时在油管上与各油层对应的部位安装一配产器，利用安装在配产器内的油嘴对各油层控制采油，如图2-10所示。

2. 多管分采

如图 2-11 所示，在井内下入多套管柱，用封隔器将各个油层分隔开来，通过每套管柱和井口油嘴单独实现一个油层（或一个层段）的控制采油为多管分采。

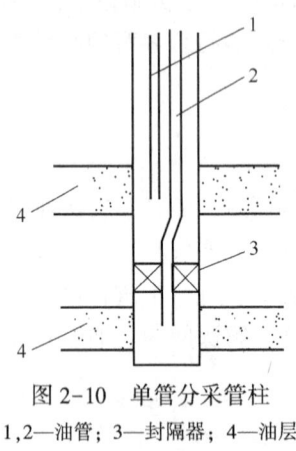

图 2-10　单管分采管柱
1,2—油管；3—封隔器；4—油层

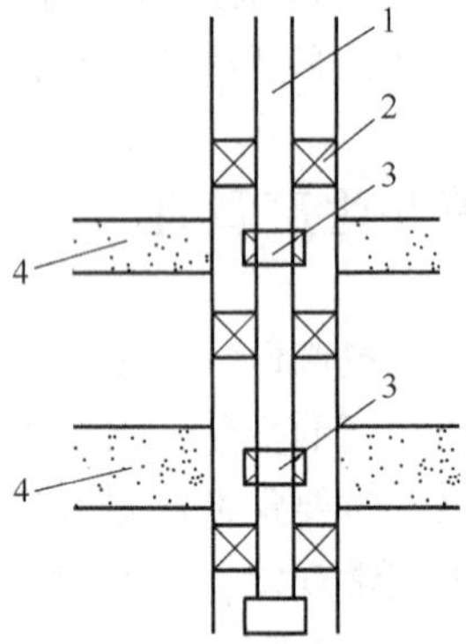

图 2-11　多管分采管柱
1—上层油管；2—封隔器；3—配产器；4—油层

对比单管分采与多管分采，有以下特点。

（1）单管分采要求钻井技术低，钻井费用较小；分隔油层数目多；全井各层段的液流通过各层的井下油嘴混合在一起共用一个通道，因此油层压力小的层段有可能受到干扰。

（2）多管分采要求钻井技术高、钻井费用较大，钢材消耗多；因受井眼直径的限制，下入管柱的数目有限，所以分隔油层数目较少；每个层段都有自己单独的液流通道和井口油嘴，因此各层之间没有干扰。

目前各油田主要发展单管分采。对层间干扰比较严重以及一些特殊的油井和油层也采用双管或三管分采。

大庆油田广大职工，为开发好多油层非均质大油田，经过反复实践，创造出了以单管分层注水为中心实现"六分四清"的一整套油田开采工艺和技术，为提高我国油田开发技术水平作出了重要贡献。"六分四清"的具体内容是：六分，分层注水、分层采油、分层测试、分层研究、分层管理、分层改造；四清，分层采油量清、分层注水量清、分层压力清、分层出水量清。

"六分四清"的实质是：在注水井和采油井分别按照井下各个层段的性质差异，将各个层段隔开，进行分层定量控制注水和分层定量控制采油。在此基础上进行分层研究，做到分层管理。

3. 智能分采

小直径智能分采装置，包括自上而下依次连接的活塞控制机构、弹簧位置机构、阻尼机构、油嘴调节机构。装置通过对分采管柱小直径化设计，满足防砂管柱内部下入需求，其小直径智能分采装置采用液控管线打压方式，通过设置的多级卡阻机构以及监测每层液控压力、流量情况，实现不同压力下的多级流量控制，智能分采管柱结构如图 2-12 所示。

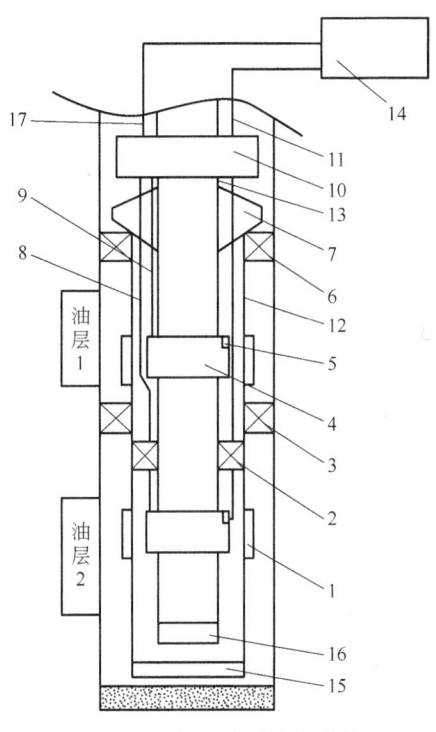

图 2-12 智能分采管柱结构

1—滤砂管；2—分采封隔器；3—防砂封隔器；4—小直径智能分采装置；5—电子压力流量计；
6—悬挂封隔器；7—定位装置；8—液控管线一；9—液控管线二；10—电控液路分配装置；
11—铠装电缆；12—套管；13—油管；14—地面控制柜；15—大丝堵；16—小丝堵；17—主液控管线

其中，流量智能设置步骤：通过液控管线给其中一采油层的小直径智能分采装置打压，圆柱活塞推动中心管，中心管带动阻尼管，阻尼管带动调节芯，调节芯与油嘴套调节孔产生的过流孔径就会变化，当流量达到所需要设置的流量后，停止打液控管线压力，此时阻尼机构进行锁定，实现井下分采装置开度的大小调节，当需要关闭该采油层时，液控管线继续打压，当上下两级硫化环覆盖油嘴套注入口时，完全封堵住调节孔，实现该采油层的采油通道关闭。

第二节 节点系统分析

节点系统分析简称节点分析。最初用于分析和优化设计复杂的电路或管汇系统，1954年吉尔伯特（Gilbert）提议把该方法用于油井生产系统，后来布朗（Brown）等对此进行了比较全面、系统的研究，建立了油气井节点系统分析的基础。20 世纪 80 年代以来，随着计算机技术的发展，节点系统分析在油气井生产系统设计及生产动态预测中得到了广泛应用。

节点系统分析是通过任一选定的节点把从油气藏到地面分离器（或用户）所构成的整个油气井生产系统，按计算压力损失的公式或相关公式分成几个部分，它既可以将整个系统中各部分的压力损失互相关联起来，对每一部分的压力损失进行定量评估，又可对影响流入流出节点处的多种因素（参数）进行逐一分析和优选，从而发挥系统的最大潜能，使油井生产系统实现最优化。

一、概述

1. 基本概念

1) 油气井生产系统

油气井生产系统也称油气井生产模型,是指一个宏观的研究对象。例如,从油气层、完井段、油管、井口油嘴、地面集输管线到分离器这一完整的自喷井生产系统。

由于各油气田的地层物性、完井方式、举升工艺及地面集输工艺的差异较大,使得油气井生产系统因井而异,互不相同。最简单的油气井生产系统应由油气层、井筒及地面集输管线三部分组成。实际油气井生产系统都比较复杂,图 2-13 给出了一个典型的自喷井生产系统及各部分的压力损失。对系统各组成部分的压力损失分析是节点系统分析的一个核心内容。

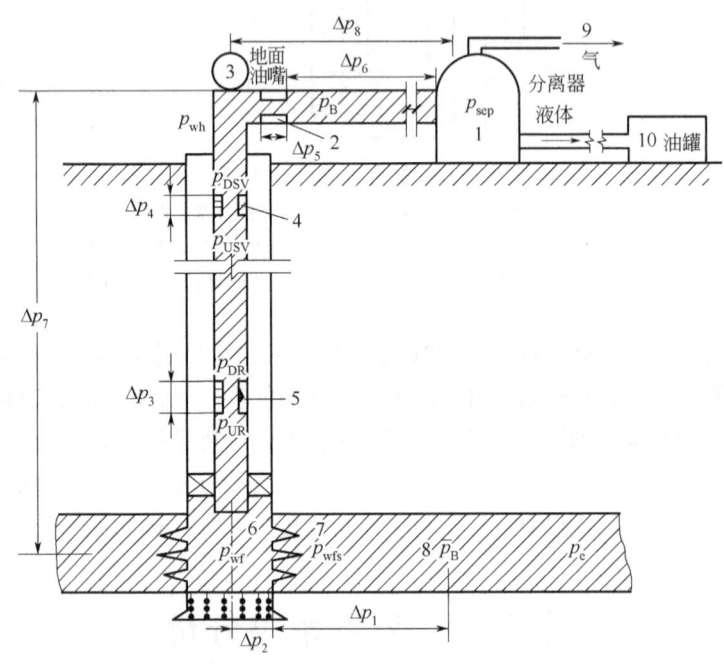

图 2-13 自喷井生产系统的压力损失示意图

1—分离器;2—地面油嘴;3—井口;4—安全阀;5—节流器;6—p_{wf} 处;7—p_{wfs} 处;8—$\bar{p}_R$ 处;9—集气管网;10—油罐;$\bar{p}_R$—平均油藏压力;p_{wfs}—井底油层面上的压力;p_{wf}—井底流动压力;p_{UR},p_{DR}—井下节流器上、下游的压力;p_{USV},p_{DSV}—安全阀的上、下游压力;p_{wh}—井口油管压力;p_B—地面油嘴下游压力(井口回压);p_{sep}—分离器压力

2) 节点

节点的定义是:各流动过程的分界点,是一个位置的概念,包括普通节点和函数节点两类。

(1) 普通节点。两段不同流动规律的衔接点属普通节点。普通节点本身不产生与流量相关的压力损失。如图 2-13 所示的自喷井生产系统，井口节点 3，井底节点 6 均作为一个点，本身不会产生与流量相关的压力损失，都是普通节点。通常可认为分离器压力 p_{sep} 和地层平均压力 $\bar{p}_R$ 在一段时间内与系统流量无关，所以节点 1 和节点 8（分离器和油井控制范围的外边界）均可取为普通节点。

（2）函数节点。压力不连续的节点称为函数节点（压力函数节点）。流体通过该节点时，会产生与流量相关的压力损失，解节点（使问题获得解决的节点称为求解节点，简称解节点或求解点）。

2. 可求解的问题

对于自喷井生产系统，应用节点分析方法可求解以下几方面的问题。

（1）对新完钻的井，根据预测的流入动态曲线，选择完井方式、完井参数（如射孔完井的射孔密度），确定油管尺寸，选择合理生产压差。

（2）对已投产的生产井系统，找出影响产量的因素，采取措施使之达到合理利用自身压力，取得最大产量的目的。

（3）改善现有生产井的某些条件，预测产量变化。例如，更换油嘴、油管后的产量变化。

（4）预测未来油井的生产动态。根据地层压力变化，预测未来的开采动态及停喷时间。

（5）对各种生产方案进行经济分析，寻求最佳生产方案和最大经济效益，系统优化设计。

3. 必备的数学模型

必须具备能够准确描述各部分流量与压力损失的数学模型，以及流体物性参数的计算公式或相关公式。例如自喷井生产系统中的油井流入动态方程、井筒及地面管线压力梯度计算公式、油嘴流动相关公式，流体在不同压力温度下的物性参数等。

4. 解题步骤

对自喷井生产系统进行节点分析，一般步骤如下：

(1) 建立生产井模型。按油气井生产的逻辑关系，合理设置节点，建立生产井模型。

(2) 选择解节点。通常应选尽可能靠近分析对象的节点作为解节点。

(3) 计算解节点上、下游的供、排液特性。解节点确定后，它就将整个生产系统分割为流入、流出两部分。选普通节点为解节点时，从油层开始到解节点为流入部分，从解节点到分离器为流出部分。根据有关数学模型分别计算给定条件下解节点上、下游的压力与流量的关系。

(4) 确定生产协调点。根据解节点上、下游的压力与流量的关系，绘制流入动态曲线和流出动态曲线。流入、流出曲线的交点（简称协调工作点）即所给条件下系统可提供的产量与解节点处的压力。如果流入、流出曲线不相交，则流入、流出部分无协调点，说明系统不能按给定的条件正常生产。

(5) 进行动态拟合。对数学模型及有关参数进行调整、拟合，使建立的数学模型和计算程序能正确反映油井生产系统的实际情况。

(6) 程序应用。拟合后的计算程序，既可以用于对整个生产系统分析，也可以围绕所要解决的问题进行敏感参数分析，通过分析，优选出生产参数，实现油气井生产系统的优化运行。

二、普通节点分析

下面以如图 2-14 所示的简单的自喷井生产系统为例，说明选取不同解节点时进行节点系统分析的方法。

1. 井底为解节点

整个生产系统分成两部分：(1) 油藏中的流动；(2) 从油管入口到分离器的流动。

设定一组流量，从两端开始，分别计算井底流压与流量的关系曲线、油管入口压力与流量的关系曲线。绘制 IPR 曲线和流出曲线。其交点便是该系统在所给条件下在井底得到的解，即在所给条件下可获得的油井产量及相应的井底流压。

图 2-15 中井底节点的流入、流出曲线的交点就是地层与管流系统的协调点，除此点外，两条曲线上其他点均不满足协调的条件，不是它们的协调工作点。

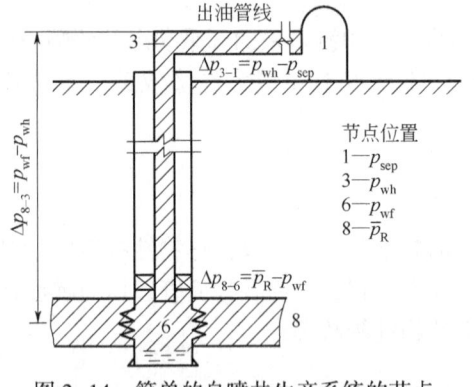

图 2-14 简单的自喷井生产系统的节点

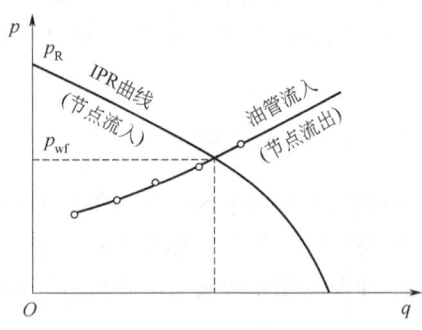

图 2-15 解节点在井底的解

选取井底（节点 6）为解节点，便于预测油藏压力降低后的未来油井产量（图 2-16）及研究油井由于污染或采取增产措施后引起的完善性 E_f（或流动效率）变化所带来的影响（图 2-17）。

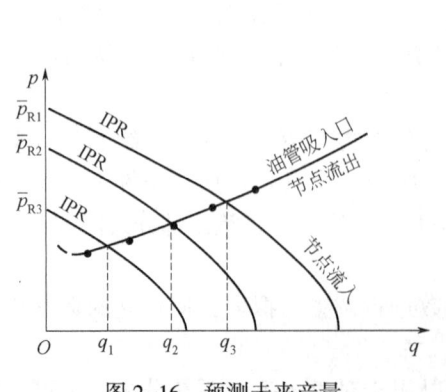

图 2-16 预测未来产量

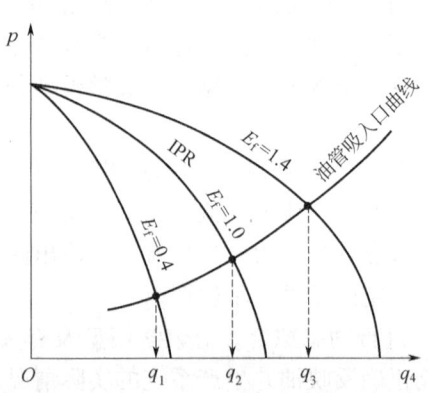

图 2-17 油井流动效率变化的影响

2. 井口为解节点

整个生产系统将从底（图 2-13 中节点 3）分成两部分：流入部分为油藏到井口的流动；流出部分为从井口到分离器的管流系统。求解压力为井口压力 p_{wh}。在假定一组流量后，分别以给定的分离器压力 p_{sep} 和油藏压力 p_R 为起点计算不同流量下的井口压力 p_{wh}。这样就可绘出以井口为解节点的节点流入动态曲线（井筒及油藏的动态曲线）和节点流出动态曲线（地面管流动态曲线），如图 2-18 所示。由两条曲线的交点就可求出该井在所给条件下的产量及井口压力。

解节点选在井口可用来研究不同直径的油管和出油管线对生产动态的影响（图 2-19），便于选择油管及出油管线的直径。

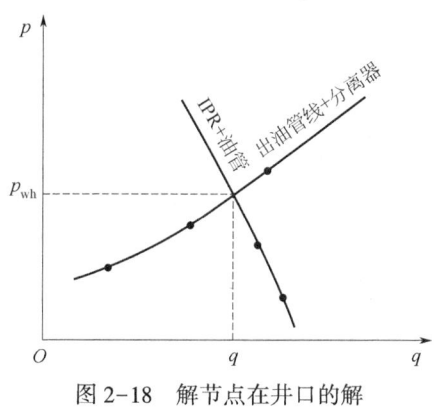

图 2-18　解节点在井口的解

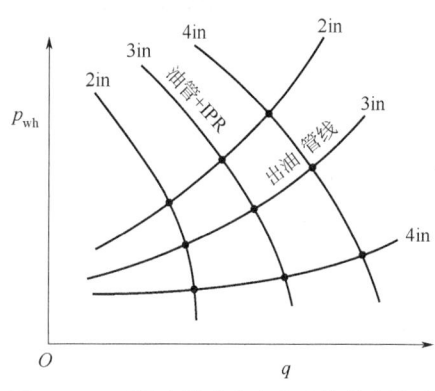

图 2-19　不同直径油管和出油管线的影响

三、函数节点分析

当以函数节点为解节点时，先要以系统两端为起点分别计算不同流量下解节点上、下游的压力，求得节点压差并给出压差—流量曲线，然后根据描述节点设备（油嘴、安全阀等）的流量—压差公式或相关公式，求得设备工作曲线，由两条压差—流量曲线的交点便可求得问题的解，即节点设备产生的压差及相应的油井产量，设备规格不同，则求解得到的压差及产量也不相同，从而可根据要求选出合适的节点设备。

以地面油嘴为解节点将整个生产系统分为流入、流出两大部分。首先分别以油藏和分离器为起点，求出油嘴上、下游压力与系统产量的关系曲线（图 2-20），并根据该关系曲线求出油嘴上、下游压差与产量的关系曲线（图 2-21 中的生产系统特性曲线）。然后根据油嘴的压差—流量公式或相关公式求出其特性曲线（图 2-21），并与生产系统特性曲线绘于同一标中（图 2-21），两种曲线的交点即为不同规格油嘴时整个生产系统的特性。

以地面油嘴为解节点，可以根据要求选择合适的油嘴及预测不同油嘴下的油井产量。

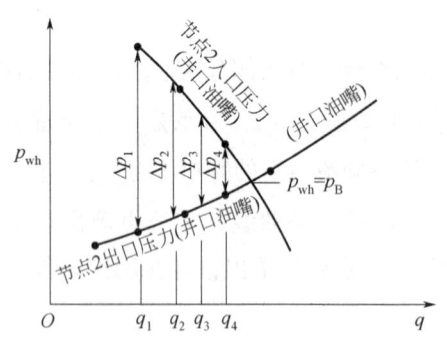

图 2-20　油嘴上、下游压力与产量关系曲线

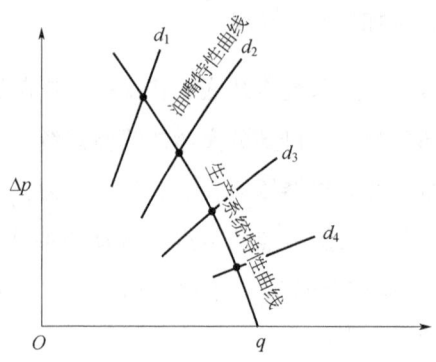

图 2-21　不同规格油嘴的生产系统特征

四、节点系统分析在自喷井管理中的应用

1. 油嘴直径的选择

对一口井根据生产上要求的产量 Q 选择合适的油嘴直径 d 时，在该地层条件和设备情况下，分别作出如图 2-22 所示的地层工作曲线 A 和油管工作曲线 B，再根据可供选用的油嘴直径分别作出相应的油嘴曲线，如 6、8、10、15 分别与曲线 B 相交，其交点所对应的产量分别为 Q_6、Q_8、Q_{10}、Q_{15}，然后根据要求的产量 Q 确定与之对应的（或较接近的）油嘴直径。

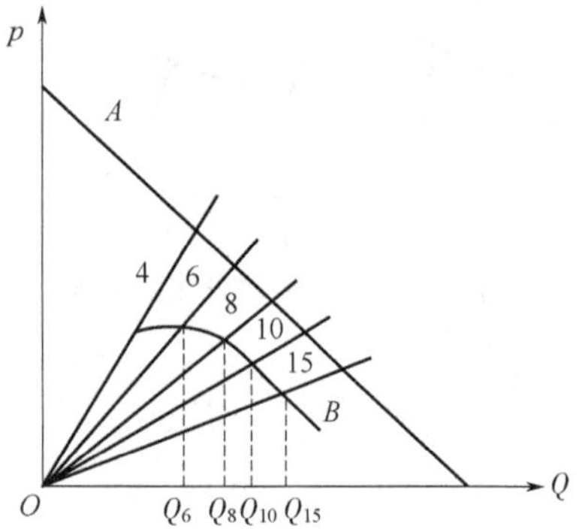

从图 2-22 可以看出，油嘴 4 与曲线 B 无交点，说明选用油嘴 4 在油管中的油流速度很低，造成生产不正常。在更换油嘴预测产量的时候，应当注意油嘴的更换应不引起绘制曲线 B 时各给定参数的变化。例如因更换油嘴使参数油气比改变，那么三条曲线的位置将发生变化，图 2-22 就是在更换油嘴时参数不变的情况下得到的。

图 2-22　油嘴直径和产量关系曲线

2. 油管直径的选择

在相同的参数下，将不同直径油管的工作曲线画在 p—Q 图上，以比较在某种产量范围内选用何种油管直径更为有利。

如图 2-23 所示分别作出油层工作曲线 A 和相应的 $2\frac{1}{2}$in 和 $3\frac{1}{2}$in 或其他直径的油管工作曲线。油管工作曲线的形状和给定的具体参数有关。图 2-23 上的油管工作曲线是其中一例，从这两种管径的工作曲线，看到一种有意义的情况：当井口油压较低为 p_{t1} 时，大直径油管比小直径的油管产量高，这是很容易理解的；

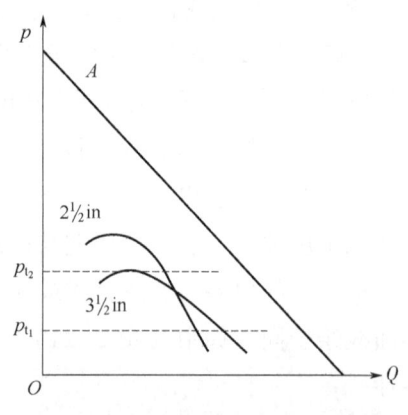

图 2-23　不同油管直径对产量的影响

但是，同样这两种管径的油管，当油压较高为 p_{t2} 时，大直径的产量反而比小直径油管的产量低。这是由于大直径的油管滑脱损失使总损失增大之故。由此可见，在某种条件下，大直径油管产量不一定比小直径油管的产量高。

在这里强调一下选择油管的重要性。要考虑到高产井中千吨及万吨的井，倘若没有考虑到油管直径的问题，很可能由于选用了过小的油管直径而限制了产量。

由于油管尺寸的加大，自然影响到套管直径及其配套的井下工具。因此，在高产油区的套管程序应在油管直径的基础上进行设计。

3. 地层压力变化对产量的影响预测

油井开采过程中，地层压力会发生某种程度的降低，可以用类似的方法预测地层压力下降后产量的变化情况。

如图 2-24 所示，A、B 分别为某一开采阶段的油层工作曲线与油管工作曲线。经过一定时间后，地层压力降低，相应的油层工作曲线和油管工作曲线为 A'、B'。如果所用的油嘴直径 d_1 不变，则该井的产量将由原来的 Q_1 下降到 Q_2。倘若已知地层压力下降速度，也可以估算出产量从 Q_1 降低到 Q_2 所需要的时间。

如果要保持原来的产量 Q_1，就必须换用较大直径的油嘴 d_2。问题在于换用大直径的油嘴后井口油压要随之下降，能否满足生产上对井口油压的要求，也是需要考虑的。

4. 停喷压力预测

如图 2-25 所示，油井在生产过程中，由于地层压力连续下降（例如地层压力分别为 p_1、p_2、p_3），相应的油层工作曲线（IPR 曲线）为 A_1、A_2、A_3，相应的油管工作曲线为 B_1、B_2、B_3（向横轴方向移动）。如果要求油压 P_t 在大于某值（例如 0.6MPa）的条件下生产（E 点），在纵轴上取 $p_t = 0.6$MPa 的点作横轴的平行线交油管工作曲线 B_2 于 C 点。从图 2-25 中可以看出，当油压 $p_t = 0.6$MPa 时，平行线与油管工作曲线 B_3 无交点，说明油藏压力下降到 p_3 以前，油井已不能正常自喷生产了。

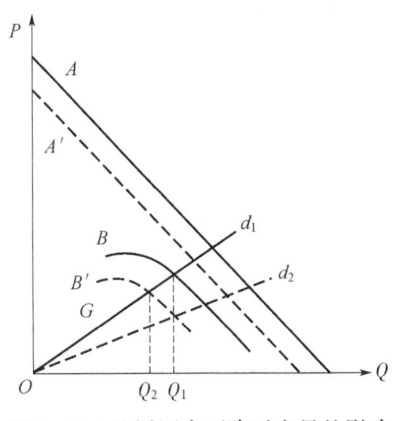

图 2-24 地层压力下降对产量的影响

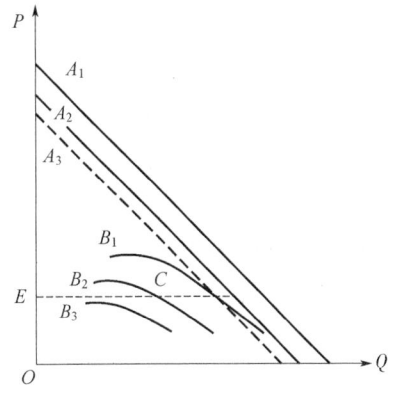

图 2-25 停喷压力预测

在研究自喷油井工作时，实际情况是比较复杂的。上面讨论中，尚有下列因素未加以考虑：

(1) 多油层的情况。

(2) 油井生产中的一些复杂情况，如油井出砂、结蜡、井下节流器及安全阀等。

习题

1. 试述自喷井生产过程。
2. 油井的生产分析包括哪些内容？
3. 非均质油层原油性质变化对采油指数的影响？
4. 自喷井的分层开采包括哪些管柱结构类型？
5. 自喷井生产系统进行节点分析步骤是什么？
6. 应用节点分析方法可求解哪些问题？
7. 如何确定生产协调点？
8. 普通节点和函数节点有何区别？
9. 以教材中简单的自喷井生产系统为例，试选取位置作为解节点进行节点系统分析。
10. 节点系统分析在自喷井管理中的应用有哪些？

参考文献

[1] 万仁溥. 采油工程手册 [M]. 北京：石油工业出版社，2000.

[2] 张琪，万仁溥. 采油工程方案设计 [M]. 北京：石油工业出版社，2002.

[3] 张琪. 采油工程原理与设计 [M]. 东营：石油大学出版社，2000.

[4] 李颖川. 采油工程 [M]. 北京：石油工业出版社，2009.

[5] 岳清山. 油藏工程理论与实践 [M]. 北京：石油工业出版社，2012.

[6] 朱道义. 实用油藏工程 [M]. 北京：石油工业出版社，2017.

[7] 马德胜. 提高采收率 [M]. 北京：石油工业出版社，2017.

[8] 吴永超，张中华，魏海峰，等. 提高原油采收率基础与方法 [M]. 北京：石油工业出版社，2018.

[9] 廖广志，王红庄，王正茂，等. 注空气全温度域原油氧化反应特征及开发方式 [J]. 石油勘探与开发，2020，47（2）：334-340.

[10] 孙焕泉，刘慧卿，王海涛，等. 中国稠油热采开发技术与发展方向 [J]. 石油学报，2022，43（11）：1664-1674.

第三章 有杆泵采油

本章要点

有杆泵采油包括游梁式有杆泵采油和地面驱动螺杆泵采油两种方法。其中游梁式有杆泵采油方法以其结构简单、适应性强和寿命长等特点，成为目前最主要的机械采油方法，本章将系统地介绍其基本原理、系统设计以及系统分析等内容。地面驱动螺杆泵采油方法习惯上不列为有杆泵采油，其内容将在下一章中介绍。

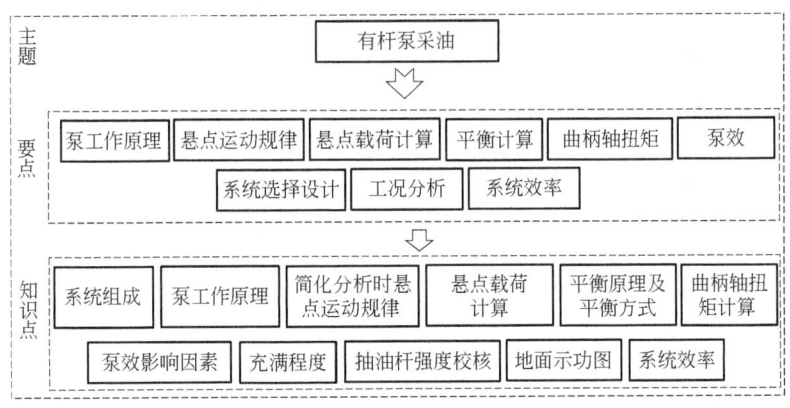

第一节 系统组成及泵的工作原理

一、系统组成及抽油装置

图 3-1 为游梁式有杆泵采油井的系统组成，它是以抽油机、抽油杆和抽油泵"三抽"设备为主的有杆泵采油系统（视频 3-1）。其工作过程是：由动力机经传动皮带将高速的旋转运动传递给减速箱，经三轴二级减速后，再由曲柄连杆机构将旋转运动变为游梁的上、下摆动，挂在驴头上的悬绳器通过抽油杆带动抽油泵柱塞做上、下往复运动，从而将原油抽汲至地面。

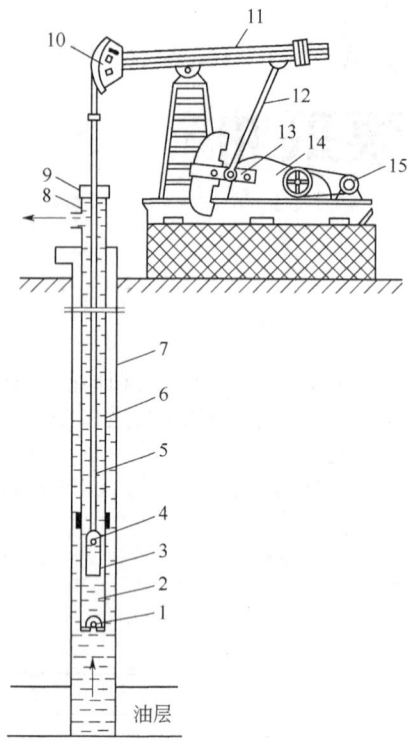

视频 3-1
有杆泵采油井
的系统组成

图 3-1　有杆泵采油井的系统组成
1—吸入阀；2—泵筒；3—活塞；4—排出阀；5—抽油杆；6—油管；
7—套管；8—三通；9—密封盒；10—驴头；11—游梁；12—连杆；
13—曲柄；14—减速箱；15—动力机（电动机）

1. 抽油机

抽油机是有杆泵采油系统的主要地面设备，按是否有游梁，可将其分为游梁式抽油机和无游梁式抽油机。

游梁式抽油机是通过游梁与曲柄连杆机构将曲柄的圆周运动转变为驴头的上、下摆动。按结构不同可将其分为常规型和前置型两类。

常规型游梁式抽油机是目前矿场上使用最普遍的抽油机，如图 3-2 所示，其特点是支架在驴头和曲柄连杆之间，上、下冲程时间相等。本章内容以常规型游梁式抽油机为基础。

前置型游梁式抽油机的减速箱在支架的前面，缩短了游梁的长度，使得抽油机的规格尺寸大为减小，并且由于支点前移，使上、下冲程时间不等，从而降低了上冲程的运行速度、加速度和动载荷以及减速箱的最大扭矩和需要的电动机功率。

为了提高冲程、节约能源及改善抽油机的结构特性和受力状态，国内外还出现了许多变形抽油机，如异相型、旋转驴头式、大轮式以及六杆式双游梁等抽油机。

为了减轻抽油机重量，扩大设备的使用范围以及改善其技术经济指标，国内外研制了许多不同类型的无游梁式抽油机。其主要特点多为长冲程低冲次，适合于深井和稠油井采油。目前，无游梁式抽油机主要有链条式抽油机、增距式抽油机和宽带式抽油机。

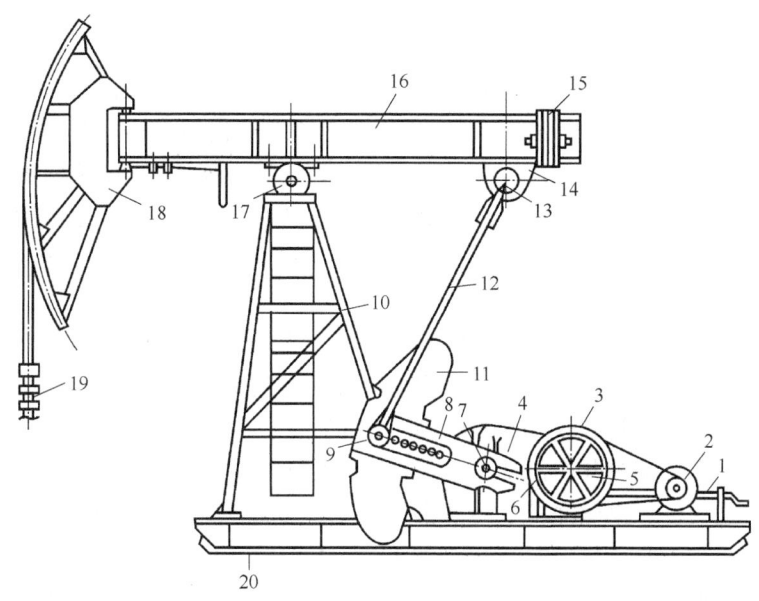

图 3-2 常规型游梁式抽油机结构示意图

1—刹车装置；2—动力机；3—减速箱皮带轮；4—减速箱；5—输入轴；6—中间轴；7—输出轴；
8—曲柄；9—连杆轴；10—支架；11—曲柄平衡块；12—连杆；13—横梁轴；14—横梁；
15—游梁平衡块；16—游梁；17—支架轴；18—驴头；19—悬绳器；20—底座

2. 抽油泵

抽油泵是有杆泵系统中的主要设备，主要由工作筒（外筒和衬套）、活（柱）塞及阀（游动阀和固定阀）组成，如图3-3所示，游动阀又称为排出阀，固定阀又称为吸入阀。抽油泵按其结构不同可分为管式泵和杆式泵。

如图3-3(a)所示，管式泵是把外筒和衬套在地面组装好后，接在油管下部先下入井内，然后投入固定阀，最后把活塞接在抽油杆柱下端下入泵筒内。其特点是：结构简单、成本低；在相同油管直径下允许下入的泵径较杆式泵大，因而排量较大；检泵时需起出油管，修井工作量大。因此，管式泵适用于下泵深度不大、产量较高的井。

如图3-3(b)所示，杆式泵是整个泵在地面组装好后接在抽油杆柱的下端，整体通过油管下入井内，由预先安装在油管预定位置上的卡簧固定在油管上。其特点是：检泵不需起出油管，检泵方便；结构复杂、制造成本高；在相同油管直径下允许下入的泵径比管式泵小，故排量较小。因此，杆式泵适用于下泵深度较大，但产量较低的井。

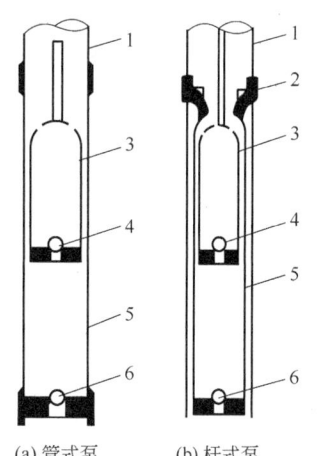

(a) 管式泵　　(b) 杆式泵

图 3-3 抽油泵结构示意图

1—油管；2—锁紧卡；3—活塞；
4—游动阀；5—工作筒；6—固定阀

由于井液性质的复杂性，对泵往往有特殊要求，因此，从用途上又可将抽油泵分为常规泵和特种泵。特种泵主要有防砂泵、防气泵、抽稠泵、分抽混出泵和双作用泵以及各种组合泵。

3. 光杆与抽油杆

光杆主要用于连接驴头钢丝绳与井下抽油杆，并同井口密封盒配合密封井口。因此，对其强度和表面粗糙度要求较高。光杆分为普通型和一端镦粗型两种：普通型光杆两端可互换，当一端磨损后可换另一端使用；一端镦粗型光杆连接性能好，但两端不能互换。

常用的抽油杆主要有普通抽油杆、玻璃纤维抽油杆和空心抽油杆三种类型。

普通抽油杆的特点是：结构简单、制造容易、成本低；直径小，有利于在油管中上下运行。因此，它主要用于常规有杆泵采油方式。

玻璃纤维抽油杆的主要特点是：耐腐蚀，有利于延长寿命；重量轻，有利于降低抽油机悬点载荷和节约能量；弹性模量小，可实现超冲程，有利于提高泵效。

空心抽油杆由空心圆管制成，成本较高，它可用于热油循环和热电缆加热等特殊抽油工艺，也可以通过空心通道向井内添加化学药剂。适用于高含蜡、高凝固点的稠油井。

此外，还有连续杆、钢丝绳杆、不锈钢杆以及非金属带状杆等特殊用途的抽油杆。

二、泵的工作原理

泵的活塞上、下运动一次称为一个冲程，可分为上冲程和下冲程。此外，冲程还是描述抽油泵的工作参数，即指悬点（或活塞）在上、下死点间的位移，称为光杆冲程（或活塞冲程），用 s（或 s_p）来表示。每分钟内完成上、下冲程的次数称为冲次，用 n 来表示（视频 3-2）。

1. 上冲程

上冲程是指抽油杆柱带动活塞向上运动的过程，如图 3-4(a) 所示。活塞上的游动阀受管内液柱压力作用而关闭，泵内压力随之降低。固定阀在沉没压力与泵内压力构成的压差作用下，克服重力而被打开，原油进泵而井口排油。与此同时，抽油杆由于加载而伸长，油管由于卸载而缩短。

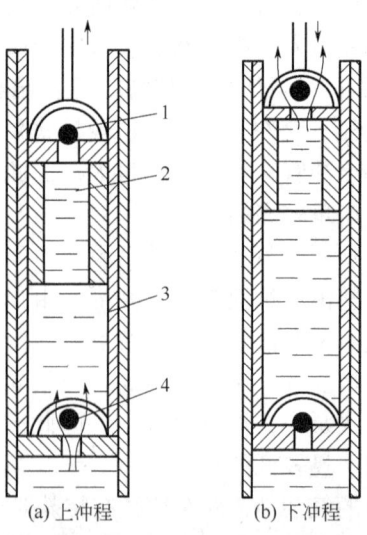

视频 3-2
泵的工作原理

图 3-4 泵的工作原理
1—排出阀；2—活塞；3—衬套；4—吸入阀

2. 下冲程

下冲程是指抽油杆柱带动活塞向下运动的过程，如图 3-4(b) 所示。固定阀一开始就关闭，泵内压力逐渐升高。当泵内压力升高到大于活塞以上液柱压力和游动阀重力时，游动阀被顶开，活塞下部的液体通过游动阀进入活塞上部，泵内液体排向油管。与此同时，抽油杆由于卸载而缩短，油管由于加载而伸长。

第二节　悬点运动规律

抽油机的悬点运动规律，是研究抽油装置动力学，从而进行抽油装置的设计、选择以及工作状况分析的基础，因此，在进行动力学分析之前，首先研究抽油机的悬点运动规律。

抽油机的悬点运动规律是很复杂的，在进行一般分析与应用时，通常进行简化处理，而进行精确运动学和动力学分析以及抽油机结构设计时，则必须按四连杆的实际运动规律来研究。

一、简化为简谐运动时悬点运动规律

如图 3-5 所示，当 $r/l \to 0$ 及 $r/b \to 0$ 时，游梁和连杆的连接点 B 的运动可看作简谐运动，即认为 B 点的运动规律和 D 点做圆周运动时在垂直中心线上的投影（C 点）的运动规律相同（视频 3-3）。则 B 点经过 t 时间（曲柄转过 ϕ 角）时位移 s_B 为

视频 3-3
简谐运动模型

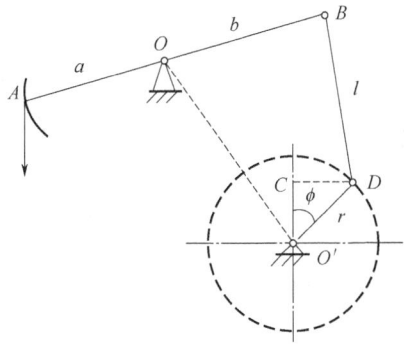

图 3-5　抽油机四连杆机构示意图

$$s_B = r(1-\cos\phi) \tag{3-1}$$
$$\phi = \omega t$$

其中
式中　ϕ——曲柄转角；
　　　ω——曲柄角速度，r；
　　　t——时间，s。

以下死点为坐标零点，向上运动为正方向，则悬点 A 的位移 s_A 为

$$s_A = \frac{a}{b} r(1-\cos\phi) \tag{3-2}$$

式中 a——游梁前臂长度，m；

b——游梁后臂长度，m。

A 点的速度为

$$v_A = \frac{a}{b}\omega r \sin\phi \tag{3-3}$$

A 点的加速度为

$$a_A = \frac{a}{b}\omega^2 r \cos\phi \tag{3-4}$$

简化为简谐运动的模型比较简单，但结果较为粗略，只能用于定性分析及近似计算。

二、简化为曲柄滑块机构时悬点运动规律

实际抽油机的 r/l 是不可忽略的，特别是冲程较大时，忽略后会引起很大误差。当抽油机的 r/l 和 r/b 不可忽略时，常将悬点的运动模型简化为曲柄滑块机构运动（视频3-4），如图3-6所示。其简化条件为 $r/l<1/4$，B 点绕游梁支点的弧线运动近似地看作直线运动。令 $\lambda = r/l$，A 点位移为

视频 3-4　曲柄滑块机构模型

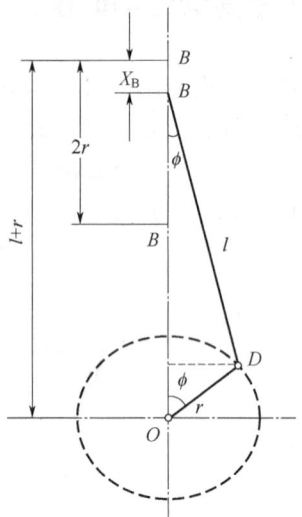

图 3-6　曲柄滑块机构运动简图

$$s_A = X_B \frac{a}{b} = r\left[(1-\cos\phi) + \frac{1}{\lambda}(1-\sqrt{1-\lambda^2\sin^2\phi})\right]\frac{a}{b} \tag{3-5}$$

为了便于用求导来得到 A 点的速度和加速度，将式（3-5）进行简化。将 $\sqrt{1-\lambda^2\sin^2\phi}$ 按二项式定理展开，取其前两项可满足工程计算要求，可得

$$\sqrt{1-\lambda^2\sin^2\phi} \approx 1 - \frac{\lambda^2\sin^2\phi}{2} \tag{3-6}$$

于是 A 点位移公式可简化为

$$s_A = \frac{a}{b}r\left(1-\cos\phi + \frac{\lambda}{2}\sin^2\phi\right) \tag{3-7}$$

A 点的速度为

$$v_A = \frac{a}{b}\omega r\left(\sin\phi + \frac{\lambda}{2}\sin 2\phi\right) \qquad (3-8)$$

A 点的加速度为

$$a_A = \frac{a}{b}\omega^2 r(\cos\phi + \lambda\cos 2\phi) \qquad (3-9)$$

将式(3-9) 两边对 ϕ 求导，并令其为零，可求得悬点运动的最大加速度为

$$a_{A\max}\big|_{\phi=0°} = \frac{a}{b}\omega^2 r(1+\lambda) = \frac{s}{2}\omega^2\left(1+\frac{r}{l}\right) \qquad (3-10)$$

$$a_{A\max}\big|_{\phi=180°} = -\frac{a}{b}\omega^2 r(1-\lambda) = -\frac{s}{2}\omega^2\left(1-\frac{r}{l}\right) \qquad (3-11)$$

曲柄滑块机构模型可用于一般计算和分析，是最为常用的模型。在进行精确计算和分析以及抽油机结构设计时，必须按抽油机实际四连杆机构来研究抽油机悬点的运动规律。

三、精确计算时悬点运动规律

目前，可以通过不同方法求得抽油机悬点运动规律的精确解，但大多计算公式较为繁杂，只能借助于计算机求得其数值解。这里介绍一种较为简单的计算方法。

游梁式抽油机结构参数如图 3-7 所示。在任一时刻游梁与铅垂线间的夹角 δ 为

$$\delta = \pi - \gamma - \psi \qquad (3-12)$$

其中

$$\gamma = \arccos\left(\frac{b^2 + J^2 - l^2}{2bJ}\right) \qquad (3-13)$$

$$\psi = \arctan\left(\frac{I + r\sin\phi}{H - G - r\cos\phi}\right) \qquad (3-14)$$

$$J = \sqrt{(I + r\sin\phi)^2 + (H - G - r\cos\phi)^2} \qquad (3-15)$$

将式(3-13) 和式(3-14) 代入式(3-12) 中得

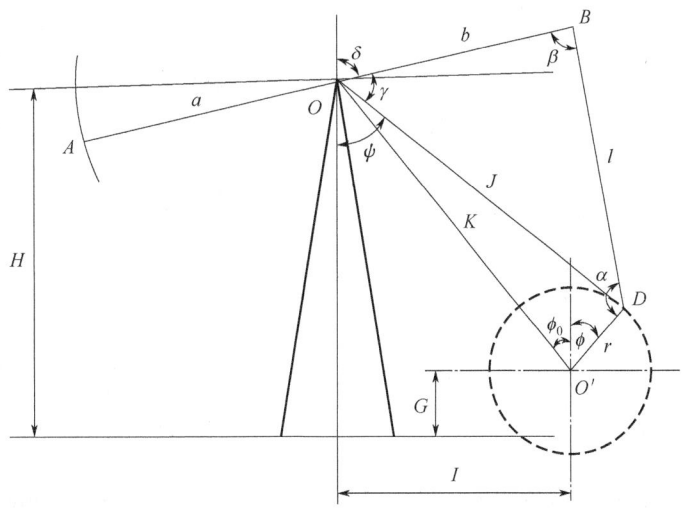

图 3-7 游梁式抽油机的结构参数

$$\delta = \pi - \arccos\left(\frac{b^2+J^2-l^2}{2bJ}\right) - \arctan\left(\frac{I+r\sin\phi}{H-G-r\cos\phi}\right) \qquad (3-16)$$

游梁摆动时存在一个最小夹角 δ_{min}，可按下式计算

$$\delta_{min} = \pi - \phi_0 - \arccos\left[\frac{b^2+K^2-(l+r)^2}{2bK}\right] \qquad (3-17)$$

其中
$$K = \sqrt{I^2+(H-G)^2}, \phi_o = \arctan\frac{I}{H-G}$$

因此，任意时刻游梁的角位移 $\Delta\delta$ 为

$$\Delta\delta = \delta - \delta_{min} \qquad (3-18)$$

由式（3-18）便可进一步求出悬点的位移 S_A、速度 v_A 和加速度 a_A 分别为

$$s_A = a(\delta - \delta_{min}) \qquad (3-19)$$

$$v_A = \frac{a}{b}\frac{\omega r[K\sin(\phi+\phi_0)+b\sin(\phi-\delta)]}{J\sin(\delta+\psi)} \qquad (3-20)$$

$$a_A = \frac{a}{b}\frac{\omega^2 r[K\cos(\phi+\phi_0)+b\cos(\phi-\delta)]}{J\sin(\delta+\psi)} - \frac{a}{b}\frac{2b\omega r\delta'\cos(\phi-\delta)-bJ\delta'^2\cos(\delta+\psi)}{J\sin(\delta+\psi)} \qquad (3-21)$$

考虑到抽油机四连杆机构存在如下的几何关系：

$$\begin{cases} K\sin(\phi+\phi_o)+b\sin(\phi-\delta) = l\sin\alpha \\ J\sin(\delta+\psi) = l\sin\beta \end{cases}$$

可得悬点运动速度和加速度的另一种较为简便的表达式为

$$v_A = \frac{a}{b}\omega r\frac{\sin\alpha}{\sin\beta} \qquad (3-22)$$

$$a_A = -\frac{a}{b}\omega^2 r\frac{K}{l\sin^3\beta}\left[\cos\alpha\sin\beta\sin(\delta+\phi_0)+\frac{r}{b}\sin\alpha\cos\beta\sin(\phi+\phi_0)\right] \qquad (3-23)$$

式（3-22）还可由速度瞬心法得到简单证明。

应用以上公式，对 CYJ5-2.7-26B 型抽油机的悬点运动参数进行了计算，悬点运动速度和悬点运动加速度随曲柄转角 ϕ 的变化曲线分别如图3-8和图3-9所示。

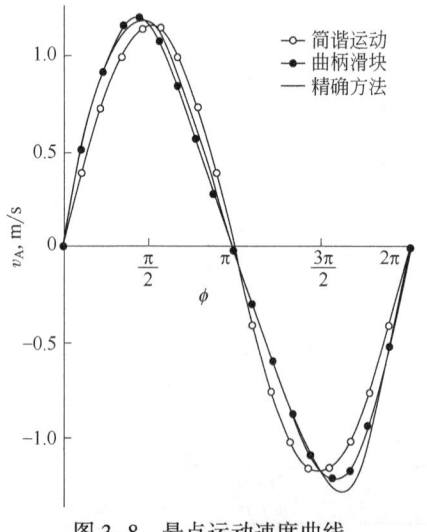

图3-8 悬点运动速度曲线

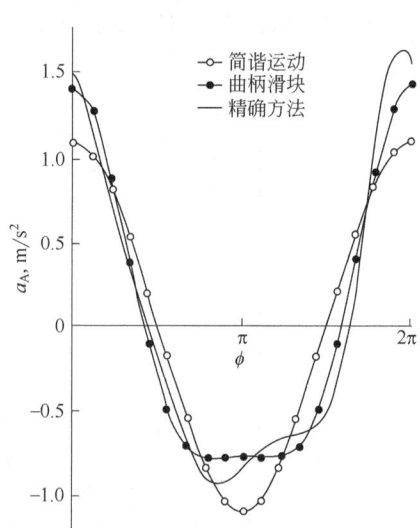

图3-9 悬点运动加速度曲线

从图 3-8 中看出，速度变化曲线的差别不是很大，曲柄滑块机构模型的结果更接近精确结果，但从图 3-9 中可看出，加速度变化曲线的差别较大，尤其是最大加速度的差别最大。因此，简谐运动模型只能用于粗略的估算和简单分析，曲柄滑块机构模型可用于一般计算和分析，而做精确的分析计算和抽油机结构设计时，则必须采用精确方法计算。

第三节　悬点载荷计算

抽油机在工作时悬点所承受的载荷，是进行抽油设备选择及工作状况分析的重要依据。因此，在进行抽油设备选择之前，必须掌握抽油机悬点载荷的计算方法。

一、悬点承受的载荷

抽油机在正常工作时，悬点所承受的载荷根据其性质可分为静载荷、动载荷及其他载荷。静载荷通常是指抽油杆柱和液柱所受的重力以及液柱对抽油杆柱的浮力所产生的悬点载荷；动载荷是指由于抽油杆柱运动时的振动、惯性以及摩擦所产生的悬点载荷；其他载荷主要有沉没压力以及井口回压在悬点上形成的载荷。

1. 抽油杆柱的重力产生的悬点静载荷

抽油杆柱所受的重力在上、下冲程中始终作用在悬点上，其方向向下，故增加悬点载荷。上冲程中抽油杆柱的重力作用在悬点的载荷为

$$W_r = \rho_s g A_r L \tag{3-24}$$

式中　W_r——抽油杆柱的重力，N；

　　　ρ_s——抽油杆（钢）密度，$\rho_s = 7850 \text{kg/m}^3$；

　　　g——重力加速度，取 9.807m/s^2；

　　　A_r——抽油杆截面面积，m^2；

　　　L——抽油杆柱长度，m。

下冲程中抽油杆柱受液体的浮力，作用在悬点的载荷为

$$W_{rl} = (\rho_s - \rho_l) g A_r L \tag{3-25}$$

式中　W_{rl}——抽油杆柱在液体中的重力，N；

　　　ρ_l——抽汲液的密度，kg/m^3。

2. 液柱的重力产生的悬点载荷

在上冲程中，液柱的重力经抽油杆柱作用于悬点，其方向向下，使悬点载荷增加，其值为

$$W_l = \rho_l g (A_p - A_r) L \tag{3-26}$$

式中　W_l——上冲程中由液柱的重力产生的悬点载荷，N；

　　　A_p——活塞截面积，m^2。

在下冲程中，液柱的重力作用于油管上，因而对悬点载荷没有影响。

3. 振动载荷与惯性载荷

抽油机从上冲程开始到液柱载荷加载完毕，这一过程称之为初变形期。初变形期之后，抽油杆才带动活塞随悬点一起运动。

抽油杆柱本身是一个弹性体，在周期性交变力的作用下做周期性变速运动，因而将引起抽油杆柱做周期性的弹性振动。这种振动还将产生振动冲击力，这个力作用于悬点上便形成振动载荷。同时，变速运动将产生惯性力，作用于悬点上便形成惯性载荷。

据资料和实践表明，液柱载荷一般都不会在活塞上（即抽油杆下端）产生明显的振动载荷，因此，在下面的讨论中忽略了液柱的振动载荷。

1) 抽油杆柱的振动引起的悬点载荷

在初变形期末激发起的抽油杆柱的纵向振动，可用一端固定、一端自由的细长杆的自由纵振动微分方程来描述：

$$\frac{\partial^2 u}{\partial t^2} = a^2 \frac{\partial^2 u}{\partial x^2} \tag{3-27}$$

式中 u——抽油杆柱任一截面的弹性位移，m；
x——自悬点到抽油杆柱任意截面的距离，m；
a——弹性波在抽油杆柱中的传播速度，等于抽油杆中的声速，m/s；
t——从初变形期末算起的时间，s。

假定悬点载荷在初变形期的变化接近于静变形，沿杆柱的速度按直线规律分布，则微分方程的初始条件和边界条件分别为

初始条件 $\quad u|_{t=0} = 0; \quad \left.\dfrac{\partial u}{\partial t}\right|_{t=0} = -v\dfrac{x}{L} \tag{3-28}$

边界条件 $\quad u|_{x=0} = 0; \quad \left.\dfrac{\partial u}{\partial x}\right|_{x=L} = 0 \tag{3-29}$

式中 v——初变形期末抽油杆柱下端（活塞）相对于悬点的运动速度。

根据分离变量法，在以上初始条件和边界条件下，方程组的解为

$$u(x,t) = \frac{-8v}{\omega_0 \pi^2} \sum_{n=0}^{\infty} \frac{(-1)^n}{(2n+1)^3} \sin(2n+1)\omega_0 t \sin\frac{2n+1}{2}\frac{\pi}{L}x \tag{3-30}$$

其中 $\quad \omega_0 = \dfrac{\pi}{2}\dfrac{a}{L}$

式中 ω_0——抽油杆柱自由振动的固有频率。

抽油杆柱的自由纵振动在悬点处产生的振动载荷 F_v 为

$$F_v = -EA_r \left.\frac{\partial u}{\partial x}\right|_{x=0} = \frac{8EA_r v}{\pi^2 a} \sum_{n=0}^{\infty} \frac{(-1)^n}{(2n+1)^2} \sin(2n+1)\omega_0 t \tag{3-31}$$

式中 E——抽油杆材料的弹性模量，Pa。

由式（3-31）可看出，悬点的振动载荷是 $\omega_0 t$ 的周期性函数，其周期为 2π。初变形期末激发起的抽油杆柱的自由纵振动，在悬点处产生振动载荷的振幅，即最大振动载荷为

$$F_{v\max} = \frac{EA_r}{a}v \tag{3-32}$$

最大振动载荷发生在 $\omega_0 t = \dfrac{1}{2}\pi, \dfrac{5}{2}\pi, \cdots$ 处。但实际上由于存在阻尼，振动将会随时间逐渐衰减，故最大振动载荷发生在 $\omega_0 t = \dfrac{1}{2}\pi$ 处，出现最大振动载荷的时间则为

$$t_\mathrm{m} = \dfrac{\pi}{2\omega_0} = \dfrac{L}{a} \tag{3-33}$$

2）抽油杆柱与液柱的惯性产生的悬点载荷

驴头带动抽油杆柱和液柱做变速运动时存在加速度，因而将产生惯性力。如果忽略抽油杆柱和液柱的弹性影响，则可以认为抽油杆柱和液柱各点和悬点的运动规律完全一致。抽油杆柱与液柱的惯性力的大小与其质量和加速度的乘积成正比，方向则与加速度方向相反。

由上述分析知道，悬点在接近上、下死点时加速度最大，因此，惯性载荷也在接近上、下死点时达到最大值。并且，惯性载荷在上死点附近方向向上，减小悬点载荷；在下死点附近方向向下，增加悬点载荷。

如果采用曲柄滑块机构模型来计算加速度，抽油杆柱和液柱在上、下冲程中产生的最大惯性载荷值分别为

$$F_\mathrm{iru} = \dfrac{W_\mathrm{r}}{g}\dfrac{s}{2}\omega^2(1+\lambda) = W_\mathrm{r}\dfrac{sn^2}{1790}(1+\lambda) \tag{3-34}$$

$$F_\mathrm{ilu} = \dfrac{W_\mathrm{l}}{g}\dfrac{s}{2}\omega^2(1+\lambda)\varepsilon = W_\mathrm{r}\dfrac{sn^2}{1790}(1+\lambda)\varepsilon \tag{3-35}$$

$$F_\mathrm{ird} = \dfrac{W_\mathrm{r}}{g}\dfrac{s}{2}\omega^2(1-\lambda) = W_\mathrm{r}\dfrac{sn^2}{1790}(1-\lambda) \tag{3-36}$$

$$\varepsilon = \dfrac{A_\mathrm{p}-A_\mathrm{r}}{A_\mathrm{ti}-A_\mathrm{r}}$$

式中 F_iru，F_ilu——抽油杆柱和液柱在上冲程中产生的最大惯性载荷，N；

F_ird——抽油杆柱在下冲程中产生的最大惯性载荷，N；

ε——油管过流断面扩大引起液柱加速度降低的系数；

A_ti——油管的过流断面面积，m^2。

实际上，由于抽油杆柱和液柱的弹性，抽油杆柱和液柱各点的运动与悬点的运动并非一致，因此，上述按悬点最大加速度计算的惯性载荷将大于实际值。下面讨论考虑抽油杆柱的弹性时，抽油杆柱产生的惯性载荷。

初变形期末抽油杆柱随悬点做变速运动，必然会由于强迫运动而在抽油杆柱内产生附加的惯性载荷。惯性载荷的大小取决于抽油杆柱的质量、悬点加速度及其在杆柱上的分布。为了讨论问题方便，将悬点运动近似地看作简谐运动。这时，悬点运动的加速度为

$$a_\mathrm{A} = \dfrac{s}{2}\omega^2\cos\omega t' \tag{3-37}$$

式中 a_A——悬点加速度，$\mathrm{m/s}^2$；

t'——从悬点下死点算起的上冲程时间，s。

抽油杆柱上距悬点 x 处的加速度 a_x 为

$$a_x = \dfrac{s}{2}\omega^2\cos\left(t' - \dfrac{x}{a}\right) \tag{3-38}$$

在 x 处单元体上的惯性力 $\mathrm{d}F_{\mathrm{ir}}$ 为单元体的质量 $q_{\mathrm{r}}\mathrm{d}x/g$ 与加速度 a_x 的乘积，即

$$\mathrm{d}F_{\mathrm{ir}} = \frac{q_{\mathrm{r}}}{g}\frac{s}{2}\omega^2\cos\left(t'-\frac{x}{a}\right)\mathrm{d}x \tag{3-39}$$

对式(3-39)求积分，可得任一时刻作用在整个抽油杆柱上的总惯性力 F_{ir} 为

$$F_{\mathrm{ir}} = \int_0^L \frac{q_{\mathrm{r}}s\omega^2}{2g}\cos\left(t'-\frac{x}{a}\right)\mathrm{d}x \tag{3-40}$$

考虑到弹性波在抽油杆中的传播速度 $a=\sqrt{\dfrac{E}{\rho}}$，则式(3-40)的解为

$$F_{\mathrm{ir}} = \frac{EA_{\mathrm{r}}}{a}\frac{s}{2}\omega\left[\sin\omega t' - \sin\omega\left(t'-\frac{L}{a}\right)\right] \tag{3-41}$$

由式(3-41)看出：抽油杆柱的惯性力并不正比于加速度的瞬时值，而是正比于在时间 $\dfrac{L}{a}$ 内悬点速度的增量。当 $\omega t'<\dfrac{\pi}{2}+\dfrac{\omega L}{2a}$ 时，抽油杆柱的惯性力随 t' 而减小；当 $\omega t'=\dfrac{\pi}{2}+\dfrac{\omega L}{2a}$ 时，抽油杆柱的惯性力等于零；当 $\omega t'>\dfrac{\pi}{2}+\dfrac{\omega L}{2a}$ 时，惯性力将改变方向，并且随 t' 而增大。

4. 摩擦载荷

抽油机在工作时，作用在悬点上的摩擦载荷由以下五部分组成。

1) 抽油杆柱与油管的摩擦力

该摩擦力 F_{rt} 在上、下冲程中都存在，其大小在直井内通常不超过抽油杆重量的 1.5%。

2) 柱塞与衬套之间的摩擦力

该摩擦力 F_{pb} 在上、下冲程中都存在，一般泵径不超过 70mm 时，其值小于 1717N。

3) 抽油杆柱与液柱之间的摩擦力

抽油杆柱与液柱之间的摩擦发生在下冲程，其摩擦力的方向向上，是稠油井内抽油杆柱下行遇阻的主要原因。阻力的大小随抽油杆柱的下行速度而变化，其最大值可近似确定为

$$F_{\mathrm{rl}} = 2\pi\mu_1 L\left[\frac{m^2-1}{(m^2+1)\ln m-(m^2-1)}\right]v_{\max} \tag{3-42}$$

其中
$$m = d_{\mathrm{ti}}/d_{\mathrm{r}}$$

式中　F_{rl}——抽油杆柱与液柱之间的摩擦力，N；
　　　μ_1——井内液体的动力黏度，Pa·s；
　　　m——油管内径与抽油杆直径之比；
　　　d_{ti}——油管内径，m；
　　　d_{r}——抽油杆直径，m；
　　　$v_{\max}$——抽油杆柱最大下行速度，m/s。

$v_{\max}$ 可按悬点最大运动速度来计算，当把悬点简化成简谐运动时可得

$$v_{\max} = \frac{s}{2}\omega = \frac{\pi sn}{60}$$

由式(3-42)看出，决定 F_{rl} 的主要因素是井内液体的黏度及抽油杆柱的运动速度。因此，在抽汲高黏度液体时，往往采用低冲次、长冲程工作方式。

4) 液柱与油管之间的摩擦力

液柱与油管之间的摩擦力发生在上冲程,其方向向下,故增大悬点载荷。资料表明,下冲程杆柱与液柱的摩擦力 F_{rl} 约为液柱与油管间摩擦力 F_{lt} 的1.3倍。因此,可根据 F_{rl} 来估算 F_{lt}:

$$F_{lt} = \frac{F_{rl}}{1.3} \tag{3-43}$$

5) 液体通过游动阀的摩擦力

在高黏度大产量油井内,液体通过游动阀产生的阻力往往是造成抽油杆柱下部弯曲的主要原因,对悬点载荷也会造成不可忽略的影响。液流通过游动阀时产生的压头损失为

$$h_1 = \frac{1}{\mu^2} \frac{v_1^2}{2g} = \frac{1}{\mu^2} \frac{A_p^2}{A_v^2} \frac{v_p^2}{2g} \tag{3-44}$$

式中 h_1——液体通过游动阀的压头损失,m;

v_1——液体通过阀时的流速,m/s;

g——重力加速度,m/s^2;

v_p——活塞运动速度,m/s;

A_p——活塞截面积,m^2;

A_v——阀孔截面积,m^2;

μ——阀流量系数,对于常用的标准型阀,可根据雷诺数 Re 查图3-10。

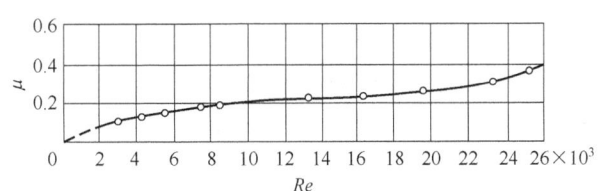

图3-10 标准型阀的流量系数

其中

$$Re = \frac{d_v v_1}{v}$$

式中 d_v——阀孔径,m;

V——液体的运动黏度,m^2/s。

如果把活塞运动看成简谐运动,则式(3-44)可写成

$$h_1 = \frac{1}{729} \frac{1}{\mu^2} \frac{A_p^2}{A_v^2} \frac{(sn)^2}{g} \tag{3-45}$$

由液流通过游动阀的压头损失而产生的活塞下行阻力为

$$F_{lv} = \rho_1 g A_p h_1 = \frac{1}{729} \frac{\rho_1}{\mu^2} \frac{A_p^3}{A_v^2} (sn)^2 \tag{3-46}$$

5. 其他载荷

除上述各种载荷以外,还有如沉没压力和管线回压产生的载荷等都会影响到悬点载荷。沉没压力的影响只发生在上冲程,它将减小悬点载荷。液流在地面管线中的流动阻力所造成

的井口回压，将对悬点产生附加载荷，其性质与油管内液体的作用载荷相同，即上冲程中增加悬点载荷，下冲程中减小悬点载荷。因二者可以部分抵消，一般计算中常可忽略。

二、悬点的最大载荷和最小载荷

抽油机在上、下冲程中悬点载荷的组成是不同的。最大载荷和最小载荷的计算式分别为

上冲程
$$W_{max} = W_r + W_1 + F_{iru} + F_{ilu} + F_{bu} + F_u + F_v - F_s \tag{3-47}$$

下冲程
$$W_{min} = W_{rl} - F_{ird} - F_{bd} - F_d - F_v \tag{3-48}$$

式中 W_{max}，W_{min}——悬点承受的最大载荷和最小载荷，N；

F_{bu}，F_{bd}——上、下冲程中井口回压造成的悬点载荷，N；

F_u，F_d——上、下冲程中的最大摩擦载荷，N；

F_v——振动载荷，N；

F_s——上冲程中沉没压力产生的悬点载荷，N。

在下泵深度及沉没度不是很大，井口回压及冲数不很高的稀油直井内，常可以忽略 F_v，F_u，F_d，F_s，F_b 及 F_{ilu}，则最大载荷和最小载荷分别简化为

$$W_{max} = W_r + W_1 + F_{iru} = W_r + W_1 + \frac{W_r sn^2}{1790}(1+\lambda) \tag{3-49}$$

$$W_{min} = W_{rl} - F_{ird} = W_{rl} - \frac{W_r sn^2}{1790}(1-\lambda) \tag{3-50}$$

令
$$W'_r = W_{r1}，W'_1 = \rho_1 g A_p L$$

则悬点所承受的最大载荷和最小载荷公式可分别写成另一种形式：

$$W_{max} = W'_r + W'_1 + \frac{W_r sn^2}{1790}\left(1 + \frac{r}{l}\right) \tag{3-51}$$

$$W_{min} = W'_r - \frac{W_r sn^2}{1790}\left(1 - \frac{r}{l}\right) \tag{3-52}$$

式中 W'_r——抽油杆在液柱中的重量，即抽油杆柱所受的重力与液体对其浮力之差，N；

W'_1——占据整个油管流通面积的液体重量，也为上、下冲程静载荷差，N；

s——光杆冲程，m；

n——冲次，1/min。

抽油杆柱在工作时的受力情况是相当复杂的，所有用来计算悬点大载荷的公式都只能得到近似结果。除了一般计算公式外，有时还采用了一些其他比较简便的公式进行计算。

第四节 平衡计算

当抽油机没有平衡装置时，由于上、下冲程中悬点载荷不均衡，满足上冲程负载要求的电动机在下冲程中将做负功，从而出现抽油机不平衡现象。不平衡现象将造成电动机功率的浪费，降低电动机的效率，缩短电动机及抽油装置的寿命，破坏曲柄旋转速度的均匀性。

一、平衡原理

要使抽油机在平衡条件下运转，就应使电动机在上、下冲程中都做正功且做功相等。最简单的方法便是在抽油机游梁后臂上加一重物，在下冲程中让抽油杆自重和电动机一起来对重物做功，而在上冲程时，则让重物储存的能量释放出来和电动机一起对悬点做功，即

$$E_d + E_{md} = E_w \tag{3-53}$$

$$E_w + E_{mu} = E_u \tag{3-54}$$

式中 E_u，E_d——悬点在上、下冲程做的功，N·m；

E_{mu}，E_{md}——电动机在上、下冲程做的功，N·m；

E_w——重物在下冲程储存的能量或重物在上冲程释放的能量，N·m。

要使抽油机工作平衡，则应使电动机在上、下冲程中所做的功相等，即

$$E_{mu} = E_{md} \tag{3-55}$$

则

$$E_w - E_d = E_u - E_w \tag{3-56}$$

为了达到平衡，在下冲程中需要对重物做的功和上冲程中需要重物释放的能量为

$$E_w = \frac{E_u + E_d}{2} \tag{3-57}$$

式(3-57)表明，为了使抽油机平衡运转，在下冲程中需要储存的能量应该是悬点在上、下冲程中所做功之和的二分之一。式(3-57)便是进行平衡计算的基本公式。

二、平衡方式

为了使抽油机工作达到平衡状态，在下冲程把抽油杆自重做的功和电动机输出的能量储存起来所采取的形式，称之为平衡方式。目前常用的平衡方式有气动平衡和机械平衡。

气动平衡是通过游梁带动的活塞压缩气包中的气体，把下冲程中做的功储存成为气体的压缩能。在上冲程中被压缩的气体膨胀，将储存的压缩能转换成膨胀能帮助电动机做功（视频3-5）。

机械平衡是以增加平衡重的位能来储存能量，而在上冲程中平衡重降低位能来帮助电动机做功的平衡方式。机械平衡有三种类型，即游梁平衡、曲柄平衡和复合平衡（视频3-6）。

视频3-5
气动平衡

视频3-6
机械平衡

（1）游梁平衡是在游梁尾部加平衡重，适用于小型抽油机。

（2）曲柄平衡（旋转平衡）是将平衡重加在曲柄上。这种平衡方式便于调节平衡，并且可避免在游梁上造成过大的惯性力，适用于大型抽油机。

（3）复合平衡（混合平衡）是在游梁尾部和曲柄上都加有平衡重，是上述两种方式的组合，多用于中型抽油机。

三、平衡计算

抽油机的平衡计算，就是在一定抽汲参数条件下，计算为使抽油机工作在平衡状态下所需要的平衡物的重量或确定平衡重物的位置。惯性载荷在上、下冲程所做的功等于零，因此

在讨论悬点在上、下冲程中所做的功时,可以不考虑惯性载荷。

悬点在上、下冲程中所做的功分别为

$$E_u = (W'_r + W'_1)s \tag{3-58a}$$

$$E_d = W'_r s \tag{3-58b}$$

将式(3-58a)和式(3-58b)代入式(3-57)中得

$$E_w = \left(W'_r + \frac{W'_1}{2}\right)s \tag{3-58c}$$

对于不同平衡方式,重物储存能量的方式不同,因此平衡时所需要重物的重量也不同。下面将分别讨论在不同平衡方式下,所需重物的重量大小或确定重物的位置。

1. 游梁平衡

如图3-11所示,对于游梁平衡,重物在下冲程中所储存的能量为 $E_w = \frac{c}{a}sW_b$。将其代入式(3-58c)中可得平衡条件下重物的重量为

$$W_b = \left(W'_r + \frac{W'_1}{2}\right)\frac{a}{c} - X_{uc} \tag{3-59}$$

式中 X_{uc} ——抽油机本身的不平衡值,是折算到游梁平衡块重心位置上的附加平衡力。

2. 曲柄平衡

如图3-12所示,对于曲柄平衡,其重物在下冲程中所储存的能量为

$$E_w = 2RW_{cb} + 2R_c W_c + 2rX_{ub} \tag{3-60}$$

式中 W_c, W_{cb} ——曲柄自重和曲柄平衡块重,N;
X_{ub} ——抽油机本身的不平衡值,N;
R, R_c, r ——分别为曲柄平衡半径、曲柄重心半径、曲柄(回旋)半径,m。

将式(3-60)代入式(3-58c)中,并考虑 $s = 2ra/b$,可得平衡半径 R 为

$$R = \left(W'_r + \frac{W'_1}{2}\right)\frac{a}{b}\frac{r}{W_{cb}} - r\frac{X_{ub}}{W_{cb}} - R_c \frac{W_c}{W_{cb}} \tag{3-61}$$

曲柄平衡通常是通过改变平衡半径 R 来调节平衡。对于某一型号抽油机,将其各有关参数代入式(3-61),便可得到相应的平衡半径 R 的计算表达式。

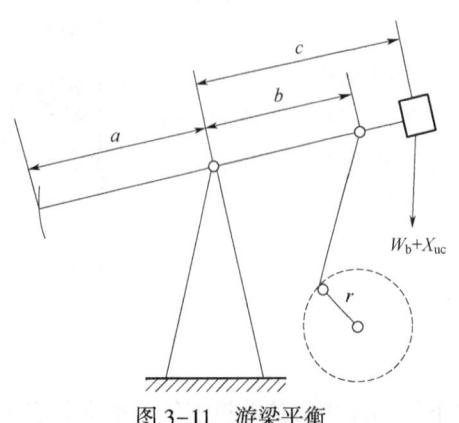

图3-11 游梁平衡

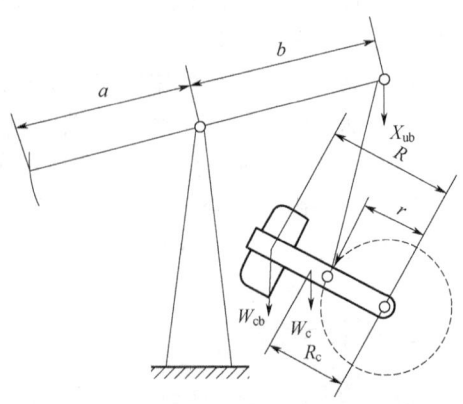

图3-12 曲柄平衡

3. 复合平衡

复合平衡是上述两种平衡方式的组合，同样可得其平衡半径计算公式为

$$R = \left(W_r' + \frac{W_1'}{2}\right)\frac{a}{b}\frac{r}{W_{cb}} - \frac{c}{b}r\frac{X_{uc}}{W_{cb}} - \frac{c}{b}r\frac{W_b}{W_{cb}} - R_c\frac{W_c}{W_{cb}}$$

$$= \left(W_r' + \frac{W_1'}{2}\right)\frac{a}{b}\frac{r}{W_{cb}} - \frac{c}{b}r\frac{X_{uc}+W_b}{W_{cb}} - R_c\frac{W_c}{W_{cb}} \tag{3-62}$$

以上介绍的只是以上、下冲程中电动机做功相等作为平衡标准的计算方法。在实际生产中检验和调整平衡时，大多简便地采用上、下冲程的扭矩或电流峰值相等作为平衡条件。

第五节　曲柄轴扭矩及电动机功率计算

一定型号的抽油机所配置的减速箱都有其允许的最大扭矩，因此，抽油机在工作时，除了悬点的最大载荷要小于抽油机的许用载荷之外，还必须使曲柄轴上产生的实际扭矩小于减速箱的许用扭矩。在一定条件下，减速箱的许用扭矩既限制着油井生产时所采用的最大抽汲参数，也限制着保证大参数生产所需要的电动机功率。

抽油机工作时，由悬点载荷及平衡重在曲柄轴上造成的扭矩与电动机输入给曲柄轴的扭矩相平衡，因此，通过悬点载荷及平衡重来计算曲柄轴扭矩，不仅可以检查减速箱是否在超扭矩条件下工作，而且可以用来检查和计算电动机功率的利用情况。

一、曲柄轴扭矩的计算

1. 计算扭矩的基本公式

抽油机结构受力分析如图 3-13 所示，可从游梁系统和曲柄连杆系统两部分进行分析。分别在曲柄连杆系统和游梁系统中，取力矩平衡可得

$$F_T r + W_c' r\sin\phi = F_p r\sin\alpha \tag{3-63}$$

$$Wa + \frac{W_b}{g}\frac{c^2}{a}a_A = F_p b\sin\beta + W_b c\cos\theta \tag{3-64}$$

$$W_c' = \frac{W_{cb}R + W_c R_c}{r} \tag{3-65}$$

式中　W——悬点载荷，N；

　　　c——游梁后臂重物到游梁支点的距离，m；

　　　β——游梁与连杆夹角，(°)；

　　　θ——游梁转过的角度，(°)；

　　　a_A——悬点运动加速度，m/s^2；

　　　F_T，F_p——分别为作用在曲柄销处的切线力和连杆的拉力，N；

　　　W_c'——折算到曲柄上回旋半径 r 处的平衡重量，N。

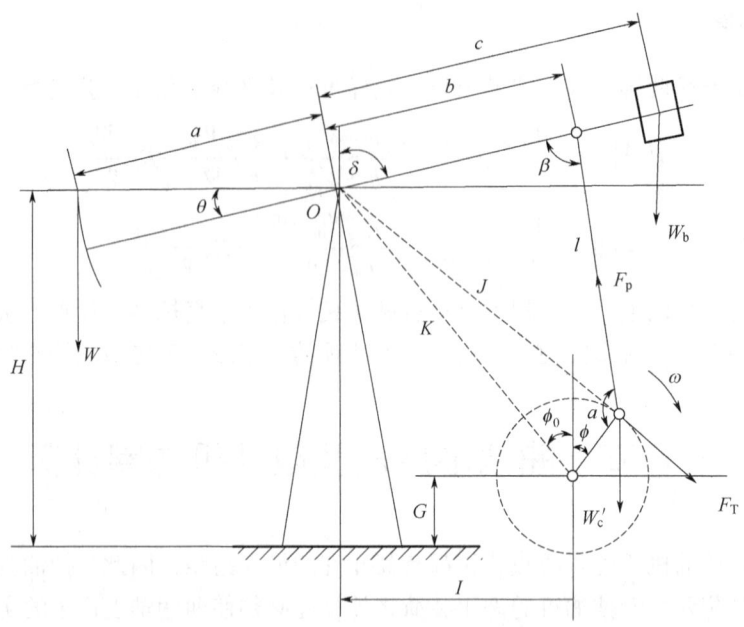

图3-13 抽油机几何尺寸与曲柄销受力图

由式(3-63)和式(3-64)消去 F_p,可求得复合平衡条件下的扭矩计算公式:

$$M_{com}=F_T r=\left(W-\frac{c}{a}W_b\cos\theta+\frac{c^2}{a^2}\frac{W_b}{g}a_A\right)\frac{a}{b}r\frac{\sin\alpha}{\sin\beta}-W'_c r\sin\phi \quad (3-66)$$

曲柄平衡抽油机,$W_b=0$,则扭矩计算公式为

$$M_{cr}=\frac{a}{b}r\frac{\sin\alpha}{\sin\beta}W-W'_c r\sin\phi \quad (3-67)$$

游梁平衡抽油机,$W'_c r\approx 0$,则扭矩计算公式为

$$M_{wb}=\left(W-\frac{c}{a}W_b\cos\theta+\frac{c^2}{a^2}\frac{W_b}{g}a_A\right)\frac{a}{b}r\frac{\sin\alpha}{\sin\beta} \quad (3-68)$$

对于曲柄平衡的抽油机,式(3-67)中的第一项表示悬点载荷 W 在曲柄轴上产生的扭矩,称之为油井负荷扭矩,用 M_w 表示,可写成

$$M_w=\frac{a}{b}r\frac{\sin\alpha}{\sin\beta}W \quad (3-69)$$

令

$$\overline{TF}=\frac{a}{b}r\frac{\sin\alpha}{\sin\beta} \quad (3-70)$$

则

$$M_w=\overline{TF}W \quad (3-71)$$

$\overline{TF}$ 称作扭矩因数或扭矩因子,即为悬点载荷在曲柄轴上造成的扭矩(负荷扭矩)M_w 与悬点载荷 W 的比值。

式(3-67)中的第二项 $W'_c r\sin\phi$ 表示曲柄及其平衡重在曲柄轴上造成的扭矩 M_c,称之为曲柄平衡扭矩,可写成

$$M_c=W'_c r\sin\phi=(W_{cb}R+W_c R_c)\sin\phi \quad (3-72)$$

把曲柄轴上的负荷扭矩 M_w 与曲柄平衡扭矩 M_c 之差,称作净扭矩,用 M 表示为

$$M = M_w - M_c = \overline{TF}W - M_{cmax}\sin\phi \qquad (3-73)$$

其中
$$M_{cmax} = W_{cb}R + W_c R_c$$

式中 M_{cmax}——曲柄最大平衡扭矩，N·m。

当考虑抽油机本身的结构不平衡时，式(3-66) 可写成

$$M_{com} = \left[W - \left(B + \frac{c}{a}W_b\right)\cos\theta + \frac{c^2}{a^2}\frac{W_b}{g}a_A\right]\frac{a}{b}r\frac{\sin\alpha}{\sin\beta} - W'_c r\sin\phi \qquad (3-74)$$

式中 B——抽油机结构不平衡值，等于连杆与曲柄销脱开时，为了保持游梁处于水平位置而需要加在光杆上的力，N。

为了简化计算，可忽略游梁摆角 θ 及游梁平衡重的惯性力矩产生的影响（一般计算误差不超过 10%，扭矩峰值的误差小于 5%），则扭矩计算公式简化为

复合平衡 $$M_{com} = \left[W - \left(B + \frac{c}{a}W_b\right)\right]\overline{TF} - M_{cmax}\sin\phi \qquad (3-75)$$

曲柄平衡 $$M_{cr} = (W - B)\overline{TF} - M_{cmax}\sin\phi \qquad (3-76)$$

游梁平衡 $$M_{wb} = \left[W - \left(B + \frac{c}{a}W_b\right)\right]\overline{TF} \qquad (3-77)$$

2. 计算最大扭矩公式

在实际生产中，计算曲柄轴的扭矩固然是很重要的，但由于扭矩是随曲柄转角的变化而变化，并且计算很麻烦，而在抽油技术设计和一般应用分析中，常常只需要知道曲柄轴的最大扭矩，因此多采用近似计算公式或经验公式计算最大扭矩。

1) 计算最大扭矩的近似公式

当把抽油机悬点运动简化为简谐运动，并忽略抽油机系统的惯性和游梁摆角的影响，式(3-74) 可变为

$$M_{com} = \left[W - \left(B + \frac{c}{a}W_b\right)\right]\frac{a}{b}r\sin\phi - W'_c r\sin\phi \qquad (3-78)$$

将 $r = \frac{b}{a}\frac{s}{2}$ 代入式(3-78)，整理得

$$M_{com} = \frac{s}{2}\left[W - \left(B + \frac{c}{a}W_b + \frac{b}{a}W'_c\right)\right]\sin\phi \qquad (3-79)$$

令
$$C_e = B + \frac{c}{a}W_b + \frac{b}{a}W'_c \qquad (3-80)$$

C_e 实际上是抽油机结构不平衡及平衡重在悬点处产生的平衡力，它表示被实际平衡掉的悬点载荷值，因此，称之为实际有效平衡值。

为了使抽油机工作达到平衡状态，实际所需要的有效平衡值应为

$$C_{er} = (W_{max} + W_{min})/2 \qquad (3-81)$$

C_{er} 为实际需要的有效平衡值。当 $C_e = C_{er}$ 时，抽油机达到了平衡，即工作在平衡状态。

一般认为，最大扭矩与最大载荷出现在同一曲柄转角位置。由式(3-79) 看出，当 $\phi = 90°$ 或 270°，并且不考虑悬点载荷 W 的变化时，M 达到最大值。因此，将 $W = W_{max}$ 和 $\sin\phi = 1$ 以及 $C_e = C_{er}$ 代入式(3-79)，整理得

$$M_{\max} = \frac{s}{2}(W_{\max} - C_e) = \frac{s}{4}(W_{\max} - W_{\min}) \tag{3-82}$$

2) 计算最大扭矩的经验公式

苏联拉玛扎诺夫于1957年，根据类似于式(3-82)的近似公式和拉比诺维奇的精确公式，利用一批实测示功图，分别计算了曲柄销处的切线力，并经回归分析得出了计算最大扭矩的经验公式(SI 单位制)：

$$M_{\max} = 300s + 0.236s(W_{\max} - W_{\min}) \tag{3-83}$$

我国一些学者根据国内油井扭矩曲线的峰值，也建立了类似的经验公式(SI 单位制)：

$$M_{\max} = 1800s + 0.202s(W_{\max} - W_{\min}) \tag{3-84}$$

二、扭矩曲线的绘制及应用

在抽油井管理中，除了曲柄轴的最大扭矩，有时还需要知道曲柄轴扭矩随曲柄转角的变化情况。反映曲柄轴扭矩随曲柄转角的变化曲线称之为曲柄轴扭矩曲线，简称扭矩曲线。

1. 扭矩曲线的绘制

1) 扭矩因数计算

在利用悬点载荷及平衡计算曲柄轴扭矩时，关键是计算扭矩因数$\overline{TF}$，而由式(3-70)可知，求$\overline{TF}$需计算角α和角β的值。根据四连杆机构的几何关系，β和α可分别由下述两式求得

$$\beta = \arccos \frac{(b^2 + l^2) - (K^2 + r^2) + 2Kr\cos(\phi + \phi_0)}{2bl} \tag{3-85}$$

$$\alpha = \pi + \delta - (\beta + \phi) \tag{3-86}$$

式中 δ——游梁后臂 b 与铅垂线的夹角，(°)，可由式(3-16)求得。

另外，由于 $M_w \omega = W v_A$，故可得

$$\overline{TF} = \frac{v_A}{\omega} \tag{3-87}$$

这表明，用悬点运动速度 v_A 除以曲柄旋转角速度 ω 也可得到扭矩因数$\overline{TF}$的值。

2) 悬点载荷数据的来源

悬点载荷数据通常由示功图来获得，可在示功图上读取任意一悬点位移 s 所对应的悬点载荷 W。目前，随着计算机技术的不断发展，用扫描仪将示功图录入计算机，可以很方便地读取任一悬点位移时的悬点载荷值。

3) 悬点位移与曲柄转角的关系

欲绘制扭矩曲线，需先求出悬点载荷 W 与曲柄转角 ϕ 的变化关系，为此，可利用示功图中悬点载荷 W 与悬点位移 s 之间的关系，以及悬点运动规律中悬点位移 s 与曲柄转角 ϕ 之间的关系，建立悬点载荷 W 与曲柄转角 ϕ 的关系，如图3-14所示。

在研究悬点运动规律时，曾得出了悬点位移 s 随曲柄转角 ϕ 变化的计算公式，因此，曲柄转角 ϕ 同悬点位移 s 的关系式应是对 $s-\phi$ 关系式求反函数。

由于 s-φ 关系式的反函数很难直接求得，而用迭代方法求解的计算工作量大、较麻烦，因此，建议采用插值方法求解。

首先选定一定步长 Δφ，预先计算出不同角 φ 对应下的位移 s 的值，然后利用插值方法便可求出任意一悬点位移 s 所对应的曲柄转角 φ 的值。只要将计算步长选得充分小（一般选 1°便足够了），利用最为简单的线性插值方法进行计算，便足可以满足精度要求。

2. 扭矩曲线的应用

由于悬点载荷和平衡机构造成的扭矩与电动机输入给曲柄轴的扭矩相平衡，因此，扭矩曲线除了可用来确定最大扭矩和检查是否超扭矩之外，还可以检查抽油机的平衡状况以及进行平衡计算、确定电动机输出功率、检查功率的利用情况及利用均方根扭矩选择电动机功率。

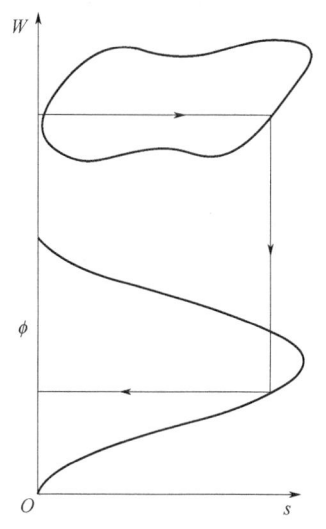

图 3-14　悬点载荷与曲柄转角的关系

1）检查是否超扭矩

图 3-15 为典型的减速箱曲柄轴扭矩曲线。由扭矩曲线可直接得到上、下冲程中的峰值扭矩，因而可根据减速箱的许用扭矩来检查减速箱是否超扭矩工作。

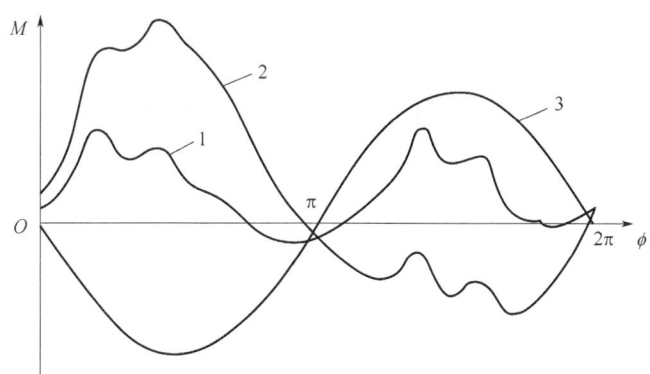

图 3-15　某井扭矩曲线
1—净扭矩；2—油井负荷扭矩；3—曲柄平衡扭矩

另外，当出现负扭矩时，说明减速箱的主动轮变为从动轮。如果负扭矩值较大，将发生从动轮冲击主动轮，从而降低齿轮寿命。这种现象常发生在不平衡、轻载荷或载荷突变的油井上。

2）判断及计算平衡

抽油机平衡是为了使电动机的负载尽可能达到均匀。在抽油设计中，一般都是以上、下冲程中电动机做的功相等作为平衡标准来计算平衡。在检验平衡和进行调整平衡的计算时，通常是以上、下冲程的峰值扭矩相等为标准，即

$$M_{umax} = M_{dmax} \tag{3-88}$$

如果 $M_{umax} > M_{dmax}$，即上重下轻，说明平衡不够，需要增大平衡扭矩；反之，则说明平衡过重，需要减小平衡扭矩。复合平衡和曲柄平衡抽油机，通常采用改变平衡半径 R 的方

法来调节平衡扭矩。只有在调整平衡半径 R 还不能满足要求的情况下，才能改变平衡重的块数或重量。

对峰值扭矩不相等的抽油井，为使其达到平衡，应首先计算需要的曲柄最大平衡扭矩：

$$M_{cmax} = \frac{\overline{TF}_u\left[W_u-\left(B+\frac{c}{a}W_b\right)\right]-\overline{TF}_d\left[W_d-\left(B+\frac{c}{a}W_b\right)\right]}{\sin\phi_u-\sin\phi_d} \quad (3-89)$$

式中 ϕ_u，ϕ_d——分别为上、下冲程的峰值扭矩所对应的曲柄转角，(°)；

W_u，W_d——分别为应于 ϕ_u 和 ϕ_d 的悬点载荷，N；

$\overline{TF}_u$，$\overline{TF}_d$——分别对应于 ϕ_u 和 ϕ_d 的扭矩因数。

然后，根据 M_{cmax} 可计算相应的平衡半径为

$$R = \frac{M_{cmax}-W_c R_c}{W_{cb}} \quad (3-90)$$

为了简化计算，可根据上、下冲程中扭矩曲线峰值差来计算平衡半径的调整值 ΔR：

$$\Delta R = \frac{M_{umax}-M_{dmax}}{W_{cb}(\sin\phi_u-\sin\phi_d)} \quad (3-91)$$

当 ΔR 为正时，说明应将平衡块位置向外移动；若 ΔR 为负值，则向内移动。

将上述计算结果代入扭矩计算公式，就可以计算出调整后，在平衡条件下的扭矩曲线。应该注意，当上、下冲程的峰值扭矩差别很大时，按上述方法调整后的扭矩峰值位置可能发生改变，从而不能保证调整后上、下冲程的峰值扭矩相等，可根据新的曲线峰值重新进行计算。

在实际生产中，油井的某些变化都会改变抽油井的平衡状况，不可能经常保持上、下冲程扭矩峰值完全相等。一般认为，只要 $(M_{min}/M_{max}) \geq 0.8$ 时，抽油机就能保持良好的平衡状况。

3) 功率分析

减速箱输出的瞬时功率等于瞬时扭矩与曲柄角速度的乘积，即

$$P(\phi) = M(\phi)\omega \quad (3-92)$$

因此，一个冲程中的平均功率为

$$P = \frac{1}{2\pi}\int_0^{2\pi} P(\phi)d\phi = \frac{1}{2\pi}\int_0^{2\pi} M(\phi)\omega d\phi \quad (3-93)$$

根据式(3-93)便可利用扭矩曲线求得减速箱的平均输出功率。由于通过悬点载荷计算扭矩时忽略了从曲柄到悬点的传动效率，因此，根据扭矩曲线计算得出的功也就是光杆功率。

三、电动机的功率计算

选择电动机时，除了确定适合于抽油机工作特点的类型之外，还要确定适合各型抽油机工作能力的电动机容量，即功率大小。

已知传动效率 η、冲次 n、传动比 i 和电动机转数 n_m，电动机功率 P 与曲柄轴扭矩 M 关系为

$$M = 9549 \frac{P\eta}{n} = 9549 \frac{P\eta i}{n_m} \tag{3-94}$$

由式(3-94)可得，需要的电动机功率为

$$P = \frac{Mn}{9549\eta} \tag{3-95}$$

曲柄轴扭矩在工作过程中是变化的，应按均方根取其等值电流或等值扭矩来计算，即

$$P_r = \frac{M_e n}{9549\eta} \tag{3-96}$$

所谓等值扭矩，就是用一个固定扭矩来代替变化的实际扭矩，使其电动机的发热条件相同，此固定扭矩称为实际变化扭矩的等值扭矩（即均方根值）。它可由扭矩曲线来计算

$$M_c = \sqrt{\frac{1}{2\pi} \int_0^{2\pi} M^2 \mathrm{d}\phi} = \sqrt{\frac{\sum_{i=1}^n (M_i^2 \Delta \phi_i)}{2\pi}} \tag{3-97}$$

对于抽油机来说，等值扭矩与最大扭矩之间存在一定关系，可以写成如下形式

$$M_e \approx k M_{\max} \tag{3-98}$$

式中　k——不同方法确定的比例系数，简谐模型 $k=0.707$；回归分析结果 $k=0.54$；根据理论分析和实际资料的计算结果，并考虑到不平衡等因素，建议取 $k=0.6$。

由于实际扭矩变化规律的复杂性，要合理地选择电动机的功率是比较困难的。在国外曾提出了各种各样的经验公式，可参见有关文献。

应该指出的是，计算出电动机的功率后，在具体选择电动机的型号时，还应注意电动机的转数与皮带轮直径和冲次的配合，以及考虑电动机的超载能力和启动特性。

第六节　泵效影响因素及提高措施

在抽油井生产过程中，泵的实际排量 Q 常小于其理论排量 Q_t，二者的比值称为泵的容积效率 η_v，油田通称为泵效，即

$$\eta_v = Q/Q_t \tag{3-99}$$

其中

$$Q_t = 1440 A_p s n = 360 \pi d_p^2 s n \tag{3-100}$$

式中　Q, Q_t——泵的实际排量与理论排量，m^3/d；

A_p——活塞截面积，m^2；

s——光杆冲程，m；

n——冲次，$\min^{-1}$；

d_p——泵径，m。

这里定义的"泵效"虽然与按泵的输出功率与输入功率之比所定义的泵效的意义不同，但在一定程度上也可以反映泵工作状况的优劣。一般泵效为 0.7~0.8 时，就认为泵工作状况良好；有些带喷井的泵效有可能接近或大于 1.0。实践表明，平均泵效往往低于 0.7，甚至更低。

一、泵效影响因素

影响泵效的因素是多方面的，但归纳起来主要有：抽油杆柱和油管柱的弹性伸缩、气体和充满程度的影响及漏失三个方面。

1. 抽油杆柱和油管弹性伸缩的影响

抽油杆柱和油管柱的弹性伸缩，将减小活塞冲程，因而降低泵效。抽油杆柱和油管柱的弹性伸缩量越大，活塞冲程与光杆冲程的差别也就越大，泵效也就越低。抽油杆柱所受的载荷性质不同，则伸缩变形的性质与程度也不同。

1）静载荷对活塞冲程的影响

当驴头开始上行时，由于抽油杆柱加载和油管柱卸载，使抽油杆柱伸长 λ_r，油管柱缩短 λ_t，这期间活塞并未产生位移，从而使活塞冲程比光杆冲程减少 λ，并且 $\lambda=\lambda_r+\lambda_t$。

当变形结束后，活塞才开始与泵筒发生相对位移，吸入阀开始打开吸入液体，一直到上死点。下冲程与上冲程的影响相同，使活塞冲程比光杆冲程减少 λ。这种由于抽油杆柱与油管柱的弹性伸缩使活塞冲程小于光杆冲程的值，称为冲程损失。

在抽油杆柱与油管柱的弹性伸缩影响下的活塞冲程为

$$s_p = s-(\lambda_r+\lambda_t) = s-\lambda \tag{3-101}$$

根据广义胡克定律，冲程损失 λ 大小为

$$\lambda = \frac{A_p \rho_1 H_{fl} g}{E}\left(\frac{L}{A_t}+\sum_{i=1}^{m}\frac{L_i}{A_{ri}}\right) \tag{3-102}$$

式中　λ——冲程损失，m；

　　　A_p，A_t——活塞及油管金属截面积，m^2；

　　　L——抽油杆柱总长度，m；

　　　ρ_1——液体密度，kg/m^3；

　　　E——钢的弹性模量，取 $2.06\times10^{11}Pa$；

　　　H_{fl}——动液面深度，m；

　　　L_i——第 i 级抽油杆的长度，m；

　　　A_{ri}——第 i 级抽油杆的截面积，m^2。

2）惯性载荷对活塞冲程的影响

悬点到达上死点时，抽油杆柱有向下的最大加速度和向上的最大惯性载荷，使抽油杆柱带动活塞比静载荷作用时向上多移动一段距离 λ_{iu}；同样，悬点到达下死点时使抽油杆柱带动活塞比静载荷作用时向下多移动一段距离 λ_{id}。这样，使活塞冲程比只有静载荷作用时要增加 λ_i：

$$\lambda_i = \lambda_{iu}+\lambda_{id} \tag{3-103}$$

由于抽油杆柱上各点的惯性力不同，故取其平均值。根据广义胡克定律可得

$$\lambda_{iu}=\frac{F_{ird}L}{2A_rE}=\frac{W_r s n^2 L}{2\times1790\times A_r E}\left(1-\frac{r}{l}\right) \tag{3-104a}$$

$$\lambda_{id} = \frac{F_{iru}L}{2A_rE} = \frac{W_r s n^2 L}{2\times 1790 \times A_r E}\left(1+\frac{r}{l}\right) \quad (3\text{-}104\text{b})$$

则
$$\lambda_i = \frac{W_r s n^2 L}{1790 A_r E} \quad (3\text{-}104\text{c})$$

在静载荷和惯性载荷的共同作用下，活塞冲程为

$$s_p = s-\lambda+\lambda_i = s\left(1+\frac{W_r n^2 L}{1790 A_r E}\right)-\lambda \quad (3\text{-}105)$$

考虑到弹性波在抽油杆中的传播速度 $a=\sqrt{\dfrac{E}{\rho}}$，式（3-105）还可写成

$$s_p = s\left(1+\frac{\mu^2}{2}\right)-\lambda \quad (3\text{-}106)$$

其中
$$\mu = \omega L/a$$

尽管惯性载荷作用引起的抽油杆柱变形将使活塞冲程增大，有利于提高泵效，但增加惯性载荷将会增加悬点的最大载荷、减小悬点的最小载荷，使抽油杆柱的受力条件变差。因此，通常不用增加惯性载荷（即快速抽汲）的办法来增加活塞冲程。

3）振动载荷对活塞冲程的影响

理论分析和实验研究表明：抽油杆柱本身振动的位相在上、下冲程中几乎是对称的，即如果在上冲程末抽油杆柱伸长，则在下冲程末抽油杆柱必然缩短；反之亦然。因此，不论是上冲程还是下冲程，由抽油杆柱振动引起的伸缩对活塞冲程影响都是一致的。究竟是增加还是减小，将取决于抽油杆柱自由振动与悬点摆动引起强迫振动的相位配合。对于深井，常常存在着一个 s 和 n 配合的不利区域，在此区域内提高冲次，反而会减小活塞冲程。

2. 气体和充满程度的影响

抽油泵的吸入口压力常低于饱和压力，因此总有气体进泵。气体进泵必然减少进泵液体的量，从而使得泵效降低。当气体影响严重时，由于气体在泵内的压缩和膨胀，使得吸入阀无法打开而抽不出油，这种现象称为"气锁"。气体对泵效的影响程度常用泵的充满系数来反映，充满系数 β 是指每冲次吸入泵内的原油（或液体）的体积 V'_0 与活塞让出容积 V_p 之比，即

$$\beta = \frac{V'_0}{V_p} \quad (3\text{-}107)$$

充满系数 β 表示了泵在工作过程中被液体充满的程度。β 愈高，则泵效愈高。泵的充满系数与泵内气液比和泵的结构有关。如图 3-16 所示，定义 F_{go} 和 K_s 分别为泵内的气油比和泵的余隙比，可导出充满系数 β 表达式为

$$\beta = \frac{1-K_s F_{go}}{1+F_{go}} \quad (3\text{-}108)$$

根据图 3-16，充满系数 β 具体推导过程如下：

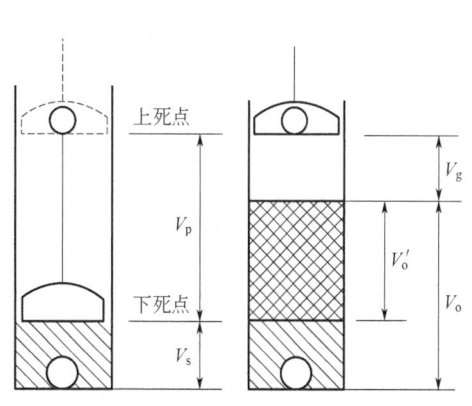

图 3-16　气体对充满程度的影响

$$V_p+V_s = V_g+V_o \qquad (3-109)$$

用 F_{go} 表示泵内气液比，即 $F_{go}=V_g/V_o$，则 $V_g=F_{go}V_o$。那么

$$V_p+V_s = F_{go}V_o+V_o \qquad (3-110)$$

由式(3-110)可得

$$V_o = \frac{V_p+V_s}{1+F_{go}} \qquad (3-111)$$

由于

$$V_o' = V_o - V_s \qquad (3-112)$$

则

$$V_o' = \frac{V_p+V_s}{1+F_{go}} - V_s \qquad (3-113)$$

将式(3-113)代入式(3-107)，得

$$\beta = \frac{V_o'}{V_p} = \frac{V_p+V_s}{(1+F_{go})V_p} - \frac{V_s}{V_p} \qquad (3-114)$$

令 $K_s = V_s/V_p$，表示余隙比，则

$$\beta = \frac{1+K_s}{1+F_{go}} - K_s = \frac{1-K_s F_{go}}{1+F_{go}} \qquad (3-115)$$

由式(3-115)，可得出如下结论：

（1）K_s 值越小，β 值就越大。根据 K_s 的定义，若要使 K_s 值小则应使 V_s 尽量小或增大活塞冲程以提高 V_p。因此，在保证活塞不撞击固定阀的情况下，应尽量减小防冲距，以减小余隙比。

（2）F_{go} 值越小，β 值就越大。为了降低进入泵内的气油比，可增加泵的沉没度提高泵吸入口压力，使原油中的自由气更多地溶于油中。也可以使用气锚，使气体在泵外分离，以防止和减少气体进泵。

若油层能量低或由于原油黏度高导致进泵阻力过大，都将出现供油跟不上、油还未来得及充满泵筒而活塞已开始下行，即形成所谓的充不满现象从而降低泵效。对于这种情况，一般可采取加深泵挂增大沉没度，或选用合理的抽汲参数以及增产增注等措施，以适应油层的供油能力。对于稠油井，还可采取降黏措施。

3. 漏失的影响

抽油泵在工作时，由于各种原因将产生漏失，使泵效降低。影响泵效的漏失主要有以下几种。

（1）排出部分漏失：指活塞与衬套的间隙漏失和游动阀漏失，将减少泵内排出的油量。

（2）吸入部分漏失：指固定阀漏失，它将会减少进入泵内的油量。

（3）其他部分漏失：由于油管螺纹、泵的连接部分及泄油器不严，都将降低泵效。

二、提高泵效的措施

泵效的高低，是反映抽油设备利用率和管理水平的一个重要指标。前面只就泵本身的工作过程进行了分析，并提出了相应的措施，但是，泵效同油层条件有相当密切的关系，因此，提高泵效的一个重要方面是要从油层着手，保证油层有足够的供液能力。

实践证明，对于注水开发而采用有杆泵采油的油田，加强注水是保证油井高产量、高泵

效生产的根本措施，在一定的油层条件下，使泵的工作同油层条件相适应是保证高泵效的前提。

对于井筒方面，提高泵效应采取下述措施。

1. 选择合理的工作方式

选择合理的工作方式来提高泵效的基本原则是：（1）当抽油机已选定，并且设备能力足够大时，在保证产量的前提下，应以获得最高泵效为基本出发点来调整抽汲参数；（2）当产量不限时，应在设备条件允许的前提下，以获得尽可能大的产量来提高泵效。

调整抽汲参数时，在保证 A_p、s 和 n 的乘积不变（即理论排量一定）的条件下，虽然可以任意调整三个参数，但当其组合不同时，冲程损失、气体的影响及漏失的影响也不同。此外，对于深井抽汲时，要充分注意振动载荷影响的 s 和 n 配合不利区。

2. 使用油管锚

如前如述，冲程损失是由于载荷变化所引起抽油杆柱和油管柱的弹性伸缩造成的。使用油管锚将油管下端固定，则可消除油管变形，从而减小冲程损失。

3. 合理利用气体能量及减少气体影响

气体对抽油井生产的影响随油井条件的不同而不同。对刚由自喷转为抽油的井，初期尚有一定的自喷能力，可合理控制套管气，利用气体的能量来举油，使油井连抽带喷，从而提高油井产量和泵效。实践证明，对于一些不带喷的抽油井进行合理控制套管气，可起到稳定液面和产量的作用，并可减少因脱气而引起的原油黏度的增加。

对于正常抽油的井，要想提高泵的充满系数就必须减少进泵的气量，以降低泵内气油比。另外，还可采取适当增大沉没度或安装气锚等措施。

第七节　有杆泵采油系统选择设计

新投产或转抽的油井，需要合理地选择抽油设备；油井投产后，还必须检验设计效果。当设备的工作状况和油层工作状况发生变化时，还需要对原有的设计进行调整。

进行有杆泵采油井的系统选择设计应遵循的原则是：符合油井及油层的工作条件、充分发挥油层的生产能力、设备利用率较高且有较长的免修期，以及有较高的系统效率和经济效益。

这些设备相互之间不是孤立的，而是作为整个有杆泵采油系统相互联系和制约的。因此，应将有杆泵系统从油层到地面，作为统一的系统来进行合理的选择设计，有以下步骤：

（1）根据油井产能和设计排量确定井底流压。
（2）根据油井条件确定沉没度和沉没压力。
（3）应用多相垂直管流理论或相关式确定下泵深度。
（4）根据油井条件和设备性能确定冲程和冲次。
（5）根据设计排量、冲程和冲次，以及油井条件选择抽油泵。
（6）选择抽油杆，确定抽油杆柱的组合。

(7) 选择抽油机、减速箱、电动机及其他附属设备。

一、井底流压的确定

井底流压是根据油井产能和设计排量来确定的。当设计排量一定时，根据油井产能便可确定相应排量下的井底流压。设计排量一般是由配产方案给出的。

二、沉没度和沉没压力的确定

沉没度是根据油井的产量、气油比、原油黏度、含水率以及泵的进口设备等条件来确定。确定沉没度的一般原则是：
(1) 生产气油比较低的稀油井，定时或连续放套管气生产时，沉没度应大于 50m；
(2) 生产气油比较高，并且控制套管压力生产时，沉没度应保持在 150m 以上；
(3) 当产液量高、液体黏度大（如稠油或油水乳化液时），沉没度还应更高一些。

由于稠油不仅进泵阻力大，而且脱出的溶解气不易与油分离，往往被液流带入泵内而降低泵的充满程度，因此，稠油井需要有较高的沉没度。这样，既有利于克服进泵阻力，又可减少脱气，以便保持较高的充满程度。一般情况下，稠油井的沉没度应在 200m 以上。

当沉没度确定后，便可利用有关方法计算或根据静液柱估算泵吸入口压力 p_{in}。

三、下泵深度的确定

当井底流压 p_{wf} 和泵吸入口压力 p_{in} 确定之后，应用多相管流计算方法，可求出泵吸入口在油层中部以上的高度 H_p，则下泵深度 L_p 为油层中部深度 H_o 减去 H_p。

四、冲程和冲次的确定

冲程和冲次是确定抽油泵直径、计算悬点载荷的前提，选择时应遵循下述原则。
(1) 一般情况下应采用大冲程、小泵径的工作方式，这样既可以减小气体对泵效的影响，也可以降低液柱载荷，从而减小冲程损失。
(2) 对于原油比较稠的井，一般是选用大泵径、大冲程和低冲次的工作方式。
(3) 对于连抽带喷的井，则选用高冲次快速抽汲，以增强诱喷作用。
(4) 深井抽汲时，要充分注意振动载荷影响的 s 和 n 配合不利区。
(5) 所选择的冲程和冲次应属于抽油机提供的选择范围之内。

五、抽油泵的选择

抽油泵的选择包括泵径、泵的类型及其配合间隙的选择。

泵径 d_p 是根据前面确定的冲程 s、冲次 n、配产方案给出的设计排量 Q 以及统计给出的泵效 η_v，由 $Q = 360\pi d_p^2 s n \eta_v$ 计算得出。

泵型取决于油井条件：在 1000m 以内的油井，含砂量小于 0.2%，油井结蜡较严重或油较稠，应采用管式泵；产量较小的中深井或深井，可采用杆式泵。

活塞和衬套的配合间隙，要根据原油黏度、井温以及含砂量等资料来选择，参见表3-1。

表3-1 活塞与衬套的配合间隙选择

配合等级	配合尺寸，mm	适用条件
一级	0.02~0.07	下泵深度大，含砂少，黏度较低的油井
二级	0.07~0.12	含砂不多的油井
三级	0.12~0.17	含砂多，黏度高的浅井

六、抽油杆的选择

抽油杆的选择主要包括确定抽油杆柱的长度、直径、组合及材料。当下泵深度确定后，抽油杆柱的长度就确定下来。抽油杆的制造材料决定了抽油杆的强度及其他性能，应根据油井中的流体性质和井况来确定。不同直径抽油杆的组合，应保证各种杆径的抽油杆在工作时都能够满足强度要求。下面主要介绍抽油杆强度校核及杆柱组合的确定方法。

1. 抽油杆强度校核方法

抽油杆强度校核是保证抽油杆安全工作的前提条件，其校核方法有计算法和图表法两类。

1）计算法

抽油杆柱在工作时承受着交变负荷，因此，抽油杆受着由最小应力 $\sigma_{\min}$ 到最大应力 $\sigma_{\max}$ 变化的非对称循环应力作用：

$$\sigma_{\min} = \frac{W_{\min}}{A_r}, \sigma_{\max} = \frac{W_{\max}}{A_r}$$

非对称循环应力条件下的抽油杆强度条件为

$$\sigma_c \leqslant [\sigma_{-1}] \tag{3-116}$$

其中

$$\sigma_c = \sqrt{\sigma_a \sigma_{\max}} \tag{3-117}$$

$$\sigma_a = \frac{\sigma_{\max} - \sigma_{\min}}{2} \tag{3-118}$$

式中 σ_c，σ_a——分别为抽油杆柱的折算应力、循环应力的应力幅值，N/mm^2；

$[\sigma_{-1}]$——非对称循环疲劳极限应力，即抽油杆的许用应力，与抽油杆的材质有关，N/mm^2。

例3-1 已知泵径为70mm，冲程 $s=2.7m$，冲次 $n=9\min^{-1}$，井液密度 $\rho_1=960kg/m^3$。如采用7/8in、许用应力为 $90N/mm^2$ 的抽油杆，试求其最大下入深度（$r/l=0.20$）。

解：计算的抽油杆与活塞截面积分别为 $A_r=387.948mm^2$，$A_p=3848.451mm^2$。由基本载荷公式计算的最大载荷和最小载荷分别为：$W_{\max}=66.825L(N)$，$W_{\min}=23.295L(N)$，则

$$\sigma_{\max} = \frac{W_{\max}}{A_r} = 17.225 \times 10^{-2} L (N/mm^2)$$

$$\sigma_a = \frac{W_{\max} - W_{\min}}{2A_r} = 5.610 \times 10^{-2} L (N/mm^2)$$

$$\sigma_c = \sqrt{\sigma_a \sigma_{max}} = 9.830\times10^{-2} L (\text{N/mm}^2)$$

$$L \leq \frac{[\sigma_{-1}]}{\sigma_c} = \frac{90}{9.830\times10^{-2}} = 915.52(\text{m})$$

计算结果表明：该例抽油杆的最大下入深度为915.52m。如继续增加下入深度，则该直径抽油杆将不能满足强度要求，需要换大直径抽油杆。这样，既浪费了抽油杆，又增加了悬点载荷。为此，往往采用上粗下细的多级组合抽油杆。

选择组合抽油杆时，要遵循等强度原则，即要求各级杆柱上部断面上的折算应力σ_c相等。

2）图表法

近年来国内多采用美国石油学会（API）推荐的方法，即利用修正古德曼图（Goodman）的方法，如图3-17所示。图3-17中阴影区为安全区，其条件为

$$\sigma_{max} \leq \sigma_{all} \tag{3-119}$$

其中

$$\sigma_{all} = \left(\frac{\sigma_T}{4} + 0.5625\sigma_{min}\right)\overline{SF} \tag{3-120}$$

式中 σ_{all}——抽油杆许用应力，N/mm²；

σ_T——最小抗张强度，N/mm²；

$\overline{SF}$——抽油杆使用系数，可参考表3-2。

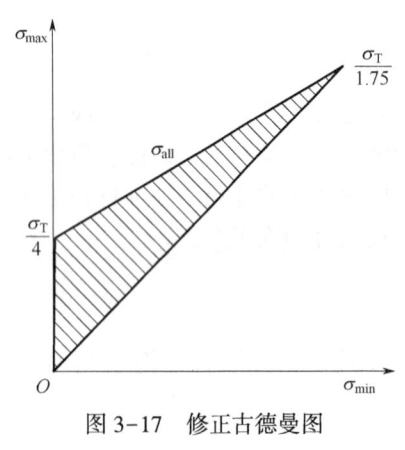

图3-17 修正古德曼图

表3-2 抽油杆的使用系数

使用介质	API D级杆	API C级杆
无腐蚀性	1.00	1.00
矿化水	0.90	0.65
含硫化氢	0.70	0.50

修正古德曼图给出的是许用应力范围，常用应力范围比$\overline{PL}$来衡量抽油杆柱使用情况。

$$\overline{PL} = \frac{\sigma_{max} - \sigma_{min}}{\sigma_{all} - \sigma_{min}} \times 100\% \tag{3-121}$$

式中 $\overline{PL}$——应用范围比，一般要求$\overline{PL}$小于100%，且具有较高的值，以提高抽油杆的利用率。

$\sigma_{all} - \sigma_{min}$，$\sigma_{max} - \sigma_{min}$——抽油杆的许用应力范围和实际使用应用范围。

2. 抽油杆组合的确定步骤

通常人们把确定抽油杆柱组合称为抽油杆柱设计，其具体设计有以下计算步骤。

（1）根据下泵深度及泵径，假设一液柱载荷W_{1k}。

（2）给最大载荷和最小载荷分别赋初值：$\Delta W_{max0} = W_{1k} + F_{pb}$；$\Delta W_{min0} = -F_{1v} - F_{pb}$。

（3）给定最下级抽油杆直径d_{rj}，取计算段长度为ΔH_i，以抽油泵为计算段的起点，其距油层中部的高度为$H_0 = H_p$。

（4）计算段上端距油层中部的高度为$H_1 = H_0 + \Delta H_i$，则该计算段的中心距油层中部的高

度为 $H_{avi}=(H_0+H_1)/2$。

（5）计算该段中心 H_{avi} 处的井温以及原油与混合物的黏度。

（6）求该段的最大载荷增量 ΔW_{maxi} 和最小载荷增量 ΔW_{mini}，并进行累积。

$$W_{maxi}=\sum_{n=0}^{i}\Delta W_{maxn},W_{mini}=\sum_{n=0}^{i}\Delta W_{minn},L_j=\sum_{n=0}^{i}\Delta H_n-\sum_{m=0}^{j-1}L_m。$$

（7）校核该段抽油杆，如不满足强度，则将抽油杆直径增大为 $d_{r(j+1)}$，返回步骤（4）重新计算该段；如满足强度条件，则取起点 $H_0=H_1$，返回步骤（4）继续计算上一段，直到井口为止。

（8）计算液柱载荷 W_{lcal}，并与假设的液柱载荷 W_{1k} 比较，如满足精度要求，则计算结束；否则重新假设液柱载荷 $W_{1(k+1)}=(W_{1k}+W_{lcal})/2$，返回步骤（2）再次计算。

七、抽油机、减速箱、电动机及其他附属设备的选择

选择抽油机时，要使计算的悬点最大载荷小于所选择抽油机的许用载荷，同时所选择的抽油机能够提供前面确定的冲程冲次。

（1）选择减速箱时，要使计算的最大扭矩小于所选择减速箱的许用扭矩。
（2）选择电动机时，要使计算的电动机最大功率小于所选择电动机的许用功率。
（3）其他附属设备要根据油井具体情况和某些特殊要求进行选择。
（4）此外，还要考虑这些设备应满足以后调参以及油井条件变化的需要。

第八节　有杆泵采油系统工况分析

油井生产分析的目的是了解油层生产能力、设备能力以及它们的工作状况，为进一步制定合理的技术措施提供依据，使设备能力与油层能力相适应，充分发挥油层潜力，并使设备在高效率下正常工作，以保证油井高产量、高泵效生产。为此，抽油井分析应包括如下内容：

（1）了解油层生产能力及工作状况，分析是否已发挥了油层潜力，分析、判断油层不正常工作的原因。

（2）了解设备能力及工作状况，分析设备是否适应油层生产能力，了解设备潜力，分析、判断设备不正常的原因。

（3）分析检查措施效果。

总体来说，有杆泵采油系统工况分析就是分析油层工作状况及设备工作状况，以及它们之间的相互协调性。

一、抽油井液面测试与分析

1. 动液面、静液面及采油指数

动液面是油井生产时油套环形空间的液面。可以用从井口算起的深度 H_{fl} 表示其位置，亦可用从油层中部算起的高度 H_f 来表示其位置。与它相对应的井底压力就是井底流压 p_{wf}。

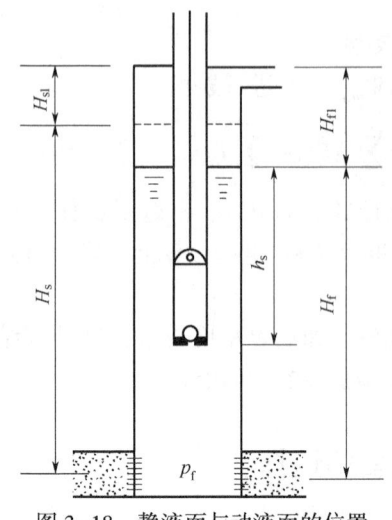

图3-18 静液面与动液面的位置

静液面是关井后环形空间中液面恢复到静止（与地层静压相平衡）时的液面，可以用从井口算起的深度 H_{sl} 表示其位置，也可以用从油层中部算起的液面高度 H_s 来表示其位置，如图3-18所示。与它相对应的井底压力就是平均地层压力。

静液面与动液面之差（即 $\Delta H = H_s - H_f$）相对应的压力差即为油层的生产压差。所以，抽油井可以通过液面的变化，反映井底压力的变化，其产量可表示为

$$Q = J_1(H_s - H_f) = J_1(H_{fl} - H_{sl}) \quad (3-122)$$

式中　Q——油井产量，t/d；
　　　H_s，H_{sl}——静液面的高度及深度，m；
　　　H_f，H_{fl}——动液面的高度及深度，m；
　　　J_1——采油指数，t/(d·m)。

由式（3-122）可得

$$J_1 = \frac{Q}{H_s - H_f} = \frac{Q}{H_{fl} - H_{sl}} \quad (3-123)$$

由式（3-123）可看出，与自喷井一样，采油指数 J_1 也表示单位生产压差下油井的日产量，但这里是用相应的液柱来表示压差。

在测量液面时，套管压力往往并不等于零，有时在1MPa以上。这样，在不同套压下测得的液面并不直接反映井底压力的高低。为了消除套管压力的影响，便于对不同资料进行对比，这里提出一个"折算液面"的概念，即把在一定套压下测得的液面折算成套管压力为零时的液面：

$$H_{fe} = H_{fl} - \frac{p_c}{\rho_o g} \times 10^6 \quad (3-124)$$

式中　H_{fe}——折算动液面深度，m；
　　　H_{fl}——在套压为 p_c 时测得的动液面深度，m；
　　　p_c——套管压力，MPa；
　　　ρ_o——环形空间中的原油密度，kg/m³。

对于多数井，静液面和动液面往往是在不同的套管压力下测得的。因此，用式（3-123）计算采油指数时，应采用折算液面。

2. 液面位置的测量

一般都是采用回声仪来测量抽油井的液面，利用声波在环形空间中的传播速度和测得的反射时间来计算其位置：

$$L = vt/2 \quad (3-125)$$

式中　L——液面深度，m；
　　　v——声波传播速度，m/s；
　　　t——声波从井口到液面后再返回到井口所需要的时间，s。

声波速度可以用不同的方法来确定。

1) 有音标井

为了确定音速，应预先在测量井内的油管上装一音标。音标位置应在液面以上。根据已知的音标深度和测得的音标反射所需时间 t_1 就可确定声速 v：

$$v = L_1/(t_1/2) \tag{3-126}$$

将式（3-126）代入式（3-125）可得

$$L = L_1 t/t_1 \tag{3-127}$$

图 3-19 为有音标的井内测的典型声波反射曲线。A 为井口炮响的记录点，B 为声波从音标反射到达井口时的记录点，C 为声波从液面反射到达井口的记录点。

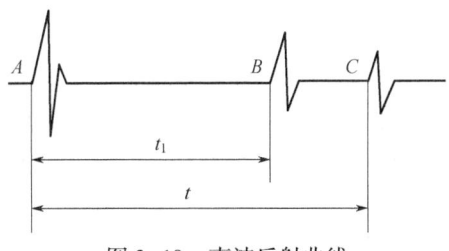

图 3-19　声波反射曲线

2) 无音标井

有些井预先没有下音标或无法下音标，因此就不能根据测液面的资料直接计算液面深度。在这种井内只要用计算的办法确定声波速度之后，就可以利用测得的液面反射时间由式（3-125）计算出液面深度。

根据波动理论和声学原理，声波在气体中的传播速度为

$$v = \sqrt{\frac{Kp}{\rho}} \tag{3-128}$$

式中　K——气体绝热指数；
　　　p——气体压力，Pa；
　　　ρ——在压力 p 下的气体密度，kg/m³。

利用气体状态方程就可确定式（3-128）中的气体密度。因为

$$pV = \frac{m}{M}ZRT \tag{3-129}$$

式中　V——气体体积，m³；
　　　m——气体质量，kg；
　　　M——气体相对分子质量；
　　　T——气体绝对温度，K；
　　　R——摩尔气体常数，8.31J/(mol·K)；
　　　Z——气体压缩因子。

将 $V=m/\rho$ 与式（3-129）联立可得

$$\rho = \frac{Mp}{ZRT} \tag{3-130}$$

将式（3-130）代入式（3-128），得

$$v = \sqrt{\frac{ZRTK}{M}} \tag{3-131}$$

对多组分的天然气,其相对分子质量 M 应采用按组成百分数计算的加权平均相对分子质量。利用气体状态方程,式(3-131)可进一步简化为

$$v = 16.95\sqrt{\frac{T}{\rho_{go}}ZK} \tag{3-132}$$

式中　ρ_{go}——天然气相对密度（标准状况下）。

二、地面示功图分析

抽油泵工作状况的好坏,直接影响抽油井的系统效率,因此,需要经常进行分析,以采取相应的措施。分析抽油泵工作状况常用地面实测示功图,即悬点载荷同悬点位移之间的关系曲线图,它实际上直接反映的是光杆的工作情况,因此又称为光杆示功图或地面示功图。

由于抽油井的情况较为复杂,在生产过程中,深井泵将受到制造质量、安装质量,以及砂、蜡、水、气、稠油和腐蚀等多种因素的影响,所以,实测示功图的形状很不规则。为了正确分析和解释示功图,常需要以理论示功图及典型示功图为基础,进而分析和解释实测示图。

1. 理论示功图分析

1）静载荷作用的理论示功图

静载荷作用的理论示功图为一平行四边形,如图 3-20 所示。ABC 为上冲程静载变化线,其中 AB 为加载线。加载过程中,游动阀和固定阀均处于关闭状态,B 点加载结束,因此 $B'B = \lambda$,此时活塞与泵筒开始发生相对位移,固定阀开始打开液体进泵,故 BC 为吸入过程,并且 $BC = s_p$。

CDA 为下冲程静载变化线,其中 CD 为卸载线。卸载过程中,游动阀和固定阀均处于关闭状态,到 D 点卸载结束,因此 $D'D = \lambda$,此时活塞与泵筒开始发生相对位移,游动阀被顶开,泵开始排液,故 DA 为排出过程,并且 $DA = s_p$。

2）惯性和振动载荷作用的理论示功图

考虑惯性载荷的理论示功图是将惯性载荷叠加在静载荷上,结果因惯性载荷的影响使静载荷理论示功图被扭曲一个角度,并且变为不规则四边形 $A'B'C'D'$,如图 3-21 所示。

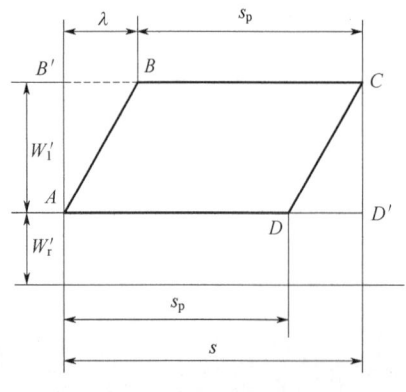

图 3-20　静载荷理论示功图

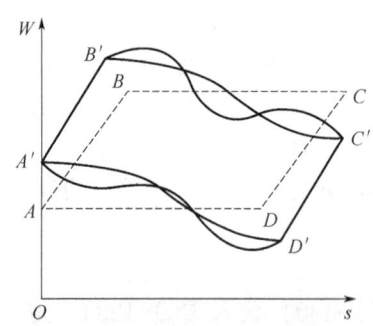

图 3-21　考虑惯性和振动后的理论示功图

当考虑振动载荷时，则将由抽油杆振动引起的悬点载荷叠加在四边形 $A'B'C'D'$ 上。由于抽油杆柱的振动发生在黏性液体中，为阻尼振动，因此振动载荷的影响将逐渐减弱。另外，由于振动载荷的方向具有对称性，反映在示功图上的振动载荷也是按上、下冲程对称的。

3) 气体影响下的理论示功图

由于气体很容易被压缩，表现在示功图上便是加载和卸载缓慢。如图 3-22 所示，气体影响下示功图的典型特征是呈现明显的"刀把"形。

在下冲程末余隙内还残存一定数量的溶解气，上冲程开始后泵内的压力因气体膨胀而不能很快降低，使吸入阀打开滞后（B'点）、加载缓慢。

下冲程由于气体受压缩，泵内压力不能迅速提高，排出阀打开滞后（D'点），因此使得卸载变得缓慢（CD'）。

4) 漏失影响下的理论示功图

漏失的影响与漏失程度、运动过程以及抽汲速度有关，即：漏失越严重，对示功图影响越大；漏失的影响只发生在要求其密闭的运动过程中；抽汲速度越快，漏失的影响就越小。

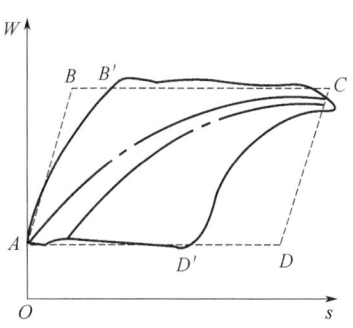

图 3-22 气体影响的理论示功图

排出部分漏失的影响只发生在上冲程，由于运动速度的影响，出现加载缓慢和提前卸载现象，如图 3-23 所示。吸入部分漏失的影响只发生在下冲程，由于运动速度的变化，出现卸载缓慢和提前加载现象，如图 3-24 所示。

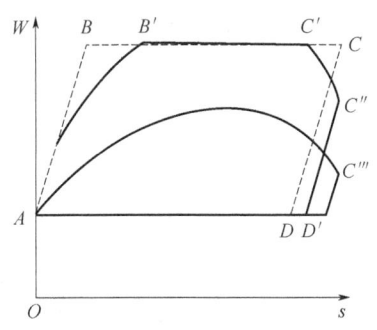 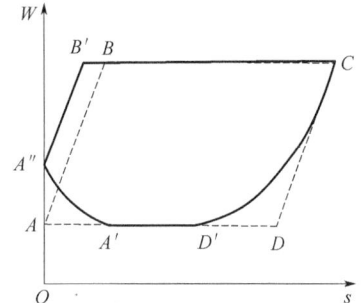

图 3-23 排出部分漏失的理论示功图　　图 3-24 吸入部分漏失的理论示功图

2. 典型示功图分析

典型示功图是指某一因素影响十分明显，示功图的形状反映了该因素影响的基本特征。尽管实际情况很复杂，但总是存在一个最主要因素，因此可根据示功图判断泵的工作状况。

（1）图 3-25 为一正常示功图。该示功图反映出动载荷不大，充满良好，漏失较小。

（2）图 3-26 为稠油井的示功图。摩擦载荷增大，使得最大载荷增大、最小载荷减小。

（3）图 3-27 为气体影响下的典型示功图。图 3-28 为充不满影响的典型示功图。二者的差别在于：当泵充不满时，下冲程中悬点不能立即卸载，只有当活塞遇到液面时才迅速卸载。因此，充不满示功图的卸载线陡而直，并且有时因振动载荷的影响常出现波浪线。

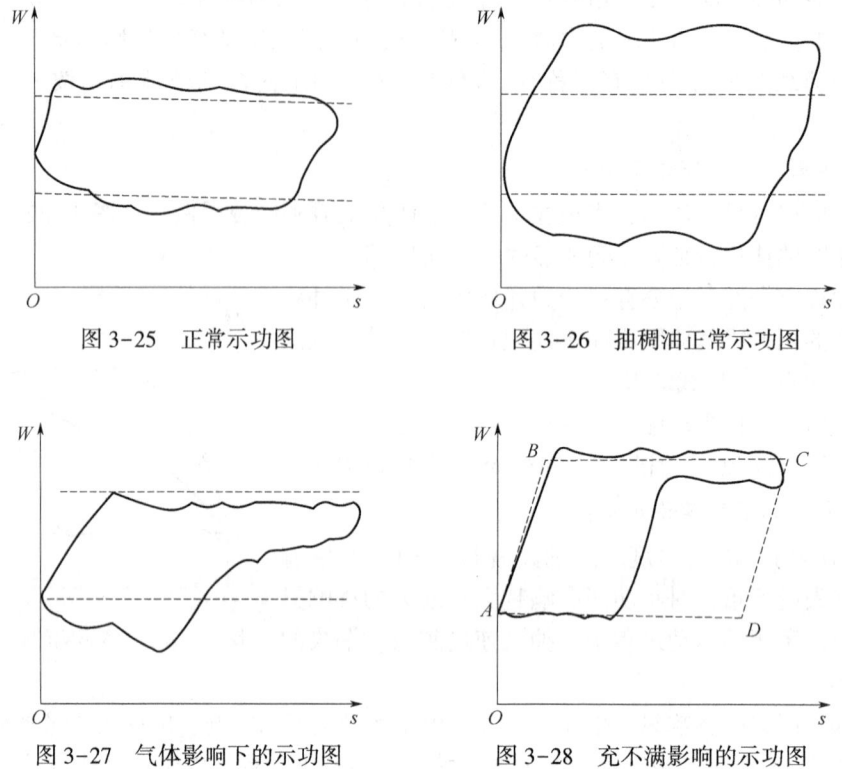

图 3-25　正常示功图　　　　图 3-26　抽稠油正常示功图

图 3-27　气体影响下的示功图　　图 3-28　充不满影响的示功图

（4）图 3-29 和图 3-30 分别为排出阀漏失和吸入阀漏失的典型示功图。图 3-31 为吸入阀严重漏失的示功图。图 3-32 为吸入阀和排出阀同时漏失的示功图。

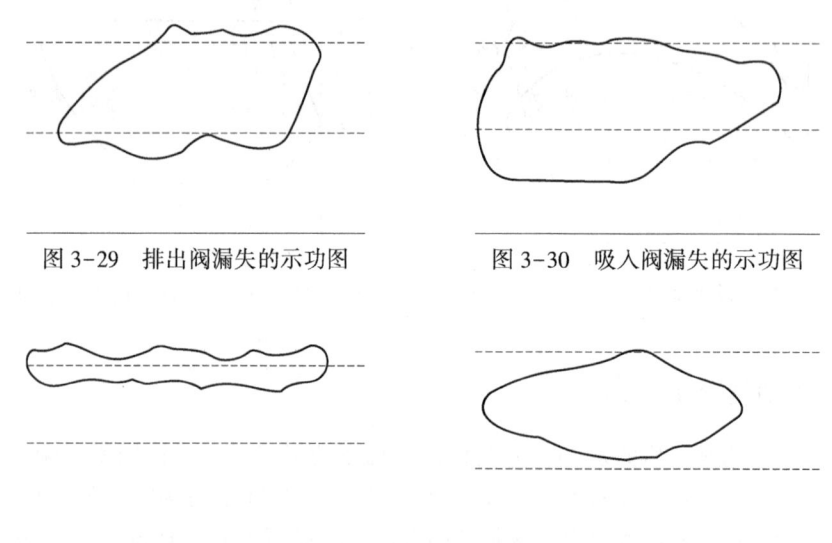

图 3-29　排出阀漏失的示功图　　　图 3-30　吸入阀漏失的示功图

图 3-31　吸入阀严重漏失的示功图　　图 3-32　吸入阀和排出阀同时漏失的示功图

（5）图 3-33 为活塞遇卡示功图。由于在遇卡点上、下，抽油杆柱受拉伸长和受压缩短、弯曲，表现在遇卡点两端载荷线出现两个斜率段。

（6）图 3-34 为抽油杆断脱的示功图。因悬点载荷仅为剩余杆柱重量，载荷大大降低。

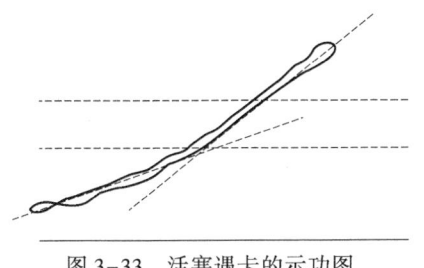
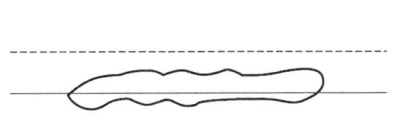

图 3-33　活塞遇卡的示功图　　　　图 3-34　抽油杆断脱的示功图

（7）图 3-35 和图 3-36 为不同喷势及不同黏度的带喷井示功图。

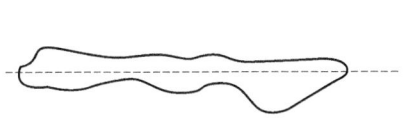
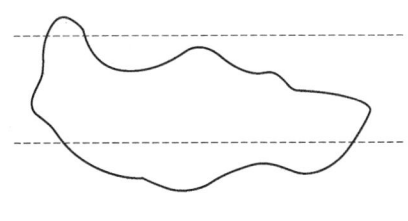

图 3-35　喷势强、稀油带喷井的示功图　　　图 3-36　喷势弱、稠油带喷井的示功图

三、抽油井计算机诊断技术

抽油井计算机诊断技术是将实测地面示功图利用数学的方法，借助于计算机求出抽油杆柱任一截面上的载荷与位移，同时绘出井下抽油泵的示功图，以此判断并分析抽油泵乃致整个抽油设备的工作状况。

1. 诊断技术的理论基础

把抽油杆柱作为一根井下动态的传导线，其下端的泵作用为发送器，上端的动力仪作为接收器。井下泵的工作状况以应力波的形式沿抽油杆柱以声波速度传递到地面。把地面记录的资料经过数据处理，就可定量地推断泵的工作情况。应力波在抽油杆柱中的传播过程可用带阻尼的波动方程来描述，即

$$\frac{\partial^2 U(x,t)}{\partial t^2} = a^2 \frac{\partial^2 U(x,t)}{\partial x^2} - c\frac{\partial U(x,t)}{\partial t} \tag{3-133}$$

式中　$U(x,t)$——抽油杆柱任一截面（x 处）在任意时刻 t 时的位移，m；

　　　a——应力波在抽油杆柱中的传播速度，m/s；

　　　c——阻尼系数。

用傅里叶级数表示的悬点动载荷函数 $D(t)$ 及光杆位移函数 $U(t)$ 作为边界条件，即

$$D(t) = \frac{\sigma_0}{2} + \sum_{n=1}^{\bar{n}} [\sigma_n \cos(n\omega t) + \tau_n \sin(n\omega t)] \tag{3-134}$$

$$U(t) = \frac{v_0}{2} + \sum_{n=1}^{\bar{n}} [v_n \cos(n\omega t) + \delta_n \sin(n\omega t)] \tag{3-135}$$

由于式（3-133）中不包括重力项，所以动载荷函数 $D(t)$ 是采用悬点总载荷减去抽油

杆柱重量后得到的。$D(t)$ 及 $U(t)$ 中的傅里叶系数可分别由下述的公式求得：

$$\begin{cases} \sigma_n = \dfrac{\omega}{\pi}\int_0^T D(t)\cos(n\omega t)\,\mathrm{d}t & (n = 0,1,2,\cdots,\bar{n}) \\ \tau_n = \dfrac{\omega}{\pi}\int_0^T D(t)\sin(n\omega t)\,\mathrm{d}t & (n = 0,1,2,\cdots,\bar{n}) \\ v_n = \dfrac{\omega}{\pi}\int_0^T U(t)\cos(n\omega t)\,\mathrm{d}t & (n = 0,1,2,\cdots,\bar{n}) \\ \delta_n = \dfrac{\omega}{\pi}\int_0^T U(t)\sin(n\omega t)\,\mathrm{d}t & (n = 0,1,2,\cdots,\bar{n}) \end{cases} \quad (3-136)$$

在上述边界条件下，在抽汲周期 T 内应用分离变量法可求得方程式（3-133）的解，即抽油杆柱任意深度 x 断面上的位移函数为

$$U(x,t) = \frac{\sigma_0}{2EA_r}x + \frac{v_0}{2} + \sum_{n=1}^{\bar{n}}[Q_n(x)\cos(n\omega t) + W_n(x)\sin(n\omega t)] \quad (3-137)$$

根据胡克定律，$F(x,t) = EA_r\dfrac{\partial U(x,t)}{\partial x}$，则任意深度 x 断面上的动载荷函数为

$$F(x,t) = \frac{\sigma_0}{2} + EA_r\sum_{n=1}^{\bar{n}}[Q_n(x)\cos(n\omega t) + W_n(x)\sin(n\omega t)] \quad (3-138)$$

在 t 时刻，x 断面上的总载荷等于动载荷 $F(x,t)$ 加上 x 断面以下的抽油杆柱的重量。

2. 诊断技术的应用

把地面示功图数据用计算机进行数字处理后，由于消除了抽油杆柱的变形和黏滞阻力以及振动和惯性的影响，将会得到形状简单而又能真实反映泵工作状况的井下示功图，如图 3-37 所示。

图 3-37(a) 表明理想情况下（油管锚定、无气体影响和漏失等）泵的示功图为一矩形，长边为活塞冲程，短边为液体载荷。图 3-37(b) 为一平行四边形，由于其存在冲程损失，表明油管未锚定。图 3-37(c) 为油管锚定，只有气体影响泵的理论示功图。活塞的有效排出冲程为 s_{pe}，泵的充满程度则为 $(s_{pe}-\Delta s)/s_p$。图 3-37(d) 较气体影响的卸载线陡直，反映出供液不足。图 3-37(e) 和图 3-37(f) 分别为排出部分漏失和吸入部分漏失时泵

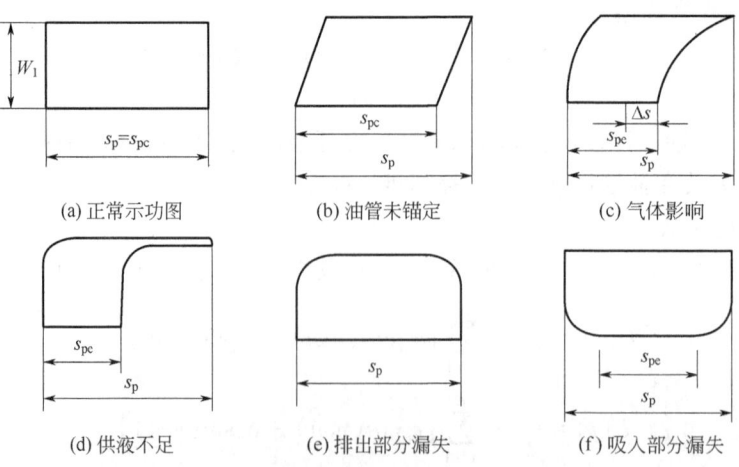

图 3-37　抽油泵的理论示功图

的理论示功图。

当多种因素共同影响时,将会给正确地判断各个因素的影响程度带来一些困难,然而,用井下泵的示功图仍比用地面光杆示功图判断要简单得多。

第九节 有杆泵采油系统效率及提高措施

有杆泵采油系统包括电动机、抽油机、抽油杆、抽油泵、井下管柱和井口装置等。整个有杆泵采油系统工作时是能量不断传递和转化的过程,在每一次传递时都会损失一定的能量。为了准确获取系统各部分的能耗数据,需要采用一定的测试仪器,在现场对电动机、减速器的转速及功率进行测量,并结合光杆示功图、动液面以及油压、套压、产液量和含水率等数据进行分析计算。

一、有杆泵采油系统效率

1. 系统效率

抽油系统效率定义为系统有效功率 $P_{有}$ 与系统输入功率 $P_{入}$ 的比值,即

$$\eta = \frac{P_{有}}{P_{入}} \tag{3-139}$$

根据抽油系统工作的特点,以光杆悬绳器为界,将抽油系统效率分解为地面效率 $\eta_{地}$ 和井下效率 $\eta_{井}$ 两部分,即

$$\eta = \frac{P_{有}}{P_{入}} = \frac{P_{有}}{P_{光}} \frac{P_{光}}{P_{入}} = \eta_{井} \eta_{地} \tag{3-140}$$

抽油系统的井下效率是指抽油系统的有效功率(水功率)$P_{有}$ 与光杆功率 $P_{光}$ 的比值。$P_{有}$ 与 $P_{光}$ 之差反映了井下摩擦、杆柱振动、惯性以及漏失等因素引起的功率损失。

抽油系统的地面效率 $\eta_{地}$ 即为抽油机效率,是指光杆功率 $P_{光}$ 与抽油机输入功率 $P_{入}$ 的比值,地面部分的能量损失发生在电动机、皮带、减速器和四连杆结构中,因此

$$\eta_{地} = \frac{P_{光}}{P_{入}} = K\eta_1 \eta_2 \eta_3 \tag{3-141}$$

式中 K——有效载荷系数;

η_1、η_2、η_3——电动机、皮带及减速器、四连杆机构的效率(要进一步分解这三个效率值,需在电动机输出轴和减速器的输入和输出轴上贴电阻应变片分别测量各点功率)。

2. 有效功率

抽油系统的有效功率是指在一定的扬程下,以一定排量将井下液体举升到地面所需的功率,也称水功率,即

$$P_{有} = \frac{Q\rho_1 gH}{86400} \tag{3-142}$$

其中
$$H = H_{fl} + 1000\frac{p_t - p_c}{\rho_1 g} \tag{3-143}$$

式中　$P_{有}$——有效功率，kW；

　　　ρ_1——井液密度，t/m^3；

　　　H——有效扬程，m。

　　　p_t——油压，MPa。

3. 电动机输入功率

抽油机输入功率是指使抽油机工作所用电动机的实际输入功率。可根据测试数据按下式计算：

$$P_{入} = \frac{3600 n_p K}{N_p t_p} \tag{3-144}$$

式中　$P_{入}$——电动机输入功率，kW；

　　　n_p——三相有功电能表所转的圈数，r；

　　　K——电流互感器变化系数；

　　　N_p——耗电为 1kW·h 时有功电能表所转的圈数，r/(kW·h)；

　　　t_p——有功电表转 n 圈所用的时间，s。

4. 光杆功率

光杆功率是抽油机传递给光杆的功率。它包括光杆提升液体和克服井下各种阻力所消耗的功率：

$$P_{光} = P_{有} + P_{摩} \tag{3-145}$$

式中　$P_{光}$——光杆功率，kW；

　　　$P_{摩}$——井下摩擦损失功率（$P_{摩} = P_{光} - P_{有}$），kW。

$P_{光}$ 可根据实测示功图的面积计算：

$$P_{光} = \frac{A s_d f_d n}{60000} \tag{3-146}$$

式中　A——示功图面积，mm^2；

　　　s_d——示功图减程比，m/mm；

　　　n——光杆实测冲次，1/min；

　　　f_d——示功图力比，N/mm。

例 3-2　某井安装 CYJ10-3-37B(Y) 抽油机。使用冲程 3m；冲次 $12min^{-1}$。通过测试计算该井的系统效率。

解：（1）电动机输入功率。

已知：$K = 13.3$；$N_p = 500r/(kW·h)$。测量参数：$n_p = 10r$；$t_p = 85.57s$。

由式(3-144)计算电动机输入功率：

$$P_{入} = \frac{3600 \times 10 \times 13.3}{500 \times 85.57} = 11.19(kW)$$

（2）光杆功率。

已知：示功图面积 $A = 1280\text{mm}^2$，使用示功图力比 $f_a = 686\text{N/mm}$；减程比 $s_a = 0.031\text{m/mm}$，光杆实测平均冲次 $n = 12.87\text{min}^{-1}$。

由式(3-146)计算光杆功率：
$$P_{\text{光}} = 1280 \times 0.031 \times 686 \times 12.87/60000 = 5.84(\text{kW})$$

（3）有效功率。

已知：$Q = 148.89\text{m}^3/\text{d}$；$\rho_1 = 0.9\text{t/m}^3$；井口油压、套压分别为 0.2MPa、0.22MPa；动液面深度 $H_{\text{fl}} = 167.8\text{m}$。

由式(3-143)计算有效扬程：
$$H = 167.8 + 1000(0.2 - 0.22)/(0.9 \times 9.81) = 165.5(\text{m})$$

由式(3-142)计算有效功率：
$$P_{\text{有}} = \frac{148.89 \times 0.9 \times 9.81 \times 165.5}{86400} = 2.52(\text{kW})$$

（4）系统效率：
$$\eta = P_{\text{有}}/P_{\text{入}} = 2.52/11.19 = 22.52\%$$

（5）井下效率：
$$\eta_{\text{井}} = P_{\text{有}}/P_{\text{光}} = 2.52/5.84 = 43.15\%$$

（6）地面效率：
$$\eta_{\text{地}} = P_{\text{光}}/P_{\text{入}} = 5.84/11.19 = 52.19\%$$

二、提高有杆泵系统效率措施

根据我国各油田大量试验和研究工作取得的经验，提高抽油机井系统效率主要有以下措施。

1. 应用系统效率控制图

图3-38是大庆油田推广的系统效率控制图应用实例。图3-38中横坐标为系统效率，纵坐标为抽油泵吸入口压力。全图分为五个区：一区、二区、三区、控制区和调整区。其中

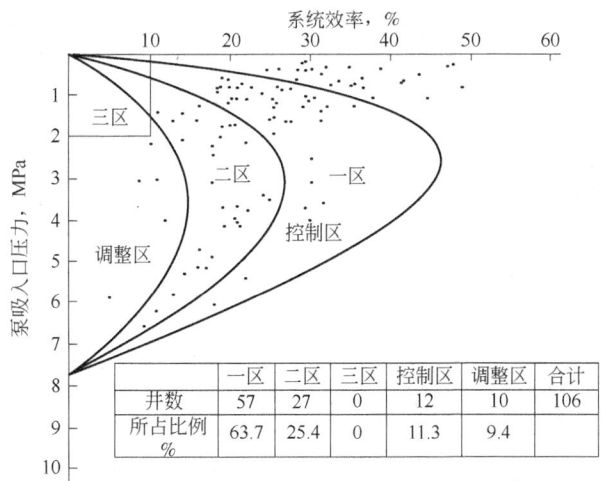

图3-38　系统效率控制图

一区和二区表示抽油系统设计合理、抽汲参数匹配得当，系统效率较高；三区表示抽油设备选择过大，或抽汲参数匹配不好，或油井供液不足，造成系统效率过低；调整区表示设备选择过小，或抽汲参数设计不合理，或油井供液能力过强等原因，造成泵吸入口压力过高，系统效率过低；控制区表示系统效率较高，但泵吸入口压力过高。通过测试，可以得到每口井的系统效率与泵入口压力，绘制在控制图上，这样对全区抽油井的系统效率一目了然。处于一区、二区的井属于正常；处于三区及调整区的井都属于非正常，应尽快采取相应措施；处于控制区的井为基本正常。

2. 采用节能型设备

1）节能型抽油机

常规型抽油机悬点上、下冲程运行时间基本相等，属对称循环机构抽油机，而异相型和前置型抽油机属非对称循环机构抽油机。通过机构尺寸优化设计，其动力性能明显优于常规型抽油机。使上冲程运行时间增长，下冲程运行时间缩短，上冲程加速度的峰值减小，而下冲程加速度峰值增大，从而使瞬时功率及能耗均有所下降。由于这种机械结构的改变，使净扭矩曲线变得平滑。另外，上冲程时间增长减小了惯性载荷和光杆功率，有利于提高泵的充满程度和水功率。

为了优化四连杆机构的运动特性，达到节能增产的目的，国内外研制了不少异形游梁式抽油机。例如，我国首创特型双驴头抽油机，结构如图3-39所示。其游梁后臂为变径圆弧形，游梁与曲柄之间采用柔性连接，抽油机工作时，"特殊连杆"（柔性件）与游梁后臂有效长度均随曲柄转动而变化，减小了上冲程悬点速度和加速度，从而减小悬点动载荷，并改善了平衡效果。

2）节能电动机

节能电动机避免了"大马拉小车"。"大马"主要指普通低转差电动机，当它与被拖动的机械不配套而容量过大的情况，其结果使电动机电能利用率和系统效率下降。节能电动机又称高转差电动机。转差率用于表示电动机转子转速与磁场转速之间相差程度的重要参数。普通电动机转差率仅为2%~5%，较小的转差率变化会引起较大的电流和功率变化。高转差电动机的转差率为14%~25%，其转速随转矩变化。因此具有较软的机械特性（图3-40），可以随悬点载荷的变化，电动机转速在较大范围内变化。与普通低转差电动机相比，高转差电动机驱动抽油机具有以下的机械效益和电效益：

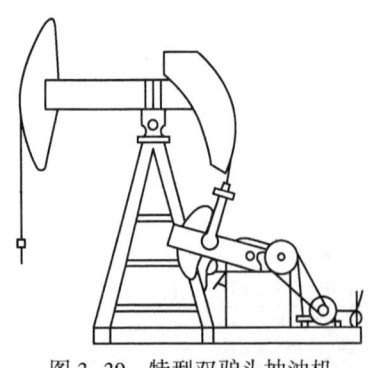

图3-39 特型双驴头抽油机

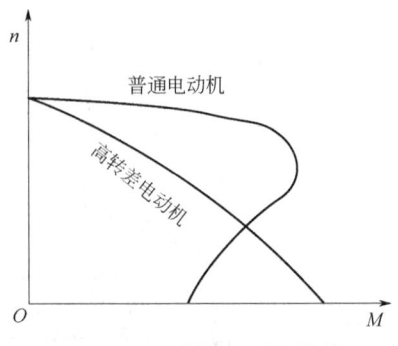

图3-40 高转差电动机特性

(1) 减小最大载荷，增大最小载荷，减小抽油杆的应力幅值，提高其使用寿命。
(2) 降低减速器曲柄轴扭矩峰值，基本消除负扭矩，有利于改善减速器的工作条件。
(3) 减小输电线路的热电流和电动机工作对电流的变化范围。
(4) 提高功率因数，降低电动机的耗电量。

3) 特种抽油杆及杆柱配套器

玻璃钢抽油杆具有强度高、重量轻和弹性好等优点。使用玻璃钢抽油杆能减少井下功率损失，同时增大柱塞的行程。特别适用于深井和强腐蚀井。

超高强度抽油杆的最小抗拉强度高达 1035~1347MPa，适用于超深井、稠油井和大泵强采条件。

空心抽油杆可以通过其内孔注入各种降黏剂和热流体降低原油黏度，控制油井结蜡，有助于改善流体物性，提高泵效和系统效率。

连续抽油杆没有接头，可减少断裂事故，起下作业快，与油管接触面积大，磨损小。特别适用于斜井、定向井和稠油条件。

除了抽油杆本身的技术进步以外，也发展了多种杆柱配套器。如各种各样的扶正器，可以降低杆柱与油管间的摩擦功率损失，提高井下效率，延长使用寿命。防脱器可以减少脱扣引起的事故。抽油杆减振器可以降低杆柱应力，减少杆柱断裂事故。抽油杆下部配套使用加重杆，可以改善下冲程中杆柱的受力条件。

3. 加强抽油机井的科学管理

(1) 对机杆泵进行优化设计。抽汲参数组合对抽油机井的系统效率有较大的影响。抽汲参数不合理的井，特别是动液面较浅的井应保持合理的沉没度，并对抽汲参数进行优选和调整。

(2) 对低产低效井适时进行分析诊断。实施间歇抽油措施，根据油井关井液面恢复规律制定合理的间抽工作制度。

(3) 严防非正常漏失，包括油管漏失、游动阀和固定阀漏失。重视井下工况诊断和油管、抽油杆的检测修复工作。避免因管杆不合格造成油管漏失、抽油杆断脱等事故。

(4) 日常管理方面：
① 及时调整抽油机平衡，保证抽油机运转的平衡度在85%以上。
② 采用低摩阻密封盒，适当调节密封盒和电动机皮带的松紧程度。
③ 定期检查抽油机驴头、光杆和井口，减少摩擦能耗。
④ 加强对抽油机关键部位的润滑，减少连杆机构的磨损。

4. 采用监测控制技术

1) 泵空控制技术

目前，泵空监测主要通过测量悬点载荷及速度、电动机电流及产液量等方法，应用软件技术判定井下故障，如卡泵、气锁、液击及泵空等问题，并由此控制电动机的启、停。

2) 变速控制技术

该装置由一载荷传感器组成，当悬点载荷超过某一预定值时，控制器控制电动机降低转速。反之当载荷低于预定值时，电动机增速，从而使抽油机载荷变化均匀，减少耗电。

抽油系统效率是一项综合性经济技术指标。由于抽油系统复杂，影响因素多（油层和工况的影响、管理水平、动液面、产液量计量误差和测试困难等），所以系统效率也是经常变化的动态参数，需要经常监测并及时调整。提高抽油系统效率是一项系统工程，应从技术装备、机杆泵设计、管理工作、监测技术等多方面入手。

习题

1. 抽油泵主要有哪两种类型，各自的特点及适用条件是什么？
2. 常用的抽油杆有哪三种类型，各自的特点是什么？
3. 简述抽油泵的工作原理。
4. 试推导简化为简谐运动和曲柄滑块运动时悬点运动参数的表达式，并求其最大加速度。
5. 为什么抽汲高黏原油时，往往采用低冲次、长冲程的工作方式？
6. 简述悬点承受的各种载荷的大小和方向。
7. 试证明：$W_r' + W_l' = W_r + W_l$
8. 抽油机为什么要调平衡，调平衡所依据的基本原理是什么？平衡方式有哪几种？各适用于什么条件？
9. 试推导出游梁平衡、曲柄平衡条件下平衡重量或平衡半径的计算表达式。
10. 试推导出复合平衡条件下曲柄轴扭矩计算表达式。
11. 利用悬点载荷及平衡条件绘制扭矩曲线的基本思路是什么？扭矩曲线有哪些用途？
12. 抽油杆和油管的弹性伸缩是如何影响活塞冲程的？
13. 试推导气体影响下抽油泵的充满系数，并分析如何提高泵的充满系数？
14. 影响泵效的因素有哪些，如何提高泵效？
15. 有杆泵井系统选择设计的步骤是什么？
16. 有杆泵井为什么常常要用组合杆？选择组合杆所要遵循的等强度原则是什么？
17. 什么叫许用应力范围？许用应力范围的意义是什么？
18. 试分析静载荷作用、气体影响及漏失影响下的理论示功图。
19. 已知某井使用 CYJ5-1812 抽油机，泵挂深度 $L=900\text{m}$，泵径 $d_p=56\text{mm}$，冲程 $s=1.8\text{m}$，冲次 $n=8\text{min}^{-1}$，抽油杆直径 3/4in，抽汲液密度为 $\rho_l=934\text{kg/m}^3$，$r/l=0.25$。试求最大载荷 $W_{\max}$ 和最小载荷 $W_{\min}$。（$1\text{in}=2.54\text{cm}$，重力加速度 g 取 9.81m/s^2）
20. 某井实测悬点最大载荷为 44500N，最小载荷为 14500N，采用直径为 19mm 的抽油杆，其许用应力为 90N/mm^2，试校核其强度。
21. 某井泵径 $d_p=56\text{mm}$，冲程 $s=2.7\text{m}$，冲次 $n=9\text{min}^{-1}$，井液密度 $\rho_l=960\text{kg/m}^3$。如采用 3/4in、许用应力为 90N/mm^2 的抽油杆，试确定该抽油杆的最大下入深度。如下入深度取该最大下入深度，沉没为 100m，试计算冲程损失（按载荷计算的一般公式计算最大载荷和最小载荷，取 $r/l=0.2$）
22. 某直井平均地层压力为 15.0MPa，产液指数为 $10.0\text{m}^3/(\text{d}\cdot\text{MPa})$，油层中部深度为 1500m，套压为 0.3MPa。选用直径为 70mm 的管式泵，冲程 $s=2.7\text{m}$，冲次 $n=9\text{min}^{-1}$，

$r/l=0.2$，井液密度为960kg/m³，当该井产液为100m³/d时，沉没度为300m时能保证井底流压大于饱和压力。(1) 判断地层流体在油层中的流动状态；(2) 计算下泵深度；(3) 库房仅有1in的抽油杆，抽油杆钢材密度为7850kg/m³，许用应力为90N/mm²。计算并判断该抽油杆能否满足该井生产所需下泵深度。（按载荷计算的一般公式计算最大载荷和最小载荷，1in=25.4mm）

参考文献

[1] 王鸿勋，张琪. 采油工艺原理 [M]. 北京：石油工业出版社，1989.
[2] KE 布朗. 升举法采油工艺（卷二）[M]. 北京：石油工业出版社，1987.
[3] KE 布朗. 升举法采油工艺（卷四）[M]. 北京：石油工业出版社，1990.
[4] 王常斌，郑俊德，陈涛平. 机械采油工艺原理 [M]. 北京：石油工业出版社，1998.
[5] 王常斌，陈涛平，郑俊德. 游梁式抽油机运动参数的精确解 [J]. 石油学报. 1998，19（2）：107-110.
[6] HH 列平，OM 尤苏波夫等. 机械采油工艺 [M]. 北京：石油工业出版社，1981.
[7] 韩修廷. 有杆泵采油原理及应用 [M]. 北京：石油工业出版社，2007.
[8] 陈宪侃. 抽油机采油技术 [M]. 北京：石油工业出版社，2004.
[9] 董世民，张士军. 抽油机设计计算与计算机实现 [M]. 北京：石油工业出版社，1994.
[10] 张建军，李向齐，石惠宁. 游梁式抽油机设计计算 [M]. 北京：石油工业出版社，2005.
[11] 刘洪智，郭东. 异形游梁式抽油机 [M]. 北京：石油工业出版社.
[12] 李颖川. 采油工程 [M]. 北京：石油工业出版社，2009.
[13] 宋开利. 有杆泵采油系统应用发展 [M]. 北京：中国石化出版社，2014.

第四章

其他人工举升方法

本章要点

本章介绍了潜油电泵采油、螺杆泵采油、水力活塞泵采油、射流泵采油、气举采油及排水采气等其他人工举升方法的系统组成、工作原理等；重点讲解不同泵法采油的工作原理。

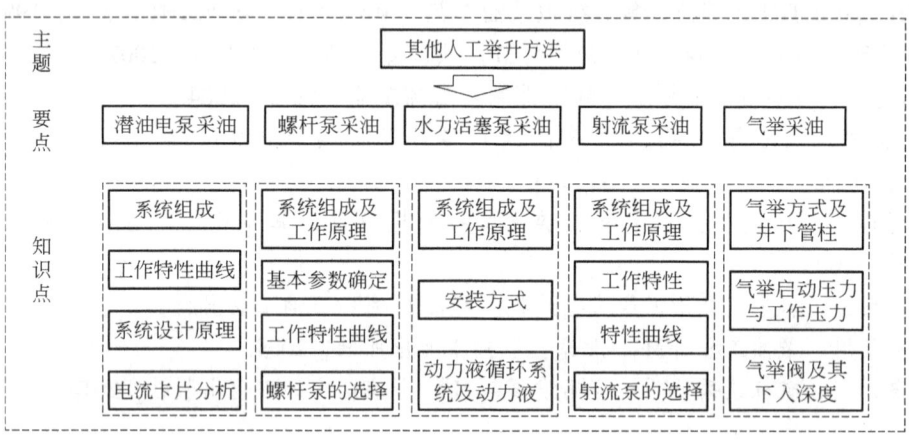

各油田的井下情况、地面环境及操作条件有较大区别，仅采用前面两章中介绍的自喷与游梁式有杆泵采油方法往往还不能满足油田生产要求，而一些其他的人工举升方法以各自的特点和适应性受到人们的青睐。为此，本章主要介绍电泵、水力泵、气举及地面驱动螺杆泵采油的基本原理、系统设计及系统分析，并对各种人工举升方法的优选及组合应用作以简介。

第一节　潜油电泵采油

视频 4-1　国产 738 系列潜油电泵是名副其实的"中国芯"

潜油电泵的全称为电动潜油离心泵（简称电泵），它以其排量大、自动化程度高等显著的优点被广泛应用于原油生产中，是目前重要的机械采油方法（视频 4-1）。

一、系统组成及设备装置

1. 系统组成

图 4-1 是一典型的潜油电泵井的系统组成示意图。它主要由三部分组成：

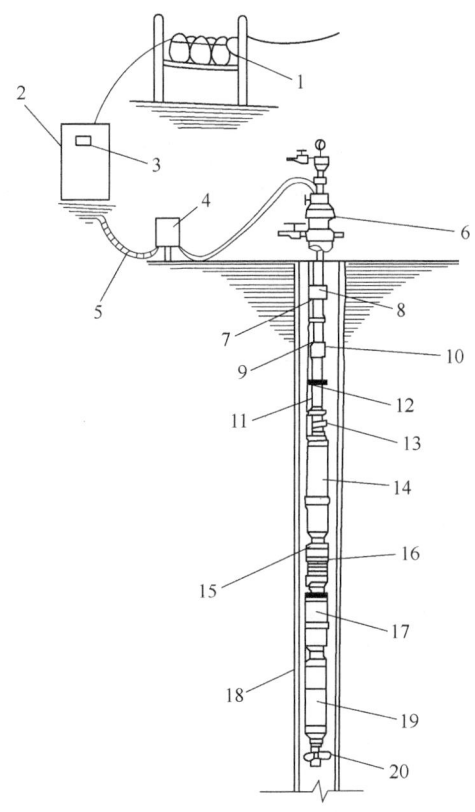

图 4-1 潜油电泵井的系统组成

1—变压器；2—控制屏；3—电流表；4—接线盒；5—地面电缆；6—井口装置；7—圆电缆；
8—泄油器；9—电缆接头；10—单流阀；11—扁电缆；12—油管；13—泵头；14—泵；
15—电缆护罩；16—分离器；17—保护器；18—套管；19—电动机；20—扶正器

（1）地面部分，包括变压器、控制屏、接线盒和特殊井口装置等。
（2）中间部分，主要有油管和电缆。
（3）井下部分，主要有多级离心泵、油气分离器、潜油电动机和保护器。

上述三部分的核心是潜油电动机、保护器、油气分离器、多级离心泵、潜油电缆、控制屏和变压器七大部件。

工作时，地面电源通过变压器变为电动机所需要的工作电压，输入到控制屏内，然后经由电缆将电能传给井下电动机，使电动机带动离心泵旋转，把井液通过分离器抽入泵内，进泵的液体由泵的叶轮逐级增压，经油管举升到地面。

2. 系统的设备装置

1) 离心泵

离心泵是由多级组成的，其中每一级包括一个固定的导轮和一个可转动的叶轮。叶轮的型号决定了泵的排量，而叶轮的级数决定了泵的扬程和电动机所需的功率。叶轮有固定式和浮动式两种。浮动式叶轮可以轴向窜动，每级叶轮产生的轴向力被叶轮和导轮上的止推轴承承受。整节泵所产生的轴向推力由保护器中的止推轴承承受。固定式叶轮固定在泵轴上，既不能轴向窜动，也不能靠在导轮的止推垫上。叶轮及压差所产生的全部推力，都由装在保护器内的止推轴承承受。

2) 保护器

保护器是电泵机组正常运转不可缺少的重要部件之一。根据结构和作用原理不同，可将其分为连通式、沉降式和胶囊式三种类型。虽然不同类型保护器的结构和工作原理不同，但其作用是基本相同的，主要包括：

（1）密封电动机轴的动力输出端，防止井液进入电动机。

（2）在电泵机组启、停过程中，为电动机油的热胀冷缩提供一个补偿油的储藏空间。由于保护器的充油部分与一定允许压力的井液相连通，故可平衡电动机内外腔压力。当开机温度升高时，由保护器接纳电动机油；当停机温度降低，电动机油收缩或工作损耗时，则由保护器补充电动机油。

（3）通过连接电动机驱动轴与泵轴，起传递扭矩的作用。

（4）保护器内的止推轴承可承受泵的轴向力。

3) 油气分离器

自由气进入离心泵后，将使泵的排量、扬程和效率下降，工作不稳定，而且容易发生气蚀损害叶片。因此，常用气体分离器作为泵的吸入口，以便将气体分离出来。按分离方式不同，分离器可分为沉降式和旋转式两种类型。

沉降式分离器是靠重力分异进行油气分离的，其效果较差。当吸入口气液比小于10%时分离效率最高只能达到37%，而当吸入口气液比大于10%时分离效率将会大大下降。因此，沉降式分离器适合于低气液比（小于10%）的井。

旋转式分离器是靠旋转时产生的离心力进行油气分离的，分离效果较好。它可在吸入口气液比低于30%的范围内使用，其分离效率可达90%以上。但是如果油井含砂，则砂子随液体在壳体内高速旋转，将使壳体内壁受到严重磨损，甚至将壳体磨穿而断裂，使机组掉入井下。因此，旋转式分离器可在含气较高的井中使用，但只适用于低含砂井。

4) 电缆

潜油电缆作为电泵机组输送电能的通道部分，长期工作在高温、高压和具有腐蚀性流体的环境中，因此，要求潜油电缆具有较高的芯线电性、绝缘层的介电性，较好的整体抗腐、耐磨以及耐高温等稳定的物理化学性能。

潜油电缆包括潜油动力电缆和潜油电动机引接线。动力电缆分为圆电缆和扁电缆两种类型（图4-2），电动机引接线只有扁电缆一种。井径较大者用圆电缆，井径较小者可用扁电缆。

5) 控制屏

控制屏是对潜油电泵机组的启动、停机以及在运行中实行一系列控制的专用设备，可分

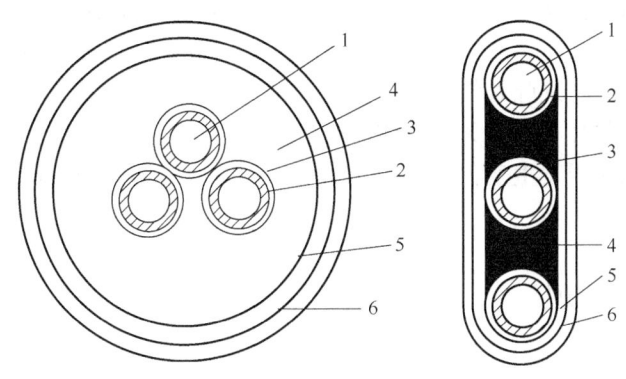

图 4-2　电缆结构示意图
1—导体；2—绝缘层；3—护套；4—填充层；5—内衬包带；6—钢带铠皮

为手动和自动两种类型。它可随时测量电动机的运行电压、电流参数，并自动记录电动机的运行电流，使电泵管理人员及时掌握和判断潜油电动机的运行状况。控制屏通常具有如下功能：

（1）为防止短路烧坏电动机，提供短路速断保护。

（2）欠载时实际排量将小于设计排量，电动机将因工作时产生的热量不能全部散发而烧坏，因此控制屏提供欠载保护。

（3）过载时电动机超负荷运转容易烧坏，因此控制屏还提供过载保护。

（4）潜油电泵不允许反转，因此三相电动机的相序要正确，对此控制屏提供了相序保护。

（5）控制屏还设有延时再启动装置，对于间歇生产的井实行自动延时再启动控制。

二、潜油电泵的工作特性曲线

潜油电泵的工作特性曲线是指泵的扬程、功率和效率同排量之间的关系曲线，如图 4-3 所示，它是选泵设计的重要依据。

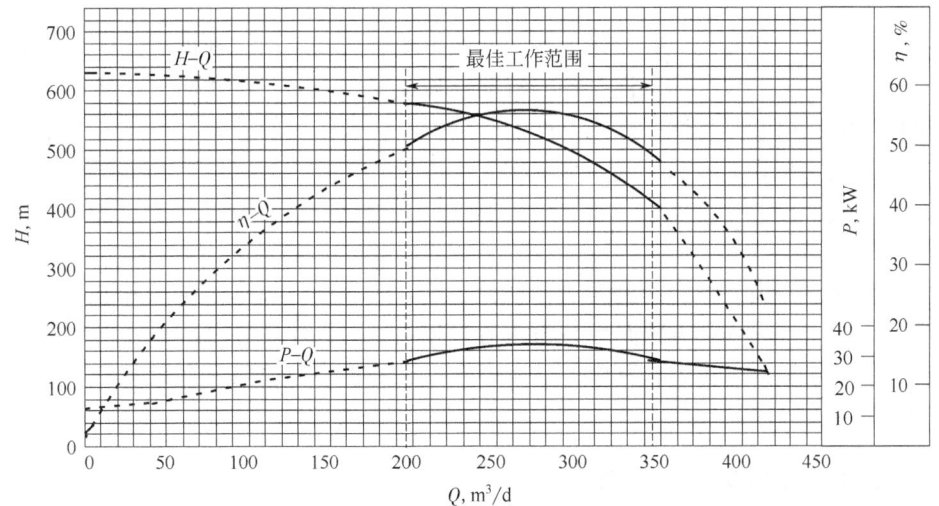

图 4-3　典型的潜油电泵工作特性曲线

潜油电泵的工作特性曲线是使泵在一定转速下运转，对排出端进行节流，以改变流量的办法试验测得的。试验介质一般是密度为1000kg/m³、黏度为1.0mPa·s的清水。在实际应用时，由于其使用条件与试验条件不相符，尤其是当用电泵抽取黏度很高的液体时，因流动阻力增高，叶轮内的各种摩擦损失和液体对叶轮表面的摩擦损失增加，将导致压头下降、功率增加，从而使特性曲线发生变化。因此，实际使用时应根据使用条件对工作特性曲线进行校正。

三、系统设计原理

1. 下泵深度的确定

对已投产井进行检验计算时，下泵深度是已知的；而对于欲转抽或投产的井进行选泵设计时，就需要对下泵深度进行合理确定。确定下泵深度时要考虑泵吸入口处的气液比、分离器的类型和分离能力及沉没度。泵吸入口处气液比可由下述公式进行计算：

$$F_{gl} = \frac{(1-f_w)(R_{go}-R_s)B_g}{(1-f_w)B_o+(1-f_w)R_sB_g+f_w} \tag{4-1}$$

式中　F_{gl}——泵吸入口处气液比；
　　　f_w——体积含水率；
　　　R_{go}——生产气油比；
　　　B_o——原油的体积系数；
　　　B_g——天然气的体积系数；
　　　R_s——泵吸入口处溶解气油比。

根据式(4-1)，就可以计算出不同下泵深度所对应的泵吸入口处的气液比大小，并可以做出下泵深度与泵吸入口处气液比的关系曲线。

确定下泵深度时，首先要满足沉没度的要求，然后在分离器的分离能力条件下根据下泵深度与泵吸入口处气液比的关系曲线便可以确定下泵深度。

2. 泵排出口压力的确定

泵排出口压力一般要根据井口压力及产量按单相管流或多相流管进行计算。当整个井筒中不含有游离气时，一般把油水混合物的流动处理成单相流动，这样便于计算。但是，当油水形成乳状液时，由于其物性参数难以准确确定，将带来较大的误差。当井筒中含有游离气时，应按气、液两相管流或油、气、水三相管流进行计算。

3. 泵吸入口压力的确定

确定泵吸入口压力一般有两种方法：一种是以井底流压为起点，根据多相管流计算方法确定泵吸入口压力；另一种方法是以井口压力为起点，向下计算井筒压力分布，求出下泵深度处的压力，即泵吸入口压力；其中，后者还涉及到油管、套管环形空间中静气柱与沉没段液体压力的计算。

4. 总动压头（总扬程）的确定

总动压头，指泵在设计排量下工作时所需要产生的总压头，也称为总扬程。它是泵送流体到目的地所需要的排出口压头与吸入口压头之差，如图4-4所示。

$$H = D_P - h_s + H_{wh} + H_{fr} = H_d + H_{wh} + H_{fr} \qquad (4-2)$$

其中
$$H_d = D_p - h_s$$

式中　H，D_p，h_s——分别为扬程、泵挂深度、沉没度，m；

H_{wh}，H_{fr}——分别为油压水头和摩阻损失水头，m；

H_d——举升高度，m。

其中，摩阻水头损失可由公式计算，也可以从有关的油管摩阻水头损失曲线中直接查得。

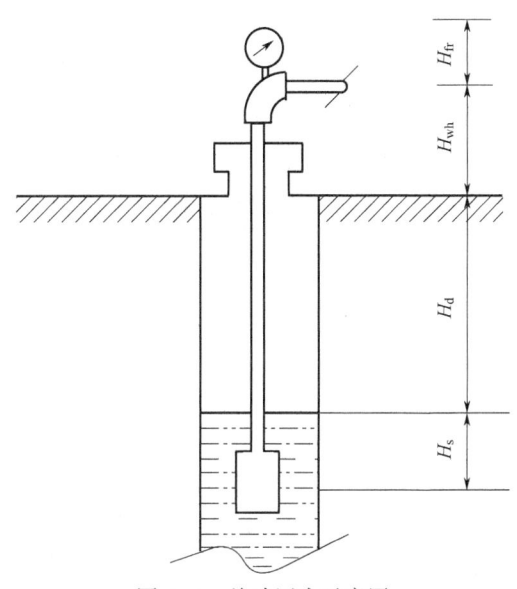

图 4-4　总动压头示意图

5. 系统的设备选择

1）多级离心泵

多级离心泵的选择，包括泵型和总级数的确定。

泵型选择，主要根据泵的设计排量，在相应的套管直径及电源频率等条件下的标准工作特性曲线来选择。泵的总级数 Z 可由下述公式求得：

$$Z = \frac{H}{H_j} \qquad (4-3)$$

式中　H_j——单级扬程，可由泵型的标准工作特性曲线查得。

2）潜油电动机

潜油电动机的选择，包括潜油电动机的型号、额定电压和电流的确定。当多级离心泵的型号、扬程及所需的总级数确定以后，可用下述公式计算出潜油电动机所需的功率：

$$P_r = \frac{Q_r H \gamma}{8800 \eta} \qquad (4-4)$$

式中　P_r——所需潜油电动机的功率，kW；

Q_r——泵的额定排量，m^3/d；

γ——井液的平均相对密度；

η——泵的效率。

另外，由泵的标准工作特性曲线查出单级功率 P_j 后，还可用下式计算需要的电动机功率：

$$P_r = ZP_j\gamma \tag{4-5}$$

根据计算得到的潜油电动机功率以及套管尺寸选择出电动机的型号，从而就可确定出电动机的额定电压和电流。同时，所选择的电动机在外形尺寸上和电缆一起必须能够满足下井要求。

3）潜油电缆

潜油电缆的规格直接关系到潜油电泵机组能否在最佳状态和最经济条件下运行，因此对于潜油电缆要认真进行选择。潜油电缆的选择，包括规格型号和电缆长度的确定。

规格和型号主要决定于电缆的载流能力和工作环境。表 4-1 为不同电缆的载流能力。

表 4-1 电缆载流能力

电缆型号	最大电流，A	电缆型号	最大电流，A
1号铜电缆	115	4号铜电缆	70
2/0号铝电缆	115	2号铝电缆	70
2号铜电缆	95	6号铜电缆	55
1/0号铝电缆	95	4号铝电缆	55

电缆的长度一般为下泵深度加上 20~30m 地面用电缆的长度。

电缆的规格型号确定后，根据电缆的实际承载电流（电动机的工作电流）和电缆的长度便可以计算出整个电缆的电压降损失。电缆的电压降损失与电缆的芯线截面积和长度有关。该电压降损失对采油成本有直接的影响，因此在选择电缆时，应尽可能地选用芯线截面积比较大的电缆。电缆的电压损失可按以下公式计算：

$$\Delta U = \sqrt{3} IL(R\cos\phi + X\sin\phi) \tag{4-6}$$

式中 ΔU——电缆的电压损失，V；

I——电动机的工作电流，A；

L——电缆的长度，km；

R——导体的有效阻抗，Ω/km；

$\cos\phi$——有功功率因数；

X——导体的电抗，Ω/km；

$\sin\phi$——无功功率因数。

此外，电缆的电压损失还可由电缆的电压损失曲线上直接查得。

4）变压器

自耦变压器的容量必须能够满足电动机最大负载的启动，应根据电动机的负载来确定变压器的容量。变压器的容量可用下式计算：

$$P = \sqrt{3} \times 10^{-3} I(U + \Delta U) \tag{4-7}$$

式中 P——变压器的容量，kW。

四、电流卡片分析

潜油电泵机组的电流卡片所记录的电流与潜油电动机的工作电流成线性关系，它的变化情况能够反映潜油电动机的运行状况。因此，通过电流卡片可以分析潜油电泵的运行状况并判断电泵在运行过程中可能出现的各种故障。

按运行时间分，电流卡片有24h和7d两种规格。对于新投产或作业的井，由于电泵运转状况还不够稳定，需要随时监测，因此采用24h的电流卡片。当电泵机组运行状况达到稳定后，一般要改换7d的电流卡片。因此，用于分析的电流卡片，一般是24h电流卡片。

1. 机组正常运转

三相感应电动机在载荷固定的情况下，其电流是恒定的。理想机组的实际功率应等于或低于铭牌的额定功率，并且机组的压头和排量应与油井产能相匹配，这时，电流卡片上可以画出一个与铭牌电流接近的平稳对称的电流曲线，如图4-5所示。正常运转时，电流线上的电流可能稍高或稍低于铭牌电流，但是它应是平稳对称的。

2. 电源电压波动

机组正常运转时，电动机输出功率是比较稳定的。如果电源电压出现波动，那么电流也将相应产生波动，以便满足电动机功率的需要，如图4-6所示。电源电压波动的常见原因是动力系统出现周期性重负载，如大功率注水泵的启动。有时瞬时小负载的组合也会产生这样的波动。为避免由于电压波动对电泵机组造成不利的影响，应尽量间隔开这些负载。

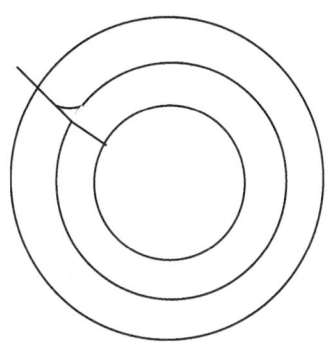
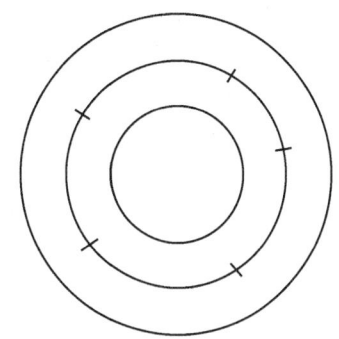

图4-5　机组正常运转　　　　图4-6　电源电压波动时的电流卡片

3. 气锁

图4-7是气锁的电流卡片，产生气锁要经历四个阶段。

A段为启动阶段，此时环形空间的液面很高，由于液柱的动压头下降，所以排量和电流都高于正常值。B段为正常工作阶段，其排量接近设计要求。C段表示排量低于额定排量，并产生波动，这是由于液面下降而使泵吸入口压力降低，气体开始进泵，因而电流下降。最后的D段，电流值既低又不稳定，这是由于液面接近泵的吸入口，气体进泵量增加并且不稳定，而导致电泵欠载且波动，最终机组欠载停机。解决的方法是提高下泵深度。如果不能增加下泵深度，则可以装油嘴限产使液面提高。如果两种办法都不能奏效的话，可实行间歇生产方式。对于这样的井，下次起泵时应重新选泵。

4. 抽空

图 4-8 表明：泵因抽空而欠载停机，再启动后，由于同样的原因再次停机。

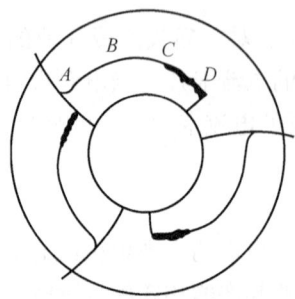
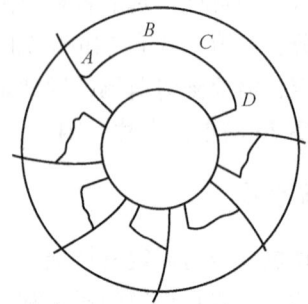

图 4-7 "气锁"的电流卡片　　　图 4-8 "抽空"的电流卡片

卡片上的 A、B、C 三段与"气锁"卡片的分析情况基本相同，所不同的是因游离气少而未引起波动。D 段表明液面接近吸入口，排量和电流下降最后导致欠载停机。延时再启动后，液面稍有回升，但是液面很快下降再次抽空停机。

这种情况说明主机选得过大，解决办法除与"气锁"办法相同之外，还可以对该井采取增产措施，提高油井的产能。

5. 油井含气

图 4-9 表明，机组在接近设计值之下工作，并且井液中含有大量的游离气造成的。在这种情况下，通常会使总的排液量降低。当进泵的液体被乳化时，由于乳化液进泵阻力过大，也会产生这种类似的电流卡片。

6. 瞬时欠载停机

图 4-10 表明机组启动后，运转很短时间便欠载停机。这是由于流体的密度或流量太小而导致欠载，或时间继电器出现故障所致。这时应由专门技术人员来处理。

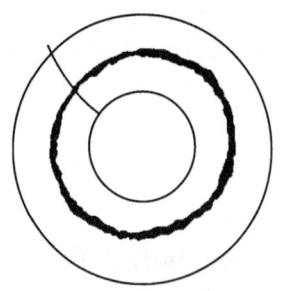
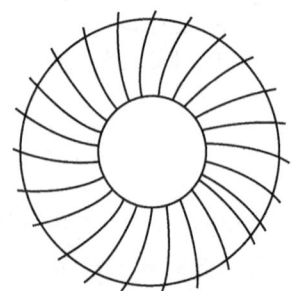

图 4-9 油井含气时的电流卡片　　　图 4-10 瞬时欠载停机时的电流卡片

以上仅就一些典型的电流卡片进行了分析，实际生产过程中还存在着各种因素，都将在电流卡片上产生不同的特征。如抽空—再启动失败、频繁短时间循环、欠载烧毁、地面储罐液面控制、过载、井液含杂质、多次人工启动、不稳定的负荷状态等，可参见有关参考书。

第二节　螺杆泵采油

自 1930 年发明螺杆泵以来，螺杆泵技术工艺不断改进和完善，特别是合成橡胶技术和黏接技术的发展，使螺杆泵在石油开采中已得到了广泛的应用。目前在采用聚合物驱的油田中，螺杆泵已成为常用的人工举升方法。

一、系统组成及泵的工作原理

1. 系统组成

螺杆泵采油系统主要由驱动装置、井口装置、井下螺杆泵以及中间油管组成。根据驱动方式不同，可分为电动、液动和机动三种类型的螺杆泵采油系统。地面驱动（机动）螺杆泵的应用最为广泛，本节主要介绍机动螺杆泵系统。

机动螺杆泵采油系统由井底螺杆泵、抽油杆柱、抽油杆扶正器及地面驱动系统等组成，如图 4-11 所示。

工作时，由地面动力带动抽油杆柱旋转，连接于抽油杆底端的螺杆泵转子随之一起转动，井液经螺杆泵下部吸入，由上端排出，并从油管流出井口，再通过地面管线输送至计量站（视频 4-2、视频 4-3）。

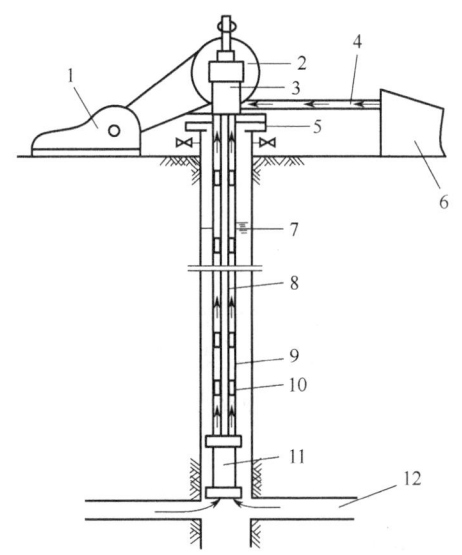

图 4-11　机动螺杆泵井的系统组成
1—动力系统；2—转盘；3—三通；4—地面管线；5—井口；
6—计量站；7—动液面；8—抽油杆；9—油管；
10—抽油杆扶正器；11—螺杆泵；12—油层

视频 4-2　机动螺杆泵井的系统组成

视频 4-3　螺杆泵的结构

这种采油方式最为简便，实际使用时井下也不需要安装泄油装置，因为螺杆泵转子一旦脱离泵筒，油套管之间便相互连通，于是起到了泄油的作用。同时，这种装置的使用费用也较低，是浅井较理想的采油方法。

2. 螺杆泵的结构与工作原理

1) 螺杆泵的结构

图4-12是一个单螺杆泵的结构示意图，它是由定子和转子组成的。转子是通过精加工、表面镀铬的高强度螺杆；定子就是泵筒，是由一种坚固、耐油、抗腐蚀的合成橡胶精磨成型，然后被永久地黏接在钢壳体内而成。除单螺杆泵外，螺杆泵还有多螺杆泵（双螺杆、三螺杆及五螺杆泵等），主要用于输送油品。

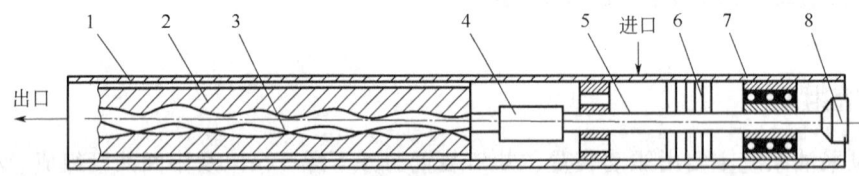

图4-12 单螺杆泵的结构示意图
1—泵壳；2—衬套；3—螺杆；4—偏心联轴节；5—中间传动轴；
6—密封装置；7—径向止推轴承；8—普通连轴节

2) 螺杆泵的工作原理

螺杆泵是靠空腔排油，即转子与定子间形成的一个个互不连通的封闭腔室，当转子转动时，封闭空腔沿轴线方向由吸入端向排出端方向运移。封闭腔在排出端消失，空腔内的原油也就随之由吸入端均匀地挤到排出端。同时，又在吸入端重新形成新的低压空腔将原油吸入。这样，封闭空腔不断地形成、运移和消失，原油便不断地充满、挤压和排出，从而把井中的原油不断地吸入，通过油管举升到井口。

二、螺杆泵基本参数的确定

1. 泵的理论排量

如图4-13所示，螺杆任一断面都是半径为r的圆，整个螺杆的形状可看成是由很多半径为r的极薄圆盘组成，这些圆盘的中心O_1是以偏心距e绕螺杆本身的轴线O_2z一边旋转一边按一定的螺距t向前移动。即圆盘圆心O_1的轨迹是螺距为t、偏心距为e的螺旋线。

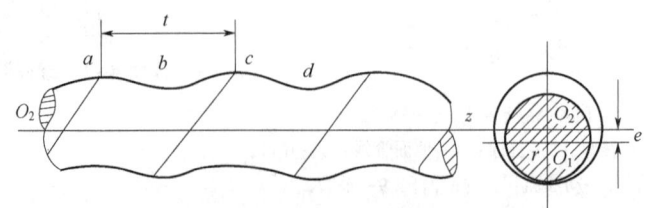

图4-13 单螺杆泵的螺杆

衬套的材料是橡胶，它的断面是由两个半径为 r（等于螺杆断面半径）的半圆和两个长度为 $4e$ 的直线段组成的长圆形，如图 4-14 所示。衬套的双线内螺旋面就是由上述断面绕衬套的轴线 OZ 旋转的同时，按一定的导程 $T=2t$ 向前移动所形成的。

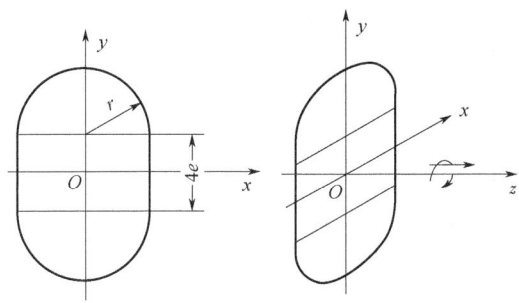

图 4-14　衬套断面形状及螺旋线的形成

螺杆在衬套中的位置不同时，它们之间的接触点也就不同。当螺杆断面在衬套长圆形断面的两端时，螺杆和衬套的接触为半圆弧线；而在衬套的其他位置时，螺杆和衬套仅有两点接触。由于螺杆和衬套是连续啮合的，这些接触点就构成了密封线，在衬套的一个导程 T 内便形成一个密封腔室。这样，在沿单螺杆泵的全长上，衬套内螺旋面与螺杆的螺旋面形成了一个个封闭腔室。可见，衬套螺杆副的长度至少为衬套的一个导程，才能形成完整的密封腔。

泵每转排量为

$$q = 4ed_pT$$

则泵的理论排量为

$$Q_t = 5760end_pT \tag{4-8}$$

式中　Q_t——泵的理论排量，m^3/d；
　　　e——螺杆的偏心距，m；
　　　n——螺杆的转速，r/min；
　　　d_p——螺杆截面的直径，m；
　　　T——衬套的导程，m；
　　　t——螺杆的螺距，m。

2. 泵的容积效率和系统效率

泵的实际排量 Q 与理论排量 Q_t 的比值，称为泵的容积效率，记作 η_v，用公式表达为

$$\eta_v = \frac{Q}{Q_t} \tag{4-9}$$

泵的容积效率实质上是一个排量系数，它与泵的扬程、转子与定子间配合的过盈量、转子的转速以及举升液体的黏度等参数有关，是一个多变量函数。因此，目前泵的容积效率多用回归分析方法求其具体的表达式。

泵的系统效率 η 定义为泵的有功功率（水力功率）P_h 与泵的输入功率 P_{in} 之比，即

$$\eta = \frac{P_h}{P_{in}} \tag{4-10}$$

其中

$$P_h = HQ\rho_1 g \times 10^{-3} \tag{4-11}$$

$$P_{in} = \sqrt{3} \times 10^{-3} UI\lambda \tag{4-12}$$

式中 P_h——泵的有功功率，kW；

H——泵的扬程，m；

Q——泵的实际排量，m³/s；

ρ_1——举升液体的密度，kg/m³；

P_{in}——泵的输入功率，kW；

U——电动机的工作电压，V；

I——电动机的工作电流，A；

λ——功率因数，$\lambda = \cos\phi$。

3. 泵的扭矩

因为螺杆泵的吸入端和排出端存在压差，所以螺杆衬套副中的液体将对螺杆施加力的作用。同时，定子、转子间存在过盈量，将会使定子、转子间产生摩擦阻力扭矩。

1) 转子有功扭矩

螺杆—衬套副将机械能转换为液体的压能，若不考虑损失，则由能量转换关系可得

$$2\pi M = q\Delta p$$

则

$$M = \frac{2ed_p T \Delta p}{\pi} \tag{4-13}$$

式中 M——转子有功扭矩，N·m；

Δp——螺杆泵吸入端与排出端的压差，Pa。

2) 定子与转子间的摩擦扭矩

由于螺杆泵定子与转子间存在过盈量，当转子在定子内转动时，定子与转子间就产生摩擦。定子对转子施加摩擦扭矩的作用，其摩擦扭矩 M_{fr} 计算式为

$$M_{fr} = frK(\delta + \delta_0) \tag{4-14}$$

式中 M_{fr}——定子与转子间的摩擦扭矩，N·m；

f——定子与转子间的摩擦系数；

r——螺杆截面的半径，m；

K——定子衬套橡胶的刚度，N/m；

δ——衬套橡胶在井下条件的胀容量，m；

δ_0——衬套橡胶的初始过盈量，m。

3) 启动扭矩

螺杆泵的空载运转扭矩一般很小，但长时间静止的螺杆泵启动时需要的扭矩却非常大，为空载运转时扭矩的20~30倍，为满载荷工作时扭矩的2~3倍。启动扭矩的大小，与螺杆泵密封线的长度、定转子间的过盈量以及橡胶的硬度和工作压力有关，还与静止时间的长短以及摩擦面的粗糙度有关。级数越多、粗糙度越大、橡胶硬度越高，以及定子、转子间过盈量越大、泵的工作压力越高，泵的启动扭矩也就越大。

从使用的角度出发，应该尽量减少泵在长时间静止后启动；从设计制造的角度出发，应适当降低橡胶的硬度和过盈量，并选用使转子和定子橡胶摩擦系数较小的涂镀材料。同时，降低转子和定子表面的粗糙度也是十分重要的。

三、螺杆泵的工作特性曲线及其影响因素

1. 螺杆泵的工作特性曲线

通过室内清水实验，在不同工作参数下，可以得到泵的容积效率、系统效率及扭矩与举升高度之间的关系。反映这种关系的曲线称为螺杆泵的工作特性曲线。图4-15为国内学者通过实验绘制的典型螺杆泵的工作特性曲线。螺杆泵的工作特性曲线反映了泵的工作特性，它是螺杆泵的设计、制造与合理应用的重要依据。因此，螺杆泵的工作特性曲线是十分重要的。

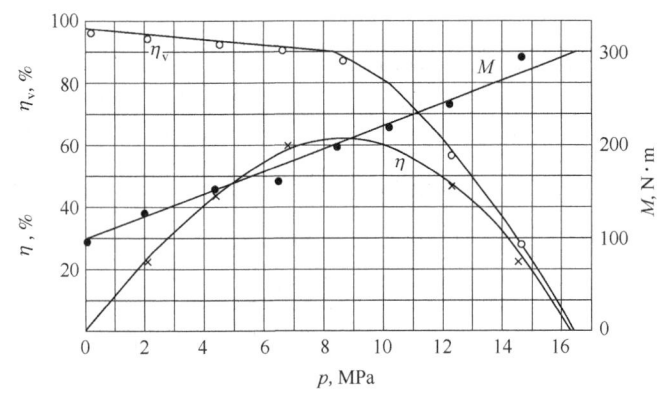

图4-15 典型的螺杆泵工作特性曲线

2. 螺杆泵工作特性的影响因素

影响螺杆泵工作特性因素很多，这里只对定子与转子间的过盈量以及转子的转速这两个主要因素进行分析。

1）过盈量的影响

螺杆泵的工作原理决定了要保证一定的泵效，就必须使定子、转子表面的接触线保持充分密封，而密封的程度取决于转子与定子间的过盈量。因此，过盈量的大小直接影响泵效的高低。

图4-16为国内学者通过实验得出的容积效率曲线。曲线表明：不同过盈量下容积效率的差别很大，因而将严重影响泵的系统效率。一方面，过盈量大可获得较高的泵效，但是抽油杆的扭矩增加，易出现油管、抽油杆断脱现象，并且定子橡胶磨损加剧，影响泵的寿命；另一方面，过盈量小虽然不易出现上述问题，但泵的容积效率过低，将降低泵的系统效率。因此，要对过盈量进行合理选择。所谓合理的过盈量，就是在能够保证一定的举升压力和容积效率条件下的过盈量值。

2）转子转速的影响

转子的转速决定了螺杆泵的排量。在油井产能允许的条件下，转子的转速越高，排量就越大。但是，转速越高，抽油杆的离心力就越大，抽油杆的弯曲振动就越严重，抽油杆接箍与油管内壁的摩擦力也就随之增大，同时，举升高度也将因沿程损失的增加和定子橡胶磨损

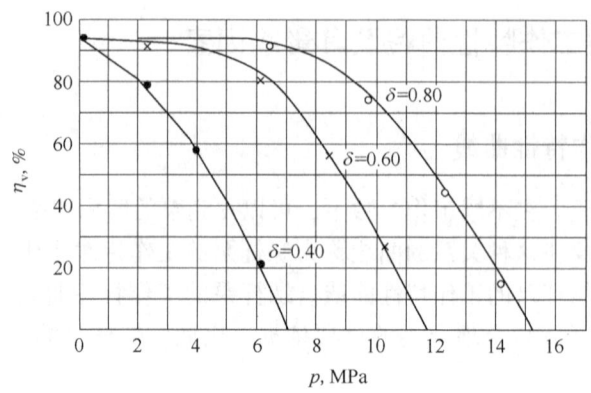

图 4-16　过盈量对容积效率的影响

的加速而下降。因此，转子的转速不宜过高，一般应小于 500r/min 为宜。

图 4-17 是国内学者在不同转子转速下用清水实验得到的容积效率曲线。由图 4-17 中看出，随着转子转速的增加可以有效地增加举升高度、提高容积效率和排量。由于实验转速都较低，摩擦等因素的影响较小，因此提高转子的转速将有利于提高经济效益。

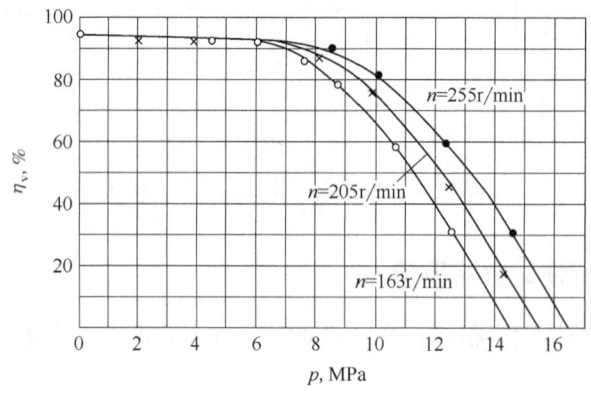

图 4-17　转子转速对容积效率的影响

除了上述两个因素之外，还应注意黏度的影响。由于螺杆泵在实际应用中用于举升原油，而且常常用于举升稠油，因此，泵在举升过程中的工作特性与举升清水时的工作特性将会有很大差别。一方面，黏度增加使得漏失量减小，有利于提高泵的容积效率和系统效率；另一方面，黏度的增加将使流动阻力增大而降低泵的充满程度和举升高度，泵的容积效率和系统效率也随之降低。同时，泵的摩擦力增大将增加阻力扭矩。因此，在实际应用中，应充分注意黏度的影响。

四、螺杆泵的选择

螺杆泵的选择，首先应根据油井的产能确定出油井的产量，并确定所用螺杆泵的排量；其次是根据泵的工作特性曲线确定在保证该排量下泵的举升高度大小，并根据油井条件计算出所需泵的级数，同时还要根据需要以及油井的实际条件确定合理的过盈量；最后，根据负载大小选择抽油杆的材料与规格、电动机以及其他附属部件。下面就一些主要内容进行介绍。

1. 转子转速的确定

地面驱动单螺杆泵转速的确定，受多种因素的影响。首先要考虑的是介质的黏度、磨蚀条件和定子橡胶的疲劳强度。

介质的黏度将影响泵的充满系数。当泵旋转时，在泵吸入口处空腔容积逐渐变大，这时，只要有一定的压差液体便可迅速充满空腔。当液体的黏度较大时，其流动性变差，使得充满系数降低从而降低泵的容积效率，并且随着液体黏度的增加，这种影响程度增大。

在高含砂油井中，泵的寿命取决于定子橡胶的疲劳强度。由于定子和转子间有一定的过盈量，转子在定子内旋转时定子橡胶将受到周期性压缩，从而产生摩擦面的温升和疲劳。摩擦面的温升往往可达到比介质温度高几十摄氏度，它加速了橡胶分子链的重新组合，使弹性模数减小，从而降低其疲劳特性及金属和橡胶结合面上黏结剂的强度。这个温升值和压缩疲劳随转速的增加而增大，因此，在实际应用中要合理地选择转速以保证泵的寿命。

2. 泵级数和定子、转子长度的确定

单级螺杆泵满足不了实际举升高度（扬程）的需要，如同潜油电泵一样需要多级泵。泵的级数 Z 可根据油井实际需要的泵扬程 H 和单级扬程 H_j 来确定，即

$$Z = \frac{H}{H_j} \tag{4-15}$$

泵的级数确定后，就可确定定子和转子的长度。定子和转子的长度由泵的级数和衬套的导程来决定。定子长度 L_s 为

$$L_s = ZT \tag{4-16}$$

转子长度 L_r 一般取定子长度 L_s 加上 250~350mm，以保证转子能够安装到位。

3. 合理过盈量的确定

螺杆泵的定子、转子间的过盈配合情况如图 4-18 所示，其过盈量为 $\delta = (b-a)/2$。为使螺杆泵具有容积泵的特点，就必须使定子、转子间的空腔保持良好的密封性，即必须有一定的过盈值。其原因是：

（1）受加工工艺技术的限制，不能保证定子和转子具有理想的几何形状；

（2）定子橡胶是弹性体，在一定的压差下会发生弹性变形和漏失；

（3）由于转子在运转时会产生惯性力和液压径向力，这两个力的合力将使转子在合力的方向上压缩定子橡胶而产生位移，从而使定子、转子间的另一侧产生间隙。

螺杆泵在井下工作时，其总过盈量 δ 由初始过盈量 δ_0、由热膨胀产生的过盈量 δ_1' 以及由于浸油溶胀而产生的过盈量 δ_2' 三部分组成。总过盈量 δ 可根据泵和油井条件估算，δ_1' 与 δ_2' 可由实验来确定。这样，便可确定出初始过盈量 δ_0，从而可为设计制造提供依据。

目前，螺杆泵的单级工作压差主要是靠定子、转子间的过盈量来实现的。过盈量越大，级工作压差就越大，转

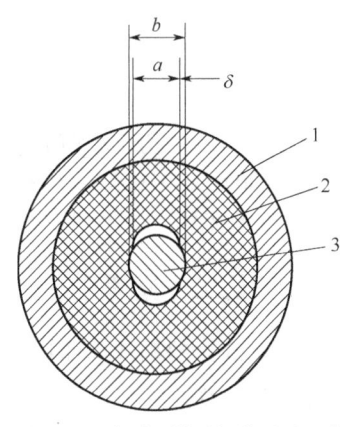

图 4-18 定子、转子间的过盈配合
1—定子钢套；2—定子橡胶；3—转子

子扭矩也越大；过盈量越小，单级工作压差就越小，满足不了油井举升的需要。因此，定子、转子间的过盈量存在一个合理值。对于过盈量的确定，必须在掌握定子橡胶的物理特性，特别是橡胶的热膨胀和溶胀性能的基础上，才能实现过盈量确定的合理性。

第三节　水力活塞泵采油

视频4-4　水力活塞泵采油

　　水力活塞泵是一种液压传动的无杆抽油设备，它是由地面动力泵通过油管将动力液送到井下驱动油缸和换向阀，从而带动抽油泵抽油工作。实践表明，水力活塞泵能有效地应用于稠油井和高含蜡井、深井和定向井，并且效率较高（视频4-4）。

一、系统组成及泵的工作原理

1. 系统组成

如图4-19所示，水力活塞泵系统由三部分组成，即井下部分、地面部分和中间部分。

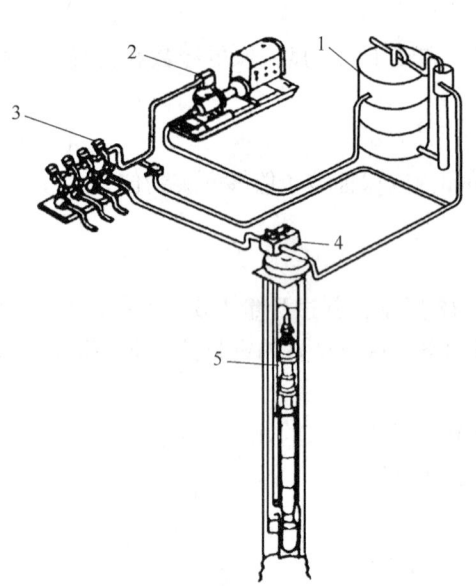

图4-19　水力活塞泵的系统组成
1—沉降罐；2—柱塞泵；3—控制管汇；
4—井口装置；5—井下活塞泵

井下部分是水力活塞泵的主要机组，它由液动机、水力活塞泵和滑阀控制机构三个部件组成，起着抽油的主要作用；地面部分由地面动力泵、各种控制阀及动力液处理设备等组成，起着供给和处理动力液的作用；中间部分有中心动力油管以及供原油和工作过的乏动力液一起返回到地面的专门通道。

工作时，动力液过滤后经动力泵加压，再经排出管线及井口四通阀，沿中心油管送入井下，驱动井下机组中的往复式液动机工作。液动机通过活塞带动抽油泵的柱塞做往复运动，使泵不断地抽取原油。经液动机工作后的乏动力液和抽取的原油一起，从油管的环形空间排回到地面，再通过井口四通阀，流入油气分离器进行油气分离。分离出的气体排走，油则流回储罐。一部分油送到选油站，另一部分油滤清后再进入地面动力泵，作动力液使用。

2. 泵的工作原理

图4-20为差动式单作用水力活塞泵的结构示意图，其工作原理如下所述（视频4-4）。

1) 下冲程

如图4-20(a)所示，主控滑阀位于下死点。这时，高压动力液从中心油管经过通道a进入液动机的下缸，作用在活塞的环形端面上；同时，高压动力液经过通道 b 进入腔室 c，再由通道 d 进入液动机上缸，作用在活塞上端面上。由于活塞上、下两端作用面积不同而产生压差，使液动机带动泵柱塞向下运动。活塞杆实际上是一个辅助控制滑阀，在杆身的上、下部开有控制槽 e 和 f。当活塞杆接近下死点时，上部控制槽 e 沟通了主控滑阀上、下端的腔室 c 和 g，使高压动力液由控制槽 e 进入主控滑阀的下端腔室 g。由于主控滑阀下端面的面积大于上端面的面积，在高压动力液作用下便产生压差，使主控滑阀推向上死点，从而完成下冲程。

2）上冲程

如图 4-20(b) 所示，主控滑阀位于上死点。

高压动力液从中心油管经过通道 a 进入液动机下缸。由于主控滑阀堵塞了通道 b，使高压动力液不能进入液动机的上缸。液动机上缸通过通道 d、主控滑阀中部的环形空间 h 与抽取的原油相沟通。在液动机上、下缸的压差作用下，液动机活塞带动泵的柱塞向上运动。上缸中工作过的乏动力液和抽取的原油混合后举升到地面。当活塞杆接近上死点时，下部控制槽 f 使主控滑阀的下腔室和抽取的原油相沟通，主控滑阀便被推向下死点，而液动机重新开始转入下冲程，上冲程便结束。

差动式单作用水力活塞泵的最大优点是结构简单，并可以自由式安装。其缺点是直径一定时排量较小以及在工作中压力不平衡。

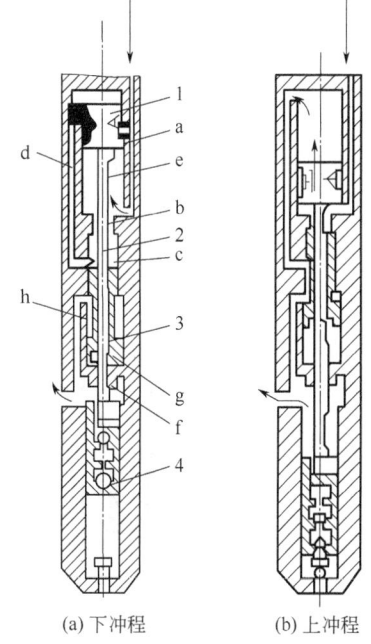

图 4-20　差动式单作用水力活塞泵简图
1—液动机活塞；2—活塞杆；3—主控制滑阀；4—水力活塞泵活塞

二、水力活塞泵的安装方式

水力活塞泵的安装方式可分为固定插入式、套管固定式、平行自由式和套管自由式四种。如图 4-21 所示。

1. 固定插入式

水力活塞泵井下机组随动力油管从油管中下入井底，动力液从直径较小的动力油管中注入井下机组，原油和乏动力液从动力油管和油管之间的环形空间返回地面，所有自由气都从油管和套管的环形空间导出，如图 4-21(a) 所示。

2. 套管固定式

水力活塞泵井下机组随动力油管下入井底，并固定在一个套管封隔器上，动力液从动力油管送入井下机组，原油和乏动力液从动力油、套管的环形空间返回地面，所有的自由气须经水力活塞泵井下机组导出，如图 4-21(b) 所示。

3. 平行自由式

平行自由式安装方式有两个平行管柱。水力活塞泵井下机组从大直径管柱中下入井底，并在

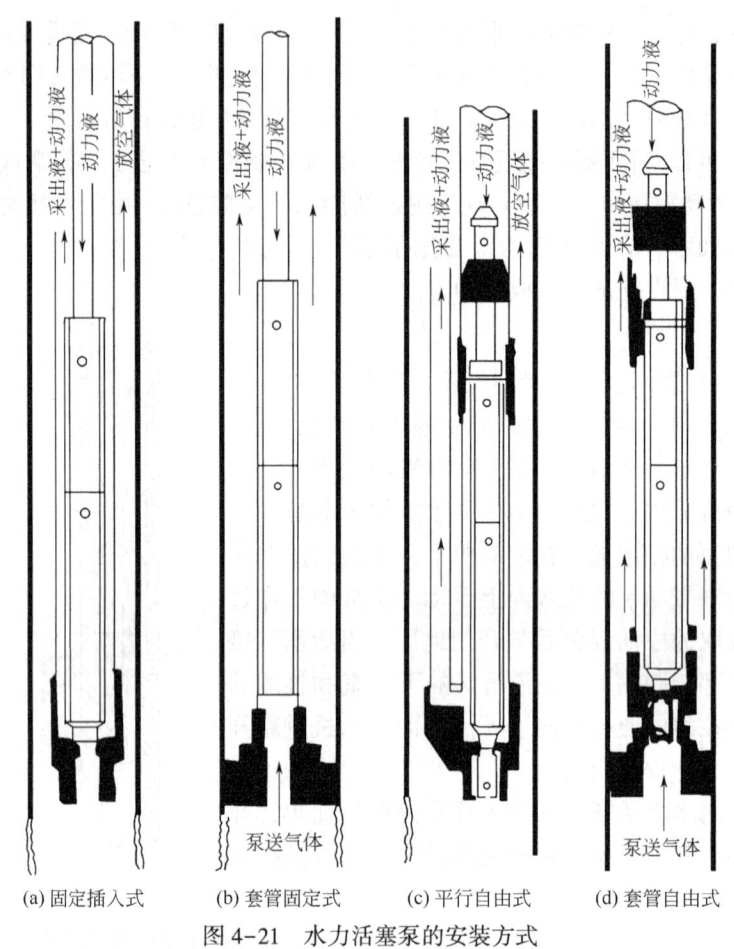

图 4-21 水力活塞泵的安装方式

一个固定阀座上形成密封,同时上部也进入油管内壁的一个专用环箍处形成密封。原油和乏动力液从小直径管柱中排到地面,自由气不进泵而从套管中直接导出,如图 4-21(c) 所示。

4. 套管自由式

套管自由式只需一根管柱下到一个套管封隔器上,井下机组从管柱中下至井底并在一个固定阀座上坐封,同时上部也进入油管内壁的一个专用环箍处形成密封。动力液从管柱中进入井底,原油及乏动力液从套管中排到地面,自由气必须从水力活塞泵井下机组导出,如图 4-21(d) 所示。

将泵用螺纹安装到动力油管上并同该油管一起下到井里,该泵称为固定泵。将泵配合安装在动力油管里,可以自由地在油管中起下,这种泵称为自由泵。自由泵可以在动力油管中自由起下,大大减小了作业的工作量,故大多数水力活塞泵都按这种方式安装。

三、动力液循环系统及动力液

1. 动力液循环系统

水力活塞泵的动力液循环系统可分为闭式循环和开式循环两种。开式循环的乏动力液与抽取的原油混合后一起返出地面，而闭式循环的乏动力液则通过一条单独通道返回地面。因此，闭式循环比开式循环需要多下一根管柱，其水力活塞泵的安装方式也有前述的四种。

1）闭式循环

闭式循环系统比开式循环系统需多要一根管柱，比开式系统造价高，这是它没有被广泛采用的原因，但由于该系统的动力液罐比较小，适用于市区和海上平台。

2）开式循环

开式循环系统只需两个井下通道：一个是泵入动力液的导管；另一个是将乏动力液和采出液一起送到地面的导管。可以采用两根油管柱，也可以采用一根管柱。使用一根管柱时，是利用油管和套管环形空间作为另一个通道。简易和经济是开式系统的重要特点。

2. 动力液

常用的动力液有水和油。油动力液比水动力液性能好，但不利于安全、生态和环境保护。如果用水动力液，就必须要加入化学添加剂以改善水的某些性能，将造成生产成本提高，因而限定了水动力液只能在闭式系统中使用。开式系统可用油动力液，但由于动力油的成本较高，并且运转时需要动力液处理装置，因此也将提高生产成本。

四、气体处理方式

水力活塞泵泵送气体的安装方式成本最低，适于将气体泵送而不引起气锁的井，但泵送气体将降低泵效。因此，是否采取泵送气体，要由泵送气体时的泵效来决定。设计时一般应使泵效不低于50%（最低应大于30%）。当泵效较低时则应将气体放空。泵送气体时的泵效可由图4-22来确定。

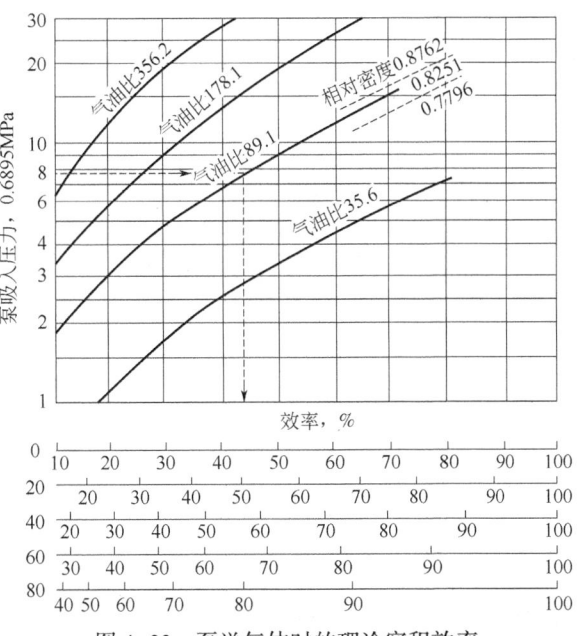

图4-22 泵送气体时的理论容积效率

例 4-1 已知：油层压力为 14.0MPa，井底流压为 7.0MPa 时产油量为 16.0m³/d，含水率为 33%，气油比为 90，原油饱和压力为 14.2MPa。问当产液量为 28m³/d 时，能否泵送气体？

解：根据沃格尔方程，求得极限产量 $q_{max}=34.1 \text{m}^3/\text{d}$。当产液量为 28m³/d 时：

$$\frac{28}{34.1}=1-\frac{0.2p_{wf}}{14.0}-0.8\left(\frac{p_{wf}}{14.0}\right)^2$$

求得流压 $p_{wf}=5.1(\text{MPa})$。

由图 4-22 查得，在该例条件下，泵效大约为 55%。因此，可以泵送气体。

五、水力活塞泵的选择

水力活塞泵系统的选择，指水力活塞泵规格型号的确定。所确定的泵型，首先要满足排量的要求，其次应使举升能力最大。这主要根据各种泵的规格参数表（表 4-2）和最大的 PE 来确定。

表 4-2 中的第一栏是泵的尺寸，其意义是泵的公称直径（下入的油管尺寸）—液压马达活塞直径—泵活塞直径；第二栏是压力比（也称面积比）PE，为泵端活塞与液压马达活塞作用面积之比，其值越小，则泵的举升能力越强。PE 与举升时所需的地面压力有关，其最高值可由下面的经验公式确定：

$$PE_{max}=\frac{3084}{H_d} \tag{4-17}$$

式中 H_d——泵的纯举升高度，m。

通常，如果可以选择两个或两个以上规格，则应选择液体举升能力最大（PE 最小）的泵。这是因为，它需要较低的地面动力液压力，有利于地面泵的工作，并且会减少井下泵本身由高压动力液而造成的滑脱现象。

表 4-2 科贝（Kobe）A 型泵规格参数表

泵的尺寸 in	PE	额定排量 Q_r, m³/d	每冲次液压马达端排量 q_M, m³/d	每冲次泵端排量 q_B, m³/d	额定冲次 n, 1/min
$2\frac{1}{2}-1\frac{1}{4}-1$	0.520	40.7	0.7981	0.4070	100
$2\frac{1}{2}-1\frac{1}{4}-1\frac{1}{8}$	0.746	58.4	0.7981	0.5835	100
$2\frac{1}{2}-1\frac{1}{4}-1\frac{1}{4}$	1.000	78.2	0.7981	0.7981	100
$2\frac{1}{2}-1\frac{1}{4}-1\frac{7}{16}$	1.431	111.8	0.7981	1.1177	100
$2\frac{1}{2}-1\frac{7}{16}-1\frac{1}{4}$	0.700	78.2	1.1336	0.7822	100
$2\frac{1}{2}-1\frac{7}{16}-1\frac{7}{16}$	1.000	111.8	1.1336	1.1177	100

注：1in=25.4mm。

例 4-2 已知：所需要的泵排量为 63.5m³/d，流体举升高度为 2134m。现将泵下入外径为 $2\frac{7}{8}$in 的油管中，试根据表 4-2 选择合适的泵型。

解：
$$PE_{max}=\frac{3048}{2134}=1.429$$

由表 4-2 可知，前两个 2½in 的泵，不能满足 63.5m³/d 的排量要求，其他都可以满足这一要求。这里应选 PE 较小的 2½-1⁷⁄₁₆-1¼ 的泵。

第四节 射流泵采油

射流泵属于水力泵，它从 20 世纪 50 年代起开始用于原油开采，20 世纪 70 年代后在国外得到普遍应用，近年来，由于原油生产的实际需要，我国一些油田也逐渐应用射流泵举升原油。

一、系统组成及泵的工作原理

射流泵是一种特殊的水力泵，它没有运动件，是靠动力液与地层流体之间的动量转换实现抽油的。

射流泵井的系统组成也分为地面部分、中间部分和井下部分。其中地面部分和中间部分与水力活塞泵相同，所不同的是水力射流泵只能安装成开式动力液循环系统。井下部分是射流泵，它是由喷嘴、喉管和扩散管三部分组成（视频 4-5）。

视频 4-5 射流泵结构组成

图 4-23 是一井下水力射流泵的典型结构和工作流程图。动力液从油管注入，经射流泵的上部流至喷嘴喷出，进入与地层液相连通的混合室。在喷嘴处，动力液的总压头几乎全部变为速度水头。进入混合室的原油则被动力液抽汲，与动力液混合后流入喉管。

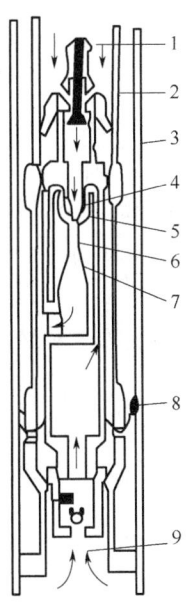

图 4-23 射流泵工作流程图
1—动力液；2—泵筒；3—套管；4—喷嘴；5—混合室；
6—喉管；7—扩散管；8—混合采出液；9—地层液

喉管的直径一般总要大于喷嘴直径，动力液和地层流体在喉管内充分混合后，速度水头降低，而压力水头有所回升。在此过程中，动力液失去动量和动能，而地层流体得到动量和动能。但是，由于此时总水头仍主要是以速度水头的形式存在，压力水头较低还不足以将混合液举升到地面。射流泵的最终工作断面为精细制造的扩散管断面，由于扩散管断面的面积逐渐增大，使得速度水头转换为压力水头，从而将混合液举升到地面。

按工作流体的种类不同，射流泵可分为液体射流泵和气体射流泵（喷射泵）两种。

二、射流泵的工作特性

为了正确设计和使用射流泵，必须掌握射流泵的工作特性（压力、流量与泵的几何尺寸之间的关系），它反映了泵内的能量转换过程及主要工作构件（喷嘴、喉管）对泵性能的影响。

1. 射流泵的无量纲工作特性参数

图 4-24 为射流泵结构示意图，其无量纲工作特性参数如下：

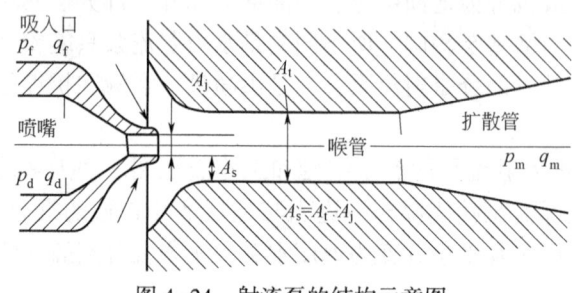

图 4-24　射流泵的结构示意图

（1）压力比 p_D 指泵内地层液压力的增量（p_m-p_f）与动力液压力的降低量（p_d-p_m）之比，即

$$p_D = \frac{p_m - p_f}{p_d - p_m} \tag{4-18}$$

（2）体积流量比 q_D 指地层流体的体积流量 q_f 与动力液的体积流量 q_d 之比，即

$$q_D = \frac{q_f}{q_d} \tag{4-19}$$

（3）面积比 A_D 指喷嘴截面积 A_j 与喉管截面积 A_t 之比，即

$$A_D = \frac{A_j}{A_t} \tag{4-20}$$

（4）密度比 ρ_D 指地层流体的密度 ρ_f 与动力液密度 ρ_d 之比，即

$$\rho_D = \frac{\rho_f}{\rho_d} \tag{4-21}$$

2. 射流泵的工作特性方程

射流泵的工作特性是指压力比同流量比之间的关系，它反映了射流泵的内在特性，射流

泵的工作特性方程是描述这种关系的表达式。

根据能量守恒原理，则可建立如下能量平衡方程式：

$$p_D = \frac{p_m - p_f}{p_d - p_m} = \frac{1-N}{q_D + N} \tag{4-22}$$

$$N = \left[(1+\zeta_j) + (1+\zeta_s)\rho_D q_D^3 \left(\frac{A_D}{1-A_D}\right)^2 \right.$$
$$+ (1+\zeta_t+\zeta_d)(1+\rho_D q_D) A_D^2 (1+q_D)^2$$
$$\left. -2A_D(1+q_D)\left(1+\rho_D q_D^2 \frac{A_D}{1-A_D}\right) \right]$$
$$\left/ \left[(1+\zeta_j) - (1+\zeta_s)\rho_D q_D^2 \left(\frac{A_D}{1-A_D}\right)^2 \right] \right. \tag{4-23}$$

式中 $\zeta_s, \zeta_j, \zeta_t, \zeta_d$——分别为吸入环道、喷嘴、喉管及扩散管摩擦损失系数。

3. 射流泵的泵效

射流泵的泵效定义为：地层液得到的能量 $q_f(p_m - p_f)$ 与动力液提供的能量 $q_d(p_d - p_m)$ 之比。由 p_D 和 q_D 的定义式可得

$$\eta = \frac{q_f(p_m-p_f)}{q_d(p_d-p_m)} = p_D q_D \tag{4-24}$$

4. 摩擦损失系数

流体在射流泵各流道中流动时的摩擦系数，是影响能量转换和泵效的重要因素。目前各种摩擦损失系数主要有五组，列于表4-3中。

表4-3 摩擦损失系数表

确定人	ζ_s	ζ_j	ζ_t	ζ_d	$\zeta_{td} = \zeta_t + \zeta_d$
戈斯利尼—奥布里恩	0	0.15	0.28	0.10	0.38
皮特利	0	0.03	—	—	0.20
坎宁安（最小值）	0	0.10	—	—	0.30
桑格	0.036	0.14	0.102	0.102	—
	0.036	0.09	0.0098	0.102	—

从表4-3中看出，各研究者所确定的摩擦损失系数值的差别很大，使得泵效计算值的差别也很大。因此，在应用这些系数值时，应注意其实验条件。

5. 动力液流量

根据质量守恒原理，可导出通过喷嘴的动力液流量的表达式为

$$q_d = A_j v_j = A_j \sqrt{\frac{2(p_d - p_f)}{\rho_d \left[(1+\zeta_j) - (1+\zeta_s)\rho_D q_D \left(\frac{A_D}{1-A_D}\right)^2\right]}} \tag{4-25}$$

坎宁安的试验结果却表明，当喷嘴与喉管入口之间的距离比喷嘴直径大1~2倍时有

$$q_d = A_j \sqrt{\frac{2(p_d - p_f)}{\rho_d(1+\zeta_j)}} \tag{4-26}$$

三、特性曲线

射流泵的特性曲线就是反映射流泵的压力比 p_D 和泵效 η 与流量比 q_D 之间的关系曲线，如图 4-25 所示。它反映了 A_D 取不同值时，p_D 和 η 与 q_D 的对应关系。

图 4-25 是采用戈斯利尼—奥布里恩确定的摩擦损失系数值，在 $\rho_D = 1.0$ 的条件下绘制的。A_D 的范围为：$A_{DA} = 0.410$，$A_{DB} = 0.328$，$A_{DC} = 0.262$，$A_{DD} = 0.210$，$A_{DE} = 0.168$。

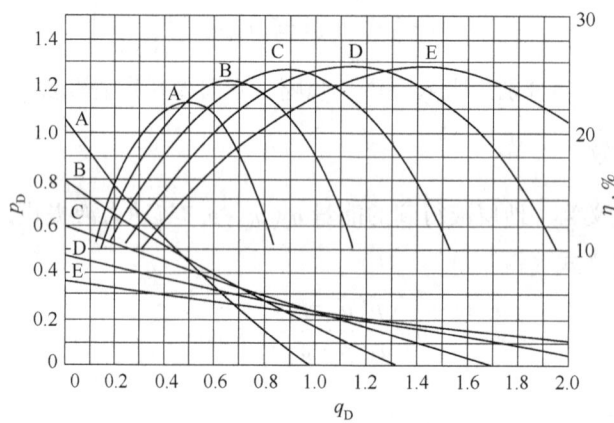

图 4-25　典型的射流泵无量纲工作特性曲线

四、射流泵的气蚀特性

在吸入系统建立伯努利方程：

$$p_f = p_{in} + (1+\zeta_s)\rho_f \frac{v_s^2}{2} \tag{4-27}$$

由式(4-27) 可知，当吸入流量大于零时，喉管的入口压力 p_{in} 总是要小于吸入压力 p_f。p_{in} 若低于采出液的饱和压力 p_b，泵便会产生气蚀。因此，当吸入压力 p_f 为一定值时，喉管入口处 p_{in} 有最小值，其对应的吸入流量则为最大值。用增加喷嘴流量的办法使 p_{in} 低于 p_b，只会使吸入液中的气体体积增加。另外，喉管内液流中的气泡由于受力不均而破碎，由此产生的振动波及高速微量喷射，将会严重损坏泵。因此，在使用射流泵时，应首先确定出气蚀点。

射流泵工作时，总是存在一个气蚀极限流量比 q_{Dc}，当体积流量比 q_D 大于 q_{Dc} 工作时便发生气蚀。

布朗（Brown）给出了当 $\zeta_s = 0$ 及 $\rho_D = 1.0$，并取 p_b 时 q_{Dc} 的表达式为

$$q_{Dc} = \frac{1-A_D}{A_D}\sqrt{1+\zeta_j}\sqrt{\frac{p_f}{C_c(p_d-p_f)+p_f}} \tag{4-28}$$

式中　C_c——经验气蚀常数，实验值的范围在 0.80~1.67 之间，通常取其保守值 1.35。

例 4-3 已知：$p_d = 42.0 \text{MPa}$，$p_m = 21.0 \text{MPa}$，$p_f = 7.0 \text{MPa}$。试判断是否气蚀。

解：根据图 4-25 可知，在该压力系统条件下，只有 A 和 B 两种面积比值泵能够正常生产。要想知道是否产生气蚀，首先根据式（4-28）计算每一种面积比值泵的 q_{Dc}。

A 和 B 面积比值分别为 $A_{DA} = 0.410$，$A_{AB} = 0.328$，取戈斯利尼—奥布里恩确定的摩擦损失系数值 $\zeta_j = 0.15$，并令 $C_c = 1.35$。各面积比值泵的气蚀极限值分别为

A 面积比值泵

$$q_{Dc} = \frac{1-0.410}{0.410}\sqrt{1+0.15}\sqrt{\frac{7.0}{1.35(42.0-7.0)+7.0}} = 0.554$$

B 面积比值泵计算得 $q_{Dc} = 0.789$。

计算表明，A 面积比值泵的实际工作流量比 $q_D = 0.285$，B 面积比值泵的实际工作流量比 $q_D = 0.16$，它们均未超过各自的气蚀极限值 q_{Dc}，因此，两种泵在工作时都不会产生气蚀。

五、射流泵的选择

射流泵的选择，主要是确定喷嘴及喉管的规格型号。选择时，应遵循以下基本原则。

（1）所选择的射流泵能够满足正常生产的需要（即满足排量要求）。

（2）保证射流泵工作时不发生气蚀。

（3）在同等条件下，应使选择的射流泵具有较高的效率。

确定射流泵的泵型，最终体现在最佳喷嘴和喉管的选择上。当确定出喷嘴规格及喷嘴与喉管的面积比值 A_D，喉管的规格便随之确定下来。

在选择喷嘴和喉管时，通常是先计算出无量纲压力比 p_D，然后利用无量纲特性曲线求出无量纲流量比 q_D，并根据设计排量 q_f 求出需要的动力液排量 q_d。最后，再由式（4-26）计算出所需喷嘴的截面积 A_j，并根据有关喷嘴和喉管的规格参数表中选择合适的喷嘴。

面积比值 A_D 通常是给定的，如未给定，则可根据泵效较高这一原则来确定。当 A_D 确定下来后，喉管的规格也便随之确定下来。

第五节　气举采油

当油井不能自喷时，除采用前面介绍的人工举升方法外，还可以人为地把气体（天然气或空气）压入井底，使原油喷到地面，这种采油方法称为气举采油法（视频 4-6）。

气举采油的井口、井下设备比较简单、管理调节较方便。特别是对于海上采油、深井、斜井、井中含砂、水、气较多和含有腐蚀性成分而不适宜用泵进行举升的油井，都可以采用气举采油法，在新井诱导油流及作业井的排液方面气举也有其优越性。但气举采油需要压缩机站及大量高压管线，地面设备系统复杂，投资大，且气体能量利用率低，使其应用受到限制。

视频 4-6　我国首个自营深水气田：陵水 17—2 气田水下采气树

一、气举方式及井下管柱

1. 气举方式

按进气的连续性,气举可分为连续气举与间歇气举两大类。

连续气举是将高压气体连续地注入井内,使其和地层流入井底的流体一同连续从井口喷出的气举方式,它适用于采油指数高和因井深造成井底压力较高的井。

间歇气举是将高压气间歇地注入井中,将地层流入井底的流体周期性地举升到地面的气举方式。间歇气举时,地面一般要配套使用间歇气举控制器(时间—周期控制器)。间歇气举既可用于低产井,也可用于采油指数高、井底压力低,或者采油指数与井底压力都低的井。

按进气的通路气举也可分为环形空间进气(正举)和中心管进气(反举)两种。中心管进气时,被举升的液体在环形空间的流速较低,其中的砂易沉淀、蜡易积聚,故常用环形空间进气的举升方式。

2. 井下管柱

按下入井中的管子数气举可分为单管气举和多管气举。多管气举可同时进行多层开采,但其结构复杂、钢材消耗量多,一般很少采用。简单而又常用的单管气举管柱有开式、半闭式和闭式三种,如图 4-26 所示。

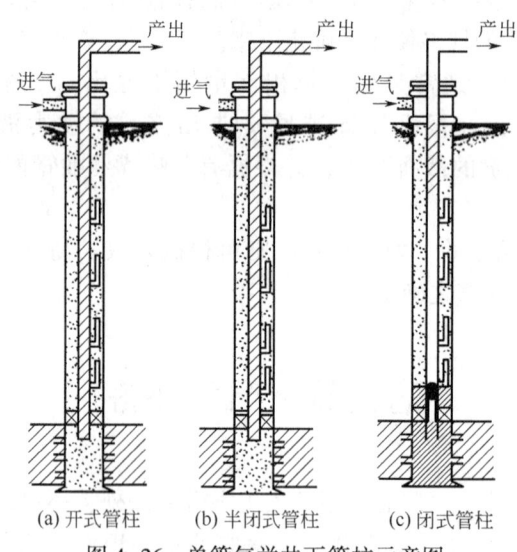

(a) 开式管柱　　(b) 半闭式管柱　　(c) 闭式管柱

图 4-26　单管气举井下管柱示意图

1) 开式管柱

管柱不带封隔器者称为开式管柱,如图 4-26(a) 所示。采用这种管柱时,每次开井时都需要排出套管中聚集的液体并重新稳定,下部阀会由于液体浸蚀而发生损坏,控制不当会使套管内的高压气大量通过管鞋进入油管引起油井间歇喷油。因此,它只适用于连续气举和无法下入封隔器的油井。

2) 半闭式管柱

带有封隔器的管柱称为半闭式管柱,如图 4-26(b) 所示。它既可用于连续气举,也可用于间歇气举。这种管柱虽然克服了开式管柱的某些缺点,但对于间歇气举仍不能防止大量注入气进入油管后,通过油管对地层的作用。

3) 闭式管柱

闭式管柱,如图 4-26(c) 所示,是在半闭式管柱的油管底部加单流阀,以防止注气压力通过油管作用在油层上。闭式管柱只适用于间歇气举。

此外,还有一些特殊的气举装置,如用于间歇气举的各种箱式(腔式)及柱塞气举装置等。

二、气举启动压力与工作压力

现以油套管环形空间进气的单管气举说明气举采油时的工作情况。

油井停产时,油套管内的液面在同一位置,如图 4-27(a) 所示,当开动压缩机向油套管环形空间注入压缩气体后,环形空间内的液面被挤压向下,如不考虑液体被挤入地层,环空中的液体则全部进入油管,油管内的液面上升,在此过程中压缩机的压力不断升高。当环形空间内的液面下降到管鞋时,如图 4-27(b) 所示,压缩机达到最大的压力,称为启动压力 p_e。压缩气体进入油管后,使油管内液体混气,液面不断升高直至喷出地面,如图 4-27(c) 所示。在开始喷出前,井底压力大于地层压力;喷出后由于环形空间仍继续进气,油管内液体继续喷出,使混气液的密度越来越低,油管鞋压力则急剧降低,此时井底压力及压缩机的压力亦随之急剧下降。当井底压力低于地层压力时,又有液体从地层流到井底。由于地层出液使油管内混气液密度稍有增加,因而使压缩机的压力又有所上升,经过一段时间后趋于稳定,此时压缩机的压力称为工作压力 p_o。气举过程中压缩机出口压力的变化曲线如图 4-28 所示。

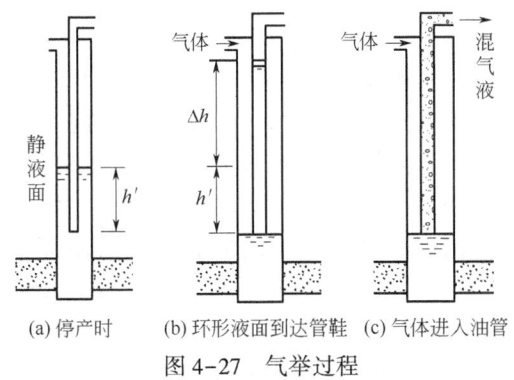

图 4-27 气举过程

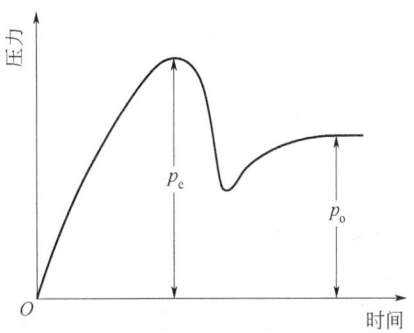

图 4-28 气举时压缩机压力变化曲线

如果压缩机的额定工作压力小于气举时的启动压力,气举无法启动。启动压力的大小与气举方式、油管下入深度、静液面位置以及油管、套管直径有关。采用环形空间进气的单层管气举方式时有

$$L\rho_1 g \geqslant p_e \geqslant h'\rho_1 g \tag{4-29}$$

式中 p_e——气举时的启动压力,Pa;

ρ_1——井内液体密度，kg/m³；
h'——油管入口至静液面的高度，m；
L——油管长度，m。

三、气举阀及其下入深度

由于气举时启动压力很高，且启动压力和工作压力的差值较大，在压缩机的额定工作压力有限的情况下，为了实现气举就需要设法降低启动压力。降低启动压力的方法很多，其中最常用的是在油管柱上装设气举阀（图4-29）。

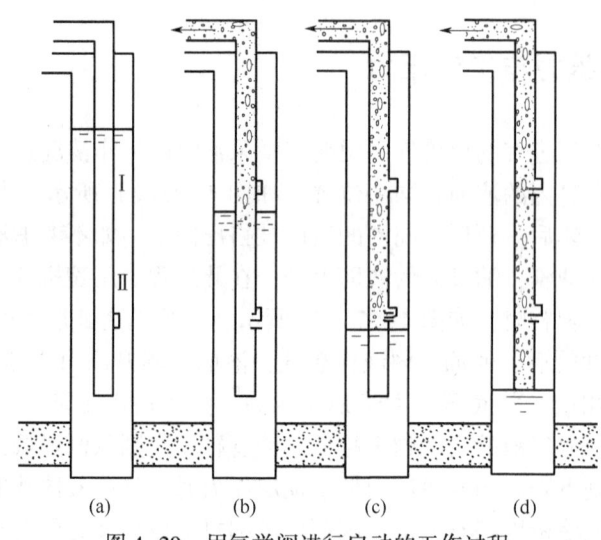

图4-29 用气举阀进行启动的工作过程

1. 气举阀工作简况

气举阀的作用相当于在油管上开设了孔眼，高压气体可以从孔眼进入油管举出液体，降低管内压力，到一定程度之后，气举阀自动关闭，将孔眼堵死。其工况如图4-29所示。

气举前井筒中充满液体，沉没在静液面以下的气举阀在没有内外压差的情况下全部打开，油套管柱如图4-29(a)所示。气举时当环空液面降低到阀Ⅰ以下时，气举阀内外产生压差，高压气体通过阀Ⅰ的孔眼进入油管，使阀Ⅰ以上油管内的液体混气；如果进入的气量足以使液体混气而喷出，则油管内压力就会下降。油管内压力下降后使环空高压气体挤压液面继续下行，环空液面继续降低，如图4-29(b)所示。当环空液面降低到阀Ⅱ以下时，高压气体又通过阀Ⅱ的孔眼进入油管举升液体。同时阀Ⅰ内的压力进一步降低，在阀内外压差作用下自动关闭，如图4-29(c)所示。阀Ⅱ进气后，阀Ⅱ以上油管内的液体混气喷出，油管内压力降低，在环空高压气体的挤压下液面又继续下降。最后，高压气体从油管鞋进入油管，阀Ⅱ关闭，井中的液体全部被举通，如图4-29(d)所示。实际生产中，为了防止由于管鞋处压力波动使高压气进入油管而出现间歇喷油，常在管鞋以上20m处装一工作阀（或称为末端阀），正常生产时，注入气将通过该阀进入油管。

2. 气举阀下入深度的确定

气举阀的下入深度与启动前井内液面位置、地面注气管线所能提供的启动压力和工作压力，以及阀类型有关。下面仅介绍我国用于气举诱喷的弹簧阀下入深度的计算。

确定气举阀的下入深度应遵循两个原则：必须充分利用压缩机具有的工作能力；必须在最大可能的深度上安装，力求下井阀数最少、下入深度最大。

1) 第一个阀的下入深度 H_{gvI}

（1）井中液面在井口附近，在注气过程中途即溢出井口时，可由下式计算阀 I 的下入深度：

$$D_{gvI} = \frac{p_{max}}{\rho_1 g} - 20 \tag{4-30}$$

式中　D_{gvI}——第一个阀的安装深度，m；
　　　p_{max}——压缩机的最大工作压力，Pa；
　　　g——重力加速度，m/s²；
　　　ρ_1——井内液体密度，kg/m³。

减 20m 是为了在第一个阀内外建立 0.2MPa 的压差，以保证气体进入阀 I。

（2）井中液面较深，中途未溢出井口时，可由下式计算阀 I 的下入深度：

$$D_{gvI} = D_{sl} + \frac{p_{max}}{\rho_1 g} \frac{d_{ti}^2}{d_{cin}^2} - 20 \tag{4-31}$$

式中　D_{sl}——气举前井筒中静液面的深度，m；
　　　d_{ti}, d_{cin}——油管、套管内径，m。

2) 其余各阀的下入深度

当第二个阀进气时，第一个阀关闭。此时，阀 II 处的环空压力为 p_{cII}，阀 I 处的油压为 p_{tI}，由图 4-30 可得

$$\Delta h_1 = D_{gvII} - D_{gvI}, \quad \Delta p_I = p_{cII} - p_{tI}$$

则

$$D_{gvII} = D_{gvI} + \frac{(p_{cII} - p_{tI})}{\rho_1 g} - 10 \tag{4-32}$$

式中　Δh_1——阀 I 进气后，环空液面继续下降的距离，m；
　　　Δp_I——阀 I 的最大关闭压差，Pa；
　　　D_{gvII}——阀 II 的安装深度，m；
　　　p_{cII}——阀 II 处的环空压力，Pa；
　　　p_{tI}——阀 I 将关闭时油管内能达到的最小压力，Pa。

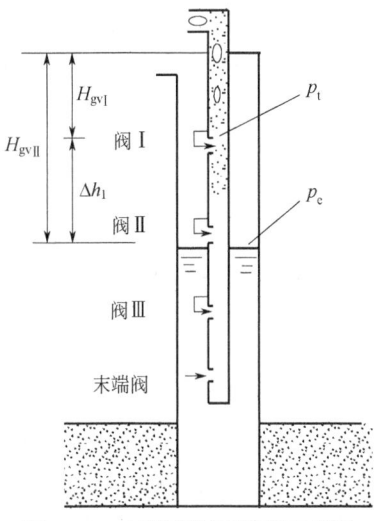

图 4-30　气举阀深度计算示意图

减去 10m 是为了在阀 II 内外建立 0.1MPa 压差，以保证气体能进入阀 II。

同理第 i 个阀的安装深度 D_{gvi} 应为

$$D_{gvi} = D_{gv(i-1)} + \frac{\Delta p_{i-1}}{\rho_1 g} - 10 \tag{4-33}$$

$$\Delta p_{i-1} = p_{max} - p_{t(i-1)} \tag{4-34}$$

式中 D_{gvi}——第 i 个阀的安装深度，m；

$D_{gv(i-1)}$——第 (i-1) 阀的安装深度，m；

Δp_{i-1}——第 (i-1) 个阀的最大关闭压差，Pa。

p_{max}——压缩机（气源）的最高排出压力，Pa；

$p_{t(i-1)}$——第 (i-1) 个阀处油管内可能达到的最小压力，Pa。

由此可见，要确定某级气举阀处的安装深度，必须求出阀处油管内可能达到的最小压力。在设计时，为了安全，可按正常生产计算得到的油管压力分布曲线来确定最小压力。

四、连续气举设计

1. 气举井内的压力及其分布

气举生产时井内压力及其分布如图 4-31 所示。套管内的气柱静压力近似直线分布，即

$$p_g(x) = p_{c0}\left(1 + \frac{\rho_{gsc} g T_{sc} x}{p_{sc} T_{av} Z_{av}}\right) \tag{4-35}$$

式中 x——从井口算起的深度，m；

ρ_{gsc}——标准状况下的气体密度，kg/m³；

T_{sc}——标准状况的温度，K；

T_{av}——平均温度，K；

Z_{av}——气体的平均压缩因子；

p_{sc}——标准状况的压力，Pa；

p_{c0}——井口注气压力（绝对），Pa；

$p_g(x)$——x 处的压力（绝对），Pa。

当注气量不是很大时，可以不考虑气体在环空中流动的摩擦力，否则还应考虑摩擦阻力。油管内的压力分布以注气点为界，明显分为两段。在注气点以上，由于注入气进入油管而增大了气液比，故压力梯度明显低于注气点以下的压力梯度。

由图 4-31 可得气举井生产时的压力平衡式为

$$p_{wf} = p_{wh} + G_{Duf} D_{gi} + G_{Ddf}(D_0 - D_{gi}) \tag{4-36}$$

式中 p_{wh}——井口油压，Pa；

G_{Duf}——注气点以上的平均压力梯度，Pa/m；

G_{Ddf}——注气点以下的平均压力梯度，Pa/m；

D_{gi}——注气点深度，m；

D_0——油层中部深度，m；

p_{wf}——井底流动压力，Pa。

在图 4-31 中，平衡点为正常生产时环形空间的液面位置，在此位置，油管和套管内压力相等。平衡点套压与注气点油管内压力之差 Δp 是为了保证注入气通过工作阀进入油管并排出注气点以上的井内液体。

2. 限定井口油压和注气量条件下注气点深度和产量的确定

连续气举设计的内容是很丰富的，这里仅以限定井口油压和注气量条件下确定注气点深

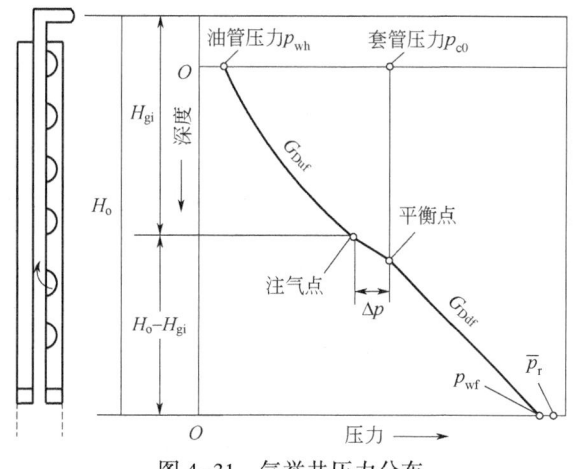

图 4-31 气举井压力分布

度和产量为例,来说明气举设计方法及其与节点系统分析的联系。

在有些情况下并不规定产量,而是希望在可提供的注气压力和注气量下,尽量获得最大可能的产量,其确定注气点深度及产量的步骤如下所述(图 4-32)。

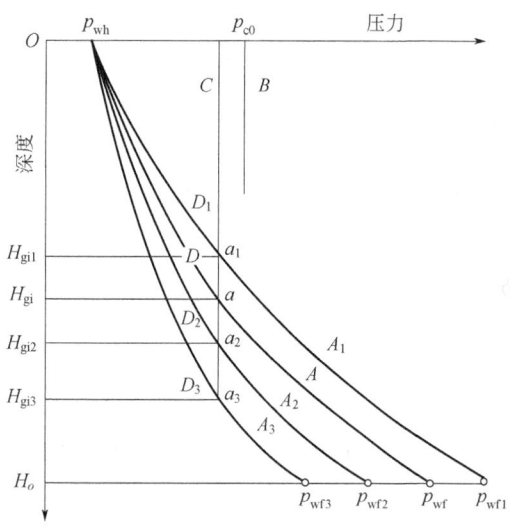

图 4-32 定注气量、井口油压下确定注气点深度

(1) 设一组产量,按可提供的注气量和地层生产气液比求出每个产量所对应的总气液比。

(2) 以给定的地面注入压力 p_{c0},利用式(4-35)计算环形空间气柱压力分布线 B,并以注入压力减 $\Delta p(0.5\sim0.7\text{MPa})$ 作 B 线的平行线,即为注气点深度线 C。

(3) 以给定的井口油压为起点,利用多相管流压力梯度公式,根据对应产量的总气液比向下计算每个产量下的油管压力分布曲线 D_1、D_2、$D_3\cdots$。它们与注气点深度线 C 的交点,即为各个产量所对应的注气点 a_1、a_2、$a_3\cdots$和注气深度 D_{gi1}、D_{gi2}、$D_{gi3}\cdots$。

(4) 从每个产量对应的注气点压力和深度开始,利用多相管流压力梯度公式根据地层生产气液比向下计算每个产量对应的注气点以下的压力分布线 A_1、A_2、$A_3\cdots$及井底流压 p_{wf1}、p_{wf2}、$p_{wf3}\cdots$。

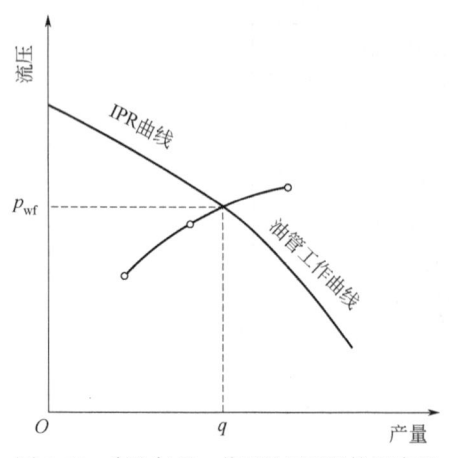

图 4-33 定注气量、井口油压下的协调产量

(5) 在 IPR 曲线（图 4-33）上，根据上述计算结果绘出产量与计算流压的关系曲线（油管工作曲线），它与 IPR 曲线的交点所对应的压力和产量，即为该井在给定注气量和井口油管压力下的最大产 q 和相应的井底流动压力 p_{wf}，亦即协调产量和流压。根据给定气量和协调产量 q 可计算出相应的注入气液比，进而计算出总气液比。

(6) 根据求得的井底流压 p_{wf}，用内插法做对应的注气点以下的压力分布曲线 A，与注气点深度线 C 之交点 a，即为可能获得的最大产量的注气点，其深度 D_{gi} 即为工作阀安装深度 D_{gv}。另外，也可以用计算法得到曲线 A，以便更准确地得到注气点。

(7) 根据最后确定的产量 q 及总气液比计算注气点以上的油管压力分布曲线 D。它可用来确定启动阀的位置。

如果给定不同的注气量，利用上述方法则可求得不同注气量下可能获得的最大产量。一般来说，增大注气量，可提高可能获得的最大产量值。由于二者是非线性关系，用过大的注气量来提高产量在经济上并不一定合理，在设计中应做出多种方案进行综合分析。

从节点系统分析来看，上述设计步骤是以井底为解节点，通过选定注气点深度来建立所给条件下油层与井筒的协调，并求得协调产量的。它是在固定井口油管压力的条件下进行的，只涉及油层—井筒—注气系统之间的协调，当存在地面出油管线（特别是出油管线较长）时，应将地层—井筒—地面出油管线及注气系统作为一个整体，按照节点系统分析的方法进行设计。

第六节 排水采气

排水采气是封闭型水驱气藏生产中常见的采气工艺。有许多方法可以排出气井中的积液，包括优选管柱、泡沫排水、柱塞气举、连续气举、有杆泵、潜油电泵、水力活塞泵、射流泵等。本节重点介绍气井携液临界流量、泡沫排水采气、柱塞气举，它们在气藏排水采气工艺中占有十分重要的地位；本节还对潜油电泵、水力活塞泵、射流泵、螺杆泵和涡轮泵等排水采气工艺进行了概述。

一、气井携液临界流量

1. 气井积液形成

气井一般都会产出一些液体，井中液体来源有两种，一是地层中的游离水或烃类凝析液与气体一起渗流进入井筒，液体的存在会影响气井的流动特性；二是地层中含有水蒸气的天然气流入井筒，由于热损失，使温度沿井筒逐渐下降，出现凝析水。

图 4-34 描述了气井的积液过程。由图 4-34 可见，多数气井在正常生产时的流态为环

雾流，液体以液滴的形式由气体携带到地面，气体呈连续相而液体呈非连续相。当气相流速太低，不能提供足够的能量使井筒中的液体连续流出井口时，液体将与气流呈反方向流动并积存于井底，气井中将存在积液。

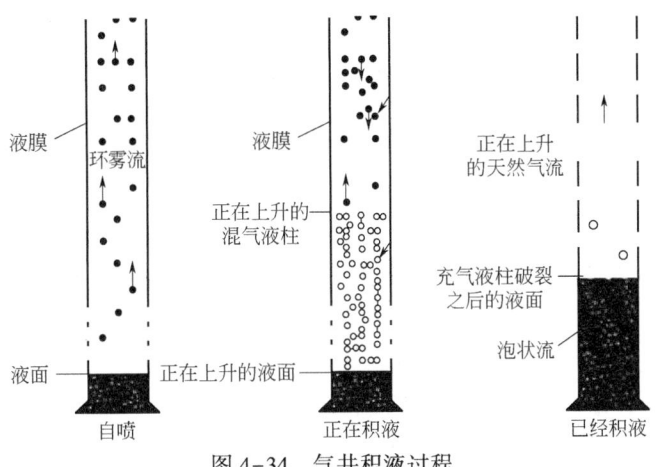

图 4-34　气井积液过程

对于积液来源于凝析水的气井，在积液过程中，由于天然气通常在井筒上部达到露点，液体开始滞留在井筒上部。当气井流量降低到不能再将液体滞留在井筒上部时，液体泡沫随之崩溃，落入井底，井筒下部压力梯度急剧增高。一般来说，只需少量积液就会使低压气井停喷。

井筒积液将增加对气层的回压，限制井的生产能力，井筒积液量太大，可使气井完全停喷，这种情况经常发生在大量产出地层水的低压井内，高压井中液体会以段塞形式出现。另外，井筒内的液柱会使井筒附近地层受到伤害（反向渗吸），含液饱和度增大，气相渗透率降低，井的产能受到损害。

2. 气井携液临界流量的计算

气井开始积液时，井筒内气体的最低流速称为气井携液临界流速，对应的流量称为气井携液临界流量。当井筒内气体实际流速小于临界流速时，气流就不能将井内液体全部排出井口。

杜奈尔等（Turner、Hubbard 和 Dukler）提出了确定气井携液临界流速和临界流量的两种物理模型，即液膜模型和液滴模型。液膜模型描述了液膜沿管壁的上升，计算比较复杂；液滴模型描述了高速气流中心夹带的液滴。这两种模型都是实际存在的，并且气流中夹带的液滴和管壁上的液膜之间将会不断交换，液膜下降最终又破碎成液滴。杜奈尔等用矿场资料对这两个模型进行了检验，发现液滴模型更实用。

液滴模型假设：排出气井积液所需的最低条件是使气流中的最大液滴能连续向上运动。因此，根据最大液滴受力情况可确定气井携液临界速度，即气体对液滴的曳力等于液滴的沉降重力。如果气井表现为段塞流特性，由于其流动机理不同，则不能采用液滴模型。

气体对液滴的曳力 F 为

$$F = \frac{\pi}{4} d^2 C_d \frac{u_{cr}^2}{2} \rho_g \tag{4-37}$$

液滴的沉降重力 G 为

$$G = \frac{\pi}{6} d^3 (\rho_l - \rho_g) g \tag{4-38}$$

式中 u_{cr}——气井携液临界速度，m/s；

d——最大液滴直径，m；

C_d——曳力系数，0.44；

ρ_l——液体的密度，kg/m³；

ρ_g——气体的密度，kg/m³；

g——重力加速度，m/s²。

根据气体对液滴的曳力 F 等于液滴的沉降重力 G，得气井携液临界速度为

$$u_{cr} = \left[\frac{4gd(\rho_l - \rho_g)}{3C_d \rho_g} \right]^{0.5} \tag{4-39}$$

式(4-39)表明，液滴直径越大，要使它向上运动的气流速度就越高。如果能够确定最大液滴直径，就可以计算出使所有液滴向上运动的气流临界速度。

气流的惯性力和液体表面张力控制着液滴直径的大小。气流的惯性力试图使液滴破碎，而表面张力试图使液滴聚集，韦伯数综合考虑了这些力的影响。当韦伯数超过 20~30 的临界值时，液滴将会破碎，不存在稳定液滴。最大液滴直径由式(4-40)确定：

$$N_{we} = \frac{u_{cr}^2 \rho_g d}{\sigma} = 30 \tag{4-40}$$

式中 N_{we}——韦伯数；

σ——气水界面张力，N/m。

由式(4-40)求出 d，并代入式(4-39)，则临界流速为

$$u_{cr} = 3.1 \times \left[\frac{\sigma g (\rho_l - \rho_g)}{\rho_g^2} \right]^{0.25} \tag{4-41}$$

由式(4-41)可知，压力越低，ρ_g 越小，临界流速越大。因此，低压气井临界流速大，而产气速度又较低，更易积液。

气井携液临界流量为

$$q_{cr} = 2.5 \times 10^4 \times \frac{A p u_{cr}}{ZT} \tag{4-42}$$

式中 q_{cr}——气井携液临界流量，10^4 m³/d；

A——油管面积，m²；

p——压力，MPa；

T——温度，K；

Z——气体偏差系数。

由式(4-42)可知，临界流速、临界流量与压力、温度有关，与气液比无关，应把井筒中临界流速和临界流量最小的位置点作为它们的计算条件。为方便起见，对于仅产生少量液体（主要是凝析液）的气井，可根据井口条件来预测临界流速和临界流量，这类气井需经过几天的时间方能完全积液或停喷；而对于产出大量液体（主要是自由液体）的气井，可根据井底条件来预测积液的产生，这类气井在产气量降到临界流量之后几小时便会停喷。虽

然气液比对积液的临界流量没有什么影响,但当天然气流量降低到临界流量以下时,气液比就会直接影响气井积液或停喷所需要的时间。

另外,油管直径对临界流量有明显的影响。如果井筒上部和下部的直径差别较大,那么直径最大的地方容易积液。为了有效地排出一口井的水,必须将油管下到产层底部。

用式(4-41)计算临界流速时,需要相应压力和温度下的液体密度和表面张力,近似计算时,可采用以下数据:对水,$\sigma = 0.06 \text{N/m}$,$\rho_1 = 1074 \text{kg/m}^3$;对凝析油,$\sigma = 0.02 \text{N/m}$,$\rho_1 = 721 \text{kg/m}^3$。

当水和凝析油同时存在时,为了安全起见,应采用水的密度和表面张力。

对于一口气井,当产量降到临界流量之后,气井将开始积液并停喷。如果关井一段时间,停喷后气井的井底附近地层能量得以恢复,则仍然可以间歇生产。间歇生产所需的气量小于气井携液临界流量。

例 4-4 求某产水气井携液临界流速和临界流量,已知参数如下:井口压力 $p_{\text{tf}} = 3.21 \text{MPa}$,井口温度 $T_{\text{tf}} = 295 \text{K}$,油管内径 $d_{\text{ti}} = 62 \text{mm}$,气体相对密度 $\gamma_{\text{g}} = 0.6$。

解:(1)求气井携液临界流速。

① 气体偏差系数 $Z = 0.93$;

② 气体密度

$$\rho_{\text{g}} = 3.4844 \times 10^3 \times \frac{\gamma_{\text{g}} p}{ZT}$$

$$= 3.4844 \times 10^3 \times \frac{0.6 \times 3.21}{0.93 \times 295}$$

$$= 24.46 (\text{kg/m}^3)$$

③ 气井携液临界流速

$$u_{\text{cr}} = 3.1 \times \left[\frac{\sigma g(\rho_1 - \rho_{\text{g}})}{\rho_{\text{g}}^2}\right]^{0.25} = 3.1 \times \left[\frac{0.06 \times 9.8 \times (1074 - 24.46)}{24.46^2}\right]^{0.25} = 3.12 (\text{m/s})$$

(2)求气井携液临界流量。

① 油管面积

$$A = \frac{3.14 \times 0.062^2}{4} = 0.00302 (\text{m}^2)$$

② 气井携液临界流量

$$q_{\text{cr}} = 2.5 \times 10^4 \times \frac{A p u_{\text{cr}}}{ZT} = 2.5 \times 10^4 \times \frac{0.00302 \times 3.21 \times 3.12}{0.93 \times 295} = 2.76 \times 10^4 (\text{m}^3/\text{d})$$

3. 气井携液临界流量的应用

1)确定气井能否连续携液

目前条件下气井是否能连续携液,可通过对比油管中气流速度和临界流速或产气量和临界流量来确定。具体方法用例 4-5 来说明。

例 4-5 已知:井深为 3000m,井底温度为 380K,产气量为 $4 \times 10^4 \text{m}^3/\text{d}$,其余参数同例 4-4。试判断该气井是否能连续携液生产?

解:根据已知条件计算气井沿井深的参数,见表 4-4。

表 4-4　气井沿井深的参数

深度 m	压力 MPa	温度 K	偏差系数	气体密度 kg/m³	气体流量 m/s	临界流速 m/s	产气量 10⁴m³/d	临界流量 10⁴m³/d
0	3.21	295	0.93	24.46	4.53	3.12	4.00	2.76
500	3.36	309	0.94	24.25	4.57	3.14	4.00	2.75
1000	3.52	323	0.95	24.06	4.61	3.15	4.00	2.74
1500	3.67	337	0.95	23.90	4.64	3.16	4.00	2.73
2000	3.82	351	0.96	23.75	4.67	3.17	4.00	2.72
2500	3.97	365	0.96	23.62	4.69	3.18	4.00	2.71
3000	4.12	380	0.97	23.49	4.72	3.19	4.00	2.70

由表 4-4 可知，井中任何地方的临界流速和临界流量都分别小于气体流速和产气量，故该井能连续携液生产。临界流速在井底最大，为 3.19m/s；临界流量在井口最大，为 2.76×10⁴m³/d，表明在井口更易积液。但是，当产气量小于 2.76×10⁴m³/d 后，气井不能连续携液生产。气井是否具有携液能力，还与气井的举升压力有关，该井必须能提供高于 4.12MPa 的井底压力，才能连续携液。

2) 优选油管尺寸

一般来说，油管直径越大，气井产量越高。为了获得最大产量，应安装较大尺寸的油管。但是，这种油管可能不能连续携液。因此，选择油管尺寸时还应考虑携液问题。油管直径越小，由于会提高天然气流速，举升液滴的效率也越高。一口气井如果不能连续携液，一般可通过更换小油管使其连续携液，这种方法称为优选管柱排水采气。具体方法用例 4-6 来说明。

例 4-6　已知气井产能方程 $q_{sc} = 0.184 \times (8.0^2 - p_{wf}^2)^{0.8}$，产气量为 $2 \times 10^4 \text{m}^3/\text{d}$，其余参数同例 4-5。确定气井连续携液的油管尺寸。

解：为方便起见，按井底条件计算临界流量。根据已知条件计算气井沿井深的参数，见表 4-5。

表 4-5　不同油管尺寸下的临界流量

序号	压力 MPa	产气量 10⁴m³/d	临界流量, 10⁴m³/d				
			1in (25mm)	1½in (40.3mm)	2in (50.3mm)	2½in (62mm)	3in (75.9mm)
0	1.00	5.06	0.22	0.56	0.87	1.32	1.98
1	2.00	4.87	0.31	0.79	1.23	1.87	2.81
2	3.00	4.54	0.37	0.97	1.52	2.30	3.45
3	4.00	4.07	0.43	1.13	1.75	2.66	3.99
4	5.00	3.45	0.49	1.26	1.97	2.99	4.48
5	6.00	2.65	0.53	1.39	2.16	3.28	4.91
6	7.00	1.61	0.58	1.50	2.33	3.55	5.32
7	8.00	0.00	0.62	1.60	2.50	3.80	5.69

将表 7-2 的数据绘成图 4-35。

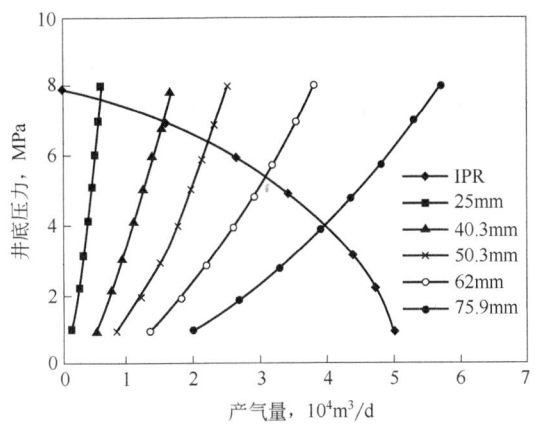

图 4-35 不同油管尺寸下的临界流量

图 4-35 中，IPR 曲线代表地层流入动态，其余曲线为不同油管尺寸对应的临界流量。可见，不同油管尺寸在不同井底压力下的临界流量不同。在同一井底压力下，油管尺寸越小，临界流量越低。图 4-35 中 IPR 曲线和不同油管尺寸对应的临界流量曲线交点处的流量，为该油管尺寸下气井能连续携液的临界流量，把它们列于表 4-6。

表 4-6 不同油管尺寸下的临界流量

油管尺寸	1in（25mm）	1½in（40.3mm）	2in（50.3mm）	2½in（62mm）	3in（75.9mm）
临界流量，$10^4 m^3/d$	0.61	1.51	2.23	3.12	4.03

由表 4-6 可知，随着油管从 1in（25mm）增加到 3in（75.9mm），气井携液临界流量增加。在目前条件下，2½in（62mm）油管尺寸的临界流量为 $3.12×10^4 m^3/d$，而实际产气量为 $2×10^4 m^3/d$，因此该井不能携液，应更换为 1½in（40.3mm）的油管。在产量递减中后期，产气量降到 $1.0×10^4 m^3/d$ 以下，需更换为 1in（25mm）的油管。

对于一些低产井，根本不能采用更换油管的方法进行排水采气，需要采用其他方式。

气井携液临界流量同节点分析方法相结合，还可用于确定气井生产制度和计算气藏废弃压力等。

二、泡沫排水采气

能降低表面张力的物质称为表面活性剂，也称起泡剂。泡沫排水采气是将表面活性剂注入井底，借助于天然气流的搅拌，与井底积液充气接触，产生大量的较稳定的低密度含水泡沫，泡沫将井底积液携带到地面，从而达到排水采气的目的。该工艺的适用条件是井深小于 3500m，井底温度小于 150℃；油管气流线速度不小于 0.1m/s；日产液量在 100m³ 以内，且液态烃含量小于 30%；产层水总矿化度小于 25g/L；硫化氢含量小于 23g/m³；二氧化碳含量小于 86g/m³。

1. 起泡剂排水采气机理

起泡剂的作用是降低水的表面张力，如图 4-36 所示，水的表面张力随表面活性剂浓度增加而迅速降低，表面张力随浓度下降的速度体现了起泡剂的效率。当起泡剂注入浓度大于临界胶束浓度时，表面张力随浓度变化不大。泡沫排水采气的机理包括泡沫效应、分散效应、减阻效应和洗涤效应等。下面主要介绍泡沫效应和分散效应。

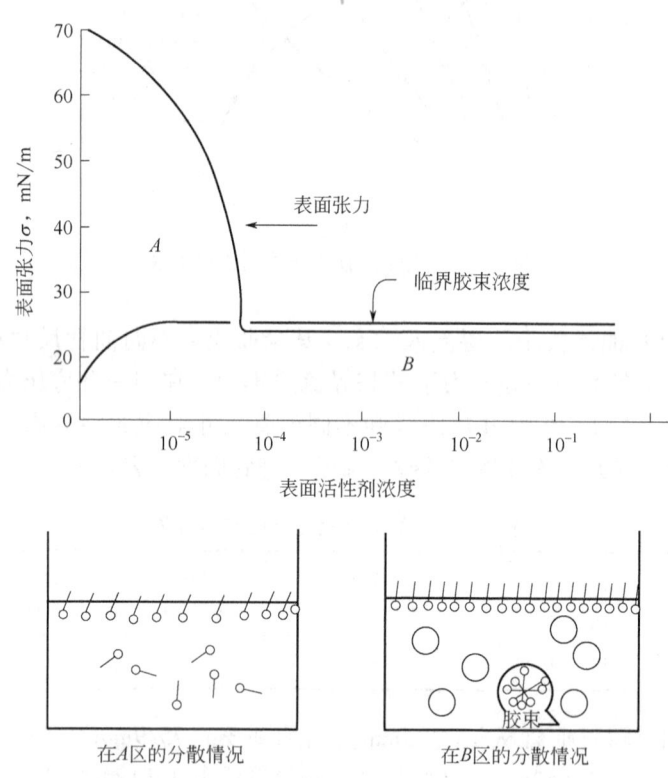

图 4-36 起泡剂浓度与表面张力的关系

1) 泡沫效应

起泡剂注入后，液柱将变为泡沫柱，形成稳定的充气泡沫（泡沫是由充气泡、泡膜和液沟构成，液沟一般由 3 个相邻的气泡构成，如图 4-37 所示），鼓泡高度增加，水的滑脱减少，使流动更平稳和均匀，从而降低井底回压。泡沫产生意味着气水两相结合得更加紧密，具有乳状液性质。泡沫的物性参数与起泡剂的性质和浓度有关。泡沫效应主要在气泡流和段塞流等低流速下出现。

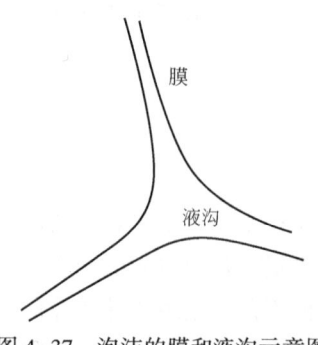

图 4-37 泡沫的膜和液沟示意图

实验研究表明，在段塞流时，加入一定浓度的表面活性剂，如泡棒、酸棒或滑棒等，可促使气相和液相互相混合，减弱振荡效应。并且浓度越大，混合越好，振荡越弱，能量损失也降低。

2）分散效应

分散效应一般在环雾流的高流速状态出现。由于表面张力降低，水滴在相同动能条件下更易分散为质点，质点愈小，愈易被气流带走，并且形成的平滑液膜减少了对气流的阻力。

分散效应能促使流态转变，降低临界携液流速。例如，处于段塞流的气井，一旦加入起泡剂，表面张力下降使水相分散，段塞流将转变到环雾流。

2. 起泡剂

1）起泡剂的性能

起泡剂的性能主要表现为：一是可降低水的表面张力；二是起泡性能好，使水和气形成水包气的乳状液；三是能溶解于地层水，亲憎平衡值要求在 9~15 范围之内；四是泡沫携液量大，即气泡壁形成的水膜越厚，单位体积泡沫的含水量就越高，表示泡沫的携水能力越强。另外还要求泡沫稳定性适中，因稳定性差有可能达不到将水带至地面的目的；反之，如泡沫稳定性过强，则将会给地面消泡、分离带来困难。

起泡剂的起泡能力由泡沫高度表示。不加起泡剂时，气体可将水冲成泡沫状，为水柱的 6~7 倍；加入起泡剂后，泡沫柱的高度大大增加，具体倍数与起泡剂的类型和使用浓度有关（稳态时，单位时间生成和破裂的泡沫数应相等，故存在最大泡沫高度），泡沫边界液体量和泡沫密度随泡沫高度增加而迅速减小，故可大大改善气井的生产状况。

泡沫稳定性取决于排液快慢和液膜的强度，受表面张力及其修复作用、表面黏度、溶液黏度、气体通过液膜的扩散、表面电荷的影响，其中表面黏度是影响泡沫强度的主要因素，因此影响泡沫的稳定性。泡沫排液过程是由于液沟压力小于膜中压力，液膜逐渐变薄，对于厚液膜，重力也会使液体下降。气体扩散是由于小气泡中的压力大于大气泡中的压力，小气泡内的气体在渗透压的作用下会透过液膜扩散到较大的气泡中去，促使小气泡减小，大气泡增大。

2）起泡剂的类型

泡沫排水中采用的起泡剂有离子型（主要是阴离子型）、非离子型、两性表面活性剂和高分子聚合物表面活性剂等。表 4-7 介绍了国外起泡剂的主要类型。

表 4-7 国外起泡剂的主要类型

序号	起泡剂名称	类型	气井条件
1	烷基磺酸盐或烷基苯磺酸盐	阴离子型	气水井
2	烷基酚聚氧乙烯醚	非离子型	含矿化水的气井
3	有机硅化合物；酒精厂发酵后残液（主要含甜菜碱）	两性	含矿化水和凝析气的气井
4	丙烯酰胺和乙酰丙酮丙烯酰胺共聚物	高分子聚合物	含矿化水和凝析气的气井
5	起泡剂：如磺酸盐类、硫酸醇酯、烷基聚氧乙烯醇酯等。稳定剂：如羧甲基纤维素、环烷皂等	复配物	含矿化水和凝析气的气井
6	固体起泡剂（组分如聚氧乙烯烷基醚、聚乙二醇、尿素）	复配物	含矿化水和凝析气的气井

四川常用的起泡剂见表 4-8，技术指标列于表 4-9，可用作泡沫排水工艺设计时参考。例如，可根据已知井内所产流体性质和温度，在表 4-8 和表 4-9 中选择适当配方，确定泡沫排水工艺参数。

表 4-8　四川油气田常用泡沫助采剂

配方编号		下井泡沫注采剂				井口消泡剂		特点及主要用途
		名称	规格	用量%	使用浓度,mg/L	名称	使用浓度,mg/L	
8001	a	无患子	5° Be'	95	800~2000	仲辛醇（工业）	10~25	（1）用于5~110℃井温； （2）用于矿化水、凝析水气井
		HAC	工业	5				
	b	无患子	5° Be'	92	2300~1000	仲辛醇（工业）	20~50	（1）用于5~150℃井温； （2）用于产凝析油的气水井（油量在总液量中小于30%）其他同a
		FS	30%	8				
8002	a	YEG	15%	80	600~1200	磺化蓖麻油（工业）	10~25	（1）用于5~110℃井温； （2）用于产凝析水气井（用于矿化水井时不用NaCl）
		NaCl	工业	20				
	b	YEG	15%	94	500~1000	磷酸三丁酯（工业）	10~25	（1）用于70~120℃井温； （2）可用于产少量凝析油的气水井（油量在总液量中小于10%）
		R_{12}	工业	6				
8003		OP-10	35%	95	400~800	仲辛醇（工业）	10~25	（1）用于70℃以下井温； （2）用于淡水、矿化水井； （3）用于盐卤腐蚀较重井
		CT_{2-1}	工业	5				
84-S	a	FS	30%	90	400~600	磷酸三丁酯（工业）	20~50	（1）用于5~120℃井温； （2）用于含硫气水井； （3）用于淡水、矿化水井
		H-1901	工业	10				
	b	无患子	5° Be'	75	400~1000	仲辛醇（工业）	20~50	用于含硫、油、气、水井（凝析油含量在总液量中小于30%）其他同a
		FS	30%	12				
		CT_{2-6}	工业	13				
	c	无患子	5° Be'	80	800~2000	仲辛醇及磺化蓖麻油（工业）	10~25	同a
		CT_{2-6}	工业	20				
PB		泡棒	Φ38×80		500~1000	仲辛醇（工业）	20~50	用于气水井快速排液（其他同8001）
SB		酸棒	Φ38×45		500~1000	仲辛醇（工业）	20~50	用于泡排—酸洗解堵助采（其他同8001）
JY		滑棒	Φ38×45		200~1000	XZ-1	10~20	用于起泡—减阻复合助采（其他同8001）

国内外已有的十多种泡沫排水剂，一般适用于70℃以下的地层。随环境温度的升高，泡沫排水剂的气泡能力和稳定性会大大降低，尤其在100℃以上的高温地层，许多起泡剂产生的泡沫会在几分钟内消失，甚至不产生泡沫。

3）起泡剂的评价

选用一种起泡剂或新开发一种起泡剂，必须评价其性能，获得起泡剂的起泡能力、携液量和稳定性等参数。目前对起泡剂的实验评价普遍采用以下两种方法。

表 4-9 四川油气田常用泡沫助采剂技术指标

配方编号		罗氏泡高，mm		动态起泡能力			缓蚀率，%		表面张力 (20~25℃) mN/m	泡沫含水量 (70℃) mL（水）/L（泡沫）	备注
		开始时	3min 后	临界气泡浓度，mg/L	泡高 cm/L（气）		气相	液相			
		70℃	70℃	70℃	70℃	90℃					
8001	a	56	41	800	74.3	83.3	—	38.6	55.0	35.8	（1）表中各项参数均是同一条件下测定的相对值；（2）8002a 中括号内数据系淡水中测得
	b	64	33	300	—	80.8			45.1	27.3	
8002	a	75 (23)	23 (5)	600	71.2	83.3	—	84.3	61.5	37.5	
	b	82	63	500	—				41.1	32.0	
8003		67	10	400	40.0	—		96.1	38.0	35.5	
84-S	a	80	10	400	52.1	75.8	54.8	91.3	36.6	22.3	
	b	120	10	400	52.1	79.4		97.1	37.6	22.3	
	c	65	18	800	52.6	87.7	75.9	98.8	46.5	29.5	
PB 棒		59	44	180	—	—	15.5	23.9	34.5	24.0	
SB 棒		97	69	300	—	—		95.6	34.0	29.7	
JY 棒		210	93	100	—	—		46.1	30.5	30.3	

（1）气流法。

气流法用于测定起泡剂溶液在气流搅拌下，产生泡沫的能力和泡沫含水量，其装置如图 4-38 所示。起泡剂溶液盛于发泡器内，空气在一定压力下通过多孔分散器进入发泡器，搅动起泡剂溶液，产生泡沫。在泡沫发生器中，每升气流通过后形成连续泡沫柱的高度，表示起泡剂溶液生成泡沫的能力。实验中产生的泡沫，用泡沫收集器收集。加入消泡剂消泡后，测定每升泡沫的含水量，用以表示泡沫的携水能力，有

$$起泡能力 = 泡高(cm)/单位气体体积(L)$$
$$起泡能力 = 泡沫体积(L)/单位气体体积(L)$$
$$泡沫含水量 = 水的体积(mL)/泡沫体积(L)$$

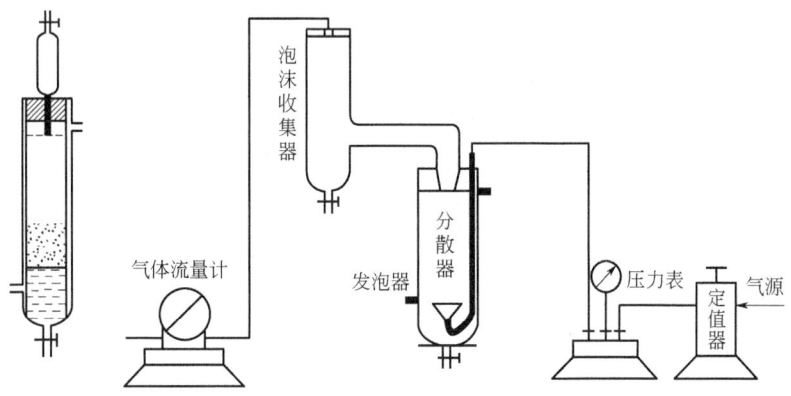

图 4-38 起泡剂泡沫效应评价装置流程图

目前针对泡沫排水采气工艺在高温、高矿化度、高凝析油等复杂井中，已研制出抗高温、抗高矿化度、抗高凝析油的新型高效泡沫排水剂 LH 系列、UT 系列和 XH 系列等。

(2) 罗氏米尔法。

实验规定，测定200mL起泡剂溶液从罗氏管口流至罗氏管底时管中形成的泡沫高度，开始时和3min（或5min）后分别测两个高度。起始泡沫高度反映了起泡剂溶液的起泡能力，其差值表示泡沫的稳定性。

用气流法和罗氏米尔法测量无患子、空泡剂的起泡性能见表4-10。

表4-10 起泡剂的泡沫性能

起泡剂[①]	水质矿化度 g/L	泡沫含水量		气流法		罗氏米尔法泡高，cm	
		通气量 L	含水量 mL（水）/L（泡沫）	通气量 L	起泡体积 L	矿物质水	
						开始时	5min后
无患子	60.8	1.06	10.67	1	0.877	8.0	2.0
空泡剂	60.8	1.53	11.97	1	0.654	7.5	6.3

① 起泡剂浓度为1g/L。

4）起泡剂的选择

起泡剂可根据以下几个方面进行选择。

(1) 井温。例如，无患子和空泡剂的起泡性能易受温度的影响，温度升高时起泡能力下降。无患子不宜用于井底温度高于90℃的气井，空泡剂在70℃时几乎丧失起泡能力，详见表4-11。

表4-11 温度对起泡剂能力的影响

起泡剂[①]	水矿化度 g/L	温度 ℃	罗氏米尔法泡高，cm	
			开始时	5min后
无患子	60.8	12	7.8	3.0
		40	8.0	2.0
		60	6.5	2.0
空泡剂	60.8	12	5.0	1.0
		40	7.5	0.3
		60	1.5	0.0

① 起泡剂浓度为1g/L。

(2) 凝析油、H_2S、CO_2含量。起泡剂CT_{5-2}和缓蚀剂CT_{2-11}可用于这类气井，其性能见表4-12。

表4-12 起泡剂CT_{5-2}的泡沫性能

实验条件[①]			罗氏米尔法泡高，cm		携液量 mL/15min
温度 ℃	凝析油含量 %	水矿化度 g/L	开始时	3min后	
60	0	59.08	10.6	3.8	50.8
60	20	59.08	6.9	1.0	48.0
90	30	80.48	5.2	0.6	57.0
90	50	80.48	4.8	0.5	61.0

① 起泡剂浓度为0.5g/L。

(3) 水矿化度。矿化度增高，水的表面张力增加，泡沫排水效果降低。

(4) 亲憎平衡值（HLB）。在排水采气中，一般要求亲憎平衡值范围为 9~15，其值越大，水溶性越高。

(5) 表面张力。表面张力会影响润湿、起泡、乳化和分散。所选起泡剂能使表面张力下降得越低越好，这样才能改善垂管气液两相流动中的流态。

(6) 临界胶束浓度（cmc）。胶束是指两亲性分子在水或非水溶液中趋向于聚集（缔合或相变）。所有性质在临界胶束浓度以上都存在转折。起泡剂的临界胶束浓度一般应大于 $6.0×10^{-5}$，临界胶束浓度越大的，其带水能力越好，起泡性能越高。

(7) 稳定性。泡沫的稳定时间长，易将地层水从井底带至地面，但稳定时间过长又会给地面的分离、集输、计量等带来困难。根据现场的使用情况，认为泡沫的稳定时间一般为 l~2h，泡沫高度为泡沫始高的 2/3 为好。

室内实验评价起泡剂及其选择的具体实例见相关文献。

3. 泡沫排水采气工艺设计

1）选井

选井的目的是尽量避免不必要的投资，提高工艺的增产效益。选井正确与否，直接关系到泡沫排水采气工艺今后的发展。选井时应考虑以下几点。

(1) 气井产量。泡沫排水的主要对象是那些产量不高的中小型气水井；产水量一般在 $100m^3/d$ 以下，气水比在 $160~1500m^3/m^3$，其发泡条件最佳；矿化度较高的井不宜采用。

(2) 油管下入深度。如果油管下入深度太浅，起泡剂不易流到井底，难以达到消除井底积液的目的。

(3) 油套管连通性。要求工艺井的油套管连通性好，否则，不可能消除井底积液。

2）气流速度的控制

气流速度对排水量的影响如图 4-39 所示。可见，气流速度在 1~3m/s 时，泡沫带水能力小，不利于泡排；当气流速度小于 1m/s 或大于 3m/s 时，有利于带水。通过选择油管尺寸，控制井口压力，可以获得合理的气流速度。

3）气流速度的控制

如果气井的实际流速小于临界流速，气体不能带水，井底出现积液。这时就要加入起泡剂助排，其时间就是投药时间。

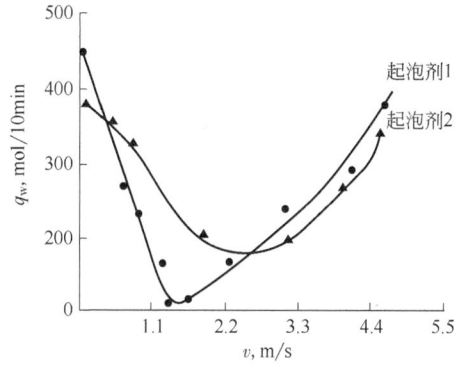

图 4-39 气流速度对排水量的影响

4）起泡剂最佳注入浓度和注入量

(1) 最佳注入浓度。

起泡剂注入浓度必须根据其性能和气井本身的条件来确定。注入浓度过低，达不到改善井筒气水两相流流态的目的；注入浓度过高，井筒压降反而回升，且地面消泡困难，分离器也会产生较高的回压。

在泡沫排水采气中，起泡剂的浓度加入不当，可导致工艺失败。起泡剂注入气井的浓度一般应小于其临界胶束浓度，从而降低起泡剂的浪费，避免给气井、地面集输及气水分离等带来不必要的危害。对正在生产的气井，开始试验时，建议按其临界胶束浓度的70%加入，再视其带水的情况酌情加减，见表4-13。而对停产井，初始加入起泡剂宜稍过量，以达到既能正常带水又不影响地面气水分离的目的。但实际上影响起泡剂注入浓度的因素较多，要视气流速度、分离条件、井温和是否有凝析油而定。

表4-13 起泡剂注入浓度

起泡剂	8003	高泡剂	8001
临界胶束浓度（质量分数），%	3.2	9	7~8

图4-40和图4-41表示不同类型起泡剂和不同流态下起泡剂注入浓度与排水能力的关系。由图4-40和图4-41可见，不管什么类型的药剂和流态，质量浓度在400~600mg/L时，带水能力最好。但对不同的药剂和流态，带水能力不同。现场使用时，因加入药剂后使气井带水能力增强，水量增大，药剂的浓度会降低，故现场最佳使用浓度为600mg/L。

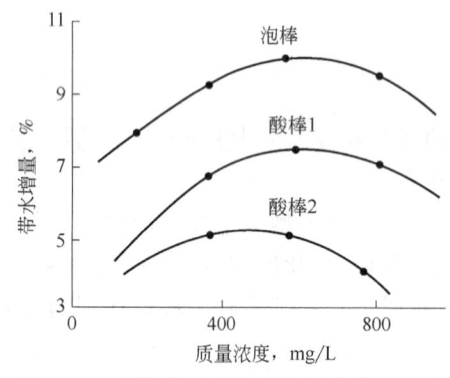

图4-40 不同类型起泡剂的最佳注入浓度

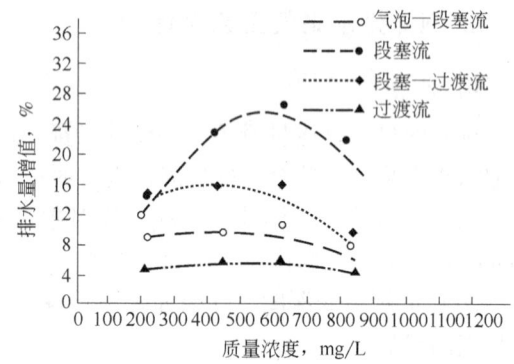

图4-41 不同流态下起泡剂的排水能力

（2）起泡剂注入量。

根据起泡剂注入浓度和气井产水量，直接计算起泡剂注入量。同时，还要考虑起泡剂的类型、气井带水生产平稳状况、温度和不溶物等物性参数。但主要应以气井带水稳定连续为宜。

5）起泡剂注入方式和流程

起泡剂注入方式有泵注法、平衡罐注法、泡排车注法和投注法。

（1）泵注法。该方法是将起泡剂溶液过滤后，从井口套管或油管泵入井内，如图4-42所示。泵注法适用于有人看守或距井站较近而又需要连续注入起泡剂的气井，气水比一般大于160m³/m³。也可用于间隙注入起泡剂的气井。

（2）平衡罐注法。该方法是将起泡剂溶液过滤后，倒入平衡罐内，在压差的作用下，将平衡罐内的起泡剂从井口套管或油管注入井内。平衡罐注法主要用于无动力电源或需间隙式注入起泡剂的气井，气井的气水比一般大于330m³/m³。

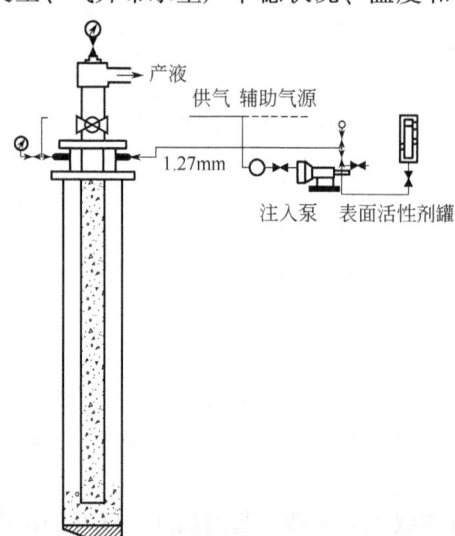

图4-42 液态泡沫排水剂泵注法流程

（3）泡排车注法。该方法与泵注法相同，只是注入起泡剂的动力不是来自高压电源，而是由汽车供给动力。主要用于边远又无人看守或间隙注入起泡剂的气井，气水比一般大于 $200m^3/m^3$。

（4）投注法。投注法是将棒状固体起泡剂从井口油管投入井内，在重力的作用下落入井底。主要用于间隙生产或间隙加注起泡剂，以及无人看守的边远小产量气井，气水比一般大于 $330m^3/m^3$，产水量小于 $80m^3/d$，液体在井筒内的流速不宜过高。

6）消泡剂注入浓度和注入量

消泡是为了使泡沫排水井能连续稳定生产，避免起泡剂加注过量，防止起泡剂第二次起泡，使产出流体易于分离、计量和输送，防止井口压力升高。

消泡剂可采用泵注法或平衡罐注法，注入位置选在分离器前两级针形阀之间，这样能提高消泡能力，使气水通过分离器的分离效果更好。

不同类型消泡剂的使用浓度不同，应根据配方确定。注入量则须根据起泡剂的用量、气井产水量、井温等参数来确定，同时还应根据分离后液体中泡沫的多少酌情加减。

三、柱塞气举

柱塞气举是间歇气举的一种特殊形式，柱塞作为一种固体的密封界面，将举升气体和被举升液体分开，减少气体窜流和液体回落，提高举升气体的效率。柱塞气举的能量主要来源于地层气，但当地层气能量不足时，也向井内注入一定的高压气，这些气体将柱塞及其上部的液体从井底推向井口，排除井底积液，增大生产压差，延长气井的生产期。柱塞在井中的运行是周而复始的上下运行，柱塞下落时必须关井，因此，气井的生产是间歇式的。

柱塞气举可充分利用地层能量，尤其适合于高气液比的气井排液。对常规连续气举或间歇气举效率不高的井，采用柱塞气举可以提高生产效率，避免气体的无效消耗。柱塞气举还可用于易结蜡、结垢的油气井，沿油管上下来回运动的柱塞可以干扰、破坏油管壁上的结蜡、结垢过程，这样就省去了清蜡、除垢的工序，节约了生产时间和生产费用。柱塞气举的安装、生产和管理费用都较低。

1. 柱塞气举装置

图4-43是典型的柱塞气举装置，它由井下和地面装置组成。

1）柱塞

理想的柱塞工作特性包括三个方面：(1) 要求柱塞有良好的耐磨性、抗震性和在油管内的防卡性；(2) 柱塞上行过程中，要求柱塞与油管之间有良好的密封性；(3) 柱塞下落过程中，要求能迅速地通过气、液柱下落，即下落阻力小。

柱塞一般分为不带旁通的实心柱塞和带旁通的柱塞。实心柱塞的下落速度与带旁通的柱塞相比要慢很多。带旁通的柱塞中心有一条通路，配有一个阀门，当柱塞上行撞击井口防喷管内的缓冲弹簧时，该阀打开，柱塞中心的通路使柱塞下落加快，减少柱塞在油管中卡住的机会，增加柱塞的有效循环次数；当柱塞下行撞击油管底部卡定器上的缓冲弹簧时，该阀关闭。当柱塞撞击缓冲弹簧的速度过大时，例如柱塞不带液体上行，容易使柱塞的旁通阀发生故障。

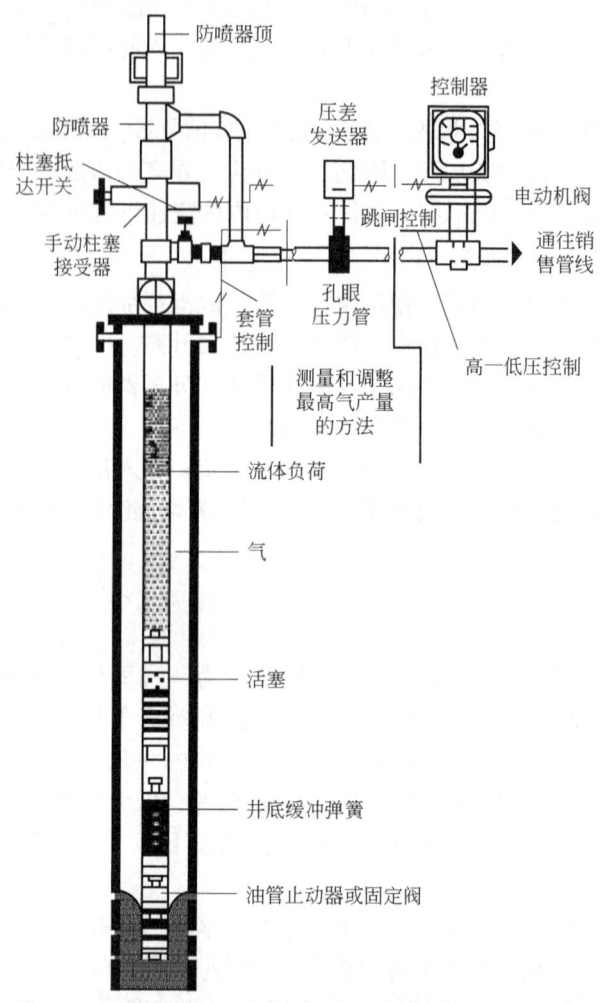

图 4-43 典型的柱塞气举装置

按柱塞密封机构，柱塞可分为膨胀密封柱塞、摆动垫圈密封柱塞、刷式密封柱塞、紊流密封柱塞。膨胀密封柱塞在上行时，弹簧加载的钢衬套与油管壁之间形成一个液体密封。摆动垫圈密封柱塞是利用一组垫圈套装在一根心管上作为密封元件。刷式密封柱塞是利用硬毛紧靠油管壁作为密封元件。紊流密封柱塞是在柱塞上开一系列沟槽作为密封元件，气体通过沟槽急速运动形成紊流，产生压降，从而形成密封，使柱塞运动。实际上，摆动垫圈密封柱塞和刷式密封柱塞也是利用紊流密封的原理工作的。

实际使用中的柱塞主要包括膨胀叶片柱塞、摆动垫圈密封柱塞、刷式密封柱塞、紊流密封柱塞和组合型柱塞。

柱塞类型不同，适应的井况不同。使用时，应当根据油管情况、地层特征、举升要求等诸因素，选择恰当的柱塞。当井的压力恢复较快时，应选择下落速度较快的柱塞；当井的压力恢复较慢时，应选择下落速度较慢的柱塞。

2）井下管柱

（1）井下管柱类型。

井下管柱类型与柱塞气举井的井况有关，主要有以下几种类型。

① 无封隔器的开式管柱，用于普通柱塞气举。举升气体以本井为主，也可以适当从地面注入补充气，辅助柱塞举升。

② 带封隔器的闭式管柱或半闭式管柱，用于带柱塞的间歇气举。适用于井底压力非常低，进入油套管地层气较少，需外部补充气源的气井。

③ 带封隔器的半闭式管柱，举升时气体直接来源于地层。适用于气液比非常高的气井。

井下管柱上一般还要求安装气举阀。大多数井的气举阀是用于卸载排液的，设计时应保证单点注气；另一个作用是用于提高举升效率的，设计时应保证多点注气。井下管柱上的气举阀不能同时达到这两个目的，设计时应当仔细考虑。

（2）卡定器和油管。

卡定器是靠卡瓦卡定在油管预定的深度，作为柱塞行程的下死点。在一些情况下，卡定器下部装有固定阀，用于防止油管中的液体倒流。

井底缓冲弹簧安放在卡定器上面，其作用是当柱塞下落到井底卡定器时起减震作用以及关闭柱塞的旁通阀。缓冲弹簧上端有打捞颈，下端有能抓住卡定器的套爪。

卡定器的深度根据地层压力、油套压等因素进行估计。对于产能较低的井，卡定器应接近油管底部；有时对于产能高的井，油管中的液位较高，卡定器可下浅些。当井内有砂、淤泥和其他落鱼时，卡定器应下浅些，防止缓冲弹簧和柱塞损坏以及柱塞运动时受到砂卡。因此，在油管和卡定器下井之前，应先对井进行清洗作业。

油管尺寸受柱塞尺寸的限制。对于会产生盐沉积和严重结垢的气井，油管应下到气层顶部。如果油管下到气层底部，在举升期间液体就不会完全淹没完井段，气层会因盐沉积和结垢受到堵塞。

3）地面设备

柱塞气举井的地面设备包括防喷管总成、三通总成、计量仪表和地面控制器等。地面流程一般采用双排孔流程。在排液期间，柱塞一直停在两排孔之间的防喷管中，气体经过柱塞四周到达上排孔，而大多数液体通过下排孔排出。如果下排孔管子上安装有可调阀门，就可以调节下排孔的压力，使柱塞上下保持一定的压差，从而减少井口的流动阻力，使柱塞上移到防喷管顶部，便于捕捉柱塞。井口油管上所有阀门的内径应与油管内径相同，便于柱塞通过并防止液体回落。

（1）防喷管总成和三通总成。

防喷管总成主要由防喷管、可取式压帽、缓冲弹簧和撞击杆组成。防喷管总成安装在三通之上，防喷管内缓冲弹簧的作用是当柱塞上行到井口时起减震作用，撞击杆用于关闭柱塞的旁通阀。

三通总成安装在采油树的顶部，上部与防喷管连接。三通总成安装有手动捕捉器和磁力到达装置。手动捕捉器用于捕捉柱塞，以便对柱塞进行检查。

（2）计量仪表。

为了分析和选择最佳柱塞气举装置，必须对井口油套压、产液量、产气量、注气量进行连续计量。井口油压和套压一般采用24h双笔压力记录仪进行连续记录。产液量采用24h计量仪表或排水池进行计量。

产气量和注气量采用24h孔板差压流量计进行计量较好。柱塞气举井产气量的计量较困难，在开井初期，流量非常高，随后流量降低，如果安装一个较大的孔板来测量最大流量，对低流量的计量就不准确。一般来说，最初的流量高峰期通常是短暂的，在地面管线上安装一个节流嘴，使高峰流量期间的流动暂时受到限制，在较低流量下流动受到很少限制，从而使孔板差压流量计计量的流量较准确，但应注意节流引起的水合物堵塞。当然，也可以采用大量程压差传感器或气体涡轮流量计进行产气量的计量。

（3）地面控制器。

地面控制器主要有时间控制器、压力控制器和电子控制器三种类型。控制器通过给气动薄膜阀传递信号来控制井的开关，给气动薄膜阀供气，气动薄膜阀就打开；中断供气，气动薄膜阀就关闭。地层流体含砂、阀结垢、阀腐蚀、阀的频繁开关以及瞬时排量大，容易使气动薄膜阀的阀孔损坏。

时间控制器主要由带有定时轮的时钟机构和气路系统组成。通过调节定时轮来控制对气动薄膜阀供气或中断供气的时间。

压力控制器主要由压力的变化来控制打开和关闭。柱塞工作时，当套压上升到某一预定值时，井就打开；当套压下降到某一预定值时，井就关闭。由于采用井内流体的压力作为控制器的输入信号，这种控制器必须具有抗 H_2S 腐蚀的能力。

电子控制器分为普通电子控制器和可编程电子控制器两种，其技术先进、操作方便，如 Ferguson Beauregard 公司的 LIQUILIFT II 型电子控制器。电子控制器可以利用时间、压力、压差、柱塞到达井口和液面等信号来控制柱塞气举井的生产，可以设置 OFF、ON、FLOW 三种控制器事件。OFF 事件设置关井时间，它至少应大于柱塞下落到卡定器的时间，在此期间，井的压力恢复到能举升载荷采出地面。ON 事件设置从井打开至柱塞到井口的时间，一般保持不变，采用柱塞到达传感器监控柱塞是否到达井口。FLOW 事件是 ON 事件的延伸，它设置从柱塞到井口至关井时刻的时间，即柱塞到井口后继续生产一段时间的长短。

2. 柱塞气举过程

柱塞气举过程是由循环的关井和开井组成。一个循环过程包括关井恢复压力和开井生产两个阶段，如图 4-44 所示。

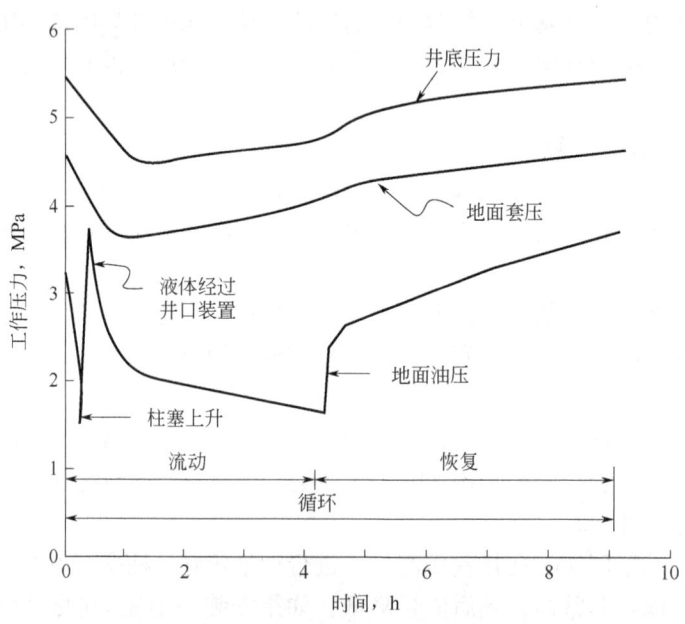

图 4-44 柱塞气举一个循环的压力变化

1) 关井恢复压力阶段

首先关井，柱塞从井口在油管内的气柱和液柱中下落，直至到达卡定器处的井底缓冲弹簧上。若地层的供液和供气能力较低，柱塞应在卡定器处的缓冲弹簧上停留一段时间，使压力恢复到足以把柱塞从井下推到井口的程度，对应的套压称为最大套压。

在关井瞬时，套压可能下降，也可能不变，套压下降是由于套管中气体继续向油管膨胀，使油套压达到平衡，这时油压会相应升高，之后套压由地层供气能力控制。关井初期，由于油管内气液相分离，流速减小使摩阻减小，动能转化为势能。因此油压恢复较快，之后油压由地层供气能力控制。

2) 开井生产阶段

当开井生产时，套管气和进入井筒的地层气体向油管膨胀，到达柱塞下面，推动柱塞及上部液段离开卡定器上升，直到柱塞到达井口。若地层气量充足，甚至需要敞喷放气一段时间。该阶段又可分为环空液体向油管转移、柱塞及上部液段在油管内向上运动、柱塞上液段通过控制阀排出井口、柱塞停在井口放喷生产四个过程。

(1) 油压的变化过程较为复杂。开井后，气体从井口产出，油压迅速降低，柱塞逐渐加速上升；当液面到达井口后，由于控制阀节流，油压又开始增加；柱塞到井口后，由于推动柱塞的能量转移，油压会继续增加；对高气液比井，柱塞一般应停在井口放喷生产一段时间。

(2) 套压的变化。套管气进入油管举升柱塞，套压下降；柱塞到井口后，套压降到最小值，此套压称为最小套压；之后由于举升油管内液体的气流量不足，液体在油管中滞留，井底压力开始升高，套压也回升。

关于柱塞气举工艺参数设计，见相关文献。

四、其他排水采气工艺

水驱气田的排水采气工艺，除了前面介绍的几种常用工艺外，还包括连续气举、间歇气举、机械抽油、潜油电泵、水力活塞泵、水力射流泵、螺杆泵和涡轮泵等排水采气工艺。本节将对机械抽油、潜油电泵、射流泵、螺杆泵和涡轮泵等进行概述。

1. 机械抽油排水采气

机械抽油是一种广泛使用的采油工艺。机械抽油排水采气的工作原理与抽油相同，但它是从油管排水、油套环空采气，如图 4-45 所示。机械抽油排水采气和抽油存在明显区别，原因在于，气井产出的是腐蚀性盐水，漏失量大，排水效果降低；硫化氢和二氧化碳易腐蚀井下零部件及抽油杆；水矿化度高，增加了驴头负荷；气液比高，泵充满系数降低，且易形成气锁。

机械抽油排水采气适用于水淹井复产，间喷井及低压产水气井排水。目前最大排水量 $70m^3/d$，最大泵深 2000m。设计安装管理较方便，经济成本较低，对高含硫或结垢严重的气井不适用。

它的主要缺点是受下泵深度的限制。但是，采用负荷能力较大的抽油机和高强度抽油杆，能使其举升深度越来越大。

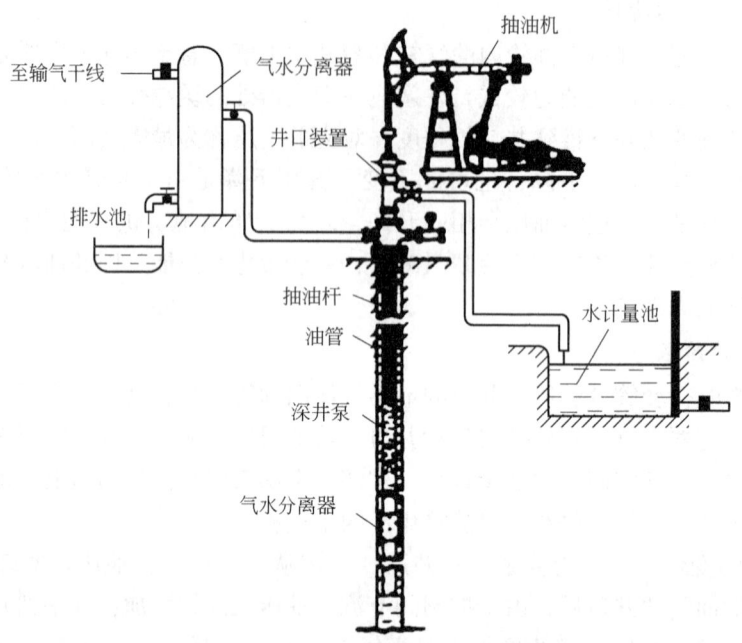

图 4-45 典型机械抽油排水采气系统

一般应采用油管锚,因为不加油管锚的油管易产生弯曲效应,影响产液量或使油管损坏,但对低产浅井可不用油管锚。

机械抽油排水采气具有以下优点:

(1) 多数油气田操作人员熟悉机械抽油的方法和设备,其安装和操作比较熟练;

(2) 生产连续稳定;

(3) 有杆泵的排量范围较好。该范围直接受抽油机的规格、类型、油管尺寸、抽油杆柱设计以及泵的尺寸影响,各种配件齐全,服务及维修方便;

(4) 可用天然气作燃料。

机械抽油排水采气具有以下缺点:

(1) 排量受油管尺寸和泵挂深度的限制;

(2) 对气液比高、出砂或含有硫化物或其他腐蚀性物质的井,容积效率降低;

(3) 抽油杆柱在油管中的磨损将损坏油管,增加维修作业费用。

2. 潜油电泵排水采气

潜油电泵是电动潜油离心泵的简称,也称为电潜泵或电泵。它主要由电动机、保护器、气液分离器、多级离心泵、电缆、接线盒、控制屏和变压器等部件组成。用于气水井排水采气的潜油电泵的标准安装方式如图 4-46 所示。这种安装方式自下而上依次是电动机、保护器、气液分离器、多级离心泵及其他附属部件。其工作原理是地面电源通过变压器、控制屏和电缆将电能输送给井下电动机,电动机带动多级离心泵叶轮旋转,将电能转换为机械能,把井液举升到地面。

潜油电泵排水采气与采油不同,抽汲的流体介质是气水两相混合物;泵的工况是从单相液流逐渐变为气水两相流;生产方式是用油管排水,套管采气。因此,用潜油电泵进行排水采气会遇到一些在采油中没有的特殊问题,工艺难度大。只有选择耐高温、高压,抗卤水、

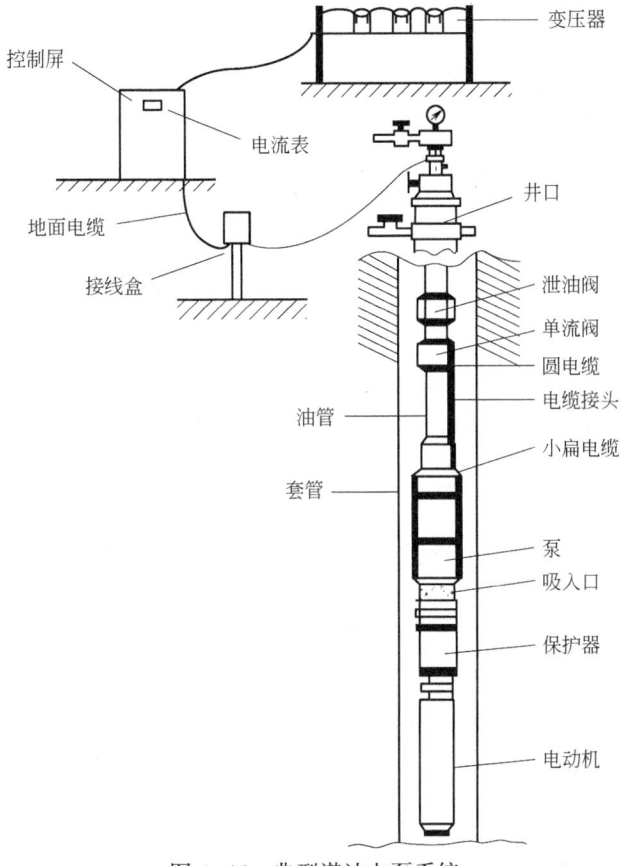

图 4-46 典型潜油电泵系统

硫化氢、二氧化碳腐蚀,电缆气蚀性能好,气水分离器效率高的变速潜油电泵机组,才能获得好的效果。

国外 20 世纪 80 年代以来,将潜油电泵用于气藏强排水,以提高水驱气田的最终采收率。四川油气田 1984 年开始采用潜油电泵对水驱气田进行强排水。四川产水油气田潜油电泵排水采气的实践表明,该工艺的参数可调性好、设计安装及维修方便,适用于水淹井复产和气藏强排水。但经济投入较高,对高含硫气井不适用。目前最大排水量 500m³/d,最大泵深 2700m。潜油电泵的产量一般在 4100m³/d 以内,最高已达 15000m³/d,井深一般在 3000m 以内,最深已达 4572m,井温一般在 120℃以下,最高已达 242℃,平均检泵周期 2 年。因此,潜油电泵排水采气的适应性还很强。

潜油电泵排水采气具有以下优点:

(1) 排量大,适应性强,采用变速驱动装置使排量的变化相当灵活,但现在潜油电泵用于低产液井也较多;

(2) 操作简单,管理方便;

(3) 容易处理腐蚀和结蜡问题;

(4) 能用于斜井和水平井;

(5) 容易安装井下压力传感器,便于压力测量;

(6) 检泵周期较长;

(7) 可用作单井注水。

潜油电泵排水采气具有以下缺点：

(1) 潜油电泵不适应于高温深井。下泵深度受电动机额定功率、油管尺寸和井底温度的限制，大功率设备没有足够的环空间隙冷却电动机，电动机就会损坏；

(2) 初期投资和维修成本较高。多级大排量大功率的泵及电缆投资费用较高，设备维修费用较高；

(3) 高气液比井的举升效率低，还会因气锁使泵发生故障。

3. 射流泵排水采气

射流泵是一种动力泵，射流泵系统由地面储液罐、高压地面泵和井下射流泵组成，如图 4-47 所示。井下射流泵包括固定式和自由式，图 4-48 是典型的固定式射流泵。

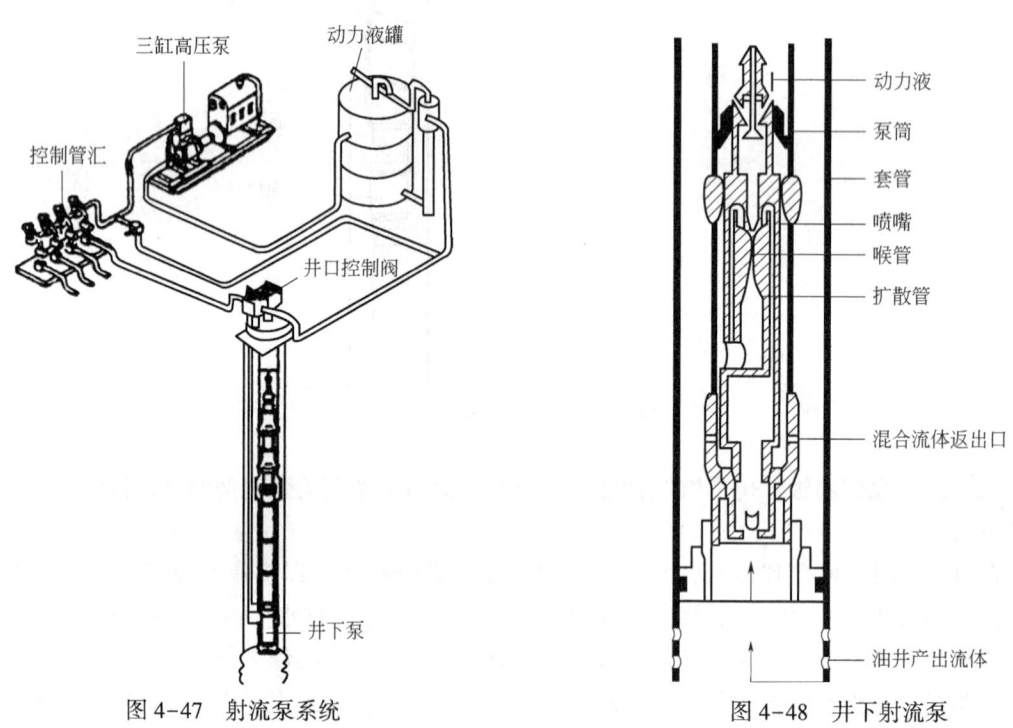

图 4-47　射流泵系统　　　　　　图 4-48　井下射流泵

射流泵是通过两种流体之间的动量交换，实现能量传递来工作的。射流泵通过喷嘴将动力液高压势能转变为高速动能。在喉管内，高速动力液与低速产液混合，进行动量交换。通过扩散管将动能转变为静压，使混合物采到地面。

地面动力液系统分为开式动力液系统和闭式动力液系统，射流泵只能采用开式动力液系统。地面动力液系统还分为单井系统和中心站多井系统。不同系统的地面流程和设备及处理能力不同，选择时要考虑现有设备、场地和投资等因素。

动力液的质量对水力泵系统的使用寿命和维修成本影响很大。采用水作动力液，要求杂质粒径小于 15μm，含盐的质量分数小于 1.2%。水对环境污染小，安全性好，但水在井底条件下一般不具备润滑性，易产生腐蚀，水的黏度低使井下泵更易漏失，另外水还需脱氧处理。

射流泵首次用于油井抽油大约是在 1970 年，从此射流泵逐步得到推广使用。现场应用证实，它适用于高产砂、高含硫化氢和二氧化碳、高含氯离子、高气液比井，井深 6000m 以上，产液量 2385m³/d 以内，井温 260℃ 以上。20 世纪 80 年代以后，美国和加拿大已用射流泵排水采气。四川油气田 1992 年开始采用射流泵进行排水采气。四川油气田的实践证明，该工艺适用于水淹井复产。目前最大排水量 300m³/d，最大泵深 2800m。

射流泵排水采气具有以下优点：

（1）没有运动部件，适合于处理腐蚀和含砂流体。
（2）结构紧凑，适用于倾斜井和水平井。
（3）自由投捞作业，安装方便，维护费用低。
（4）产量范围大，控制灵活方便。
（5）能处理高含气流体。
（6）适用于高温深井，不受举升深度的限制。
（7）对非自喷井，可用于产能测试和钻杆测试。

射流泵排水采气具有以下缺点：

（1）初期投资较高。它需要高压设备、动力液管线和井口装置，必须具备过滤、净化和处理液体的各种设备。
（2）射流泵为了避免气蚀，必须有较高的吸入压力，使射流泵的应用受到限制。
（3）腐蚀和磨损会使喷嘴损坏。
（4）射流泵泵效较低，所需要的输入功率比水力活塞泵高。

4. 螺杆泵排水采气

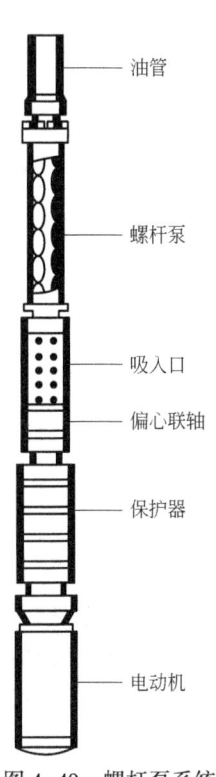

图 4-49 螺杆泵系统

螺杆泵是一种新型采油装置，于 1929 年由法国人 Rene Moineau 发明，国外 20 世纪 80 年代才有较大范围应用，主要用于开采高黏、高含砂和含气原油。我国从 1986 年开始引进并应用于采油。按驱动方式，可分为地面驱动和井下驱动两类。目前广泛采用的是地面驱动螺杆泵。地面驱动螺杆泵装置主要由驱动系统、联接器、抽油杆及井下抽油装置组成。井下驱动螺杆泵装置的井下部分由电动机、保护器和螺杆泵组成。地面电源通过电缆传给井下电动机，电动机带动螺杆泵旋转，螺杆泵将井液排到地面。典型的油管投捞螺杆泵系统如图 4-49 所示。

螺杆泵可用于气井和煤层气井排水采气，但目前国内还没有现场应用。目前最高排量 200m³/d，最高压头 1400m，最高效率 70%。

螺杆泵排水采气具有以下特点：

（1）结构简单，占地面积小，有利于海上平台和丛式井组。
（2）只有一个运动件（转子），不会出现常规抽油泵那样的阀卡、气锁等现象，适合出砂井和产气井。
（3）无脉动排液特征。
（4）泵内无阀件和复杂的流道，水力损失小。在相同举升参数下，螺杆泵系统效率为有杆泵效率的 1.7 倍，能量消耗小。

（5）泵实际扬程受液体黏度影响大，黏度上升，泵扬程下降较大，且应用过程中的工艺较复杂。

5. 涡轮泵排水采气

涡轮泵是英国 Weir 公司研制的一种液力涡轮高速驱动的井下泵装置，如图 4-50 所示，Kobe 公司也研制生产这种泵。研制涡轮泵的目的是接替潜油电泵。我国 1986 年先后引进了 Weir 公司的涡轮泵进行采油。涡轮泵系统的地面部分和井下完井结构与水力射流泵相同，井下涡轮泵由多级涡轮和多级混流泵或离心泵组成，后者类似于潜油电泵。地面动力液经动力液油管注入井下，驱动涡轮，涡轮带动泵旋转，将井液采到地面。

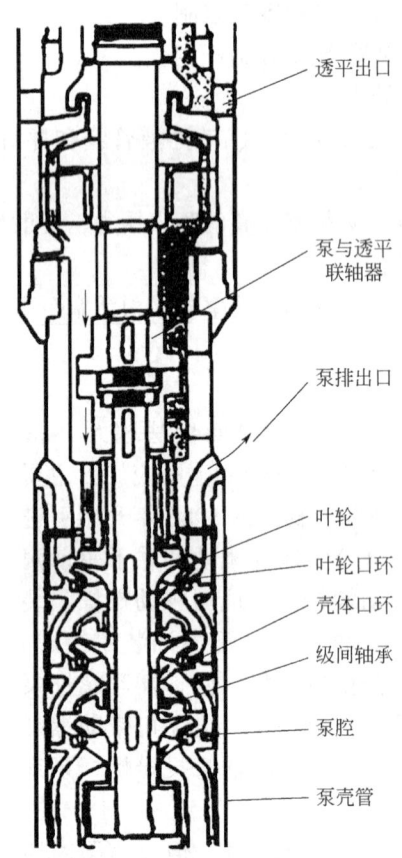

图 4-50 Weir 公司涡轮泵

涡轮中有一系列相同的叶片。涡轮叶片和泵内叶轮固定在同一轴上，当动力液驱动涡轮旋转时，泵也随之转动。涡轮泵采用高速涡轮驱动，转速为 6000~12000r/min，泵的级数与潜油电泵相比大大减少，因此，这种泵的重量和尺寸都较小。例如，转速提高 2 倍，泵级数会减小 90% 左右。涡轮泵的产量高，控制灵活，产量在 190.8~15900m^3/d，要改变泵排量，只要改变动力液地面工作压力或流量即可实现。涡轮泵压头高达 3352.8m，能承受 300℃ 的高温，可用于斜井，还能用于含腐蚀介质井、产砂井的开采。涡轮泵的初期投资成本相对较高。各种排水采气方法的对比见表 4-14。

表 4-14 排水采气方法设计要素综合对比

指标\方法	泡沫排水	机械抽油	潜油电泵	水力喷射泵	连续气举	间歇气举	柱塞气举
基建费用	低,但随着排量的增加而升高	低到中等;和设备规格的增加而提高	如有现成电力可用,基建费用较低;随着功率加大,费用也提高	可与机械抽油竞争;日排液量超过238m³/d时,费用较低	气举设备费用较低,压缩机系统可减少每口井的总费用	与连续气举相同	如不需压缩机,则很低
井下设备	和常规生产井一样	需要有很好的设计和操作经验,有事故的数据库,对抽油杆和泵需要很好的选择、操作和维修	除了电动机、泵和密封件外,需要有合适的电缆,需要有好的设计和经验的实践	要有计算机设计计算程序来计算泵部件的大小,并能承受固体颗粒,泵内无活动部件,使用寿命长;运行和修复井下泵的过程简单	需要有好的阀设备(阀和阀短节),费用中等,一般小于10个阀,可选择绳索可取式的或普通式的阀	可用气举阀卸载到井底,对于低井底压力井,可考虑采用箱式装置	为使工作最佳,每口井都需制定特定的操作频度。可能出现柱塞被卡现象
作业效率(水力效率/输入功率)	不需要专业作业	总的系统效率特好;当泵充满时,典型情况下效率为50%~60%	对高产井好,但产液量小于159m³/d时严重下降。典型情况下,高产井的总系统效率约50%,但小于159m³/d时,效率小于40%	较好到好;理想情况下最大功率为30%,受动力液梯度的严重影响。典型的效率为10%~20%	较好;对所需注入气量小的井,效率可提高,否则就要降低。典型的效率为20%,但在5%到30%之间变化	差;正常情况下需要较高的注气量。典型效率为5%到10%,用柱塞则可改善	对自喷井特佳;对低产井好;由于井用本身的能量,无需输入能量
机动性	很好,可随需要改变工作制度	特好;可改变冲次、冲程、柱塞尺寸和工作时间以控制产量	差;因速度固定,变速驱动可提供较好的机动性	好到特好;动力液排量和压力可调节产量和举升能力(从无流动到泵的全部能力),可扩选择喉管和喷嘴的尺寸以适合大产量和举升能力的范围	特好;改变注气量,需正确选择产量尺寸	好,必须调节注气时间和循环效率	对低产井好;可调节注气时间和频率
其他问题	一般只适合于集气站连续实施该工艺,必须满足电源保障供给	防喷盒漏失可污染环境(可采用抗污染防喷盒)	需要很可靠的电力系统,该电力系统对井下情况或流体特性的变化非常敏感	动力液中只允许25μm的固体颗粒在200mg/m³以内,如果需要,可加入稀释剂,水动力液,无论是淡水、地层水或海水都可用的	95%的要较可靠压缩机,必须要较好地脱水,以避免气体结冰	为保持好的协调,需要强劳力,否则动态变差,维护好稳定的气流量,常常引起注气问题	柱塞上卡是主要问题

续表

指标＼方法	泡沫排水	机械抽油	潜油电泵	水力喷射泵	连续气举	间歇气举	柱塞气举
操作费用	很低，主要是注泡沫设备和电费	低产（产液量小于64m³/d）的浅到中等深度（小于2100m）的陆上井，操作费用也低	可变的；如果功率高，则电费用高。特别在海上作业中，由于运输寿命短，造成起下作业费用高，维修费用也高	由于功率需要，造成动力费用高，对于喉管和喷嘴尺寸合理、运转寿命长的泵来说，维修费用低	井的费用低；压缩费用取决于燃料费用和压缩机维修费用	与连续气举相同	除了柱塞问题以外，一般很低
可靠性	高，只受注泡装置影响	特好；如果抽油杆一直使用良好，工作时效可超过95%	可变的；在理想升举条件下特好；在有问题的条件下特差（对工作温度和电故障非常敏感）	使用合理的喉管和喷嘴尺寸工作时，好；需避免泵吸入压力过低，使喷射泵喉管处于气穴范围下工作。假如工作压力大于28MPa，问题更多	如压缩系统设计和维护合适，特好	如注入气供应充足，且注入气储存体积足够大，特好	如井生产稳定，好
系统（总的）	安装和操作简单，可多口井同时实施	设计方法是简单和基本的，安装和操作可遵循规范，每口井是一个独立的系统	设计较简单，但需要好的产量数据。系统不允许过失疏忽，需有特好的操作实践，试验和操作要遵循规范，使用共同的电力系统时，每口井是一个独立的生产井	有现成的计算机应用设计程序。井下泵和井场设备的操作方法都是基本的。自由式泵易于起出在井场修理和更换，常用试泵法在井下喷射达到最优条件	在全过程中都需要有足量的、高压的、干的、无腐蚀性的和净化的供气源。低的系统回压不宜有利。需要好的数据进行阀设计和布置，需遵循规范	与连续气举相同	单井或系统。安装、设计和操作简单
应用现状和前景	应用效果显著，为较好的后续接替工艺	特好；这是一种常规的标准人工举升法	是高产人工举升井的特好方法，最适合于井温小于94℃和常液量超过159m³/d的井	能很好地适合于需要灵活操作、较宽深度范围、高温、腐蚀性、高气液比和大砂量的高产井，有时用于海上非自喷的试验验井	对于高井底压力的井来说，是一种好的、高产量的人工举升系统，很像自喷井	常用于代替机械抽油，也可用于井底压力低的井	是产液量小、气液比高的一种重要的举升方法。可用于延长和提高自喷期和提高效率，能成功操作，为了充足的气量和压力

第七节　人工举升方法的优选及组合应用

一、人工举升方法的优选

人工举升方法各有其特点和适应性（表4-15），因此，根据油田实际情况选择最佳的人工举升方法，以发挥油井的最大潜力，取得最佳的经济效益，是非常必要的。

自喷采油设备简单、管理方便、经济效益高，只要地层能量允许，它就是首选的采油方法。因此，采油方法的优选通常就是人工举升方法的优选。

1. 选择人工举升方法应考虑的因素

油井的供液能力是选择人工举升方法的主要依据之一，举升方法的选择实质上就是选择能够发挥油井潜在产能的经济有效的举升手段。

选择人工举升方法应考虑以下一些因素：

（1）油藏的驱动类型。不同驱动类型的油藏其开采动态各不相同，在选择举升方式时必须加以考虑。如对注水开发油田，应考虑油井见水后举升方式的适应性；对溶解气驱油藏则应考虑其生产气油比对举升方式的影响。

（2）油藏流体的性质。不同举升方式对流体性质的适应性差异较大。对原始气油比高的井，电潜泵举升就不如气举效果好；对稠油井，水力活塞泵举升则有其优势。

（3）油井的完井状况及生产动态。完井方式、开采层系、井筒尺寸、不同开发阶段的产量、含水率、流压与产液的关系等，都对举升方式及其效果有重大影响。

（4）油井生产中出现的问题。油井生产中的出砂、结蜡、腐蚀、结垢等均会对各种举升方法产生不同程度的影响，如射流泵能够适应出砂井的举升，而水力活塞泵遇砂则易发生卡泵。

（5）油井所处的地面环境，如海上、市区、农村及边远山区，沙漠及气候恶劣地区等。对无气源的地区则不能选择气举，在海上电潜泵则比游梁式抽油机有优越性。

（6）油田开发中，后期的开采方式如注水、注气、注聚合物、注蒸气及其他化学驱。

（7）各种采油方法的经济效果。初始投资、系统效率、免修期及检修条件等。

上述因素可归结为技术和经济两大类，因此人工举升方法的选择必须在技术和经济综合评价的基础上优选。

2. 选择人工举升方法的基本模式

人工举升方式选择的基本出发点是少井、高产、适用、经济，优选的基本模式如图4-51所示。

表 4-15 各种人工举升方法的适应性

项目	条件	有杆泵	电潜泵	电潜螺杆泵	水力活塞泵	水力射流泵	气举
排量 m³/d	正常工作范围	1~200	80~905	16~200	30~600	<480	30~3180
	目前最大排量	500	8744	250	1245	4770	7950（环空 12720）
泵深 m	正常工作范围	<3000	<3000（井温<149℃）	900~1200	3000~3660	<3000	<3000
	目前最大泵深	4421	4572（井温 232℃）	1400	5486	3354	3658
井下情况	小井眼多层完井	宜于多层，小井眼	均不适	适于小眼井，不宜多层	均很适宜	适于小井眼，不适多层	宜于小井眼，不宜分层
	斜井及弯曲井	小斜度可用，弯曲受限	小斜度适宜，弯曲受限	泵短小，不偏磨很适宜	很适宜	泵短小，无运动件，很适宜	装置简单，最适宜
地面环境	海上采油，市区	设备大而重，不适宜	地面装置小，均适宜	适宜	动力源远离井口，很适宜	很适宜	很适宜
	气候恶劣，边远地区	管理分散，不适	高压电，高气油比	一般	动力源集中，很适宜	很适宜	很适宜
操作问题	高气油比	环空排气，气锚一般	对气敏感，效果差	无余隙，适于高气油比	气体敏感不排气，一般	敏感易气蚀，一般	最适宜高气油比
	高黏油	可用稠油泵抽系统，较好	很差	1.6~2.0Pa·s，很适宜	易稀释，加温很适宜	易稀释	乳化，稠油均不适
	含砂	易卡泵砂锚，一般	易磨损卡泵	活动件少，不磨不卡，很适宜	泵和阀易卡	无运动件，最适宜	无运动件，最适宜
	结蜡	机械清除，效果好	较好	较好	动力液加温，很适宜	易加热处理，很适宜	气体膨胀易结蜡，差
	结垢	化防，效果好	化防，较好	化防易处理，较好	泵上易防，泵下不易，较好	易化防处理，较好	一般
	腐蚀	化防效果好	化防较好	化防易处理，较好	泵上易防，泵下不易，较好	易化防，较好	一般
维修管理	运转效率，%	总效率<60	<60	最高 78	60~70	最高 34	一般较低
	维修难易程度	起下泵较难	起下泵难	起下泵较难	一般水力起下，很易	水力起下（自由式），很易	气举阀可捞取，很易
	自动控制	抽空控制器很好	变频器自动调频	变频器控制	计时器控制	可用计时器控制	—
	测试方法	环空，功图诊断	油管内或泵下	—	井口，井下测压	井口测压	井口，井下测压
	灵活性	产量可调性较好	用变频器，较好	用变频器，较好	很好	随意增产，很好	随意调整，最好

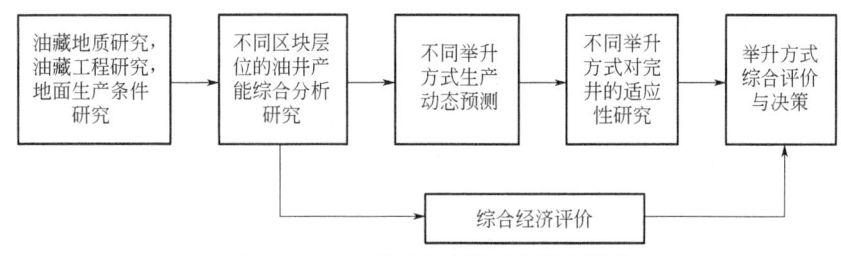

图 4-51 人工举升方法优选的基本模式

由此可以看出,人工举升方法的优选必须以油藏地质、油藏工程和地面生产条件的研究为基础,在充分研究油田生产动态和不同采油方式生产动态以及对完井适用性和综合经济评价的基础上才可以做出决策。对于有特殊要求的生产井应根据油井产能和采油方案的要求对完井方式进行特殊设计,以便可以最大限度地发挥油井产能。

由于各种人工举升方法都具有不同的特点和适应性,在优选中不但要考虑举升方法对地下条件的适用性,还要使其能够适应油田地面自然环境,一般应遵循如下基本原则:

(1) 能够充分发挥油井的生产能力,满足开发方案规定的配产任务;
(2) 所选举升设备工作效率较高;
(3) 所选举升方法可靠,对油井的生产状况具有较强的适应性;
(4) 立足于减少井下作业工作量,所选举升方法的油井维修与管理较方便;
(5) 适合油田野外工作环境和动力供应条件;
(6) 所选举升方法投资少、效益高。

进行人工举升方法优选,应进行以下两方面的研究工作。

1) 人工举升方法可行性研究

可行性研究就是要对油田所处的自然环境、油井开采条件及各种举升方法的适应性进行综合分析,从中初选出技术上可行的人工举升方法。

进行技术可行性研究的方法很多,现介绍一种简单的等级法,旨在说明进行可行性研究时所要考虑的因素。

等级法是将人工举升方法的技术适应性参数进行分类,并对各个参数进行分级打分,按各种举升方式的综合得分进行排队筛选。例如可将技术适应性参数分为两大类:第一类是与成功运用人工举升方法可行性有关的参数 (X),根据可行性评价可将这类参数分为最好、好、适合、不好、不可行五个等级,相应的等级数值分别为 4、3、2、1、0;第二类参数是与方法的复杂性等有关的一些参数 (Y),分为高、中、低三个等级,相应的等级数值分别为 3、2、1。根据油井具体情况,分别用下式确定不同人工举升方法的第一类与第二类单个参数的综合值 X 和 Y 及 X 和 Y 的几何平均值 Z:

$$X = \sqrt[m]{\prod_{i=1}^{m} x_i} \tag{4-43}$$

$$Y = \sqrt[n]{\prod_{i=1}^{n} y_i} \tag{4-44}$$

$$Z = \sqrt{XY} \tag{4-45}$$

式中 x_i, y_i——第一类、第二类参数的单个参数级数值,见表4-16,表中产量和深度的分类如图4-52所示;

m, n——分别为单个参数 x 和 y 的个数。

求出 Z 后,即可进行初选。Z 越大,则可行性程度越高。等级法对有低级数的参数非常敏感,任一举升方法中,只要有一个参数为零,就不能选用。

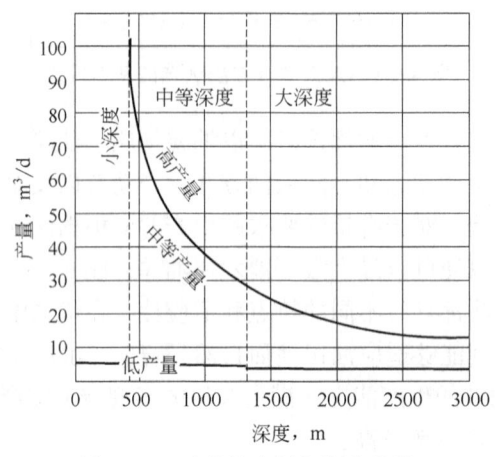

图4-52 油井按产量与深度分类

表4-16 人工举升方法可行性、复杂性参数分级表

类别	序号	单个参数	符号	有杆泵	电泵	水力泵	气举	螺杆泵
可行性	1	高产量	x_1	2	4	4	4	2
	2	中等产量	x_2	3	4	3	4	3
	3	低产量	x_3	4	1	4	0	4
	4	高深度举升	x_4	1	3	4	4	0
	5	中等深度举升	x_5	3	4	4	4	2
	6	低深度举升	x_6	4	4	4	4	4
	7	无故障工作期,油井利用率	x_7	2	3	3	3	3
	8	试井,取资料	x_8	3	2	2	4	2
	9	自动化采油,调整参数	x_9	2	4	4	3	3
	10	采油工艺方法的完善性	x_{10}	2	2	3	3	2
	11	采油方法效率	x_{11}	1	3	3	2	3
	12	同井分采能力	x_{12}	2	2	2	3	2
	13	斜井、定向井适用性	x_{13}	0	3	4	4	3
	14	至70℃井温适应性	x_{14}	3	3	3	4	2
	15	大于70℃井温适应性	x_{15}	2	0	3	4	4
	16	产液含机械杂质≤1%	x_{16}	2	3	2	4	4
	17	产液含机械杂质>1%	x_{17}	0	0	0	3	2
	18	盐沉积及腐蚀井下设备	x_{18}	1	1	1	2	3
	19	产液含水	x_{19}	2	3	2	2	2

续表

类别	序号	单个参数	符号	有杆泵	电泵	水力泵	气举	螺杆泵
可行性	20	强化采液能力	x_{20}	1	4	1	2	3
	21	高气油比原油	x_{21}	2	2	2	4	4
	22	高含蜡原油	x_{22}	2	3	2	1	4
	23	高黏原油（1000mPa·s）	x_{23}	2	1	2	2	4
	24	高井口压力	x_{24}	1	2	2	2	2
	25	恶劣气候，海上	x_{25}	1	2	2	2	2
	26	小井眼井适应性	x_{26}	2	2	1	4	2
复杂性	1	使用可靠性	y_1	2	3	2	2	2
	2	设备简便性	y_2	2	3	2	2	3
	3	能量利用效率	y_3	2	2	2	1	2
	4	设备机动性	y_4	1	2	2	2	3
	5	脱乳能力	y_5	2	1	2	1	3
	6	油井设备简易程度	y_6	1	3	1	1	3
	7	初期投资效率	y_7	2	3	2	2	3
	8	金属利用率	y_8	1	3	1	1	3

例 4-7 根据油井下述参数，初选举升方法。油井产量 $100m^3/d$，举升高度 650m，原油黏度 78mPa·s，含砂 0.9%，井温 58℃，含水率 15%，无盐沉积，有气举气源。

解：（1）根据表 4-16 应用下列单个参数：

$$X = \sqrt[15]{x_1 x_5 x_7 x_8 x_9 x_{11} x_{14} x_{16} x_{19} x_{20} x_{23} x_{24} x_{25} x_{26}}$$

$$Y = \sqrt[8]{y_1 y_2 y_3 y_4 y_5 y_6 y_7 y_8}$$

（2）计算不同举升方法的 X，Y，Z，其结果列于表 4-17。

表 4-17　X，Y，Z 参数计算值

参数	有杆泵	电泵	水力泵活塞泵	气举	螺杆泵
X	1.803	2.511	2.087	2.540	2.511
Y	1.542	2.486	1.682	1.414	2.711
Z	1.667	2.498	1.874	1.895	2.609

根据上述计算结果，螺杆泵、电泵应为初选的举升方法。

需要指出，这种等级法虽简单，但它选出的结果与人为给定的参数分级（表 4-16）有密切关系。必须根据实际情况给出合理的分级表，方可使初选结果可靠。同时这种等级法将各个参数对可行性的影响视为同等重要，难免有不合理因素存在。

2）油井生产动态研究

油井生产动态研究就是应用节点系统分析方法，对可选的各种采油方法所组成的整个油井生产系统（包括油层、井筒、举升设备及地面系统）进行模拟、计算，给出不同的举升方式的油井生产动态。

应用节点系统分析方法研究油井生产动态时，对不同的举升方式应进行有针对性的分析计算。自喷井节点分析中，主要是确定在油藏工程方案设计规定的压力水平下，油井在不同

含水阶段能否自喷及自喷的能力、停喷条件和需要转入人工举升的时机，主要优选的工作参数是在经济合理的工作条件下的油嘴和油管直径。有杆泵是目前应用最广泛的人工举升方法，可以以泵口为解节点，求解不同含水阶段的最大产量及相应的工作参数及能耗情况。气举是一种对油井适应性较强的人工举升方法，它的举升深度大、生产范围大、井下测试工艺简单。在地面气源充足时，是高气油比、高产深井及斜井的最佳举升方式。节点分析主要计算在给定井口回压条件下，以注气点为解节点，计算油井能够获得的最大可能产量时的注气点深度、注气量及井口注入压力、功率、效率及能耗指标。电潜泵排量大，地面设备向井下传递能量的方式简单，目前下入深度可超过 3000m，是高产油井及中高含水期油井提高排液量的适宜举升方式。节点分析主要是计算在给定井口回压条件下，最大产量时电泵生产井的压力、温度、功率、泵效及电耗等工况指标。水力泵采油具有泵挂深、排量调节控制方便，可利用液力起下和利用动力液携带热量，以及适应复杂井条件等优点，也常被作为特殊条件下选用的人工举升方法。节点分析计算中，以地面入口为解节点，可以求得油井最大产量时所需的工作参数及工况指标。

根据上述研究结果，通过进行生产可行性分析、经济合理性分析及综合适应性分析，采用系统工程的方法优选适合油田开采特点的最佳采油方法。

二、人工举升方法的组合应用

每一种人工举升方法都有其突出的优点，但同时也存在着不可避免的缺点。于是人们便想到将不同的举升方法组合起来，让它们发挥各自的优势，以满足复杂条件下油气井开采的需要。目前人工举升方法的组合应用主要有以下三种。

1. 电潜泵—气举组合

电潜泵—气举组合人工举升系统是由肖（Shaw）于 1939 年首先提出来的，经过后人的不断发展和完善，目前这一组合人工举升系统主要有下述应用。

1）气举用作备用抽油设备

电潜泵以其排量大，举升高度大的优势在许多油田，特别是海上油田得到广泛应用。但当电潜泵出现故障时，一般需要几天甚至更长时间才能进行更换或修复，因而影响了生产。为了保证连续生产，人们在电潜泵的上方安装了气举阀。一旦电潜泵出现故障，在它被修复恢复运转之前，可以用上部的气举来维持较低的产量。在向环空注气之前，可以下一钢丝绳将在电潜泵上方安装的滑套打开，这样在气举生产期间大部分地层产出液便通过滑套直接进入油管，以免全部地层产出液通过电潜泵使其反转。

2）气举用于排液卸载和稳产

在电潜泵井中用气举进行排液卸载和稳产常属于两种情况：一种是油井出砂，另一种是用高密度压井液压井的含气油井。

当油井出砂时，如果用电潜泵直接投产，其工作寿命将大大缩短，为此在这类井中也同时下入电潜泵与气举阀。先用气举进行举升，直至油井出砂量减至最小并稳定后，再转变为电潜泵举升，从而避免离心泵出现砂磨。这类井中，气举排液期间电潜泵按正常的旋转方向旋转。如果在启动电潜泵之后再终止气举，还可避免油井出砂情况下的启动问题。

在用高密度压井液压井的含气油井中，如果直接用电潜泵投产，因压井液密度高所需电潜泵功率也较大，远超过按正常抽汲含气液选定的电潜泵功率，可能会因过载而发生故障。而下入电潜泵—气举阀装置后，用气举先进行排液，待稳定后再转入电潜泵举升。如在泵上方安装一滑套，当电泵失效时，气举又可作为备用举升装置投入使用。

3) 电潜泵—气举联合举升

联合举升就是井内同时下入电潜泵与气举阀，电潜泵在下，气举阀在上，二者同时进行串联式举升。这种联合作业方式可以在注气量不变的情况下增加油井产量，或在产量不变（或有所增加）的情况下减小注气量。

在高采液指数、高油层压力的井中，电潜泵吸入口一般在气举阀下几百米处，注入气一般不会降到泵吸入口。在高采液指数、低油层压力井中，如果泵吸入口压力未超过注气工作压力，为阻止注入气进入电泵，需要在电潜泵与气举工作阀之间安装一封隔器。

只要井底温度允许，电潜泵—气举联合举升方式，可大大增加举升高度，用于深井、超深井。

2. 射流泵—有杆泵组合

射流泵—有杆泵组合应用目前有两种。

1) 射流泵—有杆泵组合工艺

射流泵—有杆泵组合工艺是在掺热举升稠油（或热洗井）应用的一种方法。它是将射流泵安装在有杆泵下方，利用具有一定压力的掺热液作为射流泵的动力液，驱动射流泵从井底举升稠油，上部有杆泵以串联形式抽汲经射流泵举升的液体。这种组合应用既保证了稠油井掺热降黏工艺的实现，又提高了有杆泵的泵效。

2) 有杆射流增压泵

有杆射流增压泵的基本结构如图4-53所示。射流泵安装在有杆泵下方，二者由工作筒、单向阀等联接。

有杆射流增压泵的工作原理是，当有杆泵柱塞上行时，柱塞上部高压井液的一部分由泵筒上的孔眼经环形通道流入射流泵的喷嘴，并以较高的速度从喷嘴射出，在喉管入口处形成一低压区，井液以一定的速度进入低压区并流入喉管。井液、动力液在喉管混合后进入扩散管，此时，流速降低，压力升高，增压后的井液经固定阀进入泵筒，从而提高了柱塞下部的压力，射流泵在排液期间的排量大于有杆泵每冲程的理论排量，使射流泵能够向有杆泵提供足够的液量。当有杆泵柱塞下行时，游动阀打开，固定阀关闭。此时，射流泵停止排液。由于射流泵内腔与喷嘴相连通，所以在停止排液时，将进行压力传递，使固定阀下部压力与固定阀上部压力近似相等。这样在柱塞上行程一开始，固定阀立即打开，液流在较高压力作用下，迅速流向泵筒。利用固定阀的开关控制射流泵间歇排液，使它与有杆泵工作协调一致。

有杆射流增压泵利用射流增压原理提高了有杆泵吸入口压力及泵效，改善了抽油杆柱工作状况。有杆射流增压泵不

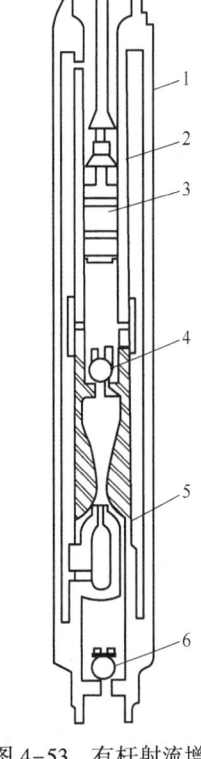

图4-53 有杆射流增压泵
1—工作筒；2—泵筒；3—柱塞；
4—固定阀；5—射流泵；6—单向阀

需要地面提供动力液，能够应用于普通有杆泵抽油井。

3. 射流泵—气举组合

射流泵—气举组合举升方法是将普通气举工作阀去掉，在该位置的油管内安装一个特殊设计的射流泵，从而形成喷射气举工艺。与普通气举相比，它综合了射流泵的优点，在喉管内注入气与井液充分混合、增强了举升能力，从而降低了井底压力，提高了气举效果。

油气资源构成向多元化、复杂化发展，对油气开采技术提出了更高要求。除了上述提到的这些方法，其他人工举升方法还包括永磁半直驱抽油机、塔架式抽油机、电动潜油隔膜泵、低速旋转潜油永磁电动机等多种。针对常规型游梁式抽油机的传动效率问题，研制的塔架式抽油机取消了常规游梁式抽油机四连杆传动机构，传动效率更高、更节能。目前，大庆油田塔架式抽油机累计应用 716 口井，平均系统效率 30.19%，与游梁式抽油机相比提高 9%，节电率达到 30.7%，节能效果显著。针对复杂工程问题，发展了潜油直驱螺杆泵，适用于大斜度井、水平井生产，以及页岩油开发；其消除了杆管偏磨，利用油管光滑内表面及内嵌加热电缆，有效降低稠油井、见聚井的清蜡、热洗费用及人工成本。

习题

1. 潜油电泵采油系统的组成有哪些？各部分的作用是什么？
2. 潜油电泵采油系统中油气分离器有哪几种类型，各自的特点和适用条件是什么？
3. 试利用电流卡片分析潜油电泵井的工况。
4. 电流卡片有哪几种规格？各适用于什么条件？
5. 分析气锁井电流卡片的典型特征。
6. 沉降式分离器的作用原理是什么？有什么特点？
7. 旋转式分离器的作用原理是什么？有什么特点？
8. 水力活塞泵采油系统的组成有哪些？
9. 简述水力活塞泵的工作原理。
10. 水力活塞泵的安装方式有哪几种类型？各自的特点是什么？
11. 水力活塞泵采油系统的开式循环与闭式循环的特点和适用条件是什么？
12. 如何确定水力活塞泵是否能够泵送气体？
13. 选择水力活塞泵型号的依据是什么？
14. 简述射流泵的工作原理。
15. 射流泵的气蚀现象是如何产生的？
16. 已知：$p_d = 48.0$ MPa，$p_m = 20.0$ MPa，$p_f = 7.0$ MPa。试判断射流泵是否气蚀。
17. 简述地面驱动单螺杆泵采油井系统的组成及工作原理。
18. 简述影响螺杆泵工作特性的因素。
19. 如何确定各级气举阀的下入深度？
20. 试用节点系统分析说明连续气举的设计方法。
21. 已知某气井的井口压力 $p_{tf} = 5.21$ MPa，井口温度 $T_{tf} = 298$ K，油管内径 $d_{ti} = 62$ mm，气体相对密度 $\gamma_g = 0.64$。求气井携液临界流速和临界流量。

22. 已知某气井井深为2500m，油管内径 d_{ti} = 62mm，气体相对密度 γ_g = 0.64，井口温度 T_{tf} = 298K，井底温度为380K，产气量为 $4 \times 10^4 m^3/d$。试判断该气井能否连续携液生产？

23. 已知气井产能方程 $q_{sc} = 0.2 \times (10.0^2 - p_{wf}^2)^{0.85}$，产气量为 $2 \times 10^4 m^3/d$，其余参数同例4-5。确定气井连续携液的油管尺寸。

24. 气井携液临界流量的表达式及其各参数的物理意义？

25. 什么是泡沫排水采气工艺？该工艺的适用条件？

26. 泡沫排水采气的机理包括哪四个效应？

27. 起泡剂的性能要求？

28. 柱塞气举过程由什么构成？一个循环过程包括？

29. 简述气举方式的分类及其适用性。

30. 为什么柱塞气举时气井的生产是间歇式的？

31. 试比较不同采油方法的特点及适应性。

32. 人工举升方法的选择应考虑哪些因素？如何进行？

33. 各种人工举升方法组合应用的特点及适应性是什么？

参考文献

[1] [美] K E 布朗. 升举法采油工艺（卷四）[M]. 北京：石油工业出版社，1990.

[2] [美] K E 布朗. 升举法采油工艺（卷一）[M]. 北京：石油工业出版社，1987.

[3] 王常斌，郑俊德，陈涛平. 机械采油工艺原理 [M]. 北京：石油工业出版社，1998.

[4] 王慧勋. 潜油电泵的原理及使用 [M]. 北京：石油工业出版社，1994.

[5] 梅思杰，邵永实，刘军，等. 潜油电泵技术（下）[M]. 北京：石油工业出版社，2004.

[6] 王世杰，李勤. 潜油螺杆泵采油技术及系统设计 [M]. 北京：冶金工业出版社，2006.

[7] 韩修廷，王秀玲，焦振强. 螺杆泵采油原理及应用 [M]. 哈尔滨：哈尔滨工程大学出版社，1998.

[8] 世杰，李勤. 潜油螺杆泵采油技术及系统设计 [M]. 北京：冶金工业出版社，2006.

[9] 徐建宁，屈文涛. 螺杆泵采输技术 [M]. 北京：石油工业出版社，2006.

[10] 王常斌，王春翠，郭霞. 水力喷射泵的气蚀特性 [J]. 石油钻采工艺，1998，20(1): 66-68.

[11] 陆宏圻. 射流泵技术的理论及应用 [M]. 北京：水利电力出版社，1989.

[12] 朱君. 无杆泵采油技术 [M]. 北京：石油工业出版社，1999.

[13] 郭呈柱. 采油工程方案编制方法 [M]. 北京：石油工业出版社，1995.

[14] 张琪，万仁溥. 采油工程方案设计 [M]. 北京：石油工业出版社，2002.

[15] 韩国有. 采油螺杆泵举升性能检测技术 [M]. 哈尔滨：哈尔滨工程大学出版社，2011.

[16] 邓建明. 海上潜油电泵作业手册 [M]. 北京：石油工业出版社，2015.

[17] 李海涛，李年银. 采油工程基础 [M]. 北京：石油工业出版社，2019.

[18] 李颖川，钟海全. 采油工程 [M]. 3 版. 北京：石油工业出版社，2021.
[19] 李士伦. 天然气工程 [M]. 北京：石油工业出版社，2005.
[20] 李士伦. 天然气工程 [M]. 2 版. 北京：石油工业出版社，2008.
[21] 布朗得利 HB. 石油工程手册（上册）[M]. 张柏年，等译. 北京：石油工业出版社，1992.
[22] 万仁溥，罗英俊. 采油技术手册 [M]. 北京：石油工业出版社，1993.
[23] 四川石油局钻采所. 气举手册（上、下）[M]. 成都：四川科学技术出版社，1986.
[24] 杨继盛. 采气工艺基础 [M]. 北京：石油工业出版社，1992.
[25] 杨继盛，刘建仪. 采气实用计算 [M]. 北京：石油工业出版社，1994.
[26] 杨川东. 采气工程 [M]. 北京：石油工业出版社，1997.
[27] Turner R G, Hubbard M O, Dukler A E. Analysis and Prediction of Minimum Flow Rate Continuous Removal of Liquids from Gas Wells [J]. JPT, 1969, 11.
[28] Coleman S B. A New Look at Predicting Gas-Well Load-up [J]. JPT, 1991, 3.
[29] 李闽，孙雷，李士伦. 一个新的气井连续排液模型 [J]. 天然气工业，2001，21(5)：3.
[30] 闫云和. 气井带水条件和泡沫排水实践 [J]. 天然气工业，1983.
[31] 周克明，邱恒熙. 气水两相流动规律实验分析和化学排水方法探讨 [J]. 天然气工业，1993.
[32] 胡世强，刘建仪，李艳，等. 一种新型高效泡排剂 LH 的泡沫性能研究 [J]. 天然气工业，2007.
[33] 胡世强，刘建仪，刘建华，等. 凝析气井泡排剂 LH-1 的泡沫性能研究与应用 [J]. 西南石油大学学报（自然科学版），2007.
[34] 刘建仪. 气井和凝析气井柱塞举升动力学分析 [J]. 凝析气藏勘探开发技术论文集. 成都：四川科学技术出版社，1998.
[35] Foss D L, Gaul R B. Plunger-Lift Performance Criteria with Operating Experience—Ventura Avenue Field [M]. API Drilling and Prod. Prac, 1965.
[36] Lea J F. Dynamic Analysis of Plunger Lift Operation [J]. JPT, 1982, 11.
[37] Petrie H L, et al. Jet Pumping Oil Wells [J]. World Oil, 1983, 11：51-56.
[38] Saveth K J, Klein S T. The Progressing Cavity Pump：Principle and Capabilities [J]. SPE18873, 1989：429-434.
[39] Clegg J D. New Recommendations and Comparisons for Artificial Lift Method Selection [J]. SPE24834, 1992.

第五章 注水

本章要点

油井采油过程是一个储层能量消耗过程,采油导致储层压力下降,生产压差减小,产油量减少。因此,需要通过注水、注气和注聚合物溶液等材料来补充储层能量,同时发挥驱油作用。本章主要讨论水处理的基本原理和方法、分层注水工艺、分层注水指示曲线及其应用和水嘴调配方法,并介绍了调剖调驱基本原理和技术。

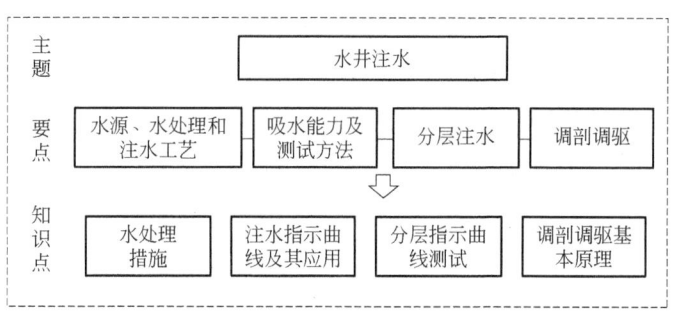

第一节 水源、水处理和注水

一、水源和水质要求

1. 水源类型

地面淡水包括江河湖水,其特点是矿化度较低,但悬浮颗粒、氧和细菌含量较高,且水质受季节变化影响较大。地下水层水包括淡水和咸水,其特点是水质相对比较稳定。海水来自于海洋,其特点是矿化度较高,易发生结垢。污水包括生活污水和生产污水,生活污水矿化度较低,但悬浮物含量较高,且日化成分含量较高。

2. 水源选择原则

水源选择基本原则,一要水处理工艺简便,经济适用;二要满足油田最大注入量要求,采出污水回注储层时最大注入量约为 1.5~1.7 倍储层孔隙体积；三要与地层水和储层岩石矿物间配伍性好，避免注入水与地层水接触后产生沉淀或引起黏土膨胀。

3. 水质标准

水质标准是依据油藏储层岩石矿物组成、渗透性分级、地层水和水源水矿物组成等参数通过室内岩心驱替实验结果确定，目前在用《碎屑岩油藏注水水质指标技术要求及分析方法》（SY/T 5329—2022）是油田生产实践经验积累和总结成果（表 5-1）。考虑到不同油田储层物性差异较大，其水质标准必须反映油田自身特点，而不能直接采用行业标准。

(1) 总铁含量小于 0.5mg/L。

(2) 溶解氧含量。地层水总矿化度>5000mg/L 时，溶解氧≤0.05mg/L；总矿化度≤5000mg/L 时，溶解氧≤0.5mg/L。

(3) 游离二氧化碳含量不大于 1.0mg/L。

(4) 硫化物（指二价硫）含量不大于 2.0mg/L。

(5) 水的 pH 值为 7±0.5。

表 5-1 水质推荐指标

控制指标	储层气测渗透率，μm^2	<0.1			0.1~0.6			>0.6		
	标准分级	A1	A2	A3	B1	B2	B3	C1	C2	C3
	悬浮固体含量，mg/L	<1.0	<2.0	<3.0	<3.0	<4.0	<5.0	<5.0	<6.0	<7.0
	悬浮物粒径中值，μm	<1.0	<1.5	<2.0	<2.0	<2.5	<3.0	<3.0	<3.5	<4.0
	含油量，mg/L	<5.0	<6.0	<8.0	<8.0	<10.0	<15.0	<15.0	<20	<30
	平均腐蚀率，mm/a	<0.076								
	点腐蚀	A1、B1、C1 级：试片各面都无点腐蚀								
		A2、B2、C2 级：试片有轻微点腐蚀								
		A3、B3、C3 级：试片有明显点腐蚀								
	硫酸盐还原菌，个/mL	0	<10	<25	0	<10	<25	0	<10	<25
	铁细菌，个/mL	$n×10^2$			$n×10^3$			$n×10^4$		
	腐生菌，个/mL	$n×10^2$			$n×10^3$			$n×10^4$		

注：(1) 1<n<10。
(2) 悬浮物固体含量不包括含油量。
(3) 清水水质指标中去掉含油量。

二、注入水与储层适应性评价

1. 水质分析

注入水水源确定后，需要分析注入水和地层水离子组成，主要分析项目包括：(1) Na^+、K^+（或钠与钾总量）、Ca^{2+}、Mg^{2+}、Ba^{2+}、Sr^{2+}、Fe^{3+}、Fe^{2+} 和 Al^{3+} 等阳离子；(2) Cl^-、HCO_3^-、CO_3^{2-} 和 SO_4^{2-} 等阴离子；(3) 可溶性二氧化硅、游离二氧化碳和硫化氢等；(4) pH 值和总矿化度。

2. 评价方法和技术指标

通过注入水和地层水离子组成分析，依据化学溶度积（solubility product）理论可初步判断各种离子在水中的稳定性及其可能对储层造成的伤害。当含 Ca^{2+}、Mg^{2+}、Ba^{2+} 和 Sr^{2+} 离子水与含 SO_4^{2-} 离子水接触时，会引起硫酸盐结垢问题，必须依据离子含量和储层物性经岩心实验或计算，确定沉淀是否会造成明显渗透率降低，据此确定是否应采取预处理措施。当含 SO_4^{2-} 离子水与含 Fe^{2+} 离子水接触时，会引起硫化亚铁结垢问题。当含 HCO_3^- 和 CO_3^{2-} 离子水与含 Ca^{2+}、Mg^{2+}、Ba^{2+}、Sr^{2+} 和 Fe^{2+} 离子水接触时，会引起碳酸盐结垢问题。当水中游离二氧化碳逸出时，会造成水 pH 值升高，进而引起碳酸盐沉淀问题。当阳离子交换量（CEC）大于 0.09mmol/g 时，就会引起黏土水化膨胀问题。

通常采用岩心驱替实验进行注入水与地层水和储层岩石间适应性评价，当注水后岩心渗透率降低值小于 20%时，则认为注入水与储层间适应性较好。

三、水处理工艺

从水中是否含油角度考虑，水源可以分为普通水源水和油田生产污水两大类。水源类型不同，水处理工艺技术不同，沉淀和过滤是两种常用水处理工艺技术，此外还包括除油、杀菌、脱氧和曝晒等工艺措施。

1. 普通水源水

1）沉淀

沉淀是依靠水中悬浮颗粒与水密度差异而实现悬浮物从水中分离的水处理技术，沉淀处理通常需要沉淀池（图 5-1）或罐（视频 5-1）。

视频 5-1 反应沉淀池沉淀

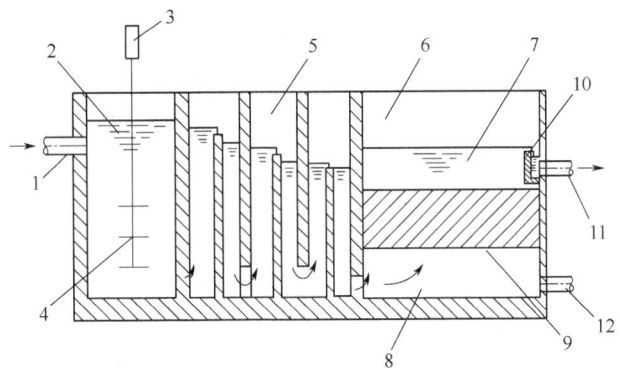

图 5-1 反应沉淀池结构示意图

1—进水管；2—机械反应池；3—搅拌机；4—叶轮；5—隔板反应池；6—斜板反应池；
7—清水区；8—积泥区；9—斜板；10—集水槽；11—出水管；12—排泥管

斯托克斯（Stokes）公式显示，水中悬浮物颗粒密度和粒径影响沉降速度，沉降速度又影响沉淀池或罐尺寸选择。当水中悬浮颗粒细小时，颗粒与水分离通常需要较长时间，这要求提供更多数量或更大尺寸沉降池或罐。为提高沉降速度，油田通常向水中加入聚（絮）凝剂，借此增大悬浮物颗粒粒径，进而提高沉降速度。目前常用聚凝剂包括硫酸铝、硫酸亚

铁、三氯化铁和偏铝酸钠等，硫酸铝与碱性盐如 $Ca(HCO_3)_2$ 作用生成絮状沉淀物，化学反应方程式为

$$Al_2(SO_4)_3 + 3Ca(HCO_3)_2 \Longrightarrow 2Al(OH)_3 + 3CaSO_4 + 6CO_2$$

当水 pH 值为 5~8 时，硫酸铝聚凝效果较好。当 pH 值为 8~9 时，硫酸亚铁（$FeSO_4 \cdot 7H_2O$）对氢氧化铁聚凝效果较好。为缩短聚凝时间，还可以向水中添加碱（如石灰），借以提高 pH 值。石灰与二氧化碳和碳酸氢钙等发生化学反应，生成碳酸钙（$CaCO_3$），它经聚凝沉淀和过滤除去。

2）过滤

常规沉降处理能够除去水中大部分悬浮物颗粒，但仍有少量细小颗粒和细菌必须通过过滤处理工艺才能消除。

（1）常规过滤。

常规过滤处理是在过滤罐（或池、器）中完成，过滤罐内自上而下安装了多层滤料和支撑材料。滤料一般为石英砂、大理石、无烟煤屑和硅藻土等颗粒，支撑材料多为砾石颗粒。水自上而下经过滤层和支撑层，然后从罐底部排出。按过滤速度大小将过滤分为慢速和快速等两种，其中慢速流量 0.1~0.3m^3/h，快速则高达 15m^3/h。按工作压力差异又将过滤罐分为重力式和压力式等两种，其中重力式滤罐水面与大气相连通，进出口水位差为过滤提供所需动力。压力式滤罐中水与大气完全隔离，水压提供过滤所需动力（图 5-2）。常规滤材可以除去 25~30μm 颗粒，硅藻土能滤除小于 5μm 颗粒。

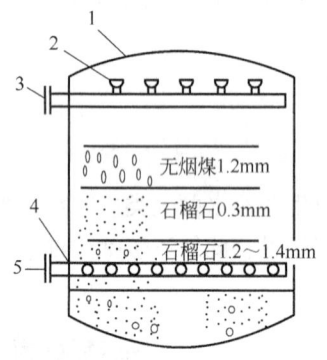

图 5-2 双滤料压力滤罐示意图
1—罐体；2—配水口；3—进水管；
4—集水管；5—出水管

（2）精细过滤。

与常规油田相比较，低渗透油田渗透率较低，孔隙尺寸较小，常规过滤水中悬浮物含量和颗粒粒径都不能满足储层实际需求。因此，低渗透油田注入水必须采取深度处理工艺。精细过滤器是常用深度处理设备，依据安装位置它又分为注水站和井口两种类型，前者确保水处理站流出水水质达到低渗透储层水质指标，后者确保进入井筒水质达标。

精细过滤器滤芯包括线绕滤芯、PP 熔喷滤芯、折叠滤芯和大流量滤芯等 4 种，其中滤芯过滤器结构如图 5-3 所示。

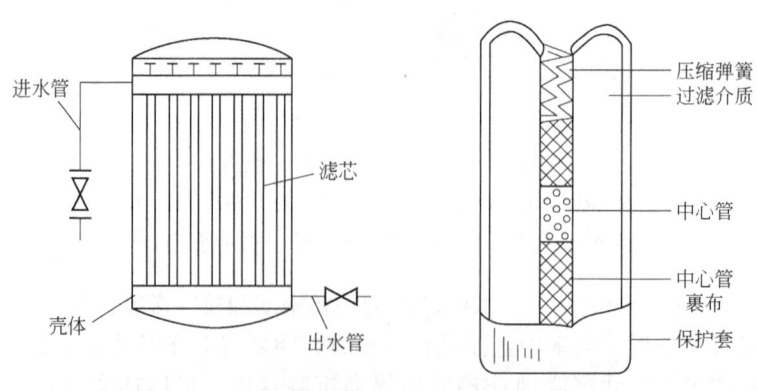

图 5-3 滤芯过滤器结构

PP 滤芯也叫 PP 熔喷滤芯，它由聚丙烯超细纤维热熔缠结制成，纤维在空间随机形成三维微孔结构，孔径沿滤液流向呈梯度分布，可截留不同粒径悬浮物。线绕滤芯过滤器由过滤性纺织纤维纱线精密缠绕在多孔骨架上精制而成，纱线材料包括丙纶纤维、腈纶纤维和脱脂棉纤维等，通过控制纱线缠绕松紧度和稀密度制成不同精度过滤芯。折叠式滤芯是由聚丙烯热喷纤维膜或尼龙聚四氟乙烯微孔滤膜等过滤介质构成的精密过滤器件，具有体积小、过滤面积大和精度高等特点。活性炭滤芯过滤器滤芯包括压缩型和散装型等两大类，前者是利用黏合剂将煤质和椰壳活性炭烧结压缩成形，后者是在压缩活性炭滤芯内外分别包裹无纺布来保持炭芯形状，炭芯两端装有丁腈橡胶密封垫，炭芯装入滤筒。

滤芯过滤器特点如下：

(1) 滤芯是人工复合纤维材料或活性炭，材料孔径均一，滤速快，吸附少，无介质脱落，耐压耐氧化性能好，强度高和寿命长。

(2) 滤芯内外支撑体可满足双向流动需要，防止现场反冲洗时损坏滤芯。

(3) 滤芯内外支撑体、滤膜与上下封头间用环氧树脂黏接密封，上下封头装有密封圈。

(4) 可将多个过滤器并联使用来提高处理速度，尤其适用于小型注水站注入水深度处理。

3）杀菌

地面水中多含有藻类、铁菌、硫酸盐还原菌和其他微生物等，它们可能引起储层堵塞和管柱腐蚀，杀菌也是水处理重要环节。杀菌剂主要包括甲醛、氯气、次氯酸盐类、季铵盐类（TS-801、TS-802、洁尔灭）液体药剂、过氧乙酸和戊二醛等，为防止细菌抗药性，通常交替使用两种以上杀菌剂。

氯气是一种常用杀菌剂，它先与水作用生成次氯酸：

$$Cl_2+H_2O \Longrightarrow HCl+HClO$$

次氯酸是一种不稳定化合物，会分解产生新生态氧 [O]：

$$HClO \longrightarrow HCl+[O]$$

[O] 是强氧化剂，可以杀菌。

4）脱氧

含氧水进入地面注入系统后会引起金属管线腐蚀，进入储层后会引起原油氧化、黏度增加和流动性变差。地面水中通常溶有少量氧气，储层水中可能含有二氧化碳和硫化氢等气体，它们对注入系统也有腐蚀性。因此，需要采用物理法或化学法清除注入水中 O_2、CO_2 和 H_2S 等气体。

(1) 化学法除氧。

化学法除氧是通过向水中加入除氧剂，除氧剂与水中氧接触和反应，进而达到除氧目的。常用除氧剂包括亚硫酸钠（Na_2SO_3）、二氧化硫（SO_2）和联氨（N_2H_4）等，其中亚硫酸钠具有价格低、添加操作简便等特点，它与氧的反应式为：

$$2Na_2SO_3+O_2 \longrightarrow 2Na_2SO_4$$

化学反应方程式计算表明，除掉 1mg/L 氧需要 7.88mg/L 无结晶水亚硫酸钠，矿场实际投放时应当考虑一定余量。水温低时可通过添加催化剂 $CaSO_4$ 提升反应速率。

(2) 物理法除氧。

亨利（Henry）定律认为，在一定温度和压力条件下水中会溶解一定数量气体。当温度升高或压力降低时，水中溶解气体量将会减少；反之，当温度降低或压力增加时，水中溶解气体量会增加。真空脱氧在不改变水温情况下，利用设备产生真空将水中游离气体和溶解气体释放出来。初步脱气水可再注入系统，这些初步脱气水是不饱和水，对气体具有高度吸收性，可以吸收系统中气体以寻求新的气体平衡。如此循环，就可以将水中所含气体量逐渐降低。

真空脱氧（视频5-2）多采用射流泵，它以水或蒸汽为介质，高速蒸汽在真空塔内形成真空（图5-4），使水中溶解氧气分离出来并随介质带走。气体脱氧多采用天然气或氮气作为介质，气体对水进行逆流冲刷，降低水中含氧量，但不易达到较高脱氧效果，可以用化学脱氧来弥补不足。

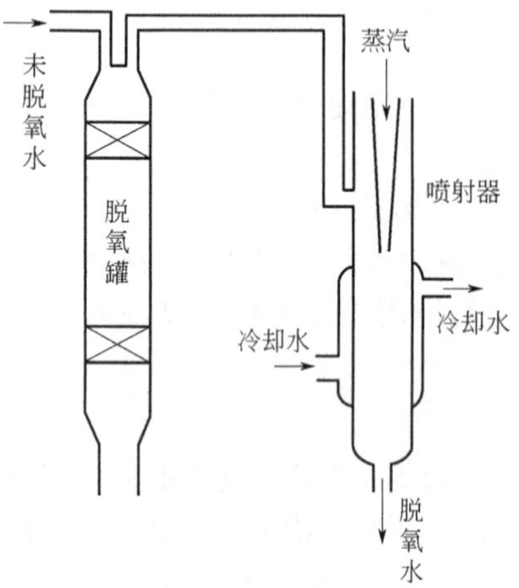

视频5-2 真空脱氧

5）曝晒

当水中含有过饱和碳酸盐如重碳酸钙、重碳酸镁钙和重碳酸亚铁等时，由于这些盐化学稳定性较差，注入储层后因温度升高可能引发碳酸盐沉淀和堵塞孔道，矿场多采取曝晒法预先清除污垢。

2. 油田生产污水

1）污水处理标准

与普通水源水相比较，油田生产污水多含油、含聚、含气和含黏土颗粒等物质，物质种类和性质与油藏地质特征、驱油剂类型和原油集输方式等因素有关。污水是一种高矿化度多相复合体系，污水回注前必须消除其中有害物质。

图5-4 真空脱氧示意图

污水处理方法包括以下几种。

（1）物理法除油。一是重力分离法，装置由撇油罐、撇油槽和API分离器等组成，主要用于清除污水中游离状态浮油，采用立式除油罐和斜板除油时也可去除悬浮固体；二是板式聚结法，主要装置包括平行板扰流器、波纹板扰流器、横向流分离器和混合流分离器等，可用于清除污水中微小油滴；三是气悬浮分离法，主要气体包括溶解气、水力分散气和机械分散气等，该方法除油效率较高，但设备投资和运行费用较高；四是强化重力分离法，主要设备包括水力旋流器和离心机等，该方法具有处理速度快和量大等特点，并且除悬浮固体效果明显提高。

（2）混凝除油。采用投加混凝剂消除乳化油，同时胶体也得到破乳，进而除去这两种物质的一部分。

（3）过滤。采用重力式和压力式过滤器除去混凝后悬浮物颗粒，也可以除去油。

（4）杀菌。水处理过程中加入杀菌剂，以消除水中细菌。

目前，陆地油田污水处理主要包括一般含油污水处理、深度污水处理和含聚合物污水处理等3种水质处理系统，每一套处理系统的水质标准不同。一般含油污水处理后回注到中高渗透层，其主要水质标准：含油量≤20mg/L，悬浮物≤10mg/L，悬浮物颗粒粒径中值≤5μm。深度污水处理后回注到低渗透层，主要水质标准：含油量≤8mg/L，悬浮物≤3mg/L，悬浮物颗粒粒径中值≤2μm。含聚合物污水处理后回注到中高渗透层，其主要水质标准：含油量≤30mg/L，悬浮物≤30mg/L，悬浮物颗粒粒径中值≤5μm。

2）污水处理系统

陆地油田注采生产系统设备流程示意图如图5-5所示。

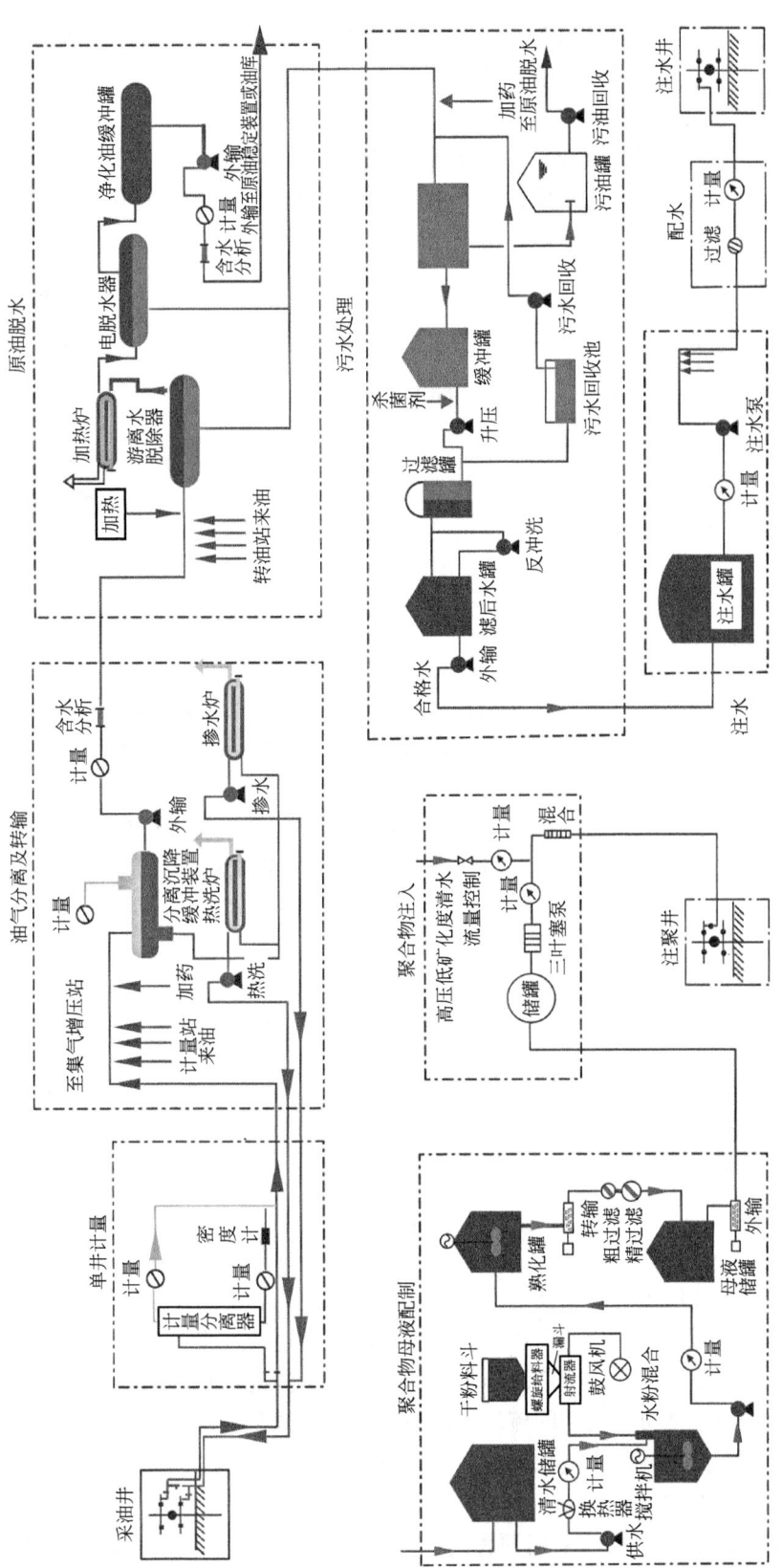

图 5-5 油田生产系统结构示意图

从图 5-5 可以看出，油田注采生产系统由采油、油水（气）分离、水处理和注水（聚）等子系统组成，水处理是其中重要组成部分。

（1）含油污水处理系统。

一般含油污水处理系统（站）采用两种工艺：一是混凝沉降、重力式过滤流程，二是自然沉降、混凝沉降和压力式过滤流程，如图 5-6 所示。

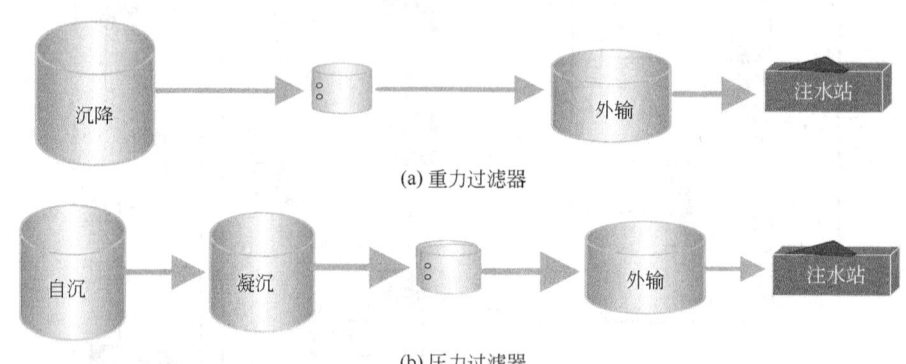

图 5-6 含油污水处理系统

"混凝沉降—重力式过滤"工艺流程较短，结构比较简单，但对污水水质变化适应性较差，污水含聚浓度较高时该流程无法适应。"自然沉降—混凝沉降—压力式过滤"工艺流程较长，结构比较复杂，对污水含油量变化适应性强，适用于水量变化大和含聚污水处理。

（2）含油污水深度处理系统。

为达到低渗透层注水水质指标要求，必须对一般处理污水再进行深度处理。污水深度处理系统（站）采用两种工艺：一是二级单向压力过滤工艺流程，二是二级双向压力过滤流程，如图 5-7 所示。

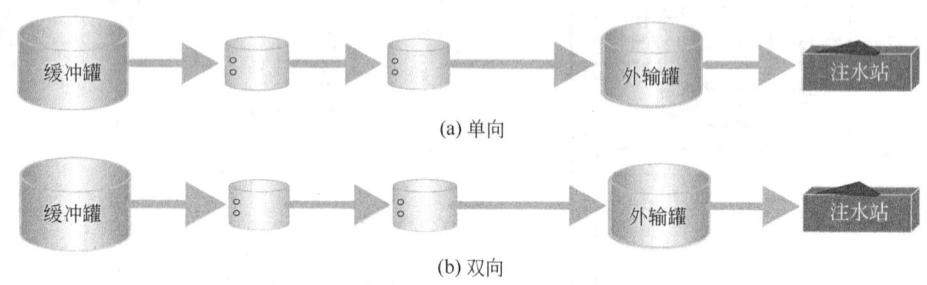

图 5-7 污水深度处理系统

二级单向压力过滤流程是指滤前水从过滤器上部进入，滤后水从过滤器下部流出，该流程滤速低，对过滤罐内部结构冲击小，对含聚污水处理适应性强，流程相对简单，自控程度要求不高，管理难度较低。二级双向压力过滤流程是指滤前水从过滤器上、下两个方向同时进入过滤器，滤后水从过滤器中间流出，滤速高，对过滤罐内部结构冲击较大，流程相对复杂，自控程度要求高，管理难度相对大，维护费用高。

（3）含聚污水处理系统。

含聚污水处理系统（站）采用两种工艺：一是自然沉降—混凝沉降、二级双向压力过滤流程，二是自然沉降—混凝沉降、一级单向压力过滤流程，如图 5-8 所示。

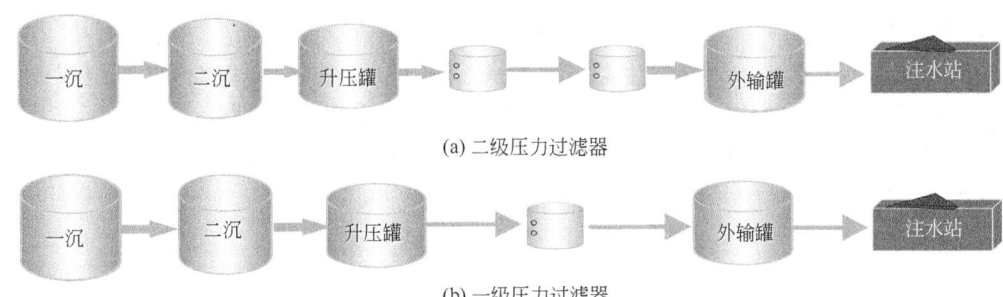

图 5-8 含聚污水处理系统

3) 污水处理工艺

(1) 沉降工艺。

沉降工艺包括沉淀和上浮两种物理过程，其原理是利用密度差进行重力分离，是含油污水处理不可缺少的关键工艺。在含油污水处理过程中，大部分油和杂质是在此阶段被分离出来，水中油以上浮形式去除，泥砂则下沉去除。

(2) 过滤工艺。

过滤是含油污水处理最后工序，污水流过一个由石英砂或其他材料组成的过滤床，悬浮物颗粒或油滴被留在这些颗粒间孔隙内或颗粒表面，从而进一步提升污水水质。过滤器分为重力式和压力式两种，重力式过滤是由沉降罐和过滤罐间位差来提供动力，压力滤罐则由滤前水与滤后水压差来提供动力。根据滤料可分为单滤料（石英砂、核桃壳和改性纤维球）过滤器、双滤料（无烟煤和石英砂）过滤器、多滤料（无烟煤、石英砂、磁铁矿等）过滤器。当滤罐过滤水头损失达到设计极限时，就需通过冲洗来恢复滤料性质。反冲洗强度约为 $8\sim20L/(s\cdot m^2)$，压力滤罐冲洗时间为 $10\sim15min$。反冲洗废水自流或借助余压（压力过滤时）进入回收水池或回收水罐，停留一定时间后较大粒径泥砂等沉入池底或罐底，然后用回收水泵将污水抽送到沉降罐，进行沉降分离处理，从而达到回收的目的。

(3) 污油回收工艺。

污油回收也是含油污水处理工艺流程的组成部分，它包括油水分离、储存和输送三个部分。沉降罐或缓冲罐内浮升到表面的污油溢流到罐上部环形集油槽中，通过收油管道流入油罐，再用油泵抽送到油站进行再处理。输送设备主要是指油泵和输油管道，油泵一般选用 2 台，其中备用 1 台。

(4) 污泥排除工艺。

污泥是含油污水处理中不可避免的产物，它分布在沉降罐和回收水池（罐）底部。随着聚合物驱技术推广应用，采出污泥量逐年增加，对污水水质达标带来极大影响。因此，污泥必须及时排除。早期建成污水站包括沉降罐、集泥坑和离心排泥泵等，但排泥效果较差。目前，陆地主要油田应用吸盘排泥器和离心机污泥浓缩工艺，排泥效果良好。

3. 海水

海水是从海平面以下一定深度抽取，总矿化度为 $35000\sim40000mg/L$。此外，海水中还含有氧、细菌、藻类、海生物和固体悬浮物颗粒，且这些物质含量多少受到海域、海流和气象等因素影响。因此，海水需要经过系列处理措施后才能注入储层，否则，这些物质会引起注水系统腐蚀和造成储层结垢伤害。

1) 加氯工艺

加氯处理工艺由水泵、氯气发生器、除氢罐、鼓风机、加压泵和整流器等组成装置完成。采用电解法产生次氯酸钠和氢气，由鼓风机向除氢罐上部吹入空气，氢气经稀释后排入大气。采用增压点滴泵将次氯酸钠溶液加入海水注入管汇中，次氯酸钠与细菌和海洋生物接触，发挥消杀作用。

2) 过滤工艺

海水过滤工艺通常采用多级过滤方式。第一级过滤是在抽水泵入口处安装一个粗滤筛网，滤除粒径较大悬浮物颗粒、海生物和藻类等。第二级过滤是粗滤器，它可以进一步滤除海水中粒径较大悬浮颗粒。第三级为细滤器，它可以滤除大多数粒径较小颗粒。第四级是精细过滤器，它安装在井口，滤除粒径更小悬浮物颗粒。

3) 脱氧工艺

为消除海水中溶解氧和其他气体，海水处理系统中设置了除氧装置，除氧装置由二级除氧塔、真空泵、空气射流泵以及配套管网、压力表和安全阀等构成。

此外，海水处理系统中还包括化学药剂加入系统，它包括药剂罐、比例泵和管线等，通过该系统将防腐剂、防垢剂、缓蚀剂、脱氧剂、催化剂、杀菌剂和消泡剂等加入注入系统中各个加药点。

四、注水设备和工艺流程

经上述处理工艺处理合格水被输送到注水站储液罐，升压后再经配水间、输水管网和井下配水管柱注入目的层，注水系统设备和工艺流程如图 5-9 所示。

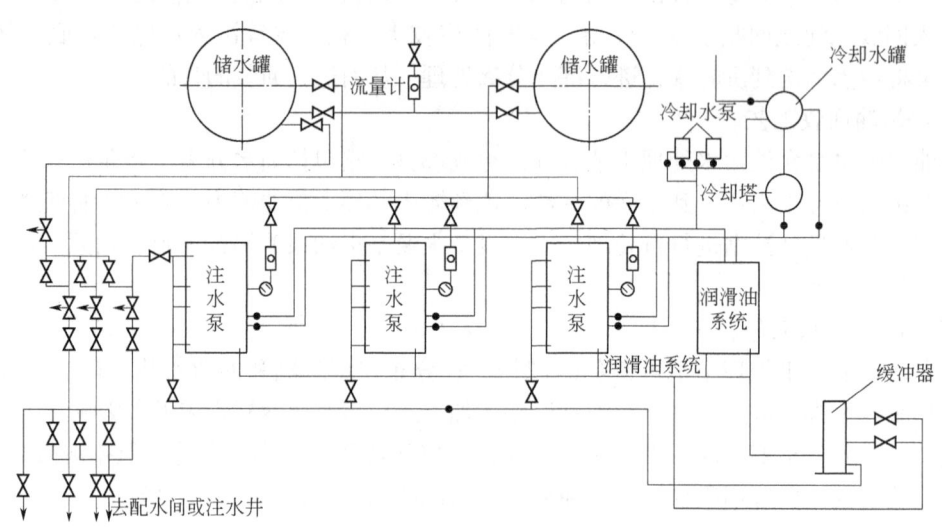

图 5-9　注水设备和工艺流程

1. 注水站

注水站是注水系统的核心，其主要作用是为注入水储存和升压，以满足目的层吸水压差要求。

1) 设备组成

注水站设备主要包括储水罐、高压泵组、流量计和分水器等，其中还包括为泵组提供冷却液和润滑油子系统。储水罐具备储存、缓冲和分离功能，其中储存功能是为注入水提供接收和储存容器，缓冲功能是提供的容器体积大于实际需求值，多余容器体积可以为来水量波动提供缓冲空间，分离功能是它可以为水中固体颗粒沉淀和油滴漂浮提供空间。高压泵组为多级离心泵或柱塞泵，流量计用于输出水量计量，分水器用于向各配水间分配高压水。

2) 注水站设计

注水站规模设计主要依据辖区内总用水量，它由注入水、洗井水和其他用水构成。洗井周期一般约为60d，洗井强度为20~30m^3/h。若注水站管辖井不足60口，通常可考虑每天洗井一口。

高压泵最高输出压力由储层压力和注水压差构成，其中储层压力可由压力试井或/和试注资料确定，注水压差与注水量和储层岩石渗透率有关。对于层间非均质水井，在选择注水泵最高额定输出压力时取低渗透层能够完成配注水量所需注入压力为井口注入压力，同时考虑地面输水管线压力损失和预留部分提压空间，综合三方面最终确定高压泵最高输出压力。

2. 配水间

配水间可分为单井配水间和多井配水间，配水间主要用来调节、控制和计量单井注水量，其主要设备包括分水器、正常注水及旁通备用管汇、压力表和流量计。

3. 注水井

注水井是注入水由地面管网进入储层的通道，它由井口装置、管柱、封隔器和配水器等组成。注水井可以是油井转注井或专门为注水而设计井，通常将低产、特高含水或边缘油井转换成注水井。

4. 地面管网

将地面不同注水站、配水间和注水井连接在一起形成一个地面管线网络。一个油田或一个区块通常需要多座注水站同时供水，形成多个注水地面管网，它们可以相互独立和自成体系，也可以相互连接组成注水网络系统。

5. 水井投注程序

注水井从完井到正常注水，通常要经过排液、洗井、下管柱和试注等环节，之后才能转入正常注水。

（1）排液。试注前需要完成排液和洗井作业，排液在于清除井筒和储层内的堵塞物。储层物性和开发方案决定了排液时机，储层岩石胶结强度决定了排液强度。

（2）洗井。洗井目的是把排液后井筒内存留污物冲洗和携带到地面上来。洗井分为正洗和反洗两种方式，正洗是水从油管进入，从油套环空返回地面。反洗则是水从油套环空进入，从油管返回地面。洗井排量应由小到大。洗井时要采取合理排量，严防漏失引起新的伤害问题。当储层压力较低甚至低于静水柱压力时，可采用气液混注洗井。

（3）试注。完成排液和洗井后水井转为试注。试注目的是为了确定储层吸水能力、注水启动压力和检验水质标准。

第二节 小层吸水能力及测试方法

一、储层吸水能力评价指标

1. 评价指标

1) 注水指示曲线

注水（吸水）指示曲线是注入压力与注入量间关系曲线，它分为全井和小层指示曲线，如图 5-10 所示。

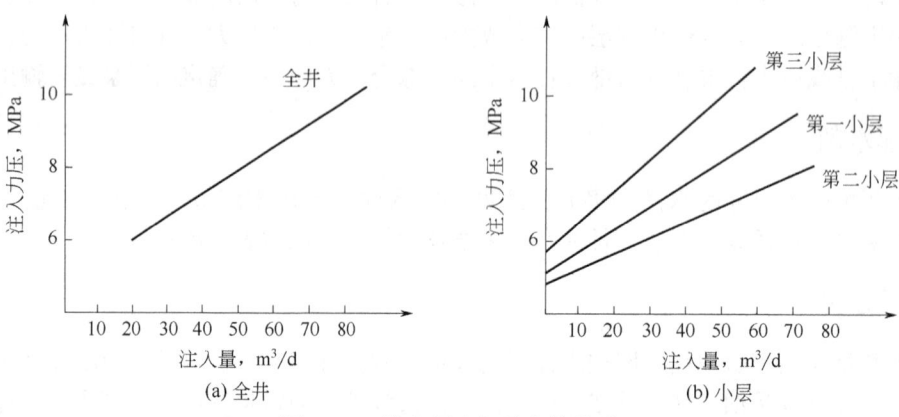

图 5-10　注入压力与吸水量关系

2) 吸水指数

吸水指数是单位吸水压差下日注水量，它反映了注水井或小层吸水能力大小，其表达式为

$$I_w = \frac{q_{iw}}{\Delta p_{iw}} = \frac{q_{iw}}{p_{iwf} - p_{iws}} \tag{5-1}$$

式中　I_w——吸水指数，$m^3/(MPa \cdot d)$；

q_{iw}——注水量，m^3/d；

Δp_{iw}——吸水压差，MPa；

p_{iwf}——井底流压，MPa；

p_{iws}——地层静压，MPa。

在实际生产过程中，往往不容许经常关井测地层静压，没有地层静压就无法利用式(5-1) 计算吸水指数。但若能够测得两种工作制度下流压和注水量，则利用式(5-1) 可以推导出下式：

$$I_w = \frac{\Delta q_{iw}}{\Delta p_{iwf}} \tag{5-2}$$

式中 Δq_{iw}——两种工作制度下注水量差,m³/d;
Δp_{iwf}——两种工作制度下流压差,MPa。

此外,依据吸水指数和注水指示曲线斜率定义,吸水指数与斜率成倒数关系,因此可以利用注水井指示曲线或分层注水指示曲线斜率计算吸水指数。

3) 比吸水指数

在对比各小层吸水能力时,必须消除小层厚度的影响,因此引入比吸水指数指标,它是单位厚度吸水指数:

$$I_{wR}=\frac{I_w}{h} \tag{5-3}$$

式中 I_{wR}——比吸水指数,m³/(MPa·d·m);
h——储层有效厚度,m。

4) 视吸水指数

在注水井日常管理工作中,吸水指数是评价全井和小层吸水能力以及变化的重要指标,但经常测试注水井流压也增加了工作难度,而井口压力测试却十分便捷。为此,采取井口压力替代井底流压方式建立视吸水指数评价指标:

$$I_{wa}=\frac{q_{iw}}{p_{iwh}} \tag{5-4}$$

式中 I_{wa}——视吸水指数,m³/(MPa·d);
p_{iwh}——井口压力,MPa。

在笼统注水条件下,若采用油管注水,则式(5-4)中 p_{iwh} 取套管压力;若采用油套环空注水,则 p_{iwh} 取油管压力。

5) 相对吸水量

在同一注入压力下,相对吸水量指小层吸水量占全井吸水量百分数,它是衡量各小层相对吸水能力大小的指标。若已知小层相对吸水量和全井指示曲线,就可以绘制出各小层注水指示曲线,而不必再进行小层测试。

2. 井底注水压力校正

在实际注水生产过程中,注入水流经油管、水嘴和配水器阀时都会产生压力损失,因此,实测井口注入压力需要扣除压力损失才是井口有效注入压力。井底注入压力=有效注入压力+静水柱压力,即

$$p_{ief}=p_{iwh}+p_h-\Delta p_{fr}-\Delta p_{ch}-\Delta p_{va} \tag{5-5}$$

式中 p_{ief}——井底注水压力,MPa;
p_{iwh}——实测井口注入压力,MPa;
p_h——静水柱压力,MPa;
Δp_{fr}——油管摩擦压力损失,MPa;
Δp_{ch}——水嘴压力损失,MPa;
Δp_{va}——配水器阀压力损失,MPa。

井底注水压力消除了沿程压力损失的影响,它与注水量关系曲线可以比较真实地反映储层吸水能力。

二、储层吸水量影响因素

1. 储层吸液能力

单相液流达西公式表明,吸水量(流量)与注入压差和吸水指数成正比,其中吸水指数又与储层岩石渗透率和厚度成正比,与储层流体黏度和体积系数成反比。由此可见,储层吸水能力受储层岩石渗透率、厚度、地层压力和流体黏度等因素影响。

2. 吸水量下降影响因素

在注水生产过程中,储层吸水能力下降主要是由渗透率降低和油藏压力升高所引起,而渗透率降低又与水质以及水与储层矿物成分间作用有关,储层压力与注采平衡有关。

(1) 储层岩石渗透率降低。

① 与水井作业相关因素,主要包括压井作业时因压井液浸入储层造成渗透率降低,酸处理措施不当造成岩石结构破坏和形成砂堵,或反应产物形成二次沉淀。此外,洗井措施不当造成井筒内污物进入储层。

② 与水质有关的因素,主要包括注入水造成设备和管线腐蚀,腐蚀产物[如氢氧化铁$Fe(OH)_3$及硫化亚铁FeS等]进入储层,造成渗透率降低,或注水管线内壁上水垢($CaCO_3$和$BaSO_4$等)脱落进入储层,造成渗透率降低。注入水中所含微生物(如硫酸盐还原菌和铁菌等)进入储层,除自身堵塞作用外,代谢产物也会造成堵塞。注入水中所带细小泥砂和悬浮物等杂质进入储层会造成堵塞。注入水中不稳定盐类,因温度和压力变化在储层内产生沉淀和造成堵塞,例如,注入水中所含重碳酸盐,温度和压力发生变化时就可能在储层内生成碳酸盐沉淀。

③ 储层内黏土矿物遇水后膨胀,造成渗透率降低甚至堵塞伤害。

(2) 注水井油藏压力升高。

水井注入量大于油井采液量时储层压力就会升高,若注入压力保持不变,注水压差减小,注水量下降,储层吸水量降低,但此时储层吸水能力并未降低。

3. 堵塞作用机理分析

(1) 铁腐蚀物。

油田注水过程中通常注入水在水源、净化站或注水站出口含铁量很低,但经过地面管线到达井底时铁离子含量却明显增加。由此可见,注入水对地面输水管壁产生了腐蚀,严重时该腐蚀产物占注水井排出污物的40%~50%,其中主要是氢氧化铁和硫化亚铁。

① 氢氧化铁。

根据电化学腐蚀原理,Fe^{2+}进入水中后生成$Fe(OH)_2$,注入水中溶解氧会将其进一步氧化成$Fe(OH)_3$。pH值为3.3~3.5时氢氧化铁处于胶体质点状态,pH值接近于6~6.5时氢氧化铁处于凝胶状态,pH值大于8.7时氢氧化铁呈棉絮状的胶体物。由此可见,pH值大于4~4.5以后氢氧化铁将对储层产生明显堵塞作用,从而降低吸水能力。

注入水中所含铁菌会代谢产生$Fe(OH)_3$,铁菌还可从水中吸取二价铁盐和氧,同时进行化学反应,形成氢氧化铁沉淀:

$$4Fe(HCO_3)_2+2H_2O+O_2 \xrightarrow{\text{铁菌}} 4Fe(OH)_3+8CO_2$$

② 硫化亚铁。

注入水所含硫化氢（H_2S）与电化学腐蚀生成的二价铁作用生成硫化亚铁（FeS），生成带有臭鸡蛋味的黑色沉淀物。若注入水中不含 H_2S 但存在硫酸盐还原菌时，它也会将水中 SO_4^{2-} 还原成 H_2S：

$$2H^+ +SO_4^{2-}+4H_2 =\!=\!= H_2S+4H_2O$$

（2）碳酸盐沉淀。

当注入水溶解有重碳酸钙和重碳酸镁等不稳定盐类时，一旦储层温度和压力发生变化，这些溶解盐将会析出和形成沉淀，堵塞储层孔道和降低吸水能力。

通常储层内水中游离二氧化碳、碳酸氢根和碳酸根等离子保持着平衡关系：

$$CO_2+H_2O+CO_3^{2-} =\!=\!= 2HCO_3^-$$

注水开发后储层温度和压力平衡关系发生变化，重碳酸盐分解，平衡左移，水中 CO_3^{3-} 浓度增大。当水中含有 Ca^{2+} 时，就会有 $CaCO_3$ 析出和形成沉淀，造成储层堵塞。

此外，水中硫酸盐还原菌会促成以下反应，也会生成 $CaCO_3$ 沉淀。

$$Ca^{2+}+SO_4^{2-}+CO_2+4H_2 \xrightarrow{\text{硫酸还原菌}} CaCO_3+H_2S+3H_2O$$

（3）细菌。

注入水中所含细菌如硫酸盐还原菌和铁菌等会在注水系统和储层内繁殖，引起堵塞和降低吸水能力。这些细菌除了菌体本身会造成储层堵塞外，其代谢生成物 FeS 和 $Fe(OH)_3$ 也会产生堵塞作用。

硫酸盐还原菌为厌氧菌，其生存和繁殖都不需要氧，可以适应差异较大的环境条件，生长温度 283~313K、pH 值 4.0~9.6，适宜温度 298~308K、pH 值 6.7~7.3。水脱氧处理后给硫酸盐还原菌提供了适宜生存和繁殖环境，例如，某油田注入水进入净化站处理前细菌含量较低（$2.5×10^2$ 个/mL），进入脱氧塔后细菌大量繁殖，含菌量迅速增加，到井口时高达 $1.1×10^4$ 个/mL。与硫酸盐还原菌不同，铁菌生长和繁殖都离不开氧，若注入水含有氧，就为它生长和繁殖提供条件。

一些水井返排液分析确定，硫酸盐还原菌活泼发育半径约 3~5m，表明注入水中所含细菌可以进入储层深部，给解除细菌堵塞增加了难度。

（4）黏土膨胀。

通常储层岩石胶结物中含有黏土矿物，注水过程中黏土矿物与水接触后会发生膨胀，造成孔隙尺寸减小，渗透率降低。此外，油藏内除了储层外还含有黏土夹层，若固井质量不高则引起黏土夹层吸水膨胀，严重时会引起井身结构破坏。

黏土遇水膨胀程度与构成黏土矿物类型和含量有关，蒙皂石膨胀性最大，高岭石最小。随蒙皂石含量增加，膨胀程度增大。黏土膨胀程度还与水质有关，淡水比盐水引起黏土膨胀程度大。由于储层水矿化度较高，因而采出水比注地面淡水引起的黏土膨胀率小。此外，随黏土中小颗粒含量增多，膨胀性会增强。

三、储层吸水能力提升措施

储层吸水能力低可能是储层自身物性差引起的，也可能是注水造成的。因此，储层改造措施选择前必须首先分析储层吸水能力低的原因，然后选定相适应的改造措施。

1. 压裂

压裂是实现水井增注的最有效技术措施，它是在近井地带生成一条人工裂缝，它不仅避开井壁附近污染带，而且增大了渗透面积，从而达到减小压力损失和增加吸水量目的。因此，压裂不仅适合于解除中高渗透储层井筒附近区域污染，而且适合于低渗透或致密储层增注甚至成为一种最佳完井方式。

压裂施工要避免二次污染，因此压裂液与储层岩石良好配伍性十分重要。此外，压裂规模要依据储层物性合理选择，中高渗透储层以微压裂避开污染带为主，低渗透和致密储层应适当增大压裂规模，但也要考虑裂缝过长引起的水窜问题。

2. 酸化

酸化是实现水井增注的另一有效技术措施，它是利用酸与储层岩石骨架或孔隙内滞留物反应，将其溶解并反排到地面。除储层自身渗透率低外，注水开发过程中吸水能力降低是由于水中杂质引起的孔隙堵塞，需要采取酸化措施来消除孔隙内的堵塞物。因此，酸化设计时必须依据堵塞物类型或岩石胶结物类型来选择酸液类型和工艺措施。

如前所述，注水过程中引起储层堵塞的材料分为两类。一类是无机堵塞物，主要包括 $CaCO_3$、FeS、$Fe(OH)_3$ 和泥质堵塞物等，前三种物质可以与盐酸作用，泥质不溶于盐酸，但它在土酸（盐酸和氢氟酸的混合物）中可以完全溶解。此外，油田也采用磷酸和硫酸等进行解堵作业。另一类是有机堵塞物，包括藻类和细菌。甲醛水溶液可以解除细菌堵塞，但难以解除细菌代谢产物引起的堵塞，例如，FeS 沉淀。因此，酸化设计时往往需要将杀菌和酸化处理联合使用。

除盐酸和土酸等酸液种类选择外，还可依据储层特性采用个性化酸处理工艺，常用做法包括以下三种。

1）稀酸不排液法

通常酸化后必须进行排液，以免 pH 值变化引起溶蚀物重新沉淀和堵塞储层。排液不仅增加了施工工作量，而且会引起储层压力降低，进而降低后续注水效果。当储层堵塞程度比较低时，可考虑先注入低浓度盐酸或土酸，然后注水，靠注入水将溶解物携带到油层深部，pH 值超过 3.5 后原先处于溶解状态的堵塞物开始重新析出和沉淀。若储层渗透率较高，沉淀引起渗流阻力增幅不大。

2）醋酸缓冲—稀酸不排液法

采取"缓冲液段塞（醋酸15%+烧碱1.56%）+稀酸液段塞（盐酸0.5%+氢氟酸0.5%+甲醛0.5%~1%+表面活性剂0.2%~0.5%）+缓冲液段塞"注入方式，可以使储层内较大范围保持较低 pH 值，这种组合方式具有工艺简便、节省人力和设备等特点。

3）逆土酸法

与土酸相比较，逆土酸中氢氟酸浓度大于盐酸浓度，但它们酸化原理基本相同。由于逆土酸中氢氟酸浓度较高，它对储层岩石泥质胶结物溶解作用较强，易于引起出砂。

3. 防膨措施

当储层黏土含量较高时，减缓或消除黏土吸水膨胀是注水开发必须考虑的关键技术问题。目前，注防膨剂是防止黏土吸水膨胀的有效措施，常用防膨剂：（1）无机盐类，如 KCL 和 NH_4CL，该类防膨剂效果明显，但有效期较短；（2）无机物表面活性剂，如铁盐类，该类防膨剂施工工艺比较复杂，药剂价格较高，有效期也较短；（3）离子型表面活性剂，如聚季胺，该类防膨剂有效期较长，成本较低，施工简便。此外，将无机盐和有机物复配而成处理剂防膨效果较好，是防膨技术发展方向之一。

四、储层吸水剖面测试方法

注水井吸水剖面是储层纵向上各个小层吸水量占全井注水量百分数，它是各小层吸水能力强弱的评价指标，也是实现合理分层注水调整依据。目前，油田水井吸水剖面测试方法主要有放射性同位素测井、投球测试管柱和偏心测试管柱等。

1. 放射性同位素测井法

1）测试原理和工艺

首先将放射性同位素（如 Zn^{65} 或 Ag^{110} 等）吸附于固体颗粒载体（如医用骨质活性炭或氢氧化锌或二者混合物）表面，再将颗粒载体与水按照设计比例配制成活化悬浮液，最后以正常注水方式将活化悬浮液注入井内，各个小层会按照正常吸水比例吸入悬浮液。由于固体颗粒载体粒径略大于岩石孔隙尺寸，悬浮液中水渗透进入储层，而颗粒却被过滤和沉积在井壁岩石表面上。注悬浮液后下入放射性测试仪器测量井筒纵向上总放射性曲线，各小层放射性强度大小与吸入悬浮液量即吸水量成正比。考虑到岩石本身具有自然放射性，且各小层自然放射性强度存在差异。因此，注入悬浮液前应先测量井筒纵向上自然伽马曲线，总放射性曲线扣除自然伽马曲线后剩余值才是放射性同位素引起的放射性强度。

井筒纵向上自然伽马曲线和放射性同位素的放射性曲线如图 5-11 所示。

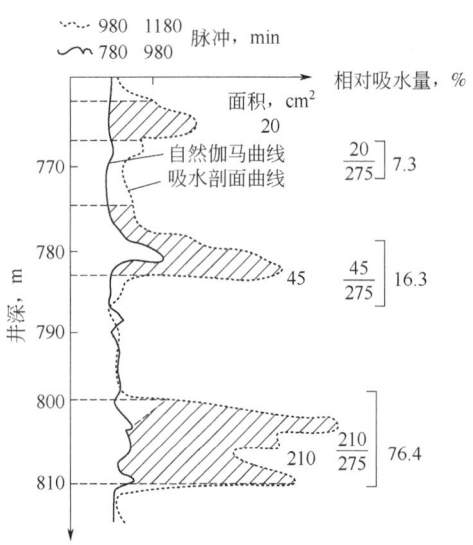

图 5-11 井深与自然伽马和同位素放射性曲线关系

在射孔完井方式下，通常小层吸入悬浮液量越多，井壁岩石表面沉积固相颗粒载体数量越多，放射性同位素含量越高，放射性强度越大。但当储层内存在优势通道或特高渗透条带时，载体颗粒粒径会小于储层孔洞直径，井壁及附近区域没有载体颗粒沉淀，此时该部位或小层放射性强度与吸水量间关系就不是线性关系，进而造成测井解释偏差。

2）测试资料解释

(1) 曲线深度校正。由于电缆误差等原因，造成放射性曲线深度与储层实际深度不一致，因而必须进行校正，使曲线放射性异常部位与储层相对应。

(2) 沾污影响。活化悬浮液流经井段都存在程度不同的放射性沾污，造成曲线基值抬高甚至造成假异常，必须消除这种影响。

(3) 叠合图。先绘出自然伽马曲线（基线），然后把经过深度、幅度校正的同位素测试曲线与自然伽马曲线进行叠合，使不吸水井段重叠在一起，得到叠合图。

(4) 吸水层位。在叠合图上，吸水层段都有明显异常，通常认为曲线异常值应超过不吸水井段叠合图 1.5 倍都为吸水段，同时要参考其他电测曲线如自然电位曲线等加以确认。

(5) 相对吸水量。由于各小层自然伽马曲线与同位素放射性曲线未重叠部分的包围面积（图 5-11 中阴影区域）与各小层吸水量成正比，各层相对吸水量 $q_{\mathrm{riw}i}$ 为

$$q_{\mathrm{riw}i} = \frac{A_i}{\sum\limits_{i=1}^{n} A_i} \times 100\% \tag{5-6}$$

式中　$q_{\mathrm{riw}i}$——第 i 层段相对吸水量；
　　　A_i——第 i 层段同位素放射性曲线异常面积。

(6) 小层吸水量。

各个小层吸水量 q_i 为

$$q_i = q \times q_{\mathrm{riw}i} \tag{5-7}$$

式中　$q_{\mathrm{riw}i}$——第 i 层段相对吸水量；
　　　q——全井注水量。

2. 投球测试管柱

投球法是矿场测试吸水剖面的一种常用测试方法，它需要利用投球测试管柱，如图 5-12 所示。投球测试管柱由油管、封隔器、配水器、球座和底部阀等部件组成。

1）全井指示曲线

在注水管柱相同条件下，当各个小层同时吸水时注水量与注入压力关系曲线称为全井指示曲线。通常测 4~5 个点即测试 4~5 个注入压力下全井吸水量，各个测试点间压差为 0.5~1.0MPa，其中包含正常注水压力。各个测试点间测试时间间隔应当超过 30min，确保注水过程达到稳定。测得全井注水量与压力关系后就可以绘制全井指示曲线，即 $q_{\mathrm{a}i}$—p_i（$i=1,2,3,4,5$）关系曲线。

2）小层指示曲线

视频 5-3　注水井分层测试

若储层拥有三个吸水小层，投球测试步骤：(1) 首先下入投球测试管柱，向管柱内投放直径较小球，它将坐封在第Ⅲ小层配水器球座上，切断该小层水流通道，之后采用与测全井指示曲线时所用注入压力 p_i（$i=1,2,3,4,5$）注水（视频 5-3），此时仅有第Ⅰ和第Ⅱ小层吸水（图 5-12），当每个注入压力 p_i（$i=1,2,3,4,5$）下注水达到稳定后记录

吸水量 $q_{(I+II)i}(i=1,2,3,4,5)$；（2）再向管柱内投放第二个直径较大球，它将坐封在第Ⅱ小层配水器球座上，切断该小层水流通道，同样采用与测全井指示曲线时所用注入压力注水，此时仅有第Ⅰ小层吸水，当每个注入压力下注水达到稳定时记录吸水量 $q_{Ii}(i=1,2,3,4,5)$。投球测试工作完成后下一步工作是数据处理和小层指示曲线绘制。

第Ⅰ小层吸水量：$q_{Ii}(i=1,2,3,4,5)$。

第Ⅱ小层吸水量：$q_{IIi}=q_{(I+II)i}-q_{Ii}(i=1,2,3,4,5)$。

第Ⅲ小层吸水量：$q_{IIIi}=q_{ai}-q_{(I+II)i}(i=1,2,3,4,5)$。

利用小层吸水量与压力关系就可以绘制小层指示曲线，即 q_{Ii}、q_{IIi} 和 q_{IIIi} 与 $P_i(i=1,2,3,4,5)$ 关系曲线。

3. 偏心测试管柱

除了采用投球测试管柱测小层吸水指示曲线外，油田也采用偏心测试管柱测小层吸水指示曲线，偏心测试管柱结构示意图如图 5-13 所示。

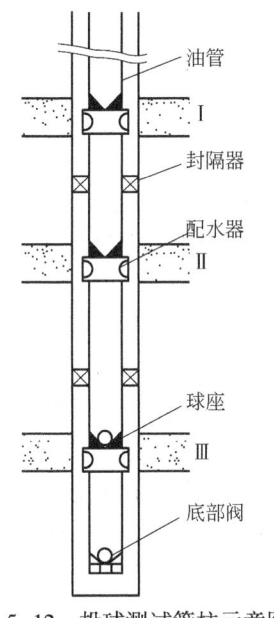

图 5-12 投球测试管柱示意图

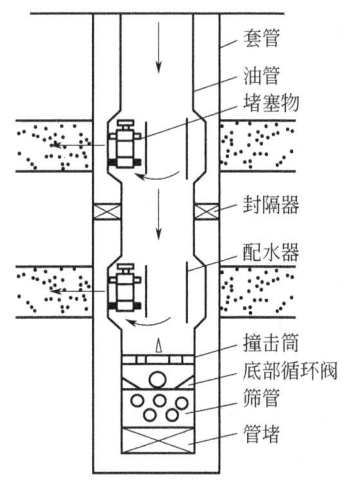

图 5-13 偏心测试管柱示意图

与投球测试管柱不同，偏心式测试管柱上安装水嘴堵塞器工作筒位于管柱中心一侧，任何一层投捞都不影响其他小层吸水，适用于多级分隔油藏。因此，偏心测试管柱可用于测试分层注水指示曲线。

1）测试原理

偏心测试管柱分为集流和非集流两种形式，集流测试是将流量计与测试密封段相连，然后用钢丝下到待测层段的桥式偏心配水器中，注入水经过流量计和测试密封段流入地层。当某层段进行测试时，通过配水器桥式通道确保以下各层可以正常注水，此时流量计测试值就是该层实际注入量。非集流测试是将流量计下至最下一级桥式偏心配水器之上 3~5m 处油管中，流量测试时间 5~10min，自下而上依次上提，最后使用递减法计算各小层注水量。

偏心测试管柱所用流量计分为浮子式流量计和电磁流量计，下面以浮子式流量计和非集流测试组合为例介绍测试原理。测试前利用钢丝将仪器下入偏心测试管柱并定位和密封，注入水进入仪器锥管，带动锥管里浮子，浮子发生位移并带动与弹簧相连的记录笔。随流经锥管水量增加，浮子受到水流冲击力增大，弹簧变形量增大，记录笔与原点距离增加。同时，记录纸筒按照一定速度旋转，这样记录笔就会在记录纸上绘制一条线段。

通过锥管流量不同，弹簧变形量不同，记录笔所划线高度不同。依据室内标定划线高度与流量间关系，就可以利用记录卡反求流量值。利用钢丝拖动仪器由下而上逐层测试，各个层段停留3~5min，每次测得流量为本层及以下各层注水量之和。

2）测试资料解释

浮子式流量计测试卡片如图5-14所示，图5-14中纵坐标为浮子位移即弹簧应变值。室内标定流量与浮子位移关系如图5-15所示。

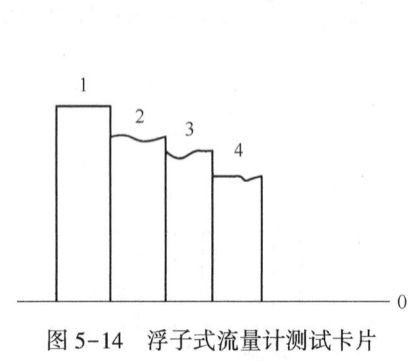

图5-14 浮子式流量计测试卡片

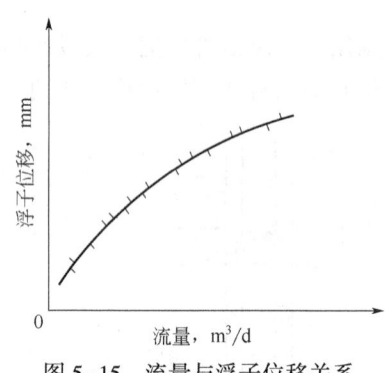

图5-15 流量与浮子位移关系

利用图5-14可以获得浮子位移值，再利用图5-15就可以确定注水量。小层指示曲线绘制有以下步骤。

（1）流量计算，假设q_1为全井注水量，q_2为第二、第三和第四层段注水量之和，q_3为第三和第四层段注水量之和，q_4为第四层段注水量。于是，第四层段注水量$q_{iw4}=q_4$，第三层段注水量$q_{iw3}=q_3-q_4$，第二层段注水量$q_{iw2}=q_2-q_3$，第一层段注水量$q_{iw1}=q_1-q_2$。

（2）注入压力，偏心管柱测试采用降压法，压降相同。压力间隔一般为0.5~1.0MPa，每层至少测4~5个压力点，其中含正常注水压力。

（3）曲线绘制，利用各小层压力和流量测试资料，绘制注水量与注水压力关系曲线。

3）测试资料应用

利用偏心测试管柱测试得到各种形状测试卡片（图5-16），卡片曲线形状与井下管柱或仪器工作状况间存在联系。

图5-16(a)表明，第三层水嘴被杂质堵死或水嘴停注。若未安装丝堵堵死水嘴，可以考虑先洗井，然后再测试或捞出水嘴解堵。图5-16(b)表明，第二或第三段水嘴直径过大，嘴损压差过小，或第二级封隔器失效。若缩小水嘴后依然如此，说明第二级封隔器已失效。图5-16(c)表明，第三和第四层段吸水能力差，水嘴过大，造成第三级封隔器不密封，应按嘴损曲线缩小水嘴。图5-16(d)表明，油压低或大部分层段水嘴过大，造成全部封隔器失效。应提高注水压力或检查水嘴，并重新选配水嘴。图5-16(e)表明，管柱洗井阀严重漏失或脱落，或撞击筒以下管柱脱落。需投死水嘴验漏，如果水量不变化应起管柱检查。图5-16(f)表明，第三层段测试时流量计未坐入工作筒内，管柱内有油污，或第三层工作

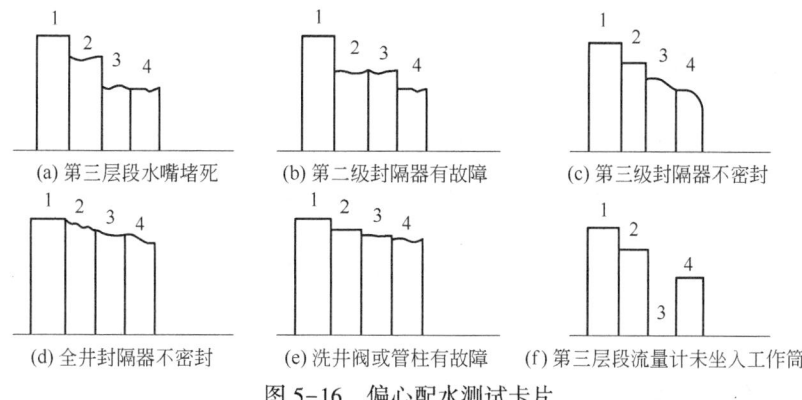

图 5-16 偏心配水测试卡片

筒通道被腐蚀直径变大。应大排量(大于 $25m^3/h$)洗井,或采用加重杆促使流量计工作筒速度加快,或起管柱更换工作筒。

实际测试曲线形状可能更复杂,它是多种因素共同作用结果。因此,实测曲线分析应从仪器、管柱结构以及仪器起下操作等多方面入手。

第三节 分层注水技术

通常油藏由多个储层构成,例如,大庆油田纵向上划分为萨尔图(SⅠ、SⅡ和SⅢ组)、葡萄花(PⅠ和PⅡ组)和高台子等三个层系(图 5-17),每个层系又包括多个油组,每个油组又包括多个小层。目前大庆油田采用几套井网进行开发,但每套井网注入井纵向非均质性也十分严重。若采取笼统注水方式,那么高渗透层吸水量较大,冲刷破坏作用较强,因而吸水量会越来越大,最终造成注入水在高渗透层内低效或无效循环,严重影响注水开发效果。因此,对于隔层发育良好油藏,必须实施分层注水(视频 5-4),最终达到限制高渗透层吸水量和加强中低渗透层吸水量目的。

视频 5-4 分层注水

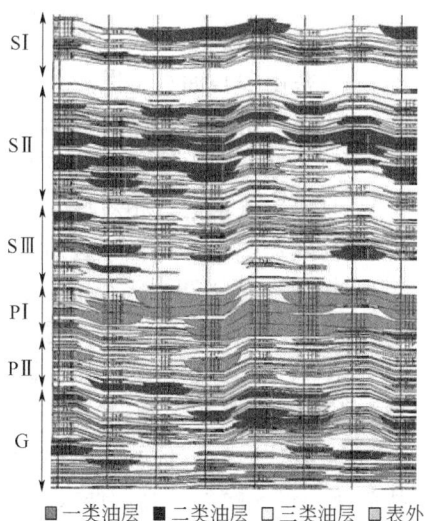

图 5-17 大庆油田层系划分

一、分层注水原理

按照储层渗透率、含油饱和度、油藏压力、隔层厚度和位置相邻或相近原则，将注水井已射开小层组合为几个注水层段，它通常与采油井开采层段相对应，采用分层注水管柱实现分层注水。

为实现有效分隔各个吸水小层，一般要求隔层厚度超过 2m，细分层注水隔层厚度也要求超过 1.2m。

二、分层注水管柱

分层注水管柱是实现分层注水的技术手段，它一般分为同心式注水管柱和桥式偏心式注水管柱等两类。

1. 同心式注水管柱

同心式注水管柱又分为固定式和活动式两种。

（1）固定式注水管柱由扩张式封隔器（如 K344 型等）、固定式配水器（如 KGD110 型等）、测试球座和管柱等井下工具组成。要求各级配水器启动压力必须大于或等于封隔器坐封压力，以保证封隔器坐封。由于配水器为固定式，换水嘴时需要起出管柱。

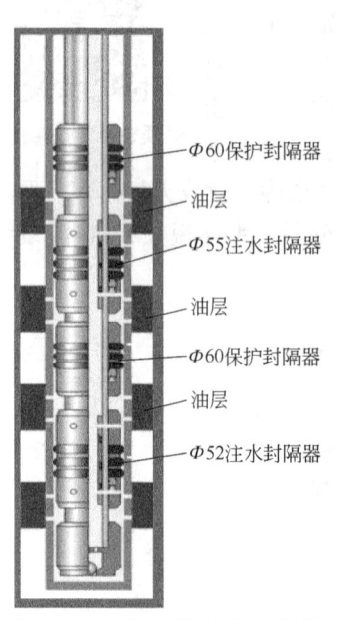

图 5-18　活动式同心注水管柱

（2）活动式注水管柱由扩张式封隔器、空心活动配水器（如 KHD114 型等）、循环阀、管柱和筛管等组成，水嘴装在配水器芯子上，各级配水器芯子孔径自上而下逐渐减小，故水嘴应从下而上逐级投送，打捞时则相反。由于配水器芯子与管柱轴线同心，为保证每级投送顺利，受油管内通径限制分级不宜过多，一般为三级，最多为四级。因此，换水嘴时只需打捞配水器芯子，不需起出管柱。

活动式同心注水管柱结构示意图如图 5-18 所示，该管柱由中心油管、保护封隔器、封隔器和堵塞器等部件组成。封隔器在密封胶筒上下两端分别有注水通道与油层相连，配水堵塞器上也有两个注水通道，它们与注水封隔器注水通道相对应。注水前将堵塞器投入对应注水封隔器中心管内，可达到一级注水封隔器配注二层目的。在配水堵塞器中间位置，预留有 $\Phi 26mm$ 通孔，作为下一层段注水和剖面测试通道。

工艺特点：①采用封隔器与配水器一体化设计，单个注水封隔器可实现配注两个层段，该管柱最小卡距可达 2m，有利于细分注水；②调配速度快、效率高，由于单个堵塞器可同时配注 2 个油层，一次投捞可完成 2 个层段水嘴更换，并且该管柱有效解决了层间干扰问题，可大幅度提高测调效率。

适用条件：①水质好、出砂不严重；②最小卡距 1.2m，可满足四层以内细分注水要求；

③井温 120℃，压差 25MPa，单层注入量 10~300m³/d。

2. 桥式偏心注水管柱

桥式偏心式注水管柱按其所用封隔器类型又分为不可洗井和可洗井两种类型，偏心注水管柱分层配水级数可达五级以上。前者由洗井器、不可洗井封隔器和桥式偏心配水器等组成，具有封隔器性能可靠和密封效果好等特点。后者由可洗井封隔器和桥式偏心配水器等组成，具有洗井简单和密封可靠性较差等特点。

桥式偏心注水管柱由桥式偏心配水器、堵塞器及测试密封段组成，如图 5-19 所示。测试密封段采用四皮碗聚流结构，可以实现双卡测单层。在配水器主通道周围布有桥式通道，当本层段进行分层流量或压力测试时，其他层段依然可以通过桥式通道正常注水。

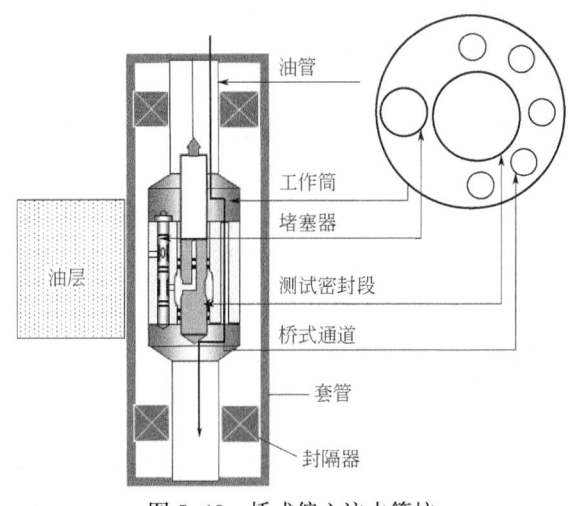

图 5-19 桥式偏心注水管柱

三、吸水指示曲线形状特征及应用

在分层注水井中，通常可以依据分层注水指示曲线来评价各个小层配水准确程度，了解各个层段吸水能力变化及判断井下工具工作状况。

1. 典型注水指示曲线

分层测试过程中可能遇到注水指示曲线形状如图 5-20 所示。

1) 正常指示曲线

正常吸水指示曲线分为直线递增式、上翘式和折线式等 3 种。

（1）直线递增式，如图 5-20 中指示曲线 Ⅰ。该曲线表明储层吸水量与注入压力成正比，因而可利用直线上任意两点数据求吸水指数。采用指示曲线求吸水指数时，注入压力应当为有效注入压力。

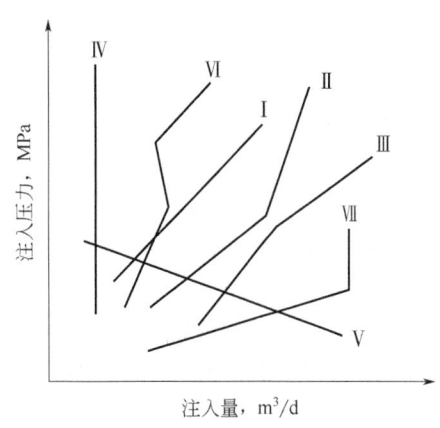

图 5-20 桥式偏心注水管柱

(2) 上翘式，如图 5-20 中指示曲线 Ⅱ。该曲线表示除了与仪器设备有关外，还与储层性质有关。当储层内存在断层蔽挡或连通较差时，注入水不易扩散，储层压力升高，引起曲线上翘。

(3) 折线式，如图 5-20 中指示曲线 Ⅲ。当注入压力较低时，随压力升高，注入量增加。当压力较高时，随压力增加，注入量增幅增大，曲线偏向横坐标。分析认为，随压力升高，一方面原先不吸水低渗透储层开始吸水，另一方面储层产生微小裂缝，这两方面原因都可能引起吸水量异常增加。

2) 异常指示曲线

异常指示曲线包括以下几种。

(1) 垂直式，如图 5-20 中指示曲线 Ⅳ。随注水压力升高，吸水量保持不变。该曲线是由设备故障如水嘴堵塞或流量计失效等或储层渗透率极低即吸液能力极差造成。

(2) 直线递减式，如图 5-20 中指示曲线 Ⅴ。该曲线为异常曲线，表明测试仪器设备存在问题。

(3) 曲拐式，如图 5-20 中指示曲线 Ⅵ。该曲线也为异常曲线，由测试仪器设备故障引起。

(4) 折线式，如图 5-20 中指示曲线 Ⅶ。当注水量很大时，水流通过水嘴的流动达到临界流动，即水流流速达到声波或压力波在水流中传播速度，此时，流量不随压力升高而增大。

2. 注水指示曲线应用

在注水过程中，注采失衡会引起储层压力变化，水质不合格会引起储层岩石渗透率降低，压裂酸化等增注措施会造成储层岩石渗透率增加，这些变化必将引起指示曲线变化。此外，井下工具如水嘴和管柱等工作状态也会引起指示曲线变化。因此，可以利用指示曲线及变化特征来判断储层压力和岩石渗透率变化以及井下工具的工作状况。

1) 储层吸水能力

(1) 指示曲线左移、斜率变大（图 5-21），经历一段时间注水后指示曲线由初期 Ⅰ 变为后期 Ⅱ，相同注入压力 p_1 下注入量由 q_{iw1} 下降到 q_{iw2}。该曲线变化特征表明，储层吸水后因水质问题或黏土吸水膨胀等原因致使吸水能力变差，吸水指数减小。

(2) 指示曲线右移、斜率变小（图 5-21），经历一段时间注水后指示曲线由初期 Ⅰ 变为后期 Ⅲ，相同注入压力 p_1 下注入量由 q_{iw1} 增加到 q_{iw3}。该曲线变化特征表明，储层酸化压裂等增注措施造成渗透率增加，吸水能力提升，吸水指数增大。

(3) 指示曲线平行上移、斜率不变（图 5-22），经历一段时间注水后指示曲线由初期 Ⅰ 变为后期 Ⅱ，相同注入压力 p_1 下注入量由 q_{iw1} 降低到 q_{iw2}。该曲线变化特征表明，储层吸水能力未变，吸水量下降是由储层压力升高引起的。

(4) 指示曲线平行下移、斜率不变（图 5-22），经历一段时间注水后指示曲线由初期 Ⅰ 变为后期 Ⅲ，相同注入压力 p_1 下注入量由 q_{iw1} 升高到 q_{iw3}。该曲线变化特征表明，储层吸水能力未变，吸水量增加是由储层压力降低引起的。

必须强调指出，利用指示曲线评判储层吸水能力变化时曲线中注入压力必须是水嘴后压力即有效压力，这样可以消除注水管柱差异或井下工具工况异常对储层吸水能力评判造成的影响。

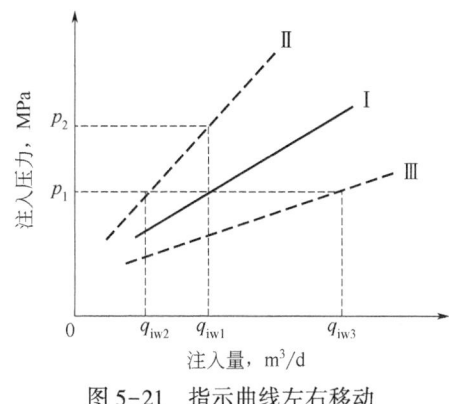

图 5-21 指示曲线左右移动

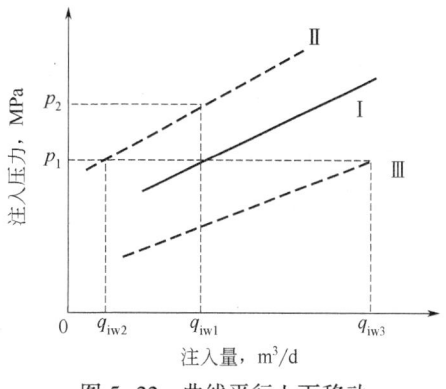

图 5-22 曲线平行上下移动

2) 管柱和井下工具工况

在注水井分层配注过程中,除了储层压力和渗透率变化可以利用指示曲线判断外,管柱和井下工具工况也可以利用注水指示曲线进行诊断,常见故障类型和指示曲线变化特征关系见表 5-2。

表 5-2 管柱和井下工具故障诊断依据

故障类型	主要现象	失效原因
封隔器失效	油套压平衡,注水量上升,封隔器上下两层段指示曲线相似	封隔器胶筒变形、破裂,或胶筒没有胀开,或密封不严
配水器失效	注水量下降,指示曲线向纵坐标方向偏移	水嘴或配水滤网堵塞
	注水量逐渐上升,指示曲线向横坐标偏移	水嘴孔眼刺大
	注水量突然上升,指示曲线向横坐标偏移	水嘴脱落
管柱失效	注水量突然增加,小层指示曲线与全井指示曲线相似	管柱脱落
	注水量突然上升,指示曲线向横坐标偏移	管柱螺纹失效
	注水量升高,油压下降,套压上升,小层指示曲线向横坐标偏移	管柱末端球座不密封
其他	注水量上升,两小层指示曲线相似	套管外层串槽,或封隔器失效

3) 配注准确程度

水井注水期间由于储层物性、水质、管柱和井下工具工况等因素影响,各小层实际吸水量与设计配注量间通常会存在差异,就需要定期测试和评判。

(1) 评判指标。

① 配注误差。

通常采用配注误差指标来评判注水井配注准确程度,其定义为

$$配注误差=(设计配注量-实际配注量)\div 设计配注量$$

其中,设计配注量由开发方案确定,确定原则是注采平衡。

② 层段合格率。

若配注误差小于规定值,则该层段为合格注水层段。反之,就是不合格层段。通常把合格层段占全部层段百分数称之为层段合格率:

$$层段合格率=合格层段数\div 全部层段数$$

（2）操作步骤。

采用近期小层吸水指示曲线和正常注水压力，从各个小层指示曲线上读取相应吸水量，计算小层吸水量百分数，然后用目前全井注水量与小层吸水量百分数计算各个小层实际吸水量，最后依据设计配注量和实际吸水量计算配注误差和层段合格率。

4）水嘴选择和调配

在水井注水过程中，水嘴是调节小层吸水量的重要工具，它利用节流效应来调节通过水嘴水流压力损失，进而调节各个小层吸水压差和吸水量。因此，通常通过水嘴选择和调配来满足各个小层吸水量配注要求。水嘴选择和调配工作就是水嘴直径大小和数量选择，它可以分为新井水嘴选择（测试管柱不带水嘴）和老井水嘴调配（测试管柱带水嘴）两种情况。

(1) 新井。

水嘴选择步骤：

① 下测试管柱、分层测试。

依据分层测试资料，整理和绘制小层吸水指示曲线（图5-23），其中注入压力为实测井口注入压力。

② 小层配注压力确定。

依据小层设计配注量 q_{iw} 从小层注水指示曲线上查得各自所需配注压力 p_{iw}，如图5-23所示。

③ 全井注入压力确定。

选取各个小层配注压力 p_{iw} 中最高注入压力为全井注入压力 p'_{wh}。

④ 小层水嘴压力损失计算。

全井注入压力 p'_{wh} 减去各小层实际所需配注压力 p_{iw} 得到各小层嘴损压力 Δp_{ich}。

⑤ 水嘴选择。

根据各小层设计配注量 q_{iw} 和嘴损 Δp_{ich}，利用水嘴工作曲线（图5-24）上查获水嘴直径大小和数量。

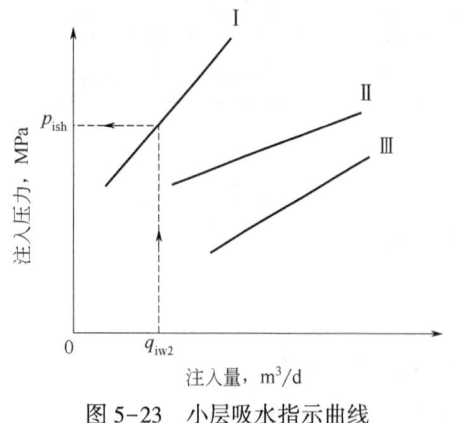

图5-23 小层吸水指示曲线 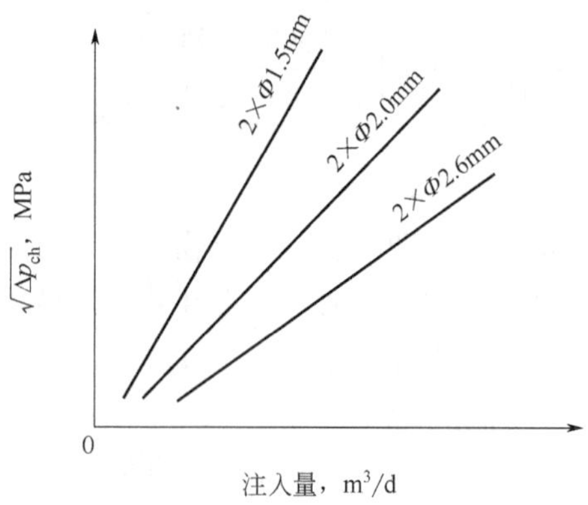　　图5-24 水嘴工作曲线

(2) 老井。

老井与新井不同，老井注水管柱上已经安装水嘴，但长期注水引起储层吸水能力和水嘴本身工况发生变化，导致现有水嘴不能满足配注要求，需要调整水嘴直径大小或数量来满足实际配注要求。

水嘴调配步骤：
① 分层测试和资料整理。
采用现有注水管柱（带水嘴）分层测试和绘制各小层吸水指示曲线，如图5-23所示。
② 小层配注压力确定。
依据小层实测注水量 q_{iw} 从小层吸水指示曲线上查得各自的实际注入压力 p_{iw}，如图5-23所示。
③ 全井注入压力确定。
与新井不同，老井水嘴调配计算中全井注入压力既可以是原全井注入压力 p_{wh}，也可以是新设置全井注入压力 p'_{wh}，但采用原注入压力计算会更简单些。
④ 水嘴调配。
与新井不同，由于老井测试时管柱带有水嘴，小层注入压力 p_{iw} 中已经含有现有水嘴的嘴损值。因此，新水嘴的嘴损值应当在此基础上增加或减小一个值。

操作步骤：
第一步，利用小层吸水指示曲线和小层实测吸水量 q_{iw} 确定各个小层实际注入压力 p_{iw}；
第二步，利用小层吸水指示曲线和各个小层设计配注量 q'_{iw} 确定各个小层设计注入压力 p'_{iw}；
第三步，计算嘴损变化值 $\Delta p_{ich} = p_{iw} - p'_{iw}$；
第四步，当 $q_{iw} > q'_{iw}$ 时，$\Delta p_{ich} > 0$，则需要增加嘴损值，可以通过减小水嘴直径或减少水嘴数量来实现（图5-25）。反之，则需要增大水嘴直径或增加水嘴数量。

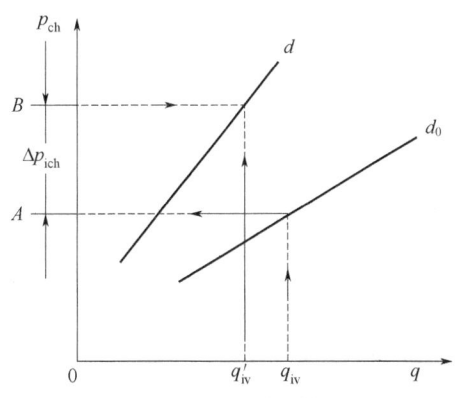

图5-25　水嘴工作曲线及水嘴调配

从图5-25可以看出，若设计配注量 q'_{iw} 小于实测吸水量 q_{iw}，则应当通过增加嘴损来减小注水量，总嘴损值等于原水嘴的嘴损值 p_{ich} 加上新增加嘴损值 Δp_{ich}。

第四节　水井调剖调驱技术

如前所述，分层注水技术是通过分层注水管柱来实现不同小层配注量要求，其应用前提条件是各个小层间存在隔层，而且隔层厚度和发育状况也必须满足一定指标要求。因此，分层注水管柱只适用于解决层间吸水不均匀矛盾，层内非均质引起的吸水剖面不均匀问题需要采取化学调剖调驱技术。

化学调剖调驱改善吸液剖面技术是通过向储层高渗透部位输入含聚化学药剂，药剂在首先进入储层高渗透部位并发生滞留和引起孔隙过流断面减小，致使该部位渗流阻力增加、吸液指数和吸液量减少。在注液速度保持不变条件下，注入压力就会升高，进而引起吸液压差增大，促使后续注入液体更多进入储层中低渗透部位，最终达到扩大波及体积和提高采收率目的。

一、水井调剖调驱原理

依据油藏工程理论，水驱储层吸水量 Q_w 与吸液压差（$p_{wf}-p_e$）和吸水指数 J_w 成正比，即

$$Q_w = J_w(p_{wf}-p_e) \tag{5-8}$$

$$J_w = \frac{2\pi K_w h}{\mu_w B_w \left(\ln \frac{r_e}{r_b} - \frac{1}{2} + S \right)} \tag{5-9}$$

式中 p_{wf}——井底流压，Pa；

p_e——地层压力，Pa；

K_w——水相渗透率，m^2；

h——储层厚度，m；

μ——黏度，Pa·s；

B——体积系数；

r_e——储层液体扩散半径，m；

r_b——井眼半径，m；

S——表皮系数。

如前所述，由于储层纵向和平面非均质性影响，储层不同部位渗透率存在差异，相应吸水指数也会不同。因此，在吸水压差相同条件下，水驱开发过程中储层不同部位吸水量就会存在差异，加之水驱致使水相渗透率增加以及水冲刷引起储层岩石结构破坏即渗透率增大等因素影响，储层高渗透部位渗透率及吸水指数会持续增加。在注水速度保持不变条件下，注入压力会持续降低，储层中低渗透部位吸液压差和吸水量会持续减少，高渗透部位则持续增加，最终形成低效无效循环。

依据式（5-9）整理水驱油藏扩大波及体积和提高洗油效率路线框图如图5-26所示。

从式（5-9）和图5-26可以看出，水驱后储层提高采收率的主要技术途径是进一步扩大波及体积，也就是要调整储层各部位吸液量即增加中低渗透部位吸液量和减少高渗透部位吸液量，前者可以采取增大吸液压差（$p_{wf}-p_e$）和吸液指数 J_w 技术措施，后者则必须采取减小吸液指数的技术措施，且吸液指数减幅要大于吸液压差增幅。吸液压差（$p_{wf}-p_e$）中注入压力 p_{wf} 易于调整（地层压力 p_e 短期内不易改变），J_w 中渗透率 K_w 易于调整。为此矿场常用技术措施，一是提高注液速度（图5-27）；二是减小储层高渗透部位或增大低渗透部位渗透率 K_w，化学驱和调剖调驱就是借助诸如含聚药剂等材料的滞留和增阻作用来减小储层高渗透部位 K_w（此时若注液速度保持不变，则注入压力就会升高，如图5-28所示）或采取

微压裂、酸化和侧钻等措施来增加低渗透部位 K_w（图 5-29）。

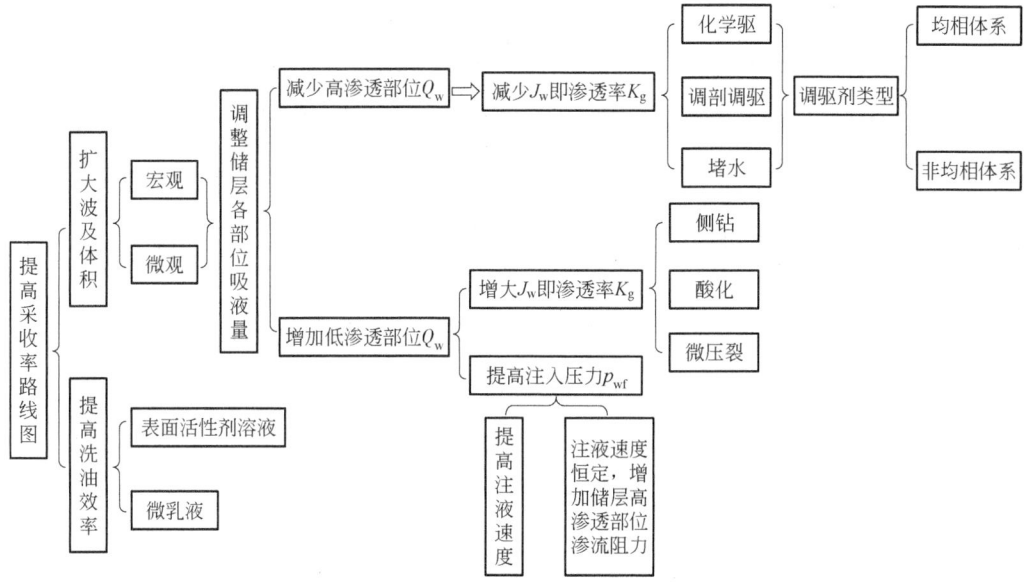

图 5-26　水驱储层扩大波及体积路线框图

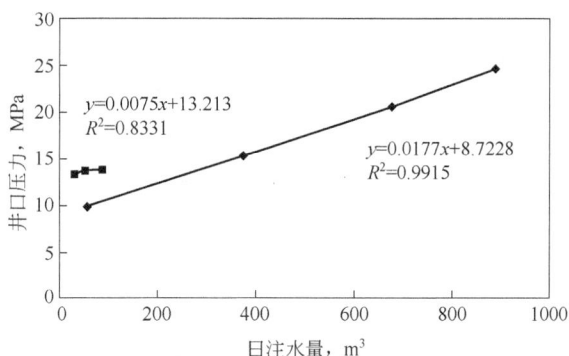

图 5-27　渤海油田 A 井注入压力与注液速度关系

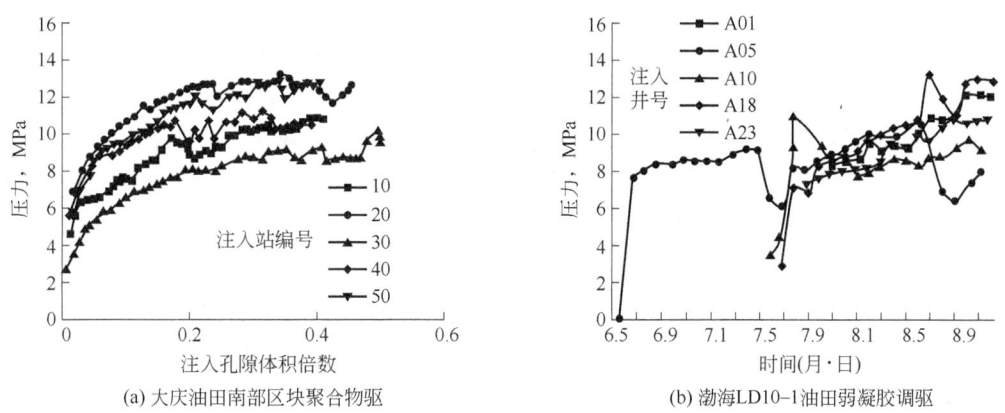

(a) 大庆油田南部区块聚合物驱　　(b) 渤海LD10-1油田弱凝胶调驱

图 5-28　化学驱注入压力与注入孔隙体积倍数关系

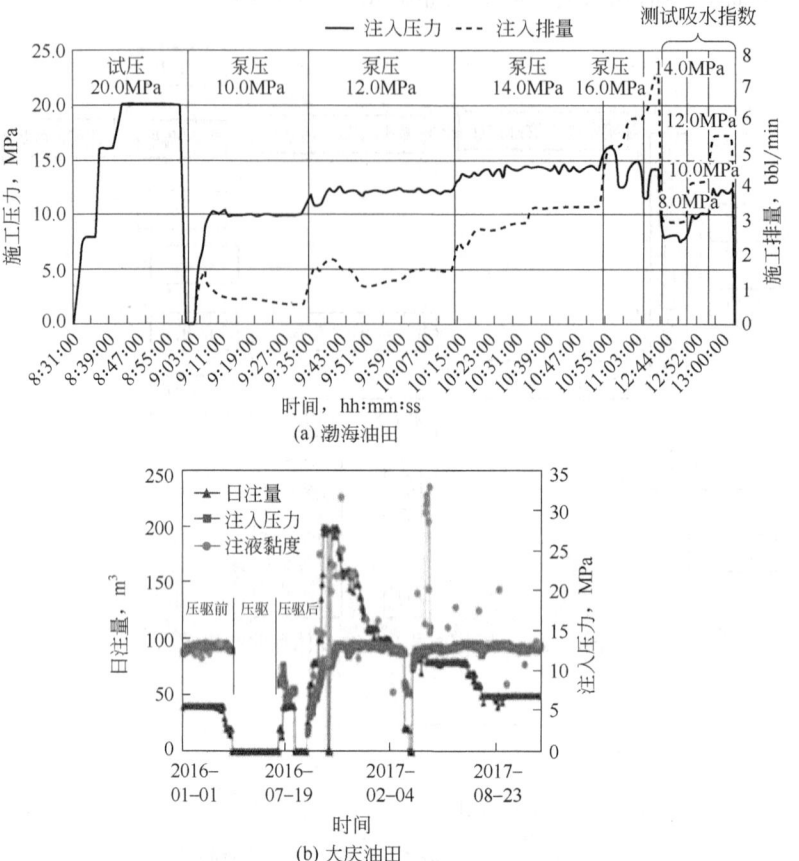

图 5-29 微压裂前后注入压力与注液速度关系

从图 5-27 可以看出，随注液速度增加，井口注入压力升高，吸液压差增大，二者间几乎成线性递增关系。

从图 5-28 可以看出，无论是大庆油田聚合物驱还是渤海弱凝胶调驱矿场试验，水井注入压力都明显升高，升幅超过 5MPa，吸液压差增加，中低渗透部位吸液量增大，实现扩大波及体积目的。大庆油田聚合物驱采收率增幅超过 10%，渤海 LD10-1 油田弱凝胶调驱采收率增幅超过 5%，技术经济效益十分显著。

从图 5-29 可以看出，储层低渗透部位微压裂后注入压力明显降低，其中大庆油田萨中开发区三类油层水井 A1 微压裂前注液速度 40m³/d 时注入压力 13MPa（黏度 15mPa·s），压裂后 40m³/d 时注入压力 5.0MPa，有效期超过 300d，累计增液 $2.7\times10^4 m^3$。

注入压力升高除了扩大储层宏观波及体积外，它也能够扩大微观波及体积。核磁共振实验提供了岩心水驱注入压力与注入孔隙体积倍数以及微观波及程度（幅度）与弛豫时间关系（图 5-30）。

从图 5-30 可以看出，由于柱状岩心渗透率较低即吸液能力较差，随注入孔隙体积倍数（水量）增加，注入压力呈现"先增加后趋于稳定"变化趋势，期间岩心核磁共振幅度逐渐增加，表明注入压力升高致使岩心孔隙波及程度增大。

考虑到油田水源供水和注水设备以及人工举升和地面油水分离设备能力等因素限制，矿场难以通过大幅度增加注水速度来提高注入压力。此外，通过增加注水速度所增加注水量的

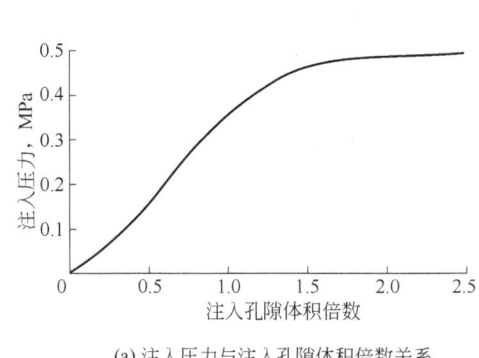
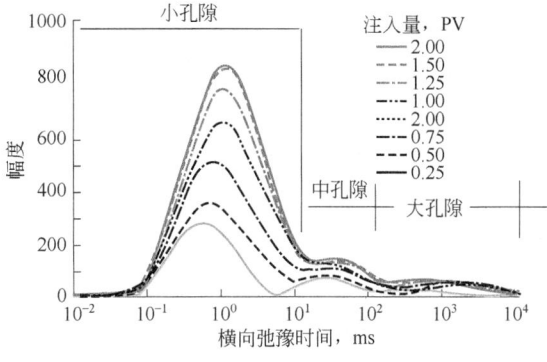

(a) 注入压力与注入孔隙体积倍数关系　　(b) 波及程度(幅度)与注入孔隙体积倍数(压力)和弛豫时间关系

图 5-30　微观波及程度（幅度）与注入压力和弛豫时间关系

绝大部分仍然进入储层高渗透部位，并且进入中低渗透部位水还会在储层内部绕流回到高渗透部位，最终导致波及效果变差。

二、调剖调驱剂种类及性能评价方法

凡是能够进入储层高渗透部位并发生滞留的材料都可称之为调剖调驱剂，通常按照材料化学性质将其分为有机类和无机类，按照施工注入工艺将调剖调驱分为单液法和双液法。

1. 调剖调驱剂种类

国内油田从 20 世纪 50 年代开始研究和应用调剖调驱和堵水技术，至今大体经历了三个发展阶段，20 世纪 50 年代至 20 世纪 70 年代以机械式为主，20 世纪 80 年代初期开始以化学剂为主，20 世纪 80 年代中期开始以单井调剖调驱与区块整体综合治理为主。目前，国内油田使用过的调剖调驱剂包括 6 大类 70 余种。

1）水泥类

水泥类是使用最早的调剖剂，由于价格便宜、强度高和耐温性好等特点，至今仍在研究和应用，其主要品种有油基水泥、水基水泥、活化水泥和微细水泥等。由于普通水泥颗粒大，不易进入渗透率较低地层，其应用范围受限制，微细水泥和新型水泥添加剂研制成功给这类老调剖剂产品带来了新的活力。

2）树脂类

热固性树脂包括酚醛树脂、脲醛树脂、糠醛树脂和环氧树脂等，它们在催化剂和交联剂作用下形成坚硬固体，堵塞孔道或裂缝。树脂类除了用于封堵大孔道外，也可以用于油井堵水、水井堵窜、堵裂缝和堵夹层水。树脂类调剖剂优点是强度高、稳定性好，但也存在成本高、选择性差和误堵后解堵困难等缺点。

3）无机盐类

无机盐类调剖剂以硅酸钠（Na_2SiO_3）为主，硅酸钠由 SiO_2 和 Na_2O 组成，按二者含量分为原硅酸钠（$2Na_2O \cdot SiO_2$）、正硅酸钠（$Na_2O \cdot SiO_2$）和二硅酸钠（$Na_2O \cdot 2SiO_2$）。Na_2O 与 SiO_2 物质的量比称为模数 m，它是硅酸钠主要特征指标。随着模数减小，生成凝胶强度降低。国内硅酸钠产品 m 值范围 2.7~3.3。在硅酸钠溶液中加入酸性材料后，先生成单硅酸，后缩合成多硅酸。多硅酸具有长链结构，可形成空间网状结构即呈现凝胶状，称为硅酸凝胶。为满足高温井作业需求，可加入醛、醇或氧化物等材料来延迟凝胶时间。

硅酸钠也可与多价金属离子反应，生成水不溶盐沉淀。此外，它还可与 $FeCl_3$ 和 $FeSO_4$ 等反应生成沉淀。硅酸钠溶液具有初始黏度低、注入性好、凝胶强度高和耐温耐盐等特点，可用于水井调剖或油井堵水。水井调剖时通常采用双液法注入工艺，实现多段塞大剂量深部处理。

4）聚合物溶液和凝胶类

聚合物溶液和聚合物凝胶是国内研究最多、应用最广的调剖调驱剂。聚合物包括人工合成聚合物、天然改性聚合物和生物聚合物等，其共同特点是易溶于水，具有优良增黏性。此外，聚合物线性大分子链上都有极性基团，能与某些多价金属离子或有机基团发生两类交联反应和生成凝胶。一类交联反应发生在不同聚合物分子链之间，生成具有"区域性"网状结构凝胶，宏观上表现为凝胶内摩擦力增加即视黏度增大；另一类交联反应主要发生在同一聚合物分子链不同支链间，生成具有"局部性"网状结构凝胶，宏观上表现为视黏度不增或略降，但它在岩心孔隙内滞留和增阻能力增强。近年来，随着部分水解聚丙烯酰胺生产规模扩大和价格降低，聚合物溶液和聚合物凝胶调剖调驱和堵水技术步入快速发展阶段。

根据聚合物、交联剂和添加剂种类不同，聚合物凝胶又可分成许多品种。

(1) 聚丙烯酰胺（PAM）。

① 部分水解聚丙烯酰胺（HPAM）/甲醛，以甲醛为交联剂的聚丙烯酰胺凝胶。

② HPAM/Cr^{3+}，交联剂 Cr^{3+} 是 Cr^{6+} 经氧化还原反应得到，通过向聚合物溶液中添加热稳定剂和其他添加剂可得到适应于中温和高温油藏的凝胶及混型凝胶体系。

③ PAM（非水解体）/Cr^{3+}（醋酸铬，丙酸铬等），PAM 缓慢水解后与 Cr^{3+} 发生延迟交联作用，耐温性得到明显提高。

④ HPAM/柠檬酸铝，Al^{3+} 与聚合物分子链发生交联作用，形成聚合物凝胶。

⑤ HPAM/柠檬酸钛，柠檬酸钛能延缓交联反应，70℃时交联剂与聚合物反应时间可延长 72h。

⑥ HPAM/306 树脂，306 树脂为可溶性密胺树脂，树脂中羟甲基与 HPAM 中羧基发生脱水交联，凝胶具有强度高和耐温性好等特点。

⑦ HPAM/PIA 系列调剖剂，交联剂包括 PIA601、602、603 和 604 等（酚醛树脂、脲醛树脂等），形成耐温 20~130℃系列调剖调驱剂产品。

⑧ HPAM/Zr^{4+}，Zr^{4+} 为交联剂，它与聚合物分子链交联反应形成凝胶。

⑨ HPAM/乌洛托品—对苯二酚，由可溶性酚醛树脂与聚合物 HPAM 生成聚合物凝胶，该凝胶耐温性较好。乌洛托品受热分解释放甲醛，它再与酚反应生成树脂，因而产生了延迟交联作用。

⑩ HPAM 乳液—可溶性树脂—铬，HPAM 与水溶性酚醛、氨基等树脂和铬离子共同交联，提高了热稳定性，可用于较高温度储层调剖调驱。

(2) 丙烯酰胺（AM）地下聚合交联凝胶。

① TP-910、TP-911 和 TP-915 系列，由 AM 单体与 N、N—甲撑双丙烯酰胺交联剂在储层内进行聚合生成"区域性"网状结构凝胶。根据引发剂和添加剂不同，可形成耐温性较

强系列产品。由于基液初始黏度与水相似,凝胶黏度高达 $200×10^4 mPa·s$。

② BD-861,由 AM 单体与锆离子交联剂在储层内聚合交联形成的调剖剂。

(3) 水解聚丙烯腈(HPAN)。

国内所用 HPAN 是腈纶废丝的碱性水解产物,主要类型包括:

① HPAN/Ca^{2+}、Mg^{2+},HPAN 溶液与地层水中 Ca^{2+} 和 Mg^{2+} 反应,生成沉淀和堵塞储层孔隙。

② HPAN/卤水,HPAN 溶液与卤水(含 Ca^{2+}、Mg^{2+})分别注入储层,它们在储层内相遇后产生沉淀和堵塞作用。

③ HPAN/苯酚—甲醛,苯酚与甲醛反应生成多羟甲基酚,再与 HPAN 交联生成能耐凝胶。

(4) 木质素。

木质素源于造纸厂纸浆废液,包括两种类型。一类为木材用亚硫酸钠处理时产生的纸浆废液,主要成分为木质素磺酸盐,其分子结构非常复杂,主要含有甲氧基、羟基、醛基、双键、醚键、羧基、芳香基和磺酸基等,这类木质素常与聚丙烯酰胺混用,再以重铬酸钠或硅酸钠为交联剂。重铬酸钠中 Cr^{6+} 经木质素分子中还原糖及羟基和醛基还原为 Cr^{3+},将木质素与 HPAM 交联和形成混合凝胶。另一类是芦苇、稻草等非木材原料与碱蒸煮产生的碱法草浆黑液,其成分也很复杂。草本木质素主要由愈创木基丙烷、紫丁香基丙烷、4-羟基苯丙烷结构构成,与甲醛反应可增加碱木素的酚化程度,使羟甲基之间脱水缩合程度增加,形成耐高温的交联结构凝胶。

此外,栲胶是一种复杂混合物林业化工产品,主要有效组分是单宁,单宁是多元酚衍生物的混合物,可代替酚类原料,栲胶经改性交联后也可生成凝胶,其耐温性比普通酚类凝胶更好。

(5) 生物聚合物。

调剖调驱用生物聚合物产品主要是黄原胶,又称黄单孢杆菌胶或黄孢胶,它是蔗糖或淀粉在黄单孢杆菌发酵过程中产生的水溶性聚多糖。由于聚多糖侧链上有羧基,黄原胶能溶于水及其他极性溶剂,具有良好增黏性、抗盐敏性、抗剪切性、假塑性和耐酸碱性等。

生物聚合物分子链上羧基与交联剂作用下形成凝胶,常用交联剂是 Cr^{3+}。黄原胶与 Cr^{3+} 交联作用生成凝胶受剪切作用后黏度大幅度下降,静止后黏度又可部分恢复,这是生物聚合物凝胶独有特点。通过加入适当盐和硫脲等将有助于提高黄原胶溶液和凝胶热稳定性。

(6) 多元共聚物凝胶。

多元共聚物凝胶除了具有其他凝胶共性外,还具有以下特性。

① 在氧化还原体系引发剂作用下,丙烯酰胺和阳离子烯丙基单体聚合生成两性离子聚合物,该聚合物分子链上阳离子基团增大了对带负电性岩石表面的吸附力,因而交联后凝胶黏度较高、耐温性较好。

② 阴离子、阳离子、非离子三元共聚物,以凝胶微粒形式挤入储层渗透部位并发生滞留,它遇水后会吸水膨胀,进一步增强滞留和封堵作用。

③ 聚合物 PAN 是丙烯腈(AN)与丙烯酰胺(AM)的共聚物,交联剂为水溶性酚醛树脂。聚合物分子链上酰胺基与酚醛树脂中羟甲基发生交联反应,形成"区域性"网状结构凝胶。该凝胶耐温耐盐性较好,成胶时间 5~48h。由于基液初始黏度低,注入性和抗剪切性较好。

5) 颗粒类

颗粒类调剖剂适用于储层内特高渗透条带封堵，常用的有黏土和体膨性颗粒类。黏土类颗粒通常采用部分水解聚丙烯酰胺溶液或凝胶作为携带液，这不仅可以防止颗粒沉降和堵塞条带入口，而且聚合物自身也可以发挥相应堵塞作用。近年来，聚合物微球、二氧化硅纳米和微米颗粒调剖剂研究和矿场应用受到广泛重视，其中聚合物微球储层内呈现"运移、水化膨胀、捕集滞留、再运移、再捕集滞留"渗流特征，它在渤海和长庆等油田应用效果明显。

6) 泡沫类

泡沫由液相与气相组成，其中液相为连续相，气相为分散相，泡沫分为二相泡沫和三相泡沫。气相为天然气、减氧空气和氮气等，二相泡沫中液相由水、起泡剂和稳泡剂等组成，三相泡沫中除了液相和气相外，还含有固相如膨润土和白粉等颗粒。与二相泡沫相比较，三相泡沫稳定性较强，现场应用也较广泛。泡沫调剖调驱主要机理是利用泡沫中气泡渗流过程中"贾敏效应"来增加渗流阻力和提高注入压力，进而降低储层高渗透部位吸液量和增大中低渗透部位吸液量，最终达到扩大体积和提高采收率目的。

矿场统计表明，目前聚合物溶液和凝胶仍是油田应用比较广泛的调剖调驱剂，其中聚合物凝胶尤其受到油田开发工作者偏爱，这与采用黏度作为调剖调驱剂性能评价指标有关。与聚合物溶液相比较，聚合物凝胶是聚合物分子与交联剂作用后形成的新型结构溶液体系，其中具有"区域性"网状结构聚合物凝胶因黏度增幅大而受到普遍重视。事实上，黏度是流体内摩擦力大小的评判指标，聚合物溶液黏度及内摩擦力与聚合物分子链相互缠绕作用和阻止变形能力有关。为改变聚合物溶液黏度，通常可以采取调整聚合物相对分子质量、浓度和溶剂水矿化度以及交联（或缔合）作用改变聚合物分子聚集体结构形态等方法，其中交联（或缔合）方法具有药剂成本低、增黏效果好和操作简单等特点，是矿场调剖调驱剂常用增黏方法。需要特别指出，当聚合物溶液内出现"区域性"网状结构聚合物分子聚集体即黏度大幅度升高情形时，聚合物分子聚集体尺寸会远大于岩石孔隙尺寸，储层孔隙对聚合物溶液或凝胶剪切作用急剧增加甚至引起注入困难。由此可见，过度追求黏度会削弱聚合物凝胶油藏适应性，最终降低调剖调驱增油降水效果。

2. 调剖调驱剂性能评价方法

从调剖调驱作用机制角度来看，调剖调驱剂应当具备两方面性能。一方面要求调剖调驱剂进入目的区域过程中滞留水平较低即具有较强传输运移能力，另一方面要求调剖剂到达目的区域后滞留水平较高即具有较强增加渗流阻力能力。事实上，单液法调剖调驱剂难以同时兼具两方面优良性能，通常是增强一方面性能就意味着削弱另一方面性能。以矿场常用聚合物溶液为例，通常可以通过增加浓度或提高相对分子质量来提升聚合物溶液滞留水平，但这将削弱其传输运移能力。又如，聚合物凝胶不仅会遇到聚合物溶液相似问题，而且多孔介质空间尺寸还限制了聚合物与交联剂分子间交联反应。目前，含聚调剖调驱剂性能评价方法包括黏度法、落球法、肉眼观测法、筛网系数法、岩心驱替法和转变压力法等，除岩心驱替法外，其他方法测试原理与调剖调驱剂作用机制并不完全一致，测试结果对调剖调驱剂配方筛选和性能评判参考价值不大甚至误导矿场技术决策。

1) 黏度法

黏度法是利用布氏黏度计或流变仪来测量聚合物溶液或凝胶黏度，该方法具有仪器简单、测试速度快和操作简便等特点，是目前矿场使用最为广泛的聚合物类调剖剂性能评价方法。黏度是流体内摩擦力大小的评价指标，聚合物溶液黏度受聚合物浓度、相对分子质量和溶剂水矿化度尤其是二价金属离子含量等因素的影响，黏度本质是聚合物溶液中聚合物分子链舒展或卷曲状况以及不同聚合物分子链缠绕程度的评判。当聚合物溶液中发生聚合物与交联剂间交联反应时，称该聚合物溶液为聚合物凝胶，其中交联反应又分为"分子间"和"分子内"两种情形。前者是不同聚合物分子链间通过化学键或物理缔合作用形成"区域性"网状分子聚集体，此时聚合物溶液黏度明显增加。后者是同一聚合物分子链不同支链间交联反应形成"局部性"网状分子聚集体，此时聚合物溶液黏度不增加甚至略有下降，因此黏度指标就无法判断聚合物溶液内是否发生了交联反应。

2) 岩心驱替法

岩心驱替法是采用岩心驱替实验装置（图 5-31）将调剖调驱剂注入岩心，通过注入压力大小评判调剖调驱剂在多孔介质内滞留水平高低。为消除岩心渗透率对评判结果的影响，引入阻力系数 F_R 和残余阻力系数 F_{RR} 评价指标，其定义：

$$F_R = \frac{\delta p_2}{\delta p_1} \tag{5-10}$$

$$F_{RR} = \frac{\delta p_3}{\delta p_1} \tag{5-11}$$

式中 δp_1——岩心水驱压差；

δp_2——调驱剂注入压差；

δp_3——后续水驱压差。

采用该方法进行调剖剂性能评价时，必须保持各驱替阶段注入速度相同，注入量 4~5PV。

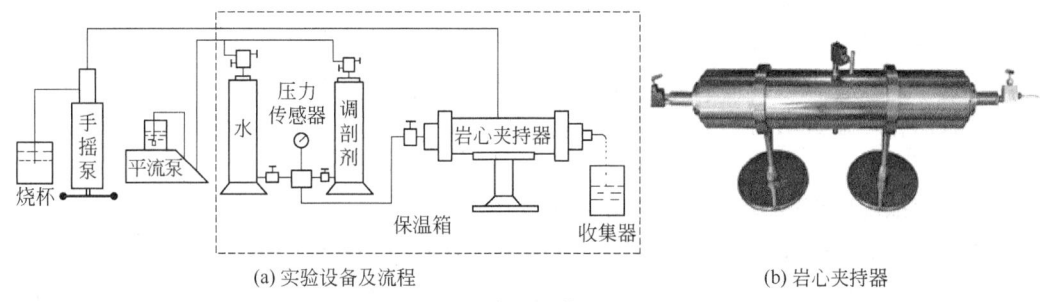

图 5-31 岩心驱替实验装置

上述驱替实验注入压力是岩心两端压差，但同一压差既可能是调剖调驱剂在岩心内部均匀滞留所引起的渗流阻力，也可能是调剖调驱剂在岩心注入端附近区域滞留甚至端面堆积所引起的渗流阻力，但二者产生的液流转向效果却完全不同。由此可见，阻力系数 F_R 和残余阻力系数 F_{RR} 指标还不能反映调剖调驱剂在多孔介质内分布状况。

为弥补上述驱替实验评价指标的不足，实验中可将柱状或长方形岩心用多测压孔岩心（图 5-32）替代，通过对比不同测压点间压差来评判调剖剂在岩心不同区间内滞留水平即传输运移能力。

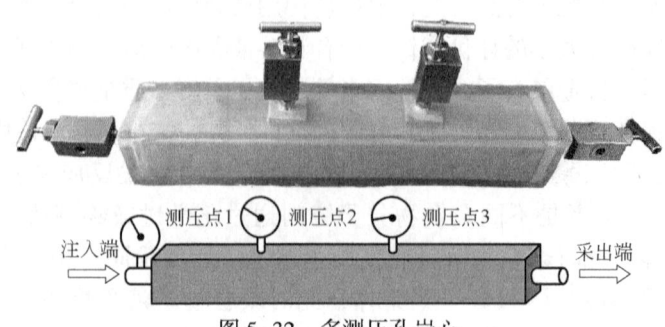

图 5-32　多测压孔岩心

三、含聚调剖调驱剂配制和注入工艺

1. 聚合物溶液配注设备和工艺

聚合物驱技术具有聚合物溶液配注工艺比较简单、成本较低和油藏适应性较强等特点，它是水驱油藏大幅度提高采收率最常用技术。聚合物驱初期，聚合物溶液首先进入储层高渗透部位并发生滞留，滞留造成孔隙过流断面减小，渗透率降低，流动阻力增加，吸液指数和吸液量减小。在保持注液速度不变条件下，全井注入压力升高，储层中低渗透部位吸液压差和吸液量增加，最终达到扩大波及体积和提高采收率目的。聚合物驱技术已在国内大庆、胜利和渤海等油田成功工业化推广应用或矿场试验，取得明显增油降水效果，大庆油田已经连续十年聚合物驱增油超千万吨，聚合物溶液配制和注入已经成为油田生产重要工作内容。

目前，聚合物驱所用聚合物多为部分水解聚丙烯酰胺，它是水溶性高分子材料。依据聚合物溶解后分子链上是否含有离子将其分为离子型和非离子型聚丙烯酰胺，离子型聚丙烯酰胺又包括阴离子型、阳离子型和两性聚丙烯酰胺，化学驱中常用聚合物为阴离子型聚丙烯酰胺。依据聚合物物理形态将其划分为干粉和乳液等两种类型。干粉为白色和灰色粉末，乳液为浅黄色，干粉固含量88%左右，乳液固含量30%左右。与干粉聚合物相比较，乳液聚合物固含量较低，运输费用高，生产成本较高，但熟化时间较短，尤其适合于空间环境狭小的海上平台使用。

聚合物溶液配注设备和工艺流程如图5-33所示。

从图5-33可以看出，聚合物溶液配制和注入工艺包括四部分。一是聚合物干粉（乳液）分散部分，主要设备包括料仓、鼓风机、文丘里、螺杆泵、电动上料装置、水粉混合器、分散罐和搅拌器等；二是聚合物干粉熟化部分，主要设备包括螺杆泵、搅拌器和熟化罐等；三是过滤部分，主要设备包括螺杆泵和过滤器等；四是注入部分，主要设备包括柱塞泵和静态混合器等。

聚合物溶液配注工艺有以下步骤。

（1）分散：料仓中聚合物干粉经螺杆泵输送到文丘里和管线，干粉与管线中高速流动空气混合，空气携带干粉进入水粉混合器，再进入分散罐，经短暂搅拌和充分分散后由螺杆泵输送到熟化罐。

（2）熟化：在熟化罐中，搅拌器连续不断搅拌，聚合物干粉充分溶解，形成聚合物母液。

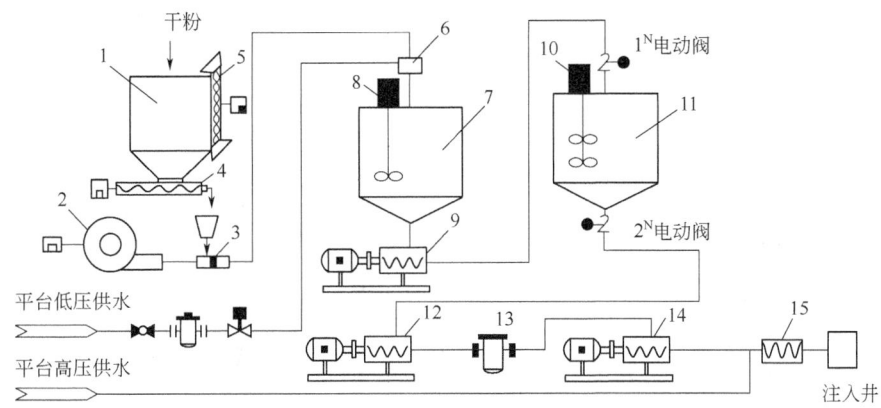

图 5-33 聚合物配制和注入设备及工艺流程

1—料仓；2—鼓风机；3—文丘里；4—螺杆泵；5—电动上料装置；6—水粉混合器；7—分散罐；
8—搅拌器；9—螺杆泵；10—搅拌器；11—熟化罐；12—螺杆泵；13—过滤器；14—柱塞泵；15—静态混合器

（3）过滤：为避免杂质和"鱼眼"进入储层引起堵塞和吸液能力下降，聚合物母液需要过滤处理。陆地油田通常采用三级过滤处理工艺，一级过滤器为3层100目金属网叠加，二级过滤器为尼龙布，三级过滤器为较小目数金属网，前两级过滤器安装在配制站，第三级过滤器安装在井口。

（4）加压：利用柱塞泵对聚合物母液加压，母液与高压水按比例混合后进入注入井。

2. 多元复合体系配制和注入工艺

目前，在油田化学驱提高采收率技术中，除了使用聚合物溶液外，还使用多元复合体系，多元复合体系包括"碱/表面活性剂/聚合物"（ASP）三元复合体系、"盐/表面活性剂/聚合物"（SSP）三元复合体系和"表面活性剂/聚合物"（SP）二元复合体系等。与聚合物溶液相比较，多元复合体系中除了聚合物外还包含表面活性剂、碱和盐，这势必增加配制设备和工艺步骤。

大庆油田自1994年三元复合驱油技术进入现场试验以来，通过实践和不断完善形成了"目的液""单泵单井单剂"和"低压三元、高压二元"等三套三元复合体系配注工艺技术。"目的液"配制工艺适用于全部注入井采用相同组成化学药剂井网，设备投资较小。"单泵单井单剂"配制工艺适用于各个注入井采用不同药剂组成井网，属于个性化设计，但设备投资较大。与"单泵单井单剂"配制工艺相似，"低压三元、高压二元"配注工艺也属于个性化设计，它不仅减少了注入站一半流量调节工作量和便于管理，而且降低投资30%左右。

"低压三元、高压二元"配注设备和工艺流程如图5-34所示。

从图5-34可以看出，该配注系统由两部分组成。一是"低压三元"部分，在罐中将聚合物溶液、碱和表面活性剂按设计比例混合，形成"碱/表面活性剂/聚合物"三元复合体系，再经柱塞泵加压后进入静态混合器。二是"高压二元"部分，高压水与碱和表面活性剂在静态混合器内混合形成"碱/表面活性剂"二元复合体系，它再按照设计比例通过混配阀进入静态混合器与三元复合体系混合，形成不同药剂浓度三元复合体系，进而满足不同注入井储层对扩大波及体积和提高洗油效率差异化技术需求。

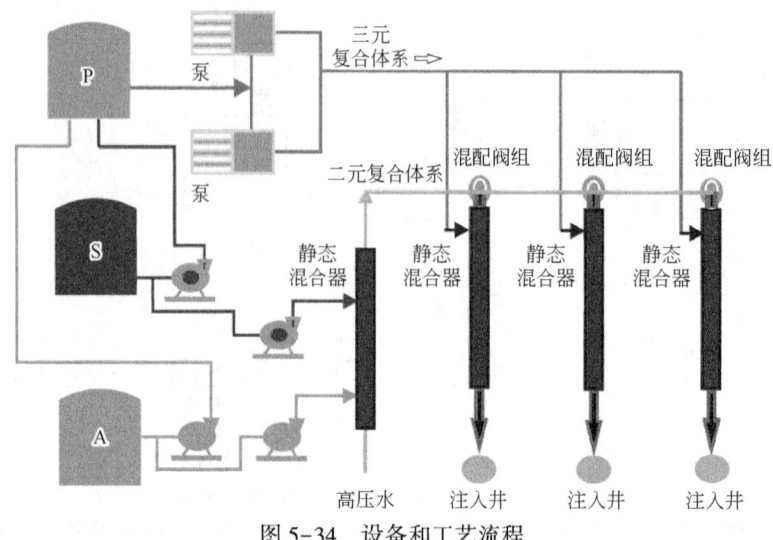

图 5-34 设备和工艺流程

3. 无机调驱体系注入工艺

沉淀物类和无机凝胶类调驱剂一般采取双液法进行注入，即通过交替注入方式将主剂、隔离液和助剂注入储层高渗透部位，主剂和助剂在储层深部相遇并发生化学反应，生成凝胶或絮状物或沉淀物等，它们滞留引起高渗透部位渗流阻力增加和注入压力升高，这种注入工艺称之为双液法。双液法常用药剂和反应生成物。

1）沉淀物类

（1）主剂为5%~20%碳酸钠，助剂为5%~30%三氯化铁，其反应方程为

$$3Na_2CO_3 + 2FeCl_3 = 6NaCl + Fe_2(CO_3)_3 \downarrow$$

（2）主剂为1%~25%硅酸钠，助剂为1%~15%氯化钙，其反应方程为

$$Na_2O \cdot mSiO_2 + CaCl_2 = CaO \cdot mSiO_2 \downarrow + 2NaCl$$

（3）主剂为1%~25%硅酸钠，助剂为5%~13%硫酸亚铁，其反应方程为

$$Na_2O \cdot mSiO_2 + FeSO_4 = FeO \cdot mSiO_2 \downarrow + Na_2SO_4$$

为避免主剂与助剂在井筒或近井地带接触和反应，通常主剂与助剂间需要添加隔离液，隔离液一般用低矿化度水。

2）无机凝胶类

采用硅酸钠为主剂，硫酸铵为助剂，水作为隔离液，两种液体接触后的化学反应方程为

$$Na_2O \cdot mSiO_2 + (NH_4)_2SO_4 + 2H_2O = mSiO_2 \cdot H_2O + Na_2SO_4 + 2NH_4OH$$

反应生成物为无机凝胶，它在多孔介质内滞留引起渗流阻力增加和注入压力升高，进而产生液流转向作用。

四、调剖调驱决策技术

1. 决策技术现状

利用数学方法将室内研究成果和矿场实践经验归纳为数学模型和计算机软件，调剖调驱

决策技术主要包括调剖地质方案设计、工艺参数优化、调剖调驱效果预测以及技术经济效果分析等内容。为此，法国国家石油研究院，美国得克萨斯大学奥斯汀分校、塔尔萨大学和哈里伯顿公司等都投入了大量人力和物力进行研究，形成了比较完善的调剖调驱决策技术和软件。国内石油大学和石油科学技术研究院等机构在调剖调驱决策技术研究和矿场应用等方面也取得重要进展，形成了压力指数（PI）、油藏工程（RE）和数值模拟（RS）等决策技术。

1）PI 决策技术

PI 决策技术以水井注入压力降落曲线为依据，进行方案设计和参数优化。该决策技术操作比较简单，但未能充分考虑油井因素，无法体现剩余油挖掘潜力，同时也无法对方案效果进行预测。

2）RE 决策技术

RE 决策技术从油藏地质特征出发，建立数学模型对调剖方案进行优化。该决策技术考虑较多油藏因素，一般情况下这些资料难以全部收集，因而推广应用受到限制。

3）RS 决策技术

RS 决策技术以油藏数值模拟为基础，由于油藏数值模拟涉及油藏因素比较多，需要生产历史拟合，研究周期较长。此外，现有调剖调驱数学模型对调剖剂间以及它们与储层间物理化学反应描述还不够成熟，数值模拟基础还有待完善和提高。

2. 区块整体调剖调驱决策技术

随着油田水驱开发逐渐进入中高和特高含水开发期，调剖调驱已经从单井设计逐渐转变为区块整体调剖决策。目前，国内区块整体调剖调驱决策技术包括压力指数（PI）、油藏工程（RE）及数值模拟（RS）等方法，它们各自所依据的原理不完全相同，但决策内容相似。下面以 PI 决策技术为例，介绍区块整体调剖调驱决策方法。

PI 决策技术以压力指数 PI 值为决策基础，PI 值定义为

$$\mathrm{PI} = \frac{\int_0^t p(t)\mathrm{d}t}{t} \tag{5-12}$$

式中 $p(t)$ ——注水井关井后 t 时刻井口压力。

实际使用时，PI 值需要根据注水井油层射开厚度 h 和注水量 q_w 修正，即

$$\mathrm{PI}' = \frac{\mathrm{PI}}{q_w/h} \cdot (q_w/h)' \tag{5-13}$$

式中 PI'，$(q_w/h)'$——PI 的修正值、q_w/h 的修正值。

q_w/h 的修正值 $(q_w/h)'$ 可以为 0.25、0.50、0.75 和 1.00 或 2.50、5.00、7.50 和 10.0 等规整数值。如果一个区块注水井的 (q_w/h) 平均值为 8.00，则取 $(q_w/h)'$ 为 7.50。

研究表明，一个区块注水井平均 PI 值愈低（如 PI<10MPa），区块整体调剖调驱必要性愈强；一个区块中注水井 PI 值级差（最大值与最小值之差）愈大（如 PI>5MPa），区块整体调剖调驱必要性愈强。符合上述两个指标的井更是调剖调驱首选井。

定义一口注水井相对 PI 值：

$$\mathrm{PI}_r = \mathrm{PI}'/\mathrm{PI}_{av}$$

式中 PI_r，PI_{av}——单井相对 PI 值，区块平均 PI 值。

如果一口井的 PI_r 小于 1，则该井需要调剖调驱。

区块整体调剖调驱效果主要从水驱曲线、含水上升率曲线和产量递减曲线等来评价。

习题

1. 我国油田注水水质推荐指标共有哪几项？具体指标如何？
2. 选择水源前作水源与地层适应性评价有何意义？主要有哪几项内容？
3. 常用水处理措施有几种？其所用设备及基本原理是什么？
4. 简述注水系统工艺流程。
5. 为什么要分层注水？怎样实现分层注水？
6. 分层注水指示曲线有何应用？
7. 如何利用偏心管柱测分层注水指示曲线？
8. 怎样用分层测试资料绘制注水指示曲线？
9. 怎样选择与调配井下配水嘴？
10. 试用井下流量计测试卡片分析判断井下工具及管柱工况。
11. 简述放射性同位素测吸水剖面的原理。
12. 注水井化学调剖方法分哪几种？常用配方有哪些？
13. PI 决策技术如何判别注水井及区块是否需要进行调剖？
14. 确定单井调剖剂用量有哪些方法？

参考文献

[1] 万仁溥. 采油工程手册 [M]. 北京：石油工业出版社，2000.

[2] 张琪，万仁溥. 采油工程方案设计 [M]. 北京：石油工业出版社，2002.

[3] 张琪. 采油工程原理与设计 [M]. 东营：石油大学出版社，2000.

[4] 李颖川. 采油工程 [M]. 北京：石油工业出版社，2009.

[5] 岳清山. 油藏工程理论与实践 [M]. 北京：石油工业出版社，2012.

[6] 朱道义. 实用油藏工程 [M]. 北京：石油工业出版社，2017.

[7] 马德胜. 提高采收率 [M]. 北京：石油工业出版社，2017.

[8] 吴永超，张中华，魏海峰，等. 提高原油采收率基础与方法 [M]. 北京：石油工业出版社，2018.

[9] 卢祥国，胡勇，宋吉水，等. Al^{3+} 交联聚合物分子结构及其识别方法 [J]. 石油学报，2005（4）：73-76.

[10] 卢祥国，王晓燕，李强，等. 高温高矿化度条件下驱油剂中聚合物分子结构形态及其在中低渗油层中的渗流特性 [J]. 化学学报，2010（12）：1229-1234.

[11] 卢祥国，胡广斌，曹伟佳，等. 聚合物滞留特性对化学驱提高采收率的影响 [J]. 大庆石油地质与开发，2016，35（3）：99-105.

[12] 卢祥国，曹豹，谢坤，等. 非均质油藏聚合物驱提高采收率机理再认识 [J]. 石油勘探与开发，2021，48（1）：148-155.

[13] 卢祥国，何欣，曹豹，等. 聚合物驱吸液剖面反转机制、应对方法及实践效果 [J]. 石油学报，2023，44（6）：962-973.

第六章 水力压裂

本章要点

本章以水力压裂技术为基础，介绍了水力压裂造缝机理、压裂液与支撑剂、压裂设计及压裂工艺。

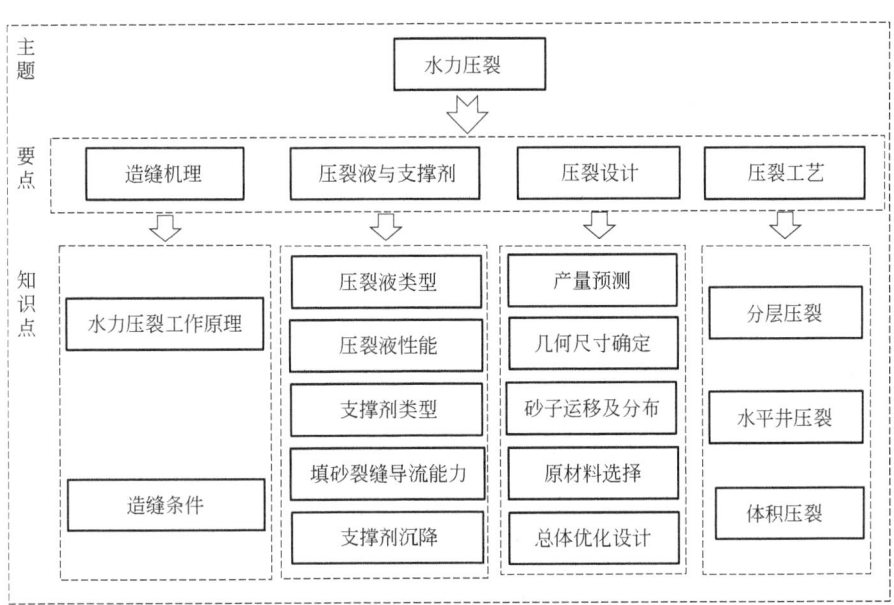

水力压裂（视频 6-1）是油气井增产、水井增注的一项重要技术措施。当地面高压泵组将液体以大大超过地层吸收能力的排量注入井中时，在井底附近憋起超过井壁附近地层的最小地应力及岩石抗张强度的压力后，即在地层中形成裂缝，随着带有支撑剂的液体注入缝中，裂缝逐渐向前延伸，这样，在地层中形成具有一定长度、宽度及高度的填砂裂缝。由于压裂形成的裂缝具有很高的导流能力，使油气能够畅流入井，从而起到增产增注的作用。大型水力压裂可以在低渗透油藏内形成深穿透、高导流能力的裂缝，使原来没有工业价值的油气田成为具有一定产能的油气田，其意义已远远超过一口井的增产增注作用。

视频 6-1　水力压裂原理

第一节 造缝机理

在地层中造缝，井底附近的地应力及其分布、岩石的力学性质、压裂液的渗滤性质及注入方式是控制裂缝几何形态的主要因素。图6-1是压裂施工过程中，井口压力随时间变化的典型曲线。压裂过程中，当井口压力达到 p'_1 后，地层发生破裂，然后在较低的延伸压力 p_{ex} 下，裂缝向地层深处延伸。在地层渗透率较高或存在微裂缝的情况下，地层破裂时井底压力并不比延伸压力有明显的升高。这些现象反映了井底附近地层中地应力分布的不同及岩石在力学性质上的差异。

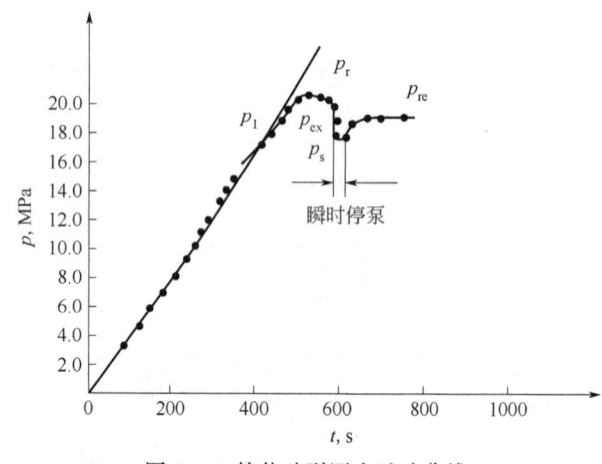

图6-1 某井破裂压力试验曲线

一、地应力及其分布

一般情况下，地层中的岩石处于压应力状态。作用在地下某单元体上的力有垂向主应力 σ_z 及水平主应力 σ_H（其中又分为互相垂直的 σ_x 和 σ_y）。

1. 地应力

作用在单元体上的垂向应力来自上覆岩层的重量，其数值约为

$$\sigma_z = Dg[(1-\phi)\rho_{ma} + \phi\rho_f] \tag{6-1}$$

式中 σ_z——总垂向应力，Pa；

ρ_{ma}——岩石骨架密度，kg/m³，一般为 2000~3400kg/m³；

ρ_f——流体密度，kg/m³；

D——地层深度，m；

ϕ——孔隙度。

由于油气层中均有一定的孔隙压力 p_p（即地层压力或流体压力），部分上覆岩层的压力被多孔介质中的流体压力支持，故有效垂向应力 σ_{ze} 可表示为

$$\sigma_{ze} = \sigma_z - p_p \tag{6-2}$$

如果岩石处于弹性状态，根据广义胡克定律假设水平应变为零且 $\sigma_x = \sigma_y$，则可求出岩石的有效水平应力与有效垂向应力的关系为

$$\sigma_{xe} = \frac{\nu}{1-\nu}\sigma_{ze} \qquad (6-3)$$

式中　ν——岩石的泊松比。

2. 地质构造对应力的影响

上述应力之间的关系，受地质构造影响发生很大的变化，不仅是垂向应力与水平应力受构造力的控制，并且水平应力 σ_H 中的两个应力 σ_x 和 σ_y 也彼此不等。

如果岩石单元体是各向同性材料，岩石破裂时的裂缝方向总是垂直于最小主应力轴。当已知地层中各应力的大小时，裂缝的形态或裂缝方向即可被确定，如图 6-2 所示。

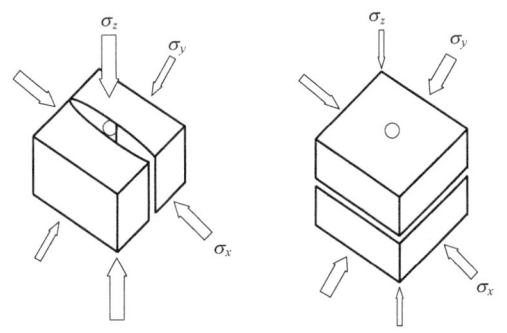

(a) $\sigma_z > \sigma_x > \sigma_y$ 产生垂直裂缝　　(b) $\sigma_y > \sigma_x > \sigma_z$ 产生水平裂缝

图 6-2　裂缝面垂直于最小主应力方向

3. 井壁上的应力

井壁上的应力主要从下述几方面考虑。

1）井筒对地应力及其分布的影响

地层中钻井以后，破坏了原始应力的平衡状态，使得井壁上及其周围地层中的应力分布发生变化。为了简化，将地层中的三维应力问题用二维方法来处理，并近似地直接采用弹性力学中双向受力的无限大平板中钻有一个圆孔时的应力计算公式来分析井壁应力，如图 6-3 所示。

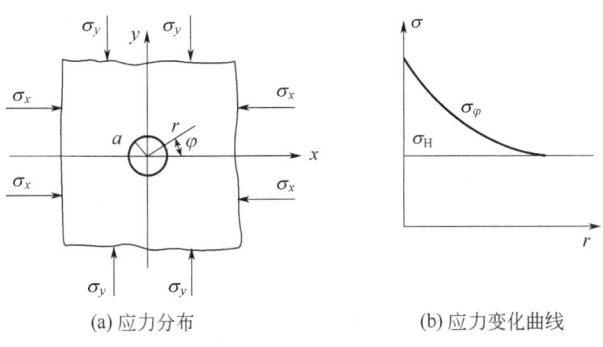

(a) 应力分布　　(b) 应力变化曲线

图 6-3　无限大平板中钻一圆孔的应力分布

根据弹性力学中周向应力的计算式得圆孔周向的应力分布：

$$\sigma_{\varphi 1} = \frac{\sigma_x + \sigma_y}{2}\left(1 + \frac{a^2}{r^2}\right) - \frac{\sigma_x - \sigma_y}{2}\left(1 + \frac{3a^4}{r^4}\right)\cos 2\varphi \tag{6-4}$$

式中　$\sigma_{\varphi 1}$——圆孔周向应力，Pa；

　　　a——圆孔半径，m；

　　　r——距圆孔中心的距离，m；

　　　φ——任意径向与σ_x方向的夹角。

当$r=a$，且$\sigma_x = \sigma_y = \sigma_H$时：

$$\sigma_{\varphi 1} = 2\sigma_x = 2\sigma_y = 2\sigma_H$$

说明圆孔壁上各点的周向应力相等，与φ无关。

当$r=a$，且$\sigma_x > \sigma_y$时：

$$\begin{cases}(\sigma_{\varphi 1})_{0°,180°} = (\sigma_{\varphi 1})_{\min} = 3\sigma_y - \sigma_x \\ (\sigma_{\varphi 1})_{90°,270°} = (\sigma_{\varphi 1})_{\max} = 3\sigma_x - \sigma_y\end{cases} \tag{6-5}$$

式中　$(\sigma_{\varphi 1})_{\max}$，$(\sigma_{\varphi 1})_{\min}$——最大、最小周向应力。

随着r的增加，周向应力迅速降低，如图6-3(b)所示。大约在几个圆孔直径之外，即降为原地应力值，孔壁上的应力比远处的大得多，这就是在压裂中地层破裂压力大于延伸压力的一个重要原因。

2）井眼内压所引起的井壁应力

压裂过程中，向井筒内注入高压液体，使井内压力很快升高，井筒内压必然产生井壁上的周向应力。若把井筒周围的岩石看作是一个具有无限壁厚的厚壁圆筒，假设材料是弹性的，根据弹性力学中的拉梅公式（拉应力取负号）计算井壁上的周向应力，当厚壁筒外边界半径$r_e \to \infty$，厚壁筒外边界压力$p_e = 0$时，井壁上$r=a$处的周向应力为

$$\sigma_{\varphi 2} = -p_{\mathrm{iwf}} \tag{6-6}$$

式中　p_{iwf}——注入时的井底压力，Pa。

3）压裂液径向渗入地层所引起的井壁应力

由于注入井中的高压液体在地层破裂前渗入井筒周围地层中，形成了一个附加应力区，它的作用是增大了井壁周围岩石中的应力。增加的周向应力值为

$$\sigma_{\varphi 3} = (p_{\mathrm{iwf}} - p_{\mathrm{p}})\alpha\frac{1-2\nu}{1-\nu} \tag{6-7}$$

其中

$$\alpha = 1 - \frac{C_{\mathrm{fs}}}{C_{\mathrm{f}}} \tag{6-8}$$

式中　C_{fs}，C_{f}——分别为岩石骨架压缩系数和岩石体积压缩系数。

4）井壁上的总应力

显然在地层破裂前，井壁上（$\varphi = 0°$和$\varphi = 180°$处）的总水平周向应力为地应力、井筒内压及液体渗滤所引起的周向应力之和，即

$$\sigma_{\varphi} = (3\sigma_y - \sigma_x) - p_{iwf} + (p_{iwf} - p_p)\alpha\frac{1-2\nu}{1-\nu} \quad (6-9)$$

总垂向应力：

$$\sigma_Z = \sigma_z + (p_{iwf} - p_p)\alpha\frac{1-2\nu}{1-\nu} \quad (6-10)$$

二、造缝条件

为使地层破裂，必须使井底压力高于井壁上的总应力及岩石的抗张强度。

1. 形成垂直裂缝

如果地层的破裂属于纯张力破坏，那么随井内注入压力 p_{iwf} 的不断增加，当达到或超过井壁附近地层的最小周向应力及岩石水平方向的抗张强度时，在垂直于水平周向应力的方向上产生垂直裂缝，即：

$$p_{iwf} \geqslant \sigma_{\varphi} + \sigma_T^h \quad (6-11)$$

式中 σ_T^h——岩石的水平方向抗张强度。

将式(6-9)代入式(6-11)，得

$$p_{iwf} \geqslant (3\sigma_y - \sigma_x) - p_{iwf} + (p_{iwf} - p_p)\alpha\frac{1-2\nu}{1-\nu} + \sigma_T^h \quad (6-12)$$

将水平有效应力（$\sigma_{xe} = \sigma_x - p_p$，$\sigma_{ye} = \sigma_y - p_p$）代入式(6-12)中，整理后得到破裂压力（地层破裂时 $p_f = p_{iwf}$）：

$$p_f = p_p + \frac{3\sigma_{ye} - \sigma_{xe} + \sigma_T^h}{2 - \alpha\frac{1-2\nu}{1-\nu}} \quad (6-13)$$

垂直裂缝产生于井筒相对应的两点上（$\varphi = 0°$ 和 $\varphi = 180°$），这就是为什么在理论上假定垂直裂缝以井轴为对称的两条缝的原因。实际上由于地层的非均质性和局部应力场的影响，产生的裂缝往往是不对称的。

2. 形成水平裂缝

当注入压力 p_{iwf} 达到或超过井壁附近地层的最小垂向应力及岩石的垂向抗张强度时，在垂直于垂向应力的方向上产生水平裂缝，形成水平裂缝的条件为

$$p_{iwf} \geqslant \sigma_z + \sigma_T^v \quad (6-14)$$

式中 σ_T^v——岩石的垂向抗张强度。

将式(6-10)代入式(6-14)，得

$$p_{iwf} \geqslant \sigma_z + (p_{iwf} - p_p)\alpha\frac{1-2\nu}{1-\nu} + \sigma_T^v \quad (6-15)$$

将垂向有效应力（$\sigma_z = \sigma_{ze} - p_p$）代入式(6-15)中，且注意到地层破裂时，$p_f = p_{iwf}$，则得

$$p_f = p_p + \frac{\sigma_{ze} + \sigma_T^v}{1 - 2\frac{1-2\nu}{1-\nu}} \tag{6-16}$$

第二节　压裂液

压裂液是为造缝与携砂使用的液体，是水力压裂的关键组成部分。压裂液是一个总称，根据其在压裂过程中的所起作用不同，压裂液主要分为前置液、携砂液和顶替液。

(1) 前置液：作用是破裂地层并造成一定几何尺寸的裂缝以备后面的携砂液进入，在温度较高的地层里，它还起到一定的降温作用。有时为了提高前置液的工作效率，在一部分前置液中加细砂（粒径 0.105~0.147mm，即 140~100 目；砂与液体的体积比，即砂比 10% 左右），以堵塞地层中的微隙，减少液体的滤失。

(2) 携砂液：作用是将支撑剂带入裂缝中并将砂子放到预定位置上去。在压裂液的总量中，这部分占的比重较大。携砂液和其他压裂液一样，都有造缝及冷却地层的作用。

(3) 顶替液：作用是打完携砂液后，用于将井筒中全部携砂液替入裂缝中。中间顶替液用来将携砂液送到预定位置，并有预防砂卡的作用。

为了获得好的水力压裂的效果，压裂液必须具备如下的性能要求：

(1) 滤失少。压裂液的滤失性主要取决于它的黏度与造壁性，黏度高则滤失少。在压裂液中添加防滤失剂，能改善造壁性并大大减少滤失量。

视频 6-2　支撑剂悬浮实验

(2) 悬砂能力强（视频 6-2）。压裂液的悬砂能力主要取决于黏度，压裂液只要有足够高的黏度，砂子即可完全悬浮，这对砂子在缝中分布是非常有利的。

(3) 摩阻低。压裂液在管道中的摩阻愈小则在设备功率一定的条件下，利用造缝的有效功率愈大。摩阻过高不仅降低有效功率的利用，而且由于井口压力过高，排量降低。

(4) 稳定性。压裂液应具有热稳定性，不能由于温度的升高而使黏度有较大的降低；液体还应有抗机械剪切的稳定性，不因流速的增加而发生大幅度的降解。

(5) 配伍性。压裂液进入地层后与各种岩石矿物及流体相接触，不应产生不利于油气渗滤的物理—化学反应。

(6) 低残渣。要尽量降低压裂液中水不溶物的数量，以免降低岩石及填砂裂缝的渗透率。

(7) 易反排。施工结束后大部分注入液体反排出井外，排液愈完全，效果愈好。

(8) 货源广。便于配制，价钱便宜。

一、压裂液的类型

随着水力压裂技术的发展，压裂液由最初的原油和清水逐步发展为目前经常使用的水基、油基、酸基压裂液及泡沫压裂液等。

1. 水基压裂液

水基压裂液是国内外目前使用最广泛的压裂液。除少数低压、油湿、强水敏地层外，它适用于多数地层和不同规模的压裂改造。其主要问题是在水敏地层引起黏土膨胀和迁移，近井带引起的油水乳化、未破胶聚合物、不相容残渣和添加剂导致压裂伤害。

（1）水基冻胶压裂液：黏度高且可控，携砂能力强；滤失更小，普遍用于深井、高砂比、中—大规模的各种压裂井，是目前使用最广泛的压裂液。水基冻胶由水、稠化剂、交联剂和破胶剂等配制而成。用交联剂将溶于水的稠化剂高分子进行交联，使具有线性结构的高分子水溶液变成线型和网状体型结构混存的高分子水冻胶，或者说水基冻胶压裂液是交联了的水化压裂液。

（2）活性水压裂液：配制简单、黏度低，携砂性能差，安全经济，适于低温浅井、低砂比小规模压裂，在煤层气井应用广泛。

（3）滑溜水压裂液（又称清水压裂）：利用大量的水作为压裂液，产生足够大的裂缝体积和导流能力，以便从低渗透较厚的产层内获得商业性的产能。体系由清水和减阻剂组成，黏度较低，容易配置，成本较低，适用于页岩气压裂。滑溜水压裂液有以下优势：容易形成裂缝网格；容易携带支撑剂进入微裂缝；容易形成窄小裂缝；成本较低；低伤害、易返排，返排液易处理。

（4）线性胶（稠化水）压裂液：线性胶压裂液体系由水溶性聚合物稠化剂与其他添加剂（如黏土稳定剂、破胶剂、助排剂、破乳剂和杀菌剂等）组成，具有易流动性、耐剪切性能、低摩阻及低伤害等特点。黏度和携砂能力较活性水增强，滤失略小，适于低温浅井、低砂比、中小规模压裂，在页岩气藏、致密油气藏压裂中应用较多。

（5）清洁压裂液：属于水基压裂液，但通常作为单独一类进行描述。清洁压裂液也称VES压裂液，是长链脂肪酸的季铵盐类阳离子表面活性剂溶解在盐水中形成的胶束溶液。VES压裂液中的胶束主要呈蚯蚓状或长圆棒状，相互之间高度缠结，构成了网状胶束，类似于交联的长链聚合物形成的网状结构。

VES压裂液破胶机理与水基冻胶完全不同，主要表现为：①地层中的油气水影响液体的带电环境，破坏微胞的杆状缠绕结构，使其快速破胶；②地层水使表面活性剂含量降低而促进破胶；③地层吸附表面活性剂降低其含量，促进破胶。因此，VES压裂液在裂缝中接触到地层原油或天然气便会破胶，被地层水稀释后也可破胶。

2. 油基压裂液

矿场原油或炼厂黏性成品油均可用作油基压裂液，但其性能不能满足要求。目前多用稠化油，基液为原油、汽油、柴油、煤油、凝析油，稠化剂为脂肪酸铝皂、磷酸酯铝盐等。

3. 泡沫压裂液

泡沫压裂液是气体分散于液体的分散体系，典型组成是：水相+气相+起泡剂，水相为稠化水、水冻胶、酸液、醇或油，气相为CO_2、N_2或空气，起泡剂多为非离子型表面活性剂。

泡沫压裂液的特点：泡沫液滤失系数低，液体滤失量小，侵入深度浅；返排速度快，对地层伤害小；摩阻损失较小（比清水低40%~60%）；压裂液效率高，裂缝穿透深度大。因此，泡沫压裂液尤其适用于低渗透低压水敏性油气藏；但是泡沫压裂液温度稳定性差，而且黏度不够高,难以适应高砂比要求。

4. 乳化压裂液

乳化压裂液是用表面活性剂稳定的两种非混相的高黏分散体系。水相有水或盐水、聚合物稠化水和酸类及醇类,油相有现场原油、成品油和凝析油。最常用的是聚乳状液,典型组成是:1/3 稠化盐水(外相)+2/3 油(内相)+成胶剂、表面活性剂。

乳化压裂液的特点是:乳化剂被岩石吸附而破乳,故排液快,对地层伤害小;摩阻特性介于线性胶和交联液之间;温度增加,聚状乳化压裂液变稀,限制了在高温井的应用;而且成本高(除非油相能有效回收)。

5. 酸基压裂液

用植物胶或纤维素稠化酸液得到稠化酸或用非离子型聚丙烯酰胺在浓盐酸溶液中,以甲醛交链而得到酸冻胶。酸基压裂液适宜于碳酸盐类油气层的酸压。

6. LPG 压裂液

由于滑溜水压裂液使用量较大,造成清水供应紧张,同时对地层有一定的污染,因此,试图寻找无水压裂液,以减少清水的用量。液化石油气(简称 LPG)压裂液作为今后的一个发展方向,已经在现场有所应用。

相对于滑溜水压裂液,LPG 压裂液的主要组成是丙烷和丁烷,与天然气储层互溶性较好,注入地层的气体也很容易在井口与甲烷分离出来,对地层没有污染。同时,LPG 压裂液不需要处理地面返排水,而这正是滑溜水压裂液的一个比较棘手的问题。使用 LPG 压裂液时,先在地面注入交联的 LPG,或者丙烷和丁烷的混合物,然后与支撑剂混合后泵入地层。LPG 压裂液具有低黏度、低摩阻和低密度等特点,因此,所需要的泵注压力较低,泵注速度较大。

二、压裂液的滤失性

压裂液滤失指在裂缝与储层的压差作用下压裂液向储层中的滤失,主要受三种因素的控制,即压裂液的黏度、地层岩石及流体的压缩性及压裂液的造壁性。

1. 受压裂液黏度控制的滤失系数 C_1

当压裂液的黏度大大超过地层油的黏度时,压裂液的滤失速度主要取决于压裂液的黏度,压裂液在多孔介质中的实际渗流速度 v_a 为

$$v_a = \frac{K\Delta p}{\mu_a \phi L} \tag{6-17}$$

式中 v_a——实际平均速度,m/s;

K——地层垂直于裂缝壁面的渗透率,m^2;

Δp——裂缝内外的压差,Pa;

μ_a——压裂液在缝内流动条件下的视黏度,Pa·s;

L——由缝壁面向地层内的滤失距离,m。

因为 $v_a = \dfrac{\mathrm{d}L}{\mathrm{d}t}$，结合式（6-17），积分并解出 L 后，将 L 代入达西方程中，整理后得到

$$v = \frac{K\Delta p}{\mu_a \left(\dfrac{2K\Delta p\phi}{\mu_a \phi}\right)^{\frac{1}{2}}} = \left(\frac{K\Delta p\phi}{2\mu_a t}\right)^{\frac{1}{2}} \tag{6-18}$$

令

$$C_1 = \left(\frac{K\Delta p t}{2\mu_a}\right)^{\frac{1}{2}} \tag{6-19}$$

则

$$v = \frac{C_1}{\sqrt{t}} \tag{6-20}$$

式中　v——达西渗流速度，m/s；

　　　C_1——由压裂液黏度控制的滤失系数，$m \cdot s^{-1/2}$；

　　　t——滤失时间，s。

2. 受地层流体压缩性控制的滤失系数 C_2

当压裂液的黏度接近于地层流体的黏度时，控制压裂液滤失的是地层流体的压缩性。这是因为流体受到压缩，让出一部分空间，压裂液才得以滤失进来。

假设液体通过横截面积为 A 的地层，在 x 处的流量为 q，压力为 $\Delta p+p$，液体到 $x+\mathrm{d}x$ 处时，压力为 p，流量增加了 Δq，此值可看作是因压力降低 Δp 所引起的液体的膨胀 $\mathrm{d}V$。如果忽略岩石的体积膨胀，则单元地层体积内液体的体积 V 为

$$V = A\phi \mathrm{d}x \tag{6-21}$$

$$\mathrm{d}V = -C_1 V \mathrm{d}p \tag{6-22}$$

将式（6-21）代入式（6-22）并对 t 求导，然后写成 $\partial q/\partial x$ 的形式：

$$\frac{\partial q}{\partial x} = -A\phi C_1 \frac{\partial p}{\partial t} \tag{6-23}$$

根据达西方程，并对 x 求导：

$$\frac{\partial q}{\partial x} = -\frac{KA}{\mu_a} \frac{\partial^2 p}{\partial x^2} \tag{6-24}$$

结合式（6-23）与式（6-24），令

$$\eta = \frac{K}{\mu_a C_1 \phi} \tag{6-25}$$

得到

$$\frac{\partial^2 p}{\partial x^2} = \frac{1}{\eta} \frac{\partial p}{\partial t} \tag{6-26}$$

其无限地层，边界压力为常数的解为

$$\frac{p(x,t) - p_e}{\Delta p} = \mathrm{erfc}\left(\frac{x}{2\sqrt{\eta t}}\right) \tag{6-27}$$

式中　$p(x,t)$——在点 x 及时间 t 的压力值，MPa；

　　　p_e——外边界压力，MPa；

　　　C_1——液体的压缩系数。

式（6-27）对 x 求导得缝壁面上的压力梯度值

$$\left(\frac{\partial p}{\partial x}\right)_{x=0} = -\frac{\Delta p}{\sqrt{\pi \eta t}} \tag{6-28}$$

利用压裂液在缝壁面上的渗滤速度

$$\begin{cases} v_{x=0} = -\frac{K}{\mu_a}\left(\frac{\partial p}{\partial t}\right)_{x=0} \\ v_{x=0} = \Delta p \left(\frac{KC_1\phi}{\pi\mu_a t}\right)^{\frac{1}{2}} \end{cases} \tag{6-29}$$

令

$$C_2 = \Delta p \left(\frac{KC_1\phi}{\pi\mu_a}\right)^{\frac{1}{2}} \tag{6-30}$$

则

$$v = \frac{C_2}{\sqrt{t}} \tag{6-31}$$

应当说明，式(6-20)是在假设滤失外缘为无限远的条件下得出的，这比较符合垂直裂缝的流动情况，但不太符合水平裂缝的条件，除非油层极厚。

3. 具有造壁性压裂液的滤失系数 C_3

有的压裂液具有很好的造壁性，其中添加有防滤失剂（硅粉或沥青粉等），能在壁面上形成滤饼，有效地降低滤失速度，其滤失系数 C_3 由实验方法确定。实际上压裂液滤失同时受上述三种机理的控制，根据水电相似原理，可用下式求出综合滤失系数 C：

$$\frac{1}{C} = \frac{1}{C_1} + \frac{1}{C_2} + \frac{1}{C_3} \tag{6-32}$$

三、压裂液对地层渗透性的伤害及预防措施

如果对地层情况了解不够、对压裂液选择不当或用于改善压裂液性能的添加剂针对性不强等，就会使压裂效果不理想或失败。造成压裂液对地层渗透性的伤害主要有下述原因。

1. 压裂液与地层及其中液体的配伍性差

压裂液配伍性是指压裂液与岩层和流体接触时，无不利于油、气渗流的物理化学反应。压裂液对岩石、胶结物等固体物质的溶解、黏土膨胀、小颗粒脱落堵塞孔隙以及与地层流体相遇后产生沉淀均可对地层产生伤害。对黏土地层，应添加防黏土膨胀剂；用水基压裂液压裂油层时，应防止产生乳状液，一般使用活性剂来防止乳状液的形成。

2. 压裂液在孔隙中的滞留

若高黏油基压裂液进入地层后，反排不完全或水基压裂液破胶不好，就会发生对地层孔隙的滞留损害。为了便于排液及减少乳状液，要保持地层岩石、小颗粒及压裂砂的亲水性，降低液体的界面张力或注入氮或二氧化碳，以增加液体的反排能力。注入 CO_2 还可使压裂液的 pH 值降低（降低到 3.3~3.7），这对于防止黏土膨胀及溶解铁、铝盐均有好处。

3. 残渣及其他堵塞作用

残渣的来源是基液或成胶物质中的不溶物、防滤失剂或支撑剂的微粒及由于压裂液对地

层岩石的浸泡作用而脱落下来的微粒。这些残渣、微粒对地层渗透率、填砂裂缝的导流能力均会有不同程度的伤害。因此，在制备过程中要使用低残渣或无残渣压裂液，在基液、管线、液罐中不准有固形物。支撑剂的粒径范围要求应严格，要注意交链剂与金属离子钙、镁的沉淀作用及防滤失剂的不利作用。

视频6-3　水力压裂处理不当可能对环境造成的危害

水力压裂过程中，如果对压裂液处理不当，会对环境造成极大的污染，通过观看一段视频（视频6-3），使学生树立新时代健康、安全、环保的理念。

第三节　支撑剂

支撑剂（视频6-4）是储层形成裂缝后，由携砂液输送、携带充填至裂缝中的具有一定强度与圆球度的固体颗粒。其作用在于泵注停止并且缝内液体排出后保持裂缝处于张开状态，地层流体可通过高导流能力的支撑剂由裂缝流向井底。

视频6-4　支撑剂

支撑剂应满足下列性能要求：

（1）粒径均匀、圆球度好。支撑剂粒径均匀可提高支撑剂的承压能力及渗透性。目前使用的支撑剂颗粒直径通常为0.45~0.9mm（即20/40目），有时也用少量直径为0.9~1.25mm（即16/20目）的。

（2）强度高。保证在高闭合压力作用下仍能获得最有效的支撑裂缝。支撑剂类型及组成不同，其强度也不同，强度越高，承压能力越大。

（3）杂质少。以免堵塞支撑裂缝孔隙而降低裂缝导流能力。支撑剂中的杂质是指混于其中的碳酸盐、长石、铁的氧化物及黏土等矿物质；一般用酸溶解度来衡量存在于支撑剂的碳酸盐、长石和氧化铁含量；用浊度来衡量存在于支撑剂的黏土、淤泥或无机物质微粒的含量。

（4）密度低。理想支撑剂体积密度最好小于2000kg/m³，以便于携砂液携带至裂缝中。

（5）高温盐水中呈化学惰性，不与压裂液及储层流体发生化学反应，以避免伤害支撑裂缝。

（6）货源充足，价格便宜。

目前使用的支撑剂都是相对地满足上述要求，有些要求在当前尚难以实现，只能依靠科学技术的进步逐步达到。主要向低密度、高强度方向发展。

一、支撑剂类型

支撑剂按其力学性质分为两大类：脆性支撑剂（如石英砂、陶粒、玻璃球等），特点是硬度大，变形小，在高闭合压力下易破碎；韧性支撑剂（如树脂包层砂、核桃壳、铝球等），特点是变形大，承压面积随之加大，高压下不易破碎。

目前常用的压裂支撑剂包括石英砂、陶粒和树脂包层砂。

（1）石英砂。

石英砂广泛使用于浅层或中深层的压裂，主要化学成分是二氧化硅（SiO_2），同时伴有少量的氧化铝（Al_2O_3）、氧化铁（Fe_2O_3）、氧化钾与氧化钠（K_2O+Na_2O）及氧化钙与氧化镁（$MgO+CaO$）。石英含量是衡量石英砂质量的重要指标，我国压裂用石英砂的石英含量一般在80%左右，且伴有少量长石、燧石及其他喷出岩及变质岩等岩屑；国外优质石英砂的石英含量可达98%以上。

石英砂具有下列特点：（1）圆球度较好的石英砂破碎后，仍可保持一定的导流能力；（2）密度相对低，便于施工泵送；（3）强度较低，破碎后将大大降低裂缝的导流能力，因此适用于低闭合压力储层；（4）价格便宜，在许多地区可以就地取材，我国压裂用石英砂产地甚广，如甘肃兰州砂、江西永修砂、福建福州砂、湖南岳阳砂、山东荣城砂、吉林农安砂、河北承德砂、湖北蒲砂及新疆和丰砂。

（2）陶粒。

为满足深层高闭合压力储层压裂的要求，研制出了人造陶粒（ceramsite）支撑剂，有实心体和空心体陶粒。

① 中强度陶粒支撑剂：用铝矾土或铝质陶土（矾和硅酸铝）制造，其中氧化铝或铝质质量分数为46%~77%，硅质质量分数为13%~55%，以及少量其他氧化物。

② 高强度陶粒支撑剂：由铝矾土或氧化铝物料制造，其中氧化铝质量分数为85%~90%，氧化硅质量分数为3%~6%，氧化铁质量分数为4%~7%，氧化钛质量分数为3%~4%（TiO_2）。

陶粒支撑剂强度更高，在高闭合压力下可提供更高裂缝导流能力；并且随着闭合压力增加和承压时间延长，导流能力递减比石英砂慢得多。然而陶粒密度较大，泵送困难，加工困难，价格昂贵。

（3）树脂包层砂。

目前使用较多的韧性支撑剂是树脂包层砂，这种支撑剂在20世纪60年代初期开始研制，但近年来得到迅速发展（约占15%）。它采用一种特殊工艺将酸性苯酚甲醛树脂包裹在石英砂表面，并经热固处理而成，密度约为2550kg/m³。

① 预固化树脂包层砂：在石英砂表面包裹了一层树脂，使闭合压力分布在较大的树脂层面积上而不易压碎。此外，即使压碎了包层内石英砂，微粒仍被包裹在一起，不致引起微粒运移堵塞孔隙，从而保持较高裂缝导流能力。

② 固化树脂包层砂：在石英砂表面预先包裹一层与压裂层温度匹配的树脂，作为尾追支撑剂置于近井段水力压裂。当裂缝闭合且地层温度恢复后，它先转化成玻璃球状，然后由软到硬将周围相同的（可）固化树脂包层砂胶结，进而在近井带人工裂缝中形成一道防止支撑剂回流的天然屏障。其导流能力低于石英砂及预固化树脂包层砂。

随着勘探深入，为了适应复杂地层，国内外开展了高性能、高质量、高导流能力的人造支撑剂研究，如自悬浮支撑剂、纳米支撑剂等是目前重要的发展方向。

（1）自悬浮支撑剂。

自悬浮支撑剂指支撑剂在压裂液中，不辅助其他手段，具有较强的自悬浮作用，可大幅度提高裂缝远端的支撑剂支撑效率。一般采用在常规密度支撑剂的表面，覆上一层或数层膨胀性树脂材料，该材料在压裂液中可舒展开来，如图6-4所示，可因此阻止支撑剂颗粒的重力沉降作用。

自悬浮支撑剂的优势包括以下几点：

① 提高支撑剂的输砂性能和裂缝远端的支撑效率。由于在压裂液中沉降速度慢，与压

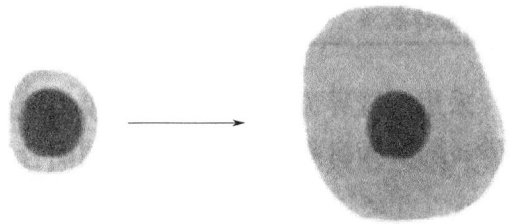

图 6-4　自悬浮支撑剂的悬浮机理

裂液的跟随性增强，不需要较高的压裂液黏度，就可提高其携砂性能，同时，在裂缝远端的支撑剂在纵向上的支撑效率高，在同等的压裂施工条件下，可极大提高裂缝的支撑面积及有效裂缝体积。

② 可降低压裂液黏度及稠化剂用量。由于自悬浮支撑剂的效果与超低密度支撑剂类似，可用较低的压裂液黏度甚至活性水压裂液（造缝效率要与储层的滤失性相匹配），就可有效地进行携带和铺置。因此，压裂稠化剂的浓度可大大降低，也进一步降低了压裂液的残渣伤害，在同等的压裂施工条件下，可较大幅度地提高裂缝的导流能力。

③ 可有效控制裂缝高度。正是由于对压裂液的黏度要求大幅度降低，因此，裂缝高度可以得到有效控制，即使在薄层压裂条件下，由于自悬浮支撑剂的强悬浮性，也不容易发生早期砂堵现象，因此，在同等压裂施工条件下，可大大提高缝长。

自悬浮支撑剂尤其适用于低渗透、薄层油气藏。在这种条件下，要求的支撑缝长相对较长，但裂缝高度又相对较小，如用常规支撑剂，容易发生支撑剂的早期沉降砂堵等情况。

在其他的储层条件下，自悬浮支撑剂又有自身的优势。由于其自悬浮特性，对压裂液的黏度要求大大降低，甚至可用滑溜水或活性水进行压裂施工作业，在大幅降低压裂液成本的前提下，可同步实现控制缝高过度延伸、降低压裂液残渣或残胶等对裂缝导流能力的伤害。但此时的缺点是低黏度压裂液的滤失大，压裂液的造缝效率可能偏低。因此需综合权衡考虑压裂液的配方设计。

一般应用自悬浮支撑剂后，可以控制缝高并在远井获得有效支撑的长裂缝。

(2) 纳米支撑剂。

压裂常用支撑剂一般有 20/40，30/50，40/70 及 80/200 等，粒径范围在 104.14μm～0.8382mm 之间，这类支撑剂主要用于填充压裂裂缝和部分尺度较大的天然裂缝，但相对于微裂缝而言，常规支撑剂的粒径无法进入，从而导致大量的微裂缝在压裂后闭合，降低了裂缝的复杂程度和导流能力，从而降低了压裂效果，特别是对于致密页岩等低渗透油藏而言，这种影响尤为明显。目前，美国堪萨斯大学研制了一种纳米支撑剂，其粒径介于 100nm～1μm 之间，弹性模量介于 1.3~20GPa 之间，采用 API 标准的导流能力实验进行纳米支撑剂的导流能力测试，结果无量纲导流能力较强，此外，纳米支撑剂的应用还能够有效降低压裂液的滤失，保持缝内压力，有助于裂缝的拓展延伸以及支撑剂的有效输送，由于纳米支撑剂的粒径很小，考虑支撑剂的嵌入等因素影响，纳米支撑剂主要适用于致密坚硬的地层，如致密页岩等。

纳米支撑剂原料主要来自飞尘，是火力发电站的伴生品，属于污染废物的回收再利用。煤燃烧后产生大量颗粒，其中较重的颗粒沉降到燃烧室底部，而较轻的颗粒在气流携带下被扬起带走，其中较轻的颗粒即为飞尘，为了防止大气污染，飞尘通常被静电除尘器收集。

二、填砂裂缝导流能力

填砂裂缝的导流能力是裂缝闭合后，支撑剂充填带对储层流体的通过能力。其值等于填砂裂缝渗透率 K_f 与裂缝宽度 b_f 的乘积，简记为 $(Kb)_f$。

1. 导流能力确定

填砂裂缝的导流能力可在实验室用仪器模拟地层条件下测得，也可利用不稳定试井方法求得，或用数值模拟方法加以估计。

贝克休斯石油公司对比了粒径为 0.42~0.84mm（20~40 目）的砂子和陶粒，在不同砂浓度和闭合压力 p_c（停泵后作用在裂缝壁面上使裂缝处于似闭未闭时的压力）下的导流能力如图 6-5 所示。陶粒在高闭合压力下具有相当好的导流能力，如当 p_c = 50MPa 时，其导流能力为 $58\mu m^2 \cdot cm$，而砂子只有 $12.2\mu m^2 \cdot cm$。如果在相同条件下将支撑剂浓度减少一半，则陶粒与砂子的导流能力分别为 $31\mu m^2 \cdot cm$ 和 $6.7\mu m^2 \cdot cm$。

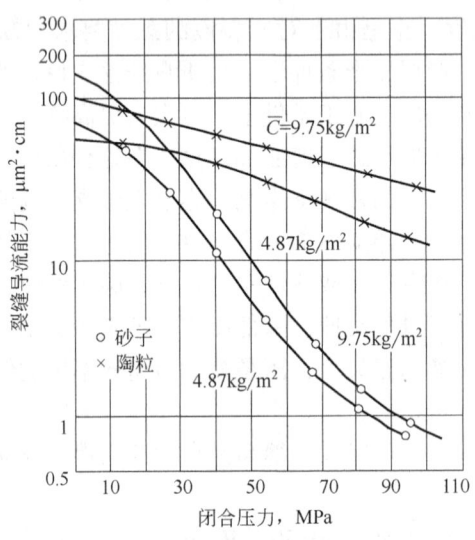

图 6-5　砂子与陶粒的导流能力

在实验基础上，提出了一个计算裂缝导流能力的半经验公式

$$(Kb)_f = 6.246\bar{C}Z\left(\frac{17500}{142p_c+a}\right)^8\left[1+\left(\frac{\beta}{\exp(Z-1)}\right)\ln(0.1BHN)\right] \qquad (6-33)$$

式中　$(Kb)_f$——裂缝导流能力，$\mu m^2 \cdot m$；

　　　$\bar{C}$——裂缝单位面积上的单层砂重，kg/m^2；

　　　Z——砂子层数；

　　　p_c——闭合压力，MPa；

　　　BHN——岩石布氏硬度，Pa；

　　　α, β——常数，见表 6-1。

表 6-1 各种粒径砂的参数值

粒径，mm	$\overline{C}$，kg/m²	α	β
1.68~2.32	3.144	11700	0.6
0.84~1.68	1.855	12700	0.7
0.42~0.84	0.854	14600	1.1

2. 支撑剂的选择

支撑剂的选择如下所述。

（1）根据油层性质和埋藏深度经室内实验确定能满足压裂增产效果的石英砂粒径及浓度。一般在低闭合压力下浅层可选用大颗粒支撑剂；在高闭合压力下，选用粒径较小的支撑剂；裂缝面积上高浓度的支撑剂比低浓度的支撑剂有较高的导流能力。

（2）根据实际需求量选货源广又符合要求的砂产地，做到既经济，又来源充足。

（3）为了改善导流能力，即使在闭合压力不高的情况下，对疏松地层也要考虑加砂方式，不同加砂方式要选择不同的支撑剂。

三、支撑剂输送

支撑剂在压裂液中的沉降规律直接影响到填砂裂缝的几何尺寸、支撑剂在缝中的分布规律及填砂裂缝的导流能力（视频6-5）。

视频 6-5
支撑剂沉降

1. 单颗粒支撑剂在静止压裂液中的自由沉降

斯托克斯利用重力与阻力相等的原理，得出了无限、静止牛顿液体中颗粒以稳定匀速沉降的基本关系。作用在颗粒上的重力

$$F_1 = \frac{m d_s^3}{6}(\rho_s - \rho_f) g \tag{6-34}$$

颗粒稳定匀速沉降时的阻力

$$F_2 = \frac{C_s \pi d_s^2}{4} \frac{\rho_f v_s^2}{2} \tag{6-35}$$

式中 d_s——颗粒直径，m；

ρ_s，ρ_f——分别为支撑剂与压裂液密度，kg/m³；

g——重力加速度，m/s²；

C_s——阻力系数；

v_s——颗粒沉降速度，m/s。

当颗粒沉降雷诺数 $(Re)_s \leqslant 2$ 时，$C_s = 24/(Re)_s$：

$$v_s = \frac{d_s^2 (\rho_s - \rho_f) g}{18 \mu_f} \tag{6-36}$$

当 $2 < (Re)_s < 500$ 时，$C_s = 18.5/(Re)_s^{0.6}$：

$$v_s = \left[\frac{0.072(\rho_s - \rho_f) \rho_s^{1.6} g}{\rho_f^{0.4} \mu_f^{0.6}} \right]^{\frac{1}{1.4}} \tag{6-37}$$

当 $(Re)_s \geq 500$ 时，$C_s = 0.44$：

$$v_s = 1.74\sqrt{\frac{g(\rho_s - \rho_f)d_s}{\rho_f}} \tag{6-38}$$

式中 μ_f——压裂液黏度，$Pa \cdot s$。

对于非牛顿幂律压裂液，则应以表观黏度 μ_a 代替雷诺数中的 μ_f。当 $(Re)_s \leq 2$ 时

$$v_s = \frac{d_s^2(\rho_s - \rho_f)g}{18K\dot{\gamma}_1^{n-1}} \tag{6-39}$$

式中 K——稠度系数，$Pa \cdot s^n$；

$\dot{\gamma}_1$——砂子自由降落的剪切速率，$1/s$；

n——流性指数。

2. 支撑剂在裂缝中的沉降

单颗粒支撑剂在裂缝中的沉降，不同于上述静止液体中的沉降，此时压裂液受到两种剪切效应，即砂子沉降剪切 $\dot{\gamma}_1$ 和液体水平流动的剪切 $\dot{\gamma}_2$。因此，压裂液受到的总剪切速率 $\dot{\gamma}$ 为

$$\dot{\gamma} = \sqrt{\dot{\gamma}_1^2 + \dot{\gamma}_2^2} \tag{6-40}$$

$$v_s = \frac{d_s^2(\rho_s - \rho_f)g}{18K}(\dot{\gamma}_1^2 + \dot{\gamma}_2^2)^{\frac{1-n}{2}} \tag{6-41}$$

由于砂子在缝中并不是孤立的单一颗粒，而是在一定的浓度下，此时，一颗砂子的沉降，受到其他砂子的影响，这种条件下的沉降称为干扰沉降。常用的干扰沉降速度的计算公式为

$$v_{si} = v_s \frac{C_1^2}{10^{1.82(1-C_1)}} \tag{6-42}$$

其中

$$C_1 = \frac{1}{1 + \dfrac{C_0}{\rho_s}} \tag{6-43}$$

式中 v_{si}——干扰沉降速度，m/s；

C_1——携砂液中液体所占的体积分数。

C_0——地面砂浓度，指单位体积携砂液中支撑剂的质量，kg/m^3。

3. 影响颗粒沉降的因素

液体中多颗粒沉降时，由于粒间相互干扰作用，使多粒中的单颗粒沉降速度低于多颗粒的沉降速度。这种相互干扰作用包括两方面：一是单颗粒支撑剂的沉降引起周围液体的向上流动，阻尼了周围颗粒的下沉，砂比愈高，阻尼作用愈大；二是混有砂子的液体混合物的密度、黏度都有所增加，其结果是增大了颗粒的浮力及沉降的阻力，这都使沉降速度变缓。另外，当支撑剂在裂缝中沉降时，壁面使颗粒沉降速度变缓。

第四节 裂缝扩展模型

建立压裂裂缝延伸模型是个相当复杂的课题,对压裂裂缝延伸的研究经历了一个逐步发展和完善的过程,由最初的线性模型发展为二维、拟三维及全三维模型。

最初研究裂缝扩展的模型是假设裂缝被限制在储层内,即压裂过程中,裂缝始终具有与储层厚度相同的高度,只在长度和宽度两个方向延伸。人们建立了许多带有各自假定的二维模型。具有代表性的二维模型有卡特面积公式、PKN 模型和 KGD 模型,其裂缝形态如图 6-6 所示。

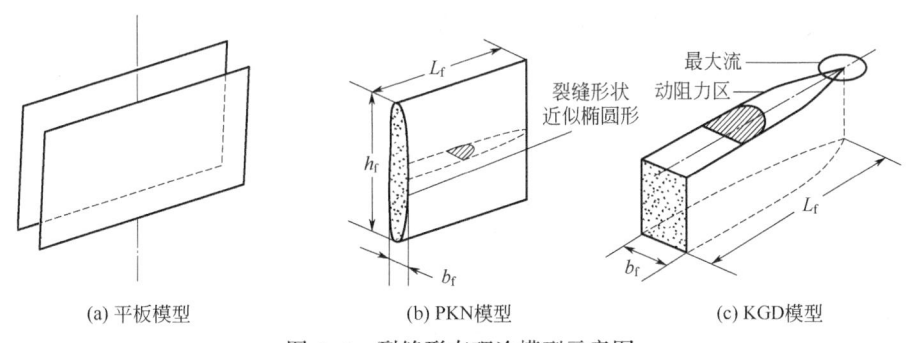

(a) 平板模型　　　　(b) PKN模型　　　　(c) KGD模型

图 6-6　裂缝形态理论模型示意图

一、卡特面积公式

卡特(Carter)利用霍华德(Howard)和法斯特(Fast)假设的裂缝形态[图 6-6(a)],考虑液体滤失而导出了裂缝面积公式。基本假设为:裂缝等宽;压裂液从缝壁垂直而又线性地渗入地层;地层中某点的滤失速度取决于该点暴露于液体中的时间;地层中各点的速度函数都是相同的;裂缝中各点的压力相同,等于井壁储层处的注入压力。以排量 Q 注入裂缝中的压裂液,一部分滤失于地层,另一部分使裂缝体积增加。

1. 滤失于地层的液量 $Q_L(t)$

因为滤失量 $Q_L(t)$ 是从两个缝面滤失出去的,所以

$$Q_L(t) = 2\int_0^{A_f(t)} v_L(t) \mathrm{d}A_f \tag{6-44}$$

面积 A_f 是时间的函数,式(6-45)可写为

$$Q_L(t) = 2\int_0^t v_L(t-\delta)(\mathrm{d}A_f/\mathrm{d}\delta)\mathrm{d}\delta \tag{6-45}$$

式中　δ——压裂液到达裂缝中某点所需的时间,s;
　　　$v_L(t-\delta)$——压裂液到达缝中某点的时刻 δ 起的滤失速度,m/s;
　　　t——注入时间,s;
　　　$A_f(t)$——裂缝的单面面积,m^2。

2. 使裂缝体积增加的液量 $Q_f(t)$

$$Q_f(t) = \frac{b_f \mathrm{d}A_f}{\mathrm{d}t} \tag{6-46}$$

因此
$$Q = Q_L + Q_f = 2\int_0^t v_L(t-\delta)\frac{\mathrm{d}A_f}{\mathrm{d}\delta} + b_f \frac{\mathrm{d}A_f}{\mathrm{d}t} \tag{6-47}$$

式中滤失速度与面积 A_f 均是时间 t 的函数,可用拉氏变换处理,解得

$$A_f(t) = Qb_f / 4\pi C^2 [\exp(\alpha^2)\mathrm{erfc}(\alpha) + 2\alpha/\sqrt{\pi} - 1] \tag{6-48}$$

$\mathrm{erfc}(\alpha^2)$ 是 α 的余误差函数,可以用下述公式计算

$$\exp(\alpha^2)\mathrm{erfc}(\alpha) = 0.25493\beta - 0.28450\beta^2 + 1.42144\beta^3 - 1.45315\beta^4 + 1.06141\beta^5$$

其中
$$\alpha = \frac{2C\sqrt{\pi t}}{b_f} \tag{6-49}$$

$$\beta = \frac{1}{1+0.328a} \tag{6-50}$$

式中 b_f ——缝宽,m。

对于垂直裂缝,如已知缝高 h_f,则缝长 L_f 为

$$L_f = \frac{A_f}{2h_f} \tag{6-51}$$

对于水平裂缝,裂缝半径 r_f 为

$$r_f = \sqrt{\frac{A_f}{\pi}} \tag{6-52}$$

二、PKN 模型

珀金斯(Perkins)和克恩(Kern)假设裂缝形态如图 6-6(b)所示,建立了垂直缝扩展模型,后来由诺尔准(Nordgren)做了进一步改进,考虑了流量沿裂缝的变化。该模型的假设条件是:缝高为常量;岩石具有弹塑性性质,裂缝纵向、横向呈椭圆形;垂向上无流动,裂缝垂直截面中压力恒定;沿裂缝长度某点处的应力状态与其他位置的压力分布无关。

1. 缝宽方程

缝宽用上下都受限制的斯内登(Snedon)方程,垂向横截面中心最大宽度为

$$b_f(x,t) = \frac{2(1-v^2)[p_f(x,t)-a]}{E}h_f \tag{6-53}$$

式中 $b_f(x,t)$ ——垂向横截面中心最大宽度,m;

E ——岩石的弹性模量,Pa;

$p_f(x,t)$ ——缝中任意点的压力,Pa;

σ ——垂直于裂缝的应力,Pa。

2. 压力方程

兰姆（Lamb）得出了在椭圆导管中流动的压力梯度为平行板缝中流动的 $16/3\pi$ 倍，而非牛顿液体在椭圆导管中的压力梯度是

$$dp/dx = \left(\frac{16}{32\pi}\right) 2K \left(\frac{2n+1}{n}\right)^n \frac{1}{h_f^n} \frac{Q^n}{b_x^{2n+1}} \tag{6-54}$$

珀金斯和克恩假定流量恒定（即不存在滤失），将式(6-54) 代入式(6-53) 中整理后得到

$$(p_f - \sigma)^{2n+1} dp = \left(\frac{32}{3\pi}\right) K \left(\frac{2n+1}{n}\right)^n \frac{Q^n E^{2n+1}}{[2(1-v^2) h_f]^{2n+1} h_f^n} dx \tag{6-55}$$

积分式(6-55) 并注意到 $x=0$，$p_f - \sigma = p_{iwf} - \sigma$；$x = L_f$，$p_f - \sigma = 0$，则得

$$p_{iwf} - \sigma = \left[\frac{64}{3\pi}(n+1)\left(\frac{2n+1}{n}\right)^n \frac{KQ^n E^{2n+1} L_f}{[2(1-v^2) h_f]^{2n+1} h_f^n}\right]^{\frac{1}{2n+2}} \tag{6-56}$$

结合式(6-56) 和式(6-53)，当 $p_f = p_{iwf}$ 时的缝口最大宽度为

$$b_{fmax} = b_{fx=o} = \left[\left(\frac{128}{3\pi}\right)(n+1)\left(\frac{2n+1}{n}\right)^n \frac{(1-v^2) KQ^n L_f h_f^{1-n}}{E}\right]^{\frac{1}{2n+2}} \tag{6-57}$$

裂缝平均宽度 $b_f = 0.785 b_{fmax}$。

在计算过程中，缝宽方程、压力方程、连续性方程应耦合迭代求解。

三、KGD 模型

吉尔兹玛（Geertsma）和德克拉克（Deklerk）利用克里斯丹诺维奇（Khristianovitch）和姚尔托夫（Zheltov）提出动平衡裂缝的概念（即由于水力作用裂缝慢慢地扩展，而作用在缝壁上的液体正压力会使裂缝边界处的壁面光滑地闭合），提出了裂缝扩展和延伸模型，简称 KGD 模型，裂缝几何形态如图 6-6(c) 所示。裂缝横断面为矩形，纵向剖面为椭圆。对垂直裂缝有

$$\left(\frac{\partial b_f}{\partial x}\right)_{x=L_f} = 0 \tag{6-58}$$

此方程保证了缝端部的应力是有限的并将等于岩石的抗张强度。

建立此模型的假设条件除了与 PKN 模型相同之外，还有裂缝以矩形断面从一个线源向外线性地延伸，只有在大段射孔的注入情况下，才有形成线源的条件，因此裂缝位于垂直平面上。

液体在缝长方向上的压力分布按照层流牛顿液在窄的矩形缝中的流动方程，岩石破裂方程是英格兰（England）与格林（Green）提出的平面应变条件下，在缝内任意分布的作用在缝壁面的正应力与缝宽的通用公式，并考虑了液体的滤失。当岩石泊松比 $v = 0.25$，压裂液为牛顿液体时

$$L_f = \frac{1}{2\pi} \frac{Q\sqrt{t}}{h_f C} \tag{6-59}$$

$$b_f = 2.657 \left(\frac{\mu_f Q L_f^2}{E h_f} \right)^{\frac{1}{4}} \tag{6-60}$$

PKN 模型和 KGD 模型的基本差别是 PKN 模型假设在垂直于裂缝长轴的垂直平面内，裂缝长轴一般为椭圆形；KGD 模型假设裂缝形状在平面上为椭圆形，在垂直面上为矩形；PKN 模型用裂缝高度表示裂缝宽度，KGD 模型用缝长表示缝宽。

在实际压裂过程中，裂缝的高度、长度和宽度同时增加，因此二维模型与此不相符合。要真实地模拟垂直裂缝在垂向和横向上的扩展，应按三维空间求解。

第五节　水力压裂优化设计

水力压裂优化设计是以获得最大经济净现值为目标的压裂设计，一般包括三项内容：(1) 不同缝长及裂缝导流能力下的油、气日产量及总产量；(2) 确保上述缝长及裂缝导流能力的作业设计包括压裂液用量、支撑剂用量及加砂程序；(3) 综合 (1) 与 (2) 可获得最高净现值条件下的缝长。这一概念模型如图 6-7 所示。

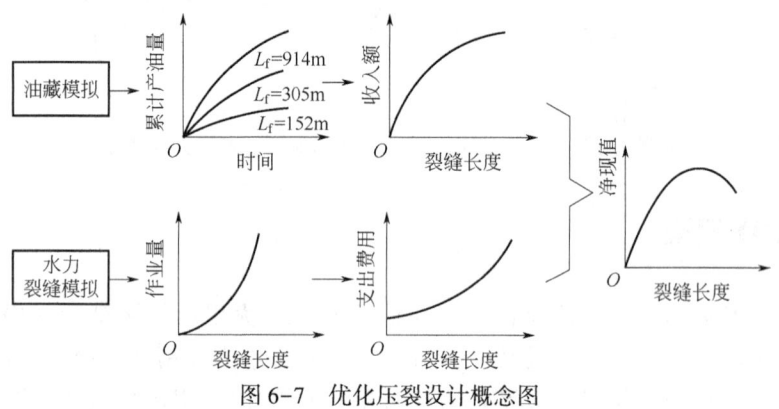

图 6-7　优化压裂设计概念图

由此可见，要进行这样的经济优化设计，必须以油藏模拟、裂缝模拟与经济模型等为基本手段。为了获得必需的输入数据，应进行压前地层评价，并对压裂材料、施工方式与施工参数等进行综合研究。通过优化设计获得最优化缝长、导流能力及油、气产量预测与扫油效率预测（对总体压裂而言），优选出最高经济净现值的设计方案。压裂设计基本过程是首先收集压裂设计所需参数；其次优选压裂材料（压裂液和支撑剂）及施工方式和规模；最后确定压裂效果和在最小风险和费用下能得到最大收益的最佳缝长。

一、压裂设计所需参数

压裂设计所需参数分为不可控制参数和可控制参数。不可控制参数指无法进行调整的储层特征参数，包括：储层渗透率和孔隙度；储层净厚度；储层应力状态；储层压力和温度；储层流体特性及其饱和度；邻近遮挡层的厚度及其延伸范围和应力状态。可控制参数指可以加以调整来进行优化压裂设计的完井特征参数,包括:井筒套管、油管及井口状况;井下设备;射孔位置和射孔数;压裂液和支撑剂;施工排量等。由不可控制参数,可以估算压裂前后井的产量。如果有可靠完善的压前生产数据,就可以确定优化施工方案。由可控制参数,如完井数据,可以提出压裂设计机械方面的要求,以保证压裂施工时,能在适当排量下安全地泵入液体,从而得到理想的裂缝。

二、压裂井的产量预测

1. 垂直裂缝

(1) 普拉兹(Platz)认为如果裂缝的导流能力及填砂裂缝的长度是有限的,此时裂缝相当于增加了井的有效半径。如果井半径较小,填砂裂缝又具有较高的导流能力,井的有效半径可按缝长的1/4来计算。压裂后井的增产倍数可表示为

$$\frac{q_\mathrm{f}}{q_0}=\frac{\ln\dfrac{r_\mathrm{e}}{r_\mathrm{w}}}{\ln\left(\dfrac{r_\mathrm{e}}{0.25L_\mathrm{f}}\right)} \tag{6-61}$$

式中 q_0,q_f——压裂前、后的稳定产量,m³/d。

(2) 如裂缝的单翼缝长 L_f 小于供油半径的1/10,即 $L_\mathrm{f}<0.1r_\mathrm{e}$ 时,可采用下式计算:

$$\frac{q_\mathrm{f}}{q_0}=\frac{\ln(r_\mathrm{e}/r_\mathrm{w})}{\ln\left[\dfrac{\pi L_\mathrm{f}+(bK)_\mathrm{f}/K}{(bK)_\mathrm{f}/K}\right]\ln\dfrac{r_\mathrm{e}}{L_\mathrm{f}}} \tag{6-62}$$

(3) 麦克奎尔(McGuire)与西克拉(Sikora)用电模型做出了垂直裂缝条件下,裂缝导流能力与地层渗透率的比值与压裂后、前油井的采油指数的比值及缝长的关系,如图6-8所示。图中横坐标根号内的数字是当井的控制面不是40acre时的修正系数,纵坐标括号内的数字是当井径不是6in时的修正系数,曲线上的数字是有效缝长 L_fe(单翼)与供油半径 r_e 的比。

图6-8曲线的拟合方程式为

$$\frac{J_\mathrm{f}}{J_\mathrm{o}}\left[\frac{7.13}{\ln\left(0.472\dfrac{r_\mathrm{e}}{r_\mathrm{w}}\right)}\right]=1+M\arctan\left(\frac{59L_\mathrm{fe}}{r_\mathrm{e}M}\right) \tag{6-63}$$

其中 $$M=7.27+6.09\arctan[0.524\ln(X/3)] \tag{6-64}$$

$$X=3.28\times10^3(bK)_\mathrm{f}\sqrt{\frac{40}{2.471F\times10^{-4}}} \tag{6-65}$$

式中 J_0,J_f——压裂前、后油井的采油指数;
F——井控面积,m²。

2. 水平裂缝

比尔登(Bearden)认为如果压出的是对称的水平裂缝,则可用下述两种方法预测产量。

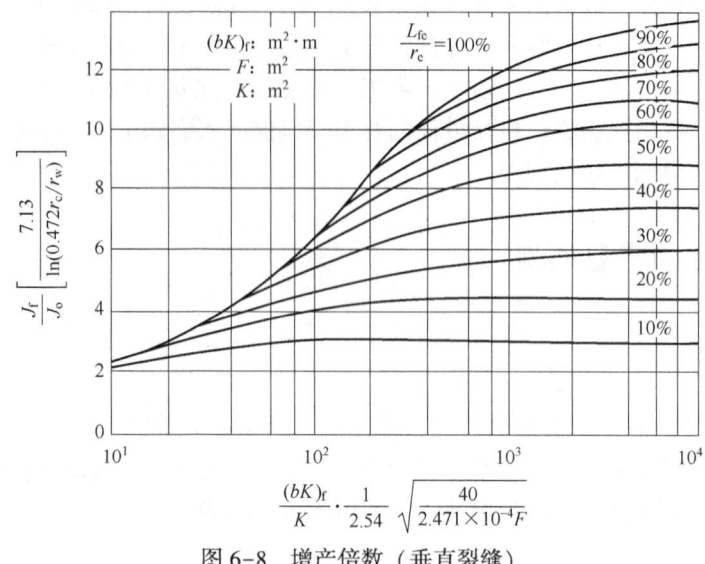

图 6-8 增产倍数（垂直裂缝）

（1）相当于扩大的井径。压裂后的稳定生产能力，相当于将井径扩大到裂缝的半径，此时利用径向流动公式

$$q_f = \frac{2\pi K h \Delta p}{\mu \ln \dfrac{r_e}{r_f}} \tag{6-66}$$

（2）相当于在地层中存在不连续的径向渗透率。如果在裂缝半径内的压降为 Δp_1，供油半径至裂缝半径处的压降为 Δp_2，则从供油半径到井底的总压降为 $\Delta p_1 + \Delta p_2$，平均渗透率 K_{av} 为

$$K_{av} = \frac{\ln r_e / r_w}{\dfrac{1}{K} \ln r_f / r_w + \dfrac{1}{K} \ln r_e / r_f} \tag{6-67}$$

增产倍数可近似表示为

$$q_f / q_0 = K_{av} / K \tag{6-68}$$

三、裂缝几何尺寸的确定

压裂设计所需裂缝参数是缝高、支撑缝长和平均支撑缝宽，或者支撑缝宽度剖面。如前所述，缝高是用目前技术只能做粗略测量的一个参数。对恒定高度，可用前面介绍的方法来预测总的缝长和缝宽分布。若具有完全的输入数据，则可用三维模型计算裂缝几何尺寸。

四、砂子在裂缝中的运移及分布

砂子在裂缝中的移动，主要受重力与液流携带力的控制。重力企图使砂子沉降下来，携带力则将砂子送至裂缝深处。压裂液黏度高，砂子在液体中呈悬浮状态，在相当长的施工过程中，砂子很少或基本上没有沉降，液体所到之处，皆有砂子。由于液体的滤失，离井轴愈远，该处的砂子浓度愈高。若压裂液黏度不足以使砂子悬浮，砂子进入裂缝后，逐渐沉降下来。

1. 砂子的理论分布

裂缝中砂子的理论分布主要有全悬浮式和垂直缝沉降式两种。

（1）全悬浮式砂子分布。压裂要求停泵时支撑剂在缝中仍呈悬浮状态，此外，还要求停泵后缝内各处都有一定的导流能力。如果在压裂过程中都按不变的砂浓度（砂比）加砂，由于压裂液的滤失，缝中的砂分布就会出现缝端部砂浓度（砂比）过高，甚至在缝内发生砂卡，而在近井地带的缝内砂浓度又不足以造成足够的导流能力。为了保证缝中各处都有预定的导流能力，应顺序地改变地面加砂浓度（砂比），以满足缝中砂浓度的分布，将携有砂子的液体的总体积分成若干个单元体积（相当于分若干批加砂），改变每个单元体积的砂浓度，就可以大体上保证缝中出现近似相同的砂浓度。

（2）垂直缝沉降式砂子分布。混有砂子的液体在垂直缝中流动时，砂子受到水平方向液体的携带力、重力及浮力的作用。低黏液体的携带力差，颗粒的重力又远大于浮力，因此颗粒具有很强的沉降倾向。沉在缝底的砂粒形成砂堤，减少了携砂液的过流断面，提高了流速。当液体的流速逐渐达到使颗粒处于悬浮状态时，此时颗粒停止沉降，这种状态称为平衡状态。平衡时在砂堤上面的混砂液流速称为平衡流速。在此流速下，颗粒的沉积与被卷起处于动平衡状态。

2. 砂子的实际分布

实际上理论分布的假设是不存在的，砂子粒径不是均等的，0.42~0.84mm 的砂子是一个粒径范围。流速在裂缝中是变化的，黏度也不能保持恒定，这样就出现了复杂的布砂现象。有的砂沉下来，有的砂还被携带着往远处流动，直到流速低于该颗粒的平衡流速，砂子即下沉。图 6-9(a) 所示是两批砂子粒径，大颗粒与小颗粒先后沉积下来，但中间沉砂不连续，致使后面的填砂裂缝不起作用，降低了压裂效果。图 6-9(b) 是井底附近缝口处，由于携砂液经过孔眼的射流作用，砂子不能在缝口处沉降，造成缝口闭合。

这两种不利的布砂情况，都可以采取措施加以避免。第一种情况应改变排量或压裂液黏度，改善砂子的沉降条件。第二种情况则应在加砂近于结束时，加一部分粗砂并降低排量或压裂液黏度或提高压裂液黏度，加大砂比，将缝口处填满，争取有更高的渗透性。

五、压裂液与支撑剂的选择

选择压裂液应考虑的五个技术因素是黏度、液体摩阻损失、滤失、返排及其与储层岩石和流体的配伍性，另需考虑的两个因素是费用和来源。不同的压裂液保持导流能力的百分数是不同的。生物聚合物与泡沫压裂液对导流能力保持的效果最好，分别为95%和80%~90%，其次为聚合物乳化液（65%~85%），而水基交联的羟丙基瓜尔胶保持的最差（10%~15%）。在设计中，应根据具体情况选择使用满足压裂施工工艺要求的压裂液，尽可能减少地层伤害，特别是对支撑裂缝的伤害。

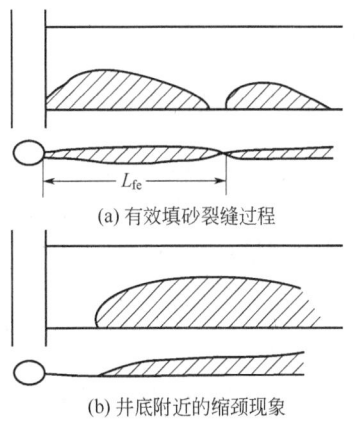

(a) 有效填砂裂缝过程

(b) 井底附近的缩颈现象

图 6-9 砂子在缝中的实际分布

对支撑剂选择的最基本要求是要能得到高导流能力。国内常用的支撑剂有石英砂和陶粒,可按压裂设计要求选择。

六、油藏(区块)总体经济优化设计与评估

低渗透油藏总体优化压裂设计是在某一设置的缝长情况下,研究该缝长对扫油效率的影响,最大限度地延长无水采油期,获得较长期的高产稳产。它的要点是:

(1)把油藏总体作为一个工作单元(而不是以单井作为工作单元),优化的目标函数是达到油藏总体的最高经济效益。

(2)对实际上在地层中形成的裂缝是否达到优化设计的预期结果进行量化分析,并评估一二次采油期的产量(注入量)是否达到优化设计的预测结果。显然,具体的油藏应有其具体的优化方案,不存在一个通用的总体优化模式。

使用压裂手段开发新投产的低渗透油藏,压裂设计的基础应立足并满足油田开发方案的各项要求。如在吐哈鄯善油田,低渗透油藏的总体压裂研究就是基于已有的五点法开发井网系统,使油藏总体在注水开发期取得最高的经济效益,满足最大限度地提高水驱油藏的扫油效率,达到较长时期的稳产、高产。其设计步骤是对油藏地质资料进行压前地层评估与材料选择取得优化设计计算的基本输入数据,再使用油藏模拟、水力压裂模拟与经济模型进行一次采油期的经济优化缝长设计与产量预测,然后根据优化缝长(包括已确定的导流能力)使用黑油模型进行二次采油期的扫油效率及其产量预测,若取得优化结果则可完成最终报告。但若处理后发现扫油效率下降,则不能获得持续较长时间的无水采油期与长期的高产稳产。

七、特殊的压裂设计考虑

以上介绍的压裂设计是一种针对常规均质油藏设计方法,人们可以此为基础,对所有的井进行施工设计。但对天然裂缝性油藏,不希望的缝高延伸和疏松储层的压裂有许多限定条件,需特殊考虑。

1. 天然裂缝性油藏

许多天然裂缝性油藏有很高产量,因而无需进行水力压裂即可增加开采量。但对有些具有中等的天然裂缝密度的油藏,为了经济开发,依然需要压裂。天然裂缝性油藏对加砂压裂施工有显著的影响,这些天然裂缝可大大增加压裂液滤失速度,从而导致砂堵。

为了成功地进行泵注作业,需泵入足够量的前置液,从而产生大于支撑剂体积的裂缝体积,或有足够大的排量以弥补滤失掉的液体。

2. 不理想的缝高延伸

有时缝高的延伸并非是人们所希望的。有些压裂层段附近存在气或水,一旦与延伸的裂缝相遇就会被产出。另外,由于缝高增加,缝长受损,使作业费用增加。此时,为减少不理想的缝高延伸,可降低施工排量和井底施工压力。

3. 疏松油层的压裂

在松软或松散的岩层中压裂，由于支撑剂的嵌入或与油藏物质相混，使支撑缝导流能力下降。为减少这种可能性，可使用较高的支撑剂浓度，或者铺置一个平衡堤，以产生最大的支撑缝宽。另一种方法是使用环氧树脂涂层的石英砂，通过形成一个真正牢靠的支撑剂堤来保证裂缝的完整性。如果不可能出现垂向缝高延伸，可利用低黏液体来形成平衡的支撑砂提，获得更宽的支撑缝。

第六节 压裂工艺

压裂是靠在地层中造出高渗透能力的裂缝，从而提高地层中流体的渗流能力。从一口井的增产来说，压裂主要解决有一定能量的低渗透地层的产量问题或井底堵塞而影响生产的井。

对有足够的地层压力、油饱和度及适当地层系数的井，应选作压裂的对象。另外选井要注意井况，包括套管强度，距边水、气顶的距离，有无较好的遮挡层等。

一、分层压裂

对多油层的油井压裂，在多层情况下，要进行分层压裂（分层压裂的工艺原理与分段压裂的基本相同，视频6-6）。利用封隔器的机械分层方法、暂堵剂的分层方法、限流法或填砂法都可以进行分层压裂作业。

视频 6-6 分段压裂

1. 堵球法分层压裂

堵球法分层压裂是将若干堵球随液体泵入井中，堵球将高渗透层的孔眼堵住，待压力憋起，即可将低渗透层压开。这种方法可在一口井中多次使用，一次施工可压开多层。施工结束后，井底压力降低，堵球在压差的作用下，可以反排出来。该方法的优点是省钱省时，经济效果好。

2. 封隔器卡分法分层压裂

使用封隔器一次多层压裂的施工方法已被广泛采用，分层压裂管柱如图6-10所示。共有三种方法，即憋压分层压裂、上提封隔器分层压裂、滑套分层压裂。

憋压分层压裂是用几个封隔器隔开欲压的各个层段，在每个上封隔器的下面接一个单流阀球座，在球座下面的封隔器上安一个带喷嘴的短节，喷嘴用铜皮封隔。压裂时，先压最下面一层，然后投球封闭底层，再憋压将第二层压开，依次将各层压开。憋压分层压裂一次可压3层。

上提封隔器分层压裂是用封隔器预先按施工设计卡开井下需要压裂的最下1~2个层段，压完后停泵使封隔器胶筒收缩，然后再按预先设计好的上提深度起出部分油管，启泵再进行上一个层段的压裂施工。

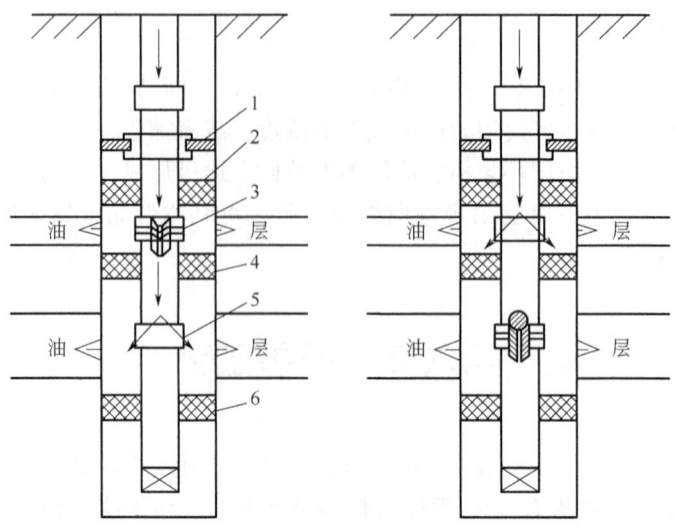

图 6-10 分层压裂管柱

1—水力锚；2,4,6—封隔器；3—滑套；5—喷砂嘴憋压

视频 6-7 投球滑套分段压裂工艺流程

滑套分层压裂（视频 6-7）自下而上进行，首先压裂最下层，压完后不停泵，用井口投球器投一钢球，使之坐在最下面喷砂器的上一级喷砂器的滑套上，憋压剪断销钉后，滑套便会落入下一级喷砂器上，使出液通道封闭，从而压裂第二层，依次类推，可实现多层压裂。

3. 限流法分层压裂

限流法分层压裂工艺是当一口井中具有多层而各层之间的破裂压力有一定差别时，通过严格控制各层的孔眼数及孔径的办法，限制各层的吸水能力以达到逐层压开的目的，最后一次加砂同时支撑所有裂缝。

图 6-11 是限流法压裂的工艺过程。A、B、C 三个油层，其相应的破裂压力分别为 28.96MPa、26.20MPa、27.58MPa，按射孔计划将各层按一定孔眼数射开，当注入的井底压力为 26.20MPa 时，B 层压开；然后提高排量，因为孔眼摩阻正比于排量，当 B 层的孔眼摩阻达到 1.38MPa，注入的井底压力达到 27.58MPa，此时 C 层被压开；继续提高排量，B 层孔眼摩阻达到 2.76MPa 时，注入的井底压力达到 28.96MPa，A 层被压开。

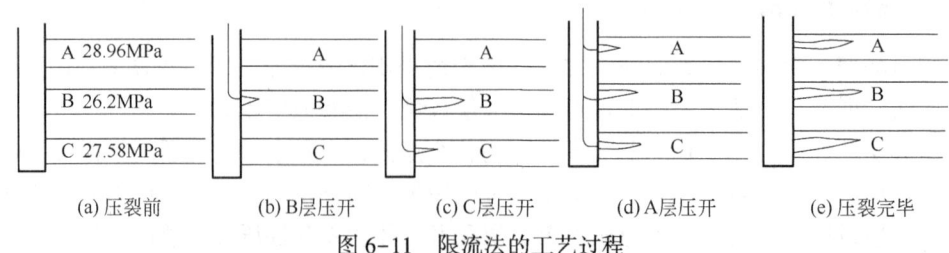

图 6-11 限流法的工艺过程

限流法压裂的特点是在完井射孔时，按照压裂的要求设计射孔方案（包括孔眼位置、孔密度及孔径），从而使压裂成为完井的一个组成部分。由于严格限制了炮眼的数量和直径以及层内局部射开和层间同时压开，使得该工艺对套管和水泥环的伤害较小，一般不会导致窜槽。

4. 蜡球选择压裂

蜡球选择压裂在压裂液中加入油溶性蜡球暂堵剂，压裂液将优先进入高渗透层内，蜡球沉积而封堵高渗透层，从而压开低渗透层。油井投产后，原油将蜡球逐渐溶解而解除堵塞。若高渗透层为高含水层，堵球不解封有助于降低油井含水率。

二、高砂比、端部脱砂及重复压裂

高砂比、端部脱砂及重复压裂方式都与增加缝中的铺砂浓度有关，都属于高砂比压裂的范畴，但是它们在施工工艺及理论上还有一定差别。

1. 高砂比压裂

高砂比压裂是近年发展起来的一种新的压裂工艺，主要用于高渗透油气层的压裂和重复压裂。所谓高砂比压裂指裂缝内砂浓度大于 $10kg/m^3$ 的压裂。高砂比压裂的目的是要造成高导流能力的裂缝，从而提高压裂的增产效果。高砂比压裂方法主要有大粒径高砂比压裂和超高砂比压裂。

（1）大粒径高砂比压裂基本思想是先压入大量前置液，使地层形成较宽的裂缝，然后泵入携带有高浓度大粒径支撑剂的高黏携砂液，充满裂缝各处，形成具有较高导流能力的裂缝。

（2）超高砂比压裂程序是在压裂前首先对油井及附近地层进行酸化预处理，以清除堵塞及井底附近钙质沉淀物，同时扩大压裂井段孔眼直径，加密孔眼数以防止注入的高砂比携砂液在井底形成砂堵。通过增加前置液量产生较宽的裂缝，使高砂比携砂液在缝内形成高浓度支撑缝段，提高裂缝导流能力。超高砂比压裂方法的应用，使缝内支撑剂浓度由常规压裂的小于 $10kg/m^3$ 增加到 $35kg/m^3$。

高砂比压裂设计的关键是要造成高导流能力的裂缝。要达到这个目的，除了要有良好的压裂设备和工艺条件外，还要根据高渗透地层的特点，确定合适的加砂浓度、携砂液、支撑剂和前置液用量以及地面加砂程序（防止砂堵），以保证施工的顺利进行。根据地层渗透率确定所需的裂缝导流能力和砂浓度，再反过来确定地面加砂方案和砂比。

2. 端部脱砂压裂

端部脱砂压裂工艺技术的特点是有意在一定缝长的端部（周边）形成砂堵，阻止裂缝向前延伸，同时以一定的排量继续泵入不同支撑剂浓度的压裂液，迫使裂缝"膨胀"获得较宽的裂缝和较高的砂浓度，达到提高导流能力的目的。

在高渗透层中进行压裂的原则应是缝相对较短而导流能力要求很高。在一定闭合压力下，选择适当的支撑剂类型、粒径，并选用闭合后对填砂裂缝伤害最小的压裂液体系，有可能得到需要的填砂渗透率。如果考虑到支撑剂的嵌入、破碎及微粒迁移等各种因素增加支撑剂的层数，亦即增加缝内支撑剂的浓度，这将是保证高渗透率的有效措施，但此时必然会导致缝宽增大。因此提高填砂裂缝导流能力必然是缝宽与填砂裂缝渗透率同时提高的结果。

当缝长延伸到设计长度时，也正是前置液完全滤失于地层的时刻。后到的携砂液到达此处后，由于液体的迅速滤失，形成难以流动的砂堆，随即发生砂堵。继续泵入携砂液，由于缝端被堵没有出路，致使裂缝加宽、膨胀，并在缝中填满了支撑剂。图 6-12 是比较典型的端部脱砂压裂过程中压力的变化。随着地层破裂，裂缝延伸，压力不断升高之后，接着是压力下降，这是由于随着长度的增加，造成过多的滤失所致。前置液完全滤失后在端部形成砂堵，图6-12出现在施工后期压力迅速上升即描述此过程，此时形成的裂缝宽可能有常规压裂的2倍。常规开采的出砂井，由于井底附近径向流所引起的巨大压降，使液流作用在砂粒上的拖曳力超过砂子之间的黏着力而进入井中，砂层被破坏。这种不稳定性会导致井底附近渗透率变差、产量减少、作业工作量加大等一系列问题。端部脱砂技术能降低井底附近的压降梯度，也能起到砾石充填支撑砂层的作用。

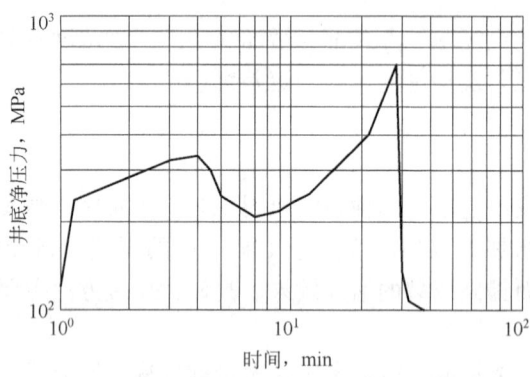

图6-12 端部脱砂压裂井底压力随时间的变化

端部脱砂技术的使用条件是被深度污染且酸化不可能有效解除的中高渗透地层；不适于采用酸化处理的地层；存在底水、气顶或靠近注水井的地层或由于缝高及缝长的限制，不可能进行大规模压裂的油井；胶结疏松的易出砂地层。

3. 重复压裂

经初次压裂的井层，其增产能力在有效的年限内将会失效，为恢复或提高初次压裂井的生产能力，要采用重复压裂技术。重复压裂是指已经压裂地层的再次压裂，不是指采用各种分层压裂措施，将井中的其他小层压开。在一定条件下，由于初次压裂的裂缝引起了近缝地带孔隙压力的重新分布和支撑了的裂缝使地应力场改变。应力场的变化在一定范围内有可能使复压裂缝垂直于或不同于初压裂缝的方位。

(1) 水力裂缝诱发的应力场。垂直于最小主应力的裂缝在两个水平主应力方向上都诱发压应力。最大的诱发压应力的大小等于裂缝闭合后作用在支撑剂上的净压力（超出闭合压力的值）并垂直于缝面。裂缝的存在对应力场的影响，随着远离缝面而迅速减小。

为了使复压裂缝与初压裂缝在方位上有差别，应使诱发的压应力足够大，致使两个水平应力分量发生变化，导致原最小主应力变成最大主应力。此时重复压裂的裂缝方位则垂直于初压裂缝方位。如果作用在支撑剂上的净压力不大，上述机制只能在两个主应力差值相差不大的情况下才能发生。由于压应力离开裂缝后，随距离的增加迅速减小，有可能使新生的裂缝又重新转向，平行于初压裂缝。

(2) 生产诱发的应力场。由于从初次压裂的裂缝中产出液体，在裂缝周围油藏中的压力梯度发生变化，也影响到应力场。如果应力场的某点单元岩石受到限制，该点应力的降低值与该点的压降成正比。在裂缝附近，平行或垂直于缝面上都会有由于孔隙压力的变化而诱发出来的张应力。但此张应力被稍远于裂缝的压应力所抵销，如果由于孔隙压力诱发的应力差大于原先存在的两个平面上的最大与最小主应力差，那么这两个应力就要换向。此时的复压裂缝将垂直于初压裂缝。

如果生产时的井底流压不变，随着生产的继续，受压力影响的地区，将离裂缝向远处扩展。同时随着张应力在水平面上影响距离的增加，在缝面上诱发的应力，先是增加，然后减少。应力差改变所需的时间幅度取决于距井眼的距离与地层的性质。在诱发张应力影响区域之外，重复压裂的裂缝还要平行于初次压裂的裂缝延伸。随后压应力影响的范围已扩展到远离裂缝的地区，在裂缝转向平行于初压裂缝之前，已经延伸到相当远的位置。在以后的时间里，诱发的张应力可能已无力超过原先在离井某段距离的最大和最小主应力差，在此位置上复压裂缝的方位将开始稍有转向。因此可以说原先两个主应力差比较小时，复压裂缝在垂直于初压裂缝的方向上得到最大延伸。

在初次压裂后的 3.5~5 年是复压裂缝转向的有利时机，此时压力差达到了改变符号的最大值，复压裂缝在转向前一般可达 90m 长。从孔隙压力垂向分布上看，复压裂缝的端部已穿透到高孔隙压力区，这是提高产量的有力保证。

三、用人造阻挡层控制裂缝高度

人造阻挡控制缝高指在压裂液中加入一种固体添加剂，在裂缝的上部形成一个人工阻挡条带，用以起到阻挡层的作用。该工艺方法的基础是裂缝中的流体流动遵守沿阻力最小的流道流动的法则。如果要防止裂缝向下延伸，则使用较重的支撑剂输入到新生的裂缝底部，此后压裂液就能导向裂缝上部流动。利用密度小的固体颗粒在裂缝的液体中靠浮力自动进入裂缝的高部位形成一条人造阻挡带，以控制裂缝向上延伸。这种固体添加剂在泵入支撑剂之前泵入，使它聚集在新生缝的顶部。由于这种人工阻挡条带部分阻挡了缝内高压向上部地层的传递，可以适当地提高处理压力而不会招致裂缝向上延伸的风险。

第七节 水平井压裂

水平井是开采低渗透油藏的有效手段之一，其生产能力比垂直井高 2~5 倍，如果对水平井进行压裂，其生产能力增加更多，特别是在地层渗透率很低的情况下，因压裂而获得的产量增量就更可观了。若在油藏中存在着页岩薄层或垂向渗透率很低，以致影响流体在垂直方向上流动的低渗透层，就必须对水平井进行压裂。

一、裂缝的起裂

和直井压裂一样，水平井水力压裂（视频 6-8）诱发的裂缝都垂直于最小水平主应力，即压裂后形成的裂缝将在一个垂直平面内。如果水平井筒的方向与最小主应力的方向一致，那么无论在水平井段的哪一段射孔，都可能在沿着最小主应力的轴向上出现相间的垂直裂缝，如图 6-13 所示。如果水平井筒的方向与最小主应力方向垂直，那么将会产生一条平行于水平井筒的裂缝，如图 6-14 所示。

视频 6-8 水平井压裂工艺

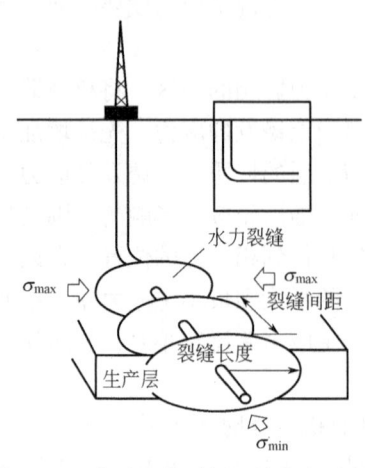

图 6-13 水平井筒平行于最小水平应力
σ_{max}—最大水平主应力；
σ_{min}—最小水平主应力

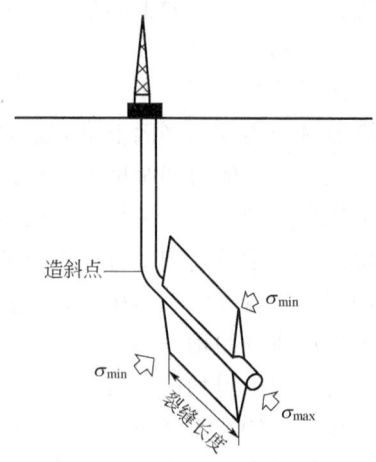

图 6-14 水平井筒垂直于最小水平应力
σ_{max}—最大水平主应力；
σ_{min}—最小水平主应力

裂缝的扩展对压裂效果的影响相当大，它的形成受地质因素和工艺因素的影响，裂缝扩展出现的一些复杂问题是由于边界移动造成的。裂缝的几何形态连续不断地变化，消耗可用的能量，从而减少扩展裂缝所需的能量。

裂缝扩展是极其复杂的，裂缝最终将重新定向，垂直于最小主应力方向。发生重新定向的时间是很难预测的，但重新定向的速率是裂缝扩展速率、介质均质性和应力场各向异性的函数。另外，由于剪切破坏而产生的裂缝，起始面与最小主应力成一定角度，其大小有限。虽然整个水力裂缝的剪切诱生面非常有限，但仍会影响裂缝中的导流能力，在施工中阻碍支撑剂注入，降低生产过程中的导流能力，增加施工压力。

研究表明，垂直裂缝基本上不会相互影响，若几何尺寸接近于裂缝间距，则有很大影响。相互作用的结果是增加施工压力，减少裂缝宽度，并且有可能导致裂缝相互偏离。这种相互作用与裂缝宽度成正比，就顺序施工而言，已加入支撑剂的裂缝会影响正在延伸的裂缝，其影响程度与支撑缝宽成正比。

二、水平井压裂设计

适合压裂的地层包括低渗透地层、薄油层具有垂直裂缝的低渗透层及软地层。

水平井段的方向与最小主应力方向有关，若要决定钻水平井的方向就必须首先确定出最小主应力的方向。

1. 压裂设计基本参数及其确定

压裂设计所需基本参数有地层的力学性质、最小主应力的大小和方向、目的层的上下应力变化及地层的滤失特性。在此基础上确定裂缝方向、裂缝几何形状、最佳压裂井段位置及长度、裂缝最佳数目、最优施工规模、预测施工压力、压裂液用量及支撑剂浓度。

2. 裂缝最佳数目

最优裂缝数目取决于地层和流体的性质，油层的非均质性和方向渗透率也对裂缝的最佳数目有影响。研究结果表明：当平行于裂缝平面的水平渗透率 K_H 和垂直渗透率 K_V 的比值 $K_H/K_V=1.0$ 时，5条裂缝为最佳数目；$K_H/K_V<1$ 时，使油藏达到最佳生产需要的裂缝较少，反之裂缝的最佳数目较多。例如，$K_H/K_V=0.1$ 时，仅需3条裂缝就可以使油层获得最佳产量，当 $K_H/K_V=10$ 时，裂缝的最佳数目大于10。

3. 地层破裂压力

拉巴（Rabaa）指出，在裸眼井中，由于井眼周围的应力集中是井眼斜度的函数，所以破裂压力与井的斜度有关。破裂压力的大小随主应力间差别的减小而增大。

4. 压裂液与支撑剂

水平井压裂用的压裂液和支撑剂与直井压裂所用的基本一样，但因水平井输送距离远，为避免支撑剂在井筒和裂缝入口处沉降脱出，应采用高活性金属络合的胶凝液系列，或者通过加大排量来提高支撑剂的输送效果。同时，水平井压裂使用粒度较小、密度较低的支撑剂，有利于支撑剂就位。

三、水平井压裂工艺

水平井压裂工艺技术主要有分级压裂、同时多入口压裂及隔离压裂等技术。

分级压裂，其隔离技术可结合使用桥塞（每级处理后钻掉，直至推至更深处）、膨胀式封隔器、凝胶塞或渐进脱砂法。处理工艺和油井特性将决定选用何种封隔方法。

同时多入口压裂，应利用限流控制技术来控制各待压裂层段的液体和支撑剂的吸入量。水平井中利用限流量射孔技术的缺点是：因射孔密度较低，妨碍射孔对有效井筒半径的扩大；作业期间，在射孔通道和裂缝入口处可能出现过大的压力降，并会影响悬砂液在层间的分布；限流量射孔提供的裂缝入口面积较小，在高产井中或在任一井的注入液返排期间都会使支撑剂返排问题加剧。

在中曲率和大曲率半径水平井中，使用桥塞和封隔器把各裂缝隔开，但这种隔离方法既昂贵又有很大危险，因此提出了下述三种隔离裂缝的方法。

第一种方法是提高携砂比使砂子沉降，堆积在裂缝的开口处。这种隔离方法的缺点是：很难确定井筒中脱砂的支撑剂浓度。如果油井中没有脱砂或砂子，没有涂覆树脂来阻止其运动，井筒中支撑剂上方将会形成一条通道，这就达不到隔离的目的。

第二种隔离方法是在挤完支撑剂后，把不同数量、不同密度的砂子用高黏度携砂液挤入该井段。使用这种方法既可减少液体用量，又可有效地封隔地层。不同数量和密度的砂子，由于沉降速度不同，一些会漂浮在该层段的顶部，而另一些则把地层的中心部充实。由于不同数量的砂子在地层中压降分布不同，使具有裂缝的井段与其他层段隔离。

第三种隔离方法是把超高黏完井液在支撑剂送完之后立刻置入井内。这种完井液会凝结成像橡皮一样的隔绝塞一次就位，同时可根据需要，使它在几周之后破胶。这种类型的液体隔离技术是非常经济的，并且危险小，容易实现，没有像砂塞那样的不相容的沉淀或不完全的填塞，在整个作业完成之后，这种类型的隔离塞可按预定时间破胶，因此清除也很容易。

第八节　体积压裂

体积压裂是以水力压裂技术为手段，以在储层中形成复杂的三维裂缝网络（缝网），极大地增加储层有效泄油体积为目的的油气藏增产改造技术。目前页岩气开发主要采用水平井体积压裂方式。改造油藏体积（简称 SRV）技术作为目前主要的页岩气藏增产技术，其原理是通过一系列水力压裂技术手段，在储层区域创造最大化的立体缝网体系，采集更多的页岩气资源。

一、体积压裂概念

目前，体积压裂具有广义和狭义区分。

1. 广义体积压裂

广义的体积压裂概念为：提高储层纵向动用程度的分层压裂和提高储层渗流能力及增大储层泄油面积的水平井分段改造技术。

2. 狭义体积压裂（缝网压裂）

狭义的体积压裂概念为：通过水力压裂对储层实施改造，在形成一条或者多条主裂缝的同时，使天然裂缝不断扩张和脆性岩石产生剪切滑移，实现对天然裂缝、岩石层理的沟通，以及在主裂缝的侧向强制形成次生裂缝，并在次生裂缝上继续分支形成二级次生裂缝，以此形成天然裂缝与人工裂缝相互交错的裂缝网络，从而进行渗流的有效储层打碎，实现对储层在长、宽、高三维方向的"立体改造"，增大渗流面积及导流能力，提高初始产量和最终采收率。

页岩气的体积压裂是以改造出的裂缝体积为目标，改造油藏体积指由微地震波监测到的增产区面积与页岩气储藏厚度的乘积。这些相互连通的裂缝成为天然气的储集空间及渗流通道，根据部分裂缝监测数据表明，形成的裂缝体积与压裂后的效果呈明显的正相关性，这也就是页岩气储层体积压裂的意义所在。

裂缝监测技术获取的监测数据表明，页岩地层的水力裂缝不是像均质砂岩地层呈180°对称两翼方向延伸的单一平面裂缝，而是不规则的多条裂缝连在一起形成由各种不同长、宽、高裂缝组合而成的复杂裂缝网络体系，是一个裂缝带，如图6-15所示。

基于页岩储层裂缝延伸形态，将水力裂缝从简单到复杂分为四大类，如图6-16所示，分别为单一平面双翼裂缝、复杂多裂缝、天然裂缝张开下的复杂多裂缝和复杂的缝网，认为页岩储层压裂将形成复杂的缝网。

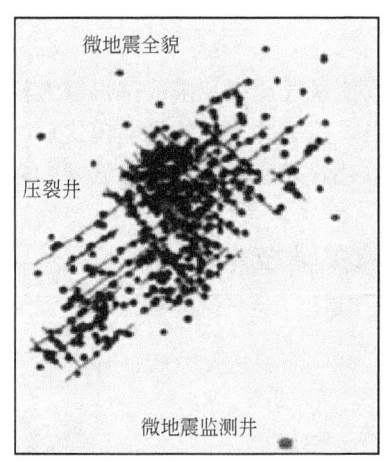

图 6-15 微地震监测图证实页岩储层复杂的裂缝延伸模式

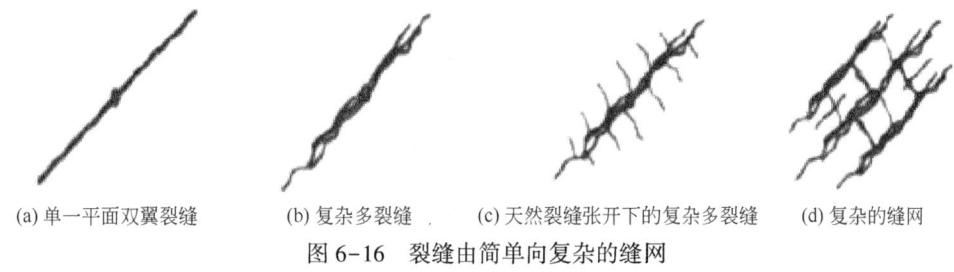

(a) 单一平面双翼裂缝　　(b) 复杂多裂缝　　(c) 天然裂缝张开下的复杂多裂缝　　(d) 复杂的缝网

图 6-16 裂缝由简单向复杂的缝网

二、页岩气体积压裂技术的优势

1. 增加产量及有效期

从应力及方向渗透率的关系而言，垂直于裂缝方向的渗透率为最小主渗透率，因此，由于单一裂缝的存在，即使缝长很长，导流能力接近无限大，但页岩气纳达西级的极低渗透率会造成压裂后基质向裂缝供气能力大幅度降低，压裂后产量递减快，无经济开采价值。

而页岩气体积压裂形成的复杂裂缝，不但有主裂缝的存在，也存在与主裂缝连通的分支裂缝及与分支裂缝连通的微裂缝，极大提高了裂缝的波及面积及体积。因此，压裂后产量高，产量递减幅度也低。

2. 提高采收率

一般认为水力压裂仅能提高采气速度，而不能提高采收率。这对常规的单一裂缝压裂而言，可能是正确的，因为据相关研究证实，页岩气基质内没有裂缝存在，如光靠基质渗透率的作用，运移1m的距离要100万年之久，而一般气田的开发周期最多30~50年。因此，常规压裂的采收率之低可想而知。但对页岩气体积压裂而言，可能是错误或失之偏颇的。原因在于，高导流体积裂缝的存在基本将页岩气藏打碎，几乎不存在流动死区，因而在一定的时间周期内，可采出的气量会大幅度增加。

3. 降低开发成本

由于形成的是复杂裂缝，致使采气速度及采收率得以大幅度提高，可以减少重复压裂的次数及其他采气成本，特别是当采用了井工厂的作业模式后，作业效率大幅度提升，钻井液及压裂液等的循环利用，都使单井开采成本大幅度降低。

三、页岩气体积压裂的关键技术

1. 可压性评价技术

可压性评价包括两个方面，一是地质甜点评价，二是工程甜点评价。好的可压性包括地质甜点及工程甜点都相对较好的组合。换言之，可压性好的段簇，不仅压裂后出气的概率较高，而且复杂裂缝或体积裂缝形成的概率也相对较高。二者的有机结合，既可实现地质目标，也可实现工艺目标。

2. 裂缝参数及压裂施工参数的正交设计方法

应用成熟的页岩气压裂产量动态预测软件 ECLIPSE 及裂缝扩展模拟软件 MEYER 等，先设置不同的缝间距、缝长及缝长分布模式（等长模式、两头长中间短的"U"形模式、两头及中间长其余短的"W"形模式等）及裂缝导流能力等。按"等效导流能力"的方法进行裂缝的设置。按正交设计方法，设计四参数三水平下的压裂后产量动态，从中优选压裂后产量相对最高（再增加缝长或导流能力，产量增幅趋于平缓）的裂缝参数组合，作为最佳的裂缝参数系统。

有了最佳的裂缝参数系统，应用 MEYER 软件，模拟不同的压裂施工参数及压裂材料性质参数下的裂缝形态及几何尺寸等，从中优选能实现上述最佳裂缝参数系统的压裂施工参数及压裂材料性质参数的组合。

3. 裂缝复杂性指数优化设计技术

裂缝复杂性指数是裂缝复杂性程度的一个度量指标，指各个分支缝及与其连通的微裂缝的波及总面积（压裂有效周期内）除以裂缝总长度得到的等效裂缝宽度，此宽度再与裂缝总长度的比值。显然，如各分支裂缝及微裂缝的波及面积有重叠区，要把重叠区剔除掉。

通过建立上述裂缝复杂性指数与压裂施工参数间的定量关系，就可由预期的裂缝复杂性指数，确定相应的压裂施工参数。

4. 混合压裂施工技术

在压裂施工中，一般采用低黏滑溜水+高黏胶液的混合施工模式，低黏滑溜水的作用是沟通延伸复杂裂缝系统。如全程用低黏滑溜水系统，则主裂缝的延伸长度势必不够，而全程用胶液势必只能产生单一的主裂缝，裂缝的复杂性程度大大降低。因此，混合压裂实际上是充分利用了滑溜水与胶液的优势，最终形成的裂缝形态既有主裂缝，又有复杂裂缝（分支缝及与其连通的微裂缝）。

实际上，单级的混合压裂技术，得到的裂缝是近井复杂裂缝+远井主裂缝，如能采用多级混合压裂,即滑溜水+胶液的多级循环交替注入,则可实现主裂缝+近井、中井及远井的复杂裂缝,形成的裂缝复杂性指数会大大提高。

5. 裂缝监测技术

压裂后形成的裂缝形态及复杂性指数到底有多大,要用裂缝监测技术来验证。目前常用的方法有主裂缝净压力拟合分析、测斜仪及微地震监测等方法,可对裂缝的延伸方位、长度及高度等进行诊断。但无论哪种方法,裂缝宽度是无法较为准确地诊断的,因为其尺度太小,通常只有几毫米。

习题

1. 水力压裂的基本原理是什么?其增产增注的实质是什么?
2. 压裂液的滤失性受哪几个因素控制?试推导滤失系数 C_1 和 C_2。
3. 压裂液按其在施工过程中的任务和作用,可分为哪几种类型?
4. 形成水平裂缝和垂直裂缝条件各是什么?
5. 试分别推证有液体渗滤与无液体渗滤条件下形成垂直裂缝时破裂压力的表达式。
6. 简述各种分层压裂工艺技术的技术原理及适用条件。
7. 已知地层渗透率 $0.05\mu m^2$,孔隙度 0.25,地下原油黏度 2mPa·s,流体压缩系数 $7 \times 10^{-3} MPa^{-1}$,缝内外压差 14MPa,压裂液在缝中的黏度 50mPa·s,由实验得出 $C_3 = 5 \times 10^{-4} m/min^{-1/2}$,试求综合滤失系数。

参考文献

[1] 王鸿勋,张琪. 采油工艺原理 [M]. 北京:石油工业出版社,1989.
[2] 俞绍诚. 水力压裂技术手册 [M]. 北京:石油工业出版,2010.
[3] 王鸿勋. 水力压裂原理 [M]. 北京:石油工业出版社,1987.
[4] 张龙胜,秦升益,雷林,等. 新型自悬浮支撑剂性能评价与现场应用 [J]. 石油钻探技术,2016,44(3):105-108.
[5] 黄博,熊炜,马秀敏,等. 新型自悬浮压裂支撑剂的应用 [J]. 油气藏评价与开发,2015,5(1):67-70.
[6] 朱丽君,程秋菊,郝以周. 一种新型改性支撑剂的性能评价 [J]. 能源化工,2015,36(4):30-38.
[7] Barati R, Johnson S J, MeCool C S, et al. Fracturing Fluid Cleanup by Controlled Release of Enzymes from Polyelectrolyte Complex Nanoparticles [J]. Journal of Applied Polymer Science,2011,121(3):1292-1298.
[8] Keshavarz A, Badalyan A, Carageorgos T, et al. Stimulation of Unconventional Naturally Fractured Reservoirs by Graded Proppant Injection:Experimental Study and Mathematical Model [C]. SPE 167757,2014.

［9］ Charles C Bose, Awais Cul, Brian Fairchild, et al. Nano-Proppants for Fracture Conductivity Improvement and Fluid Loss Reduction［C］. SPE 174037, 2015.

［10］ Economides M J, Martin Tony. Modern fracturing: Enhancing mafural gas production［M］. Houston: E T Publishing, 2007.

［11］ 王鸿勋, 张士诚. 水力压裂设计数值计算方法［M］. 北京: 石油工业出版社, 1998.

［12］ 万仁溥. 采油技术手册: 第九分册［M］. 北京: 石油工业出版社, 1998.

［13］ 李宗田, 苏建政, 张汝生. 现代页岩油气水平井压裂改造技术［M］. 北京: 中国石化出版社, 2015.

［14］ 赵金洲, 尹庆, 李勇明. 中国页岩气藏压裂的关键科学问题［J］. 中国科学: 物理学力学天文学, 2017, 47 (11): 14.

［15］ 蒋廷学. 复杂难动用油气藏压裂技术及案例分析［M］. 北京: 中国石化出版社, 2017.

第七章 酸化

本章要点

本章以酸化处理油层技术为基础,介绍了酸化的基本原理,酸液及添加剂、酸化工艺,分析提高酸化增产效果的途径。

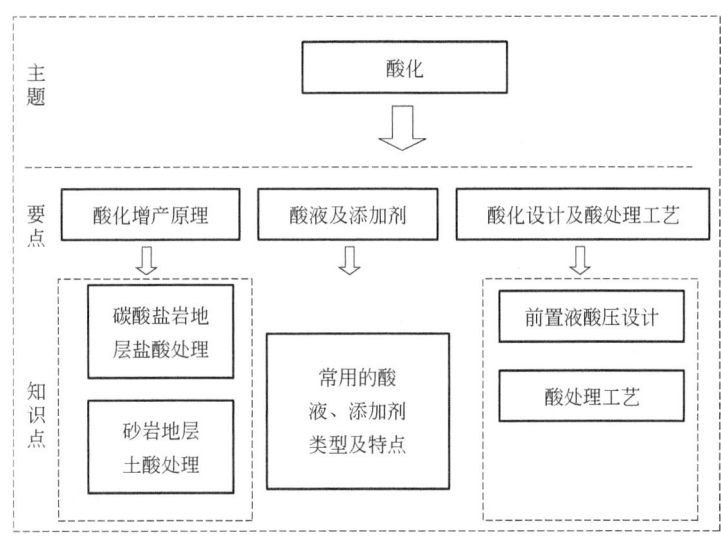

酸化是一种使油气井增产或注水井增注的有效方法。它是通过井眼向地层注入一种或几种酸液或酸性混合液,利用酸与地层中部分矿物的化学反应,溶蚀储层中的连通孔隙或天然(水力)裂缝壁面岩石,增加孔隙、裂缝的流动能力,从而使油气井增产或注水井增注的一种工艺措施。

在酸化工艺和技术发展的过程中,新型酸液及添加剂的应用着重是降低酸对管线和设备的腐蚀、控制酸岩反应速率、提高酸化效果、防止地层污染和降低施工成本。

酸化有两种基本类型:一类是注酸压力低于地层破裂压力的常规酸化或孔隙酸化(简称酸化),这时酸液主要发挥其化学溶蚀作用,扩大与之接触岩石的孔、缝、洞;另一类是注酸压力高于油(气)层破裂压力的酸化压裂(简称酸压),这时酸液将同时发挥化学作用和水力作用来扩大、延伸、压开和沟通裂缝,形成延伸远、流通能力高的油气渗流通道(视频 7-1)。

视频 7-1 酸处理概述

第一节 酸化增产原理

本节主要从碳酸盐岩地层的盐酸处理和砂岩地层的土酸处理两个方面介绍酸化的增产原理。

一、碳酸盐岩地层的盐酸处理

视频 7-2 碳酸盐岩储层酸化原理

碳酸盐岩地层的主要矿物成分是方解石（$CaCO_3$）和白云石[($CaMg(CO_3)_2$)]，其储集空间分为孔隙和裂缝两种类型。碳酸盐岩地层的酸处理，就是要解除孔隙、裂缝中的堵塞物质，扩大沟通地层原有的孔隙、裂缝，提高地层的渗透性能（视频 7-2）。

1. 酸岩化学反应及生成物状态

酸处理中，主要的工作介质是盐酸，盐酸进入地层孔隙裂缝后，将与岩石壁面发生化学反应。现以碳酸盐岩的主要成分——方解石为例，说明盐酸与碳酸盐岩的反应过程。

1) 盐酸与碳酸钙的化学反应

化学反应方程式为

$$2HCl + CaCO_3 = CaCl_2 + H_2O + CO_2 \tag{7-1}$$

根据式(7-1)，$1m^3$ 体积 28% 浓度的盐酸溶液可溶解 438kg 碳酸钙，生成 486kg 氯化钙、79kg 水和 193kg 二氧化碳，而被溶解的碳酸钙，相当于 $0.162m^3$ 体积。由此可见，与 $1m^3$ 体积 28% 浓度的盐酸反应后的地层能增加 $0.162m^3$ 空间，这是很可观的。

2) 反应生成物的状态和对渗流的影响

酸处理后，地层的渗透性能否得到改善，不仅取决于所溶解的碳酸盐岩，还取决于反应生成物的状态。如果反应生成物都沉淀在孔隙里或裂缝里，或者即使不沉淀，但黏度很大，在现有工艺条件下排不出来，那么，即使岩石被溶解掉了，但对于地层渗透性的改善仍是无济于事的。

图 7-1 是不同温度下，氯化钙在水中的溶解度曲线。假设反应生成物氯化钙全部溶解于水，则此时氯化钙的质量分数为 35%。当温度为 30℃ 时氯化钙的溶解度为 52%，此值大大超过了 35%，因此，486kg 的氯化钙全部处于溶解状态，不会产生沉淀。反应生成的二氧化碳，在标准状态下的体积为 $98m^3$，在油层条件下，部分溶解于酸液中，部分呈自由气状态。

图 7-2 为 CO_2 的溶解度曲线。由图 7-2 可知，CO_2 的溶解度与地层温度、压力及残酸液中的氯化钙溶解量有关。现假设地层温度为 75℃，地层压力为 20MPa，则 $1m^3$ 残酸液中只能溶解 $5m^3$（标准）CO_2，剩下 $93m^3$（标准）则仍为气态，在该地层条件下，约 $0.59m^3$ 大体上呈小气泡分散在残酸水中。由此可知，酸处理后，地层中大量的碳酸盐岩被溶解，增加了裂缝的空间体积；反应后的残酸液是溶有少量 CO_2 的 $CaCl_2$ 水溶液，同时留有部分 CO_2 呈小气泡状态分布于其中。钙全部溶解于残酸中，氯化钙溶液的密度和黏度都比水高。这种

黏度较高的溶液，对渗流有两方面的影响：一方面盐酸与碳酸盐岩反应后，生成物氯化钙溶液携带固体微粒的能力较强，能把酸处理时从地层中脱落下来的微粒带走防止堵塞；另一方面由于流动阻力增大，对渗流不利。至于游离状态的小气泡对渗流的影响，应从相渗透率和相饱和度的关系上做具体的分析。残酸液一般都具有较高的界面张力，有时残酸液和地层油还会形成乳状液。这种乳状液有时相当稳定，对地层渗流非常不利。此外，油气层的矿物成分并不是纯的碳酸盐，或多或少含有如 Al_2O_3、Fe_2O_3、FeS 等金属氧化物杂质，在盐酸与碳酸盐反应的同时，也会与这些杂质反应。再则当盐酸经由金属管柱进入地层时，首先会腐蚀金属设备，或者将一些铁锈 Fe_2O_3 及堵塞在井底的杂质带入地层，盐酸与这些杂质反应后，生成 $AlCl_3$、$FeCl_3$ 等，当残酸液的 pH 值逐渐增加到一定程度以后，$AlCl_3$、$FeCl_3$ 等会发生水解反应，生成 $Fe(OH)_3$、$Al(OH)_3$ 等胶状物，这些胶状物是很难从地层中排出来的，形成了所谓二次沉淀，堵塞了地层裂缝，对渗流极为不利。

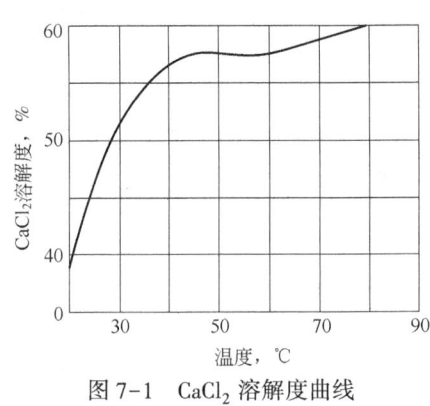

图 7-1　$CaCl_2$ 溶解度曲线

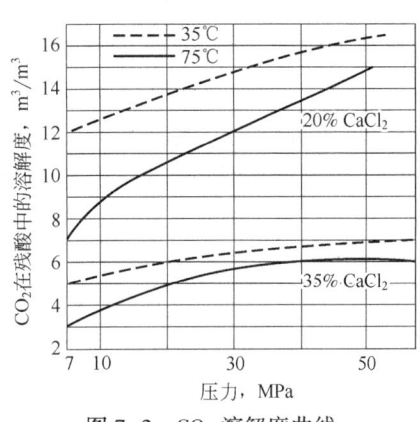

图 7-2　CO_2 溶解度曲线

2. 酸—岩化学反应速率

盐酸溶解碳酸盐岩的过程，就是盐酸被中和或被消耗的过程。这一过程进行的快慢，可用盐酸与碳酸盐岩的反应速率来表示。酸岩反应速度与酸处理效果有着密切的关系。假如盐酸与碳酸盐岩的反应速率很快，新鲜酸液一进入地层很快就反应完毕，那么酸只能对井底附近的地层起溶蚀作用，增产效果必然不大。因此研究酸岩反应速率，有助于寻找控制酸岩反应速率的方法，以提高酸处理的效果。

酸岩反应（固液相反应）是复相系统反应，其特点是反应只能在相接触界面上进行。把与酸液接触的岩石看成为一个壁面，如图 7-3 所示。盐酸与碳酸盐岩反应，可看成由以下三个步骤组成：首先酸液中的 H^+ 传递到碳酸盐岩表面，接着 H^+ 在岩面上与碳酸盐岩进行反应，最后反应生成物 Ca^{2+}、Mg^{2+} 和 CO_2 气泡离开岩面。

1) 酸岩表面反应

酸液里的 H^+ 在岩面上与碳酸盐岩的反应，称为表面反应。在恒温、恒压下，酸岩反应速率的数学表达式可写为

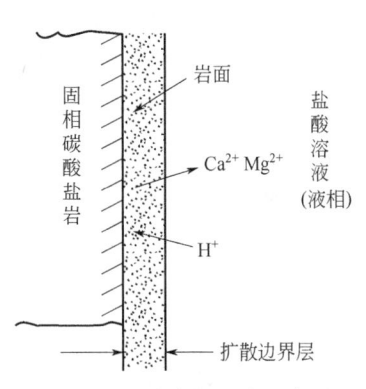

图 7-3　酸岩复相反应示意图

$$-\partial c/\partial t = kc^n \tag{7-2}$$

式中　c——反应时间为 t 瞬时的酸浓度，mol/m^3；

　　　$-\partial c/\partial t$——瞬时的酸岩反应速率，$mol/(m^3 \cdot s)$；

　　　n——指数，称为反应级数；

　　　k——比例系数，称为反应速率常数，$(mol/m^3)^{1-n}/s$。

由于酸浓度随时间的增加而减小，为使反应速率为正值，须冠以负号。盐酸与石灰岩地层的表面反应速率非常快，几乎是 H^+ 一接触岩面，立刻就反应完了。H^+ 在岩面上反应后，就在接近岩面的液层里堆积起生成物 Ca^{2+}、Mg^{2+}、CO_2 气泡。岩面附近这一堆积生成物的微薄液层，称为扩散边界层。该边界层与溶液内部的性质不同，溶液内部，在垂直于岩面的方向上，没有离子浓度差；而边界层内部，在垂直于岩面的方向上，则存在有离子浓度差，如图 7-4 所示。由于在边界层内存在着上述的离子浓度差，反应物和生成物就会在各自的离子浓度梯度作用下，向相反的方向传递。这种由于离子浓度差而产生的离子移动，称为离子的扩散作用。

在离子交换过程中，除扩散作用以外，还会有因密度差异而产生的自然对流作用。实际酸处理时，酸液将按不同的流速流经裂隙，H^+ 发生对流传质。裂隙壁面十分粗糙，极不规则，容易形成旋涡，因此将会产生离子的强迫对流作用，如图 7-5 所示。

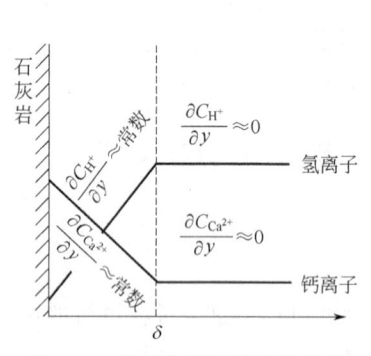

图 7-4　扩散边界层的浓度分布

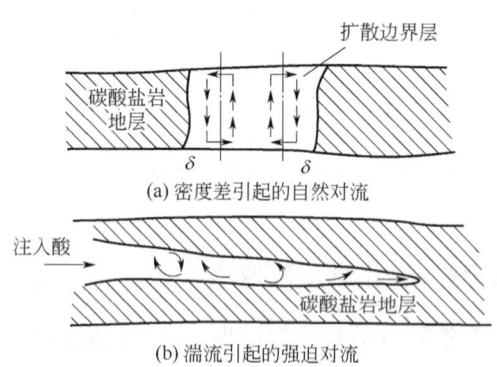

图 7-5　酸向壁面传递的流动模型

总之，酸液中的 H^+ 是通过对流（包括自然对流和强迫对流）和扩散两种形式，透过边界层传递到岩面的。H^+ 透过边界层到达岩面的速度，称为 H^+ 的传质速率。

酸与岩石反应时，生成物离开岩面的速度，均对总反应速率有影响，但起主导作用的是其中最慢的一个过程。在层流流动条件下，H^+ 的传质速率一般比它在石灰岩表面上的表面反应速率慢得多。因此，酸与石灰岩系统的整个反应速率，主要取决于 H^+ 透过边界层的传质速率。

2）酸—岩复相反应速率表达式

$$-\frac{\partial c}{\partial t} = D_{H^+} \frac{A}{V} \left(\frac{\partial c}{\partial y} \right) \tag{7-3}$$

式中　$\dfrac{\partial c}{\partial y}$——边界液层内，垂直岩面方向的酸液浓度梯度，$mol/(m^3 \cdot m)$；

$\dfrac{A}{V}$——面容比（岩石反应表面积与酸液体积之比），m²/m³；

D_{H^+}——H⁺有效传质系数或称H⁺混合传质系数，m²/s。

3) 影响酸—岩复相反应速率的因素

(1) 面容比。

当其他条件不变时，面容比越大，单位体积酸液中的H⁺传递到岩面的数量越多，反应速率就越快，地层中的裂缝越宽，面容比越小，则酸岩反应速率越慢。

(2) 酸液的流速。

酸岩的反应速率随酸液流速增大而加快。图7-6为15%盐酸在大理石裂缝中流动时，剪切速率与反应速率的实测曲线。由曲线可知，当剪切速率较低时，酸液流速的变化对反应速率并无显著的影响；在剪切速率较高时，由于酸液液流的搅拌作用，离子的强迫对流作用大大加强，H⁺的传质速率显著增加，致使反应速率随流速增加而明显加快。但是，随着酸液流速的增加，酸岩反应速率增加的倍比小于酸液流速增加的倍比，酸液来不及反应完，就已经流入地层深处。故提高注酸排量可以增加活性酸深入地层的距离。

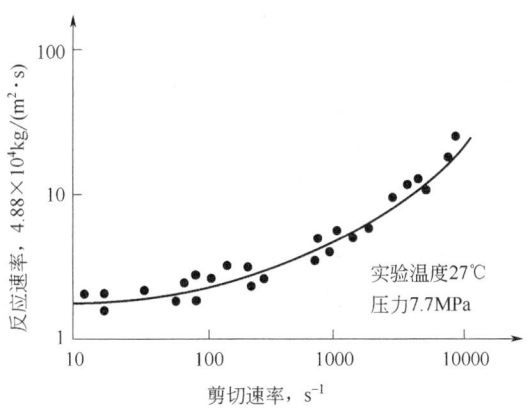

图7-6 剪切速率对反应速率的影响

(3) 酸液的类型。

各种类型的酸液，其离解度相差很大。采用强酸时反应速率快，采用弱酸时反应速率慢。

(4) 酸浓度。

盐酸与碳酸盐岩反应，酸浓度对反应速率的影响如图7-7所示。图7-7中实线表示各种浓度的盐酸的初始反应速率，当盐酸浓度小于24%时，浓度增加则初始反应速率增加；盐酸浓度超过24%~25%后，浓度增加则初始反应速率反而下降。图7-7中各虚线表示各种不同初始浓度的盐酸在反应过程中，其反应速率的变化规律。由虚线可知，随着反应进行，酸液浓度降低，反应速率变慢，初始浓度越高，余酸的反应速率越慢。这说明浓盐酸的反应时间比稀盐酸的反应时间长，有效作用距离远。当酸液变为余酸时，由于已存在有大量的生成物$CaCl_2$，这将使酸液中的Ca^{2+}和Cl^-浓度增大，从而使溶液中HCl分子的离解平衡发生移动，移向生成HCl分子的方向。这样在新的平衡状态下，未离解的HCl分子增多了，也就是使HCl分子的离解度降低，致使H⁺浓度变低，反应速率变小。

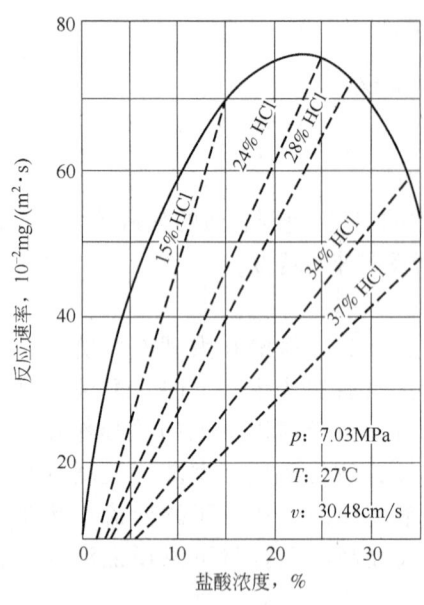

图 7-7 盐酸浓度对反应速率的影响

(5) 其他因素（温度、压力等）。

温度升高，H^+ 的热运动加剧，H^+ 的传质速率增大，不仅使离子碰撞更加频繁，而且增加了活化离子的百分数，使有效碰撞的次数增加，更趋向于发生化学反应。

反应速率随压力增加而减慢。试验指出，总的来说，压力对反应速率的影响不大。

3. 酸液的有效作用距离

酸压时，酸液沿裂缝向地层深部流动，酸浓度逐渐降低。

当酸浓度降低到一定程度（如2%~3%），基本上已失去溶蚀能力的酸液，称为残酸。酸液由活性酸变为残酸之前所流经裂缝的距离，称为活性酸的有效作用距离。

显然，酸液只有在有效作用距离范围内才能溶蚀岩石，当超出这个范围以后，酸液已变为残酸。所以，在依靠水力压裂作用所形成的动态裂缝中，只有在靠近井壁的那一段裂缝长度内（其长度等于活性酸的有效作用距离），由于裂缝壁面的非均质性被溶蚀成为凹凸不平的沟槽，当施工结束后，裂缝仍然具有相当的导流能力。此段裂缝的长度称为裂缝的有效长度。

在动态裂缝中，超过活性酸的有效作用距离范围的裂缝段，由于残酸已不再能溶蚀裂缝壁面，当施工结束后，将会在闭合压力作用下重新闭合而失去导流能力。因此，在酸压时仅仅力求压成较长的动态裂缝是不够的，还必须力求压成较长的有效裂缝。

1) 酸岩反应的室内试验方法简介

研究酸岩反应的室内试验方法可归纳为静态试验和动态试验两大类。静态试验是将一定体积的岩石放在高压釜内，保持恒温、恒压和一定的面容比，使酸岩在高压釜内静止反应，每隔一定时间取酸样滴定其酸浓度和岩石溶蚀量，作酸岩反应速率随时间的变化曲线。由于静态试验不能反映地下酸岩流动反应的真实情况，其数据不能作为酸处理设计的依据，只能作为酸液配方对比的依据。动态试验有流动模拟试验和动力模拟试验（俗称旋转圆盘试验）两种。流动模拟试验基本上模拟了酸液在地下流动反应的情况。动力模拟试验是将岩心置于高压高温反应器中，岩心转动而酸液静止，利用一定的相似模拟处理方法得出动态试验结果。

2) 裂缝中酸浓度的分布规律

用数学模拟方法建立数学模型，求出裂缝中酸浓度分布的数学规律，再用物理模拟试验确定 H^+ 传质系数 D_{H^+}，最后利用所得到的成果，可求出酸液有效作用距离或提出延长有效作用距离的工艺途径。

(1) 酸液在裂缝中流动反应的偏微分方程。

酸压时，较多形成垂直裂缝。为了简化，可把裂缝视作等宽度和等高度的理想垂直裂缝。设裂缝入口处酸液初始浓度 c_0 为常数，随着酸液流经裂缝，酸浓度逐渐降低；又设在裂缝高度方向上，酸浓度梯度为零，故酸浓度是坐标 x,y 的函数。设裂缝入口处酸液初始速度 v_0 为常数，由于在垂直壁面方向存在滤失现象，又设在裂缝高度 h 方向上，速度分量为零，故酸液只沿裂缝长度方向和垂直壁面方向流动，酸液流速亦只是坐标 x,y 的函数。这样，可把酸液沿垂直裂缝的三维流动反应简化为酸液在渗透性平行岩板间的二维流动反应，如图 7-8 所示。

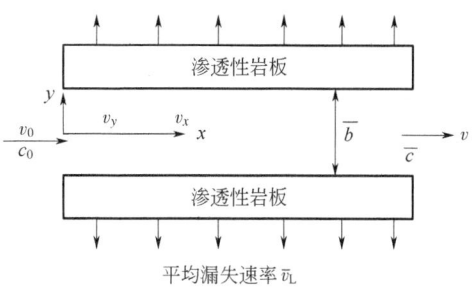

图 7-8 酸沿平板流动反应俯视示意图

根据 H^+ 质量守恒定律，可建立描述以上酸液沿裂缝流动反应的对流扩散偏微分方程。

假设：①恒温恒压下，酸沿裂缝呈稳定层流状态；②酸液为不可压缩液体；③酸液密度均一；④H^+ 传质系数与浓度无关。

对流扩散偏微分方程为

$$v_x\frac{\partial c}{\partial x}+v_y\frac{\partial c}{\partial y}=D_{H^+}\frac{\partial^2 c}{\partial y^2} \tag{7-4}$$

式中 c——$c(x,y)$，裂缝中任一位置的酸浓度，mol/m^3；

v_x,v_y——分别为 x,y 方向酸液速度分量，m/s。

此偏微分方程的解 $c(x,y)$ 就是酸液在裂缝中流动反应时酸浓度的分布规律。

(2) 酸浓度分布规律及计算图的应用。

欲解上述偏微分方程，必须根据实际流动反应情况，给出边界条件。假定坐标选取如图 7-8 所示，通常在岩缝入口和反应表面处给定边界条件，有时还在裂缝中心线上，给定边界条件。

裂缝入口端酸浓度为初始浓度 c_0。裂缝壁面处，对盐酸与石灰岩反应来说，表面反应速率与 H^+ 传质速率相比，可视为无限大，故壁面上的酸浓度 $c\approx0$。在裂缝中心位置且垂直于壁面的方向上，酸浓度梯度为零。

因此，盐酸与石灰岩反应，其边界条件为

$$\begin{cases} c(x,y)\big|_{x=0}=c_0 \\ c(x,y)\big|_{y=\pm\frac{b}{2}}=0 \\ \frac{\partial c}{\partial y}\bigg|_{y=0}=0 \end{cases} \tag{7-5}$$

盐酸与白云岩反应，表面反应速率为有限，故边界条件与式(7-5)不同，作出的图版亦不同，不可混淆。

酸液在岩缝间的流动反应，与热载体在渗透性平板间流动的热传导对流方程相似。在式(7-5)边界条件下，对于偏微分方程式(7-4)，可借用相同边界条件下热传导领域已给出的解析解。但由于解析解使用极不方便，因此，在处理实际问题时，一般都是使用计算机求得近似数值解，再将数值解作成计算图版，以便使用。图 7-9 为有滤失情况下，盐酸与石灰岩流动反应的酸液有效作用距离计算图。图 7-9 中纵坐标为无量纲贝克来 (Péclet) 数 $Pe=\dfrac{\bar{v}_L\bar{b}}{2D_{H^+}}$，横坐标为无量纲距离数 $L_D=\dfrac{2\bar{v}_L x}{v_0\bar{b}}$，各曲线为不同的无量纲酸浓度 $c_D=\dfrac{c}{c_o}$，其中，

$\bar{v}_L$ 为壁面处的平均滤失速度，v_0 为裂缝入口端处的速度。利用计算的贝克来数和相应的无量纲距离查图 7-9，得到 x 位置的 c/c_0 值，即可求得任意断面位置 x 处的酸浓度 c。

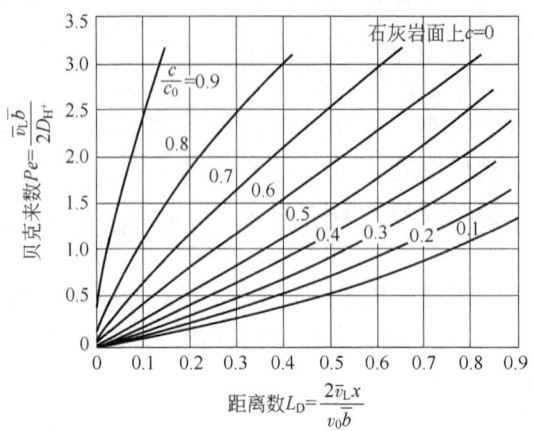

图 7-9　有滤失时酸液有效作用距离计算图

同样根据 Pe 和给定的 c/c_0 值，便可查出相应的 L_D，从而算出酸液浓度降至预定的 c/c_0 时活性酸的有效作用距离 x。

(3) H^+ 有效传质系数的确定。

欲利用计算图求酸液的有效作用距离，需用产层岩石做室内流动模拟实验，确定出 D_{H^+} 值。由于酸液在裂缝中流动反应这一过程比较复杂，模拟滤失条件有困难，因此对其物理模型进行简化，即把产层岩石切成条形，按几何相似条件制成人工裂缝，成为在恒温、恒压、壁面无滤失情况下进行稳定流动反应的实验模型。图 7-10 为浓度 15% 的盐酸与川南阳新石灰岩在恒温恒压流动条件下，H^+ 有效传质系数与雷诺数关系曲线图。图 7-10 中，$\bar{b}$ 为动态裂缝平均宽度，m；$\bar{v}$ 为酸液在裂缝内平均流速，m/s；v 为酸液运动黏度，m²/s。使用曲线时应注意：必须选用实际产层温度条件下的曲线，岩性不同，所得的 D_{H^+} 值不同。

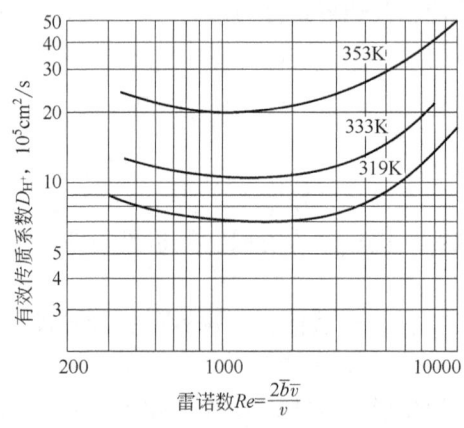

图 7-10　H^+ 有效传质系数与雷诺数关系曲线

例 7-1　石灰岩气层的有效厚度 $h=20\text{m}$、气层温度 353K（80℃）、15% 浓度的盐酸溶液、排量 $Q=2.4\text{m}^3/\text{min}$、地层条件下酸液运动黏度 $v=0.6157\times10^{-2}\text{cm}^2/\text{s}$、前置液造缝的平均缝宽 $\bar{b}=0.5\text{cm}$、酸液的平均滤失速度 $\bar{v}=6\times10^{-4}\text{m/min}$，计算活性酸的有效作用距离。

解：
① 计算酸液的平均滤失速度：
$$\bar{v}=6\times10^{-4}\mathrm{m/min}=1\times10^{-3}(\mathrm{cm/s})$$
② 计算酸液在缝中的流动雷诺数：
$$Re=\frac{2\bar{b}\bar{v}}{v}=\frac{Q}{vh}=\frac{2.4\times10^{6}}{60\times0.6157\times10^{-2}\times20\times10^{2}}=3248$$
③ 查图 7-10 得到氢离子有效传质系数 D_{H^+}：
$$D_{H^+}=25\times10^{-5}(\mathrm{cm}^3/\mathrm{s})$$
④ 计算滤失的无量纲贝克来数：
$$Pe=\frac{\bar{v}b}{2D_{H^+}}=\frac{1.0\times10^{-3}\times0.5}{2\times25\times10^{-5}}=1.0$$
⑤ 查图 7-9 得到酸作用有效无量纲距离 L_D：
$$L_D=0.77\quad(c/c_0=0.1\text{ 为终点值})$$
⑥ 算出有效作用距离 x：
$$x=\frac{L_D v_0 \bar{b}}{2\bar{v}}=\frac{L_D Q}{4\bar{v}h}=\frac{0.77\times2.4\times10^{6}}{60\times4\times1.0\times10^{-3}\times20\times10^{2}}=3850\mathrm{cm}=38.5(\mathrm{m})$$

二、砂岩地层的土酸处理

砂岩由砂粒和粒间胶结物组成，砂粒主要是石英和长石，胶结物主要是硅酸盐类和碳酸盐类。砂岩地层的酸处理，就是通过酸液溶解砂粒之间的胶结物和部分砂粒，或者溶解孔隙中的泥质堵塞物，或其他结垢物以恢复、提高井底附近地层的渗透率。

砂岩地层的酸处理多采用 10%~15% 浓度的盐酸和 3%~8% 浓度的氢氟酸与添加剂按不同比例所组成的混合液进行处理，这种混合酸液通常称为土酸（视频 7-3）。

视频 7-3 砂岩储层酸化原理

1. 土酸处理原理

土酸中的氢氟酸（HF）是一种强酸，氢氟酸对砂岩中的一切成分（石英、黏土、碳酸盐）都有溶蚀能力，但不能单独用氢氟酸，而要和盐酸混合配制成土酸，其主要原因有下述两个方面。

（1）氢氟酸与硅酸盐类以及与碳酸盐岩反应时，其生成物中有气态物质，也有可溶性物质，也会生成不溶于残酸液的沉淀。氢氟酸与碳酸钙的反应为

$$2HF+CaCO_3 = CaF_2+CO_2+H_2O \tag{7-6}$$

氢氟酸与硅酸钙铝（钙长石）的反应为

$$16HF+CaAl_2Si_2O_8 = CaF_2\downarrow+2AlF_3+2SiF_4\uparrow+8H_2O \tag{7-7}$$

在上列反应中生成的 CaF_2，当酸浓度高时，处于溶解状态，反之即会沉淀。酸液中包含有 HCl 时，依靠 HCl 维持酸液较低的 pH 值，以提高 CaF_2 的溶解度。氢氟酸与石英的反应为

$$6HF + SiO_2 = H_2SiF_6 + 2H_2O \quad (7-8)$$

反应生成的氟硅酸（H_2SiF_6）在水中可离解为 H^+ 和 SiF_6^{2-}，而后者又能和地层水中的 Ca^{2+}、Na^+、NH_4^+ 等离子相结合。生成的 $CaSiF_6$、$(NH_4)_2SiF_6$ 易溶于水，不会产生沉淀，而 Na_2SiF_6 及 K_2SiF_6 均为不溶物质会堵塞地层。因此在酸处理过程中，应先将地层水顶替走，避免与氢氟酸接触。

（2）氢氟酸与砂岩中各种成分的反应速率各不相同，氢氟酸与碳酸盐的反应速率最快，其次是硅酸盐（黏土），石英最慢。因此当氢氟酸进入砂岩地层后大部分氢氟酸首先消耗在与碳酸盐的反应上，不仅浪费了大量价值昂贵的氢氟酸，并且妨碍了它与泥质成分的反应。然而盐酸和碳酸盐的反应速率比氢氟酸与碳酸盐的反应速率还要快，因此土酸中的盐酸成分可先把碳酸盐类溶解掉，从而能充分发挥氢氟酸溶蚀黏土和石英成分的作用。

总之依靠土酸溶液中的盐酸成分溶蚀碳酸盐类，并维持酸液较低的 pH 值，依靠氢氟酸恢复和增加近井地带的渗透率。

2. 影响土酸反应速率的因素

砂岩酸化过程中，影响反应速率的主要因素是 HF 浓度、HCl 浓度、温度、压力和矿物组成等。

（1）氢氟酸浓度：酸岩反应速率除蒙脱石外大多数砂岩矿物都与氢氟酸浓度成正比，因此，为了防止疏松地层破碎，应该用低浓度（1.5%）的氢氟酸进行酸处理。

（2）盐酸浓度：酸岩反应速率一般在强酸介质中加快，而与 HCl 浓度的关系并不明确，盐酸的主要作用是保持低 pH 值，防止二次沉淀。

（3）温度：矿物的溶解是一种热活化现象，因此，反应速率随温度增加而明显增加，对石英矿物，每增加 25℃，速率增加约 1 倍，但活性酸的穿透深度相应减小。

（4）压力：压力增加，总溶解反应速率略微加快，因为溶解的六氧化硅可以部分变为酸性六氟化硅（H_2SiF_6）且能迅速引发进一步反应。

（5）矿物组成及可接触表面积：酸岩反应过程中，要接触岩石的矿物性质和总可接触表面积将决定总反应速率。黏土反应速率比长石快，长石反应速率则比石英基质快。

第二节 酸液及添加剂

视频 7-4 酸液及添加剂

酸液及添加剂的合理使用，对酸处理效果起着重要作用。随着酸化工艺的发展，国内外现场使用的酸液种类和添加剂类型越来越多。油井酸化用酸液主要有盐酸、土酸、乙酸、甲酸、多组分酸、粉状有机酸以及近几年来发展起来的各种缓速酸体系，作为特殊酸化也使用硫酸、碳酸、磷酸等（视频 7-4）。

酸化时必须针对施工井层的具体情况选用适当的酸液，选用的酸液应符合以下几个要求：（1）能与油气层岩石反应并生成易溶的产物；（2）加入化学添加剂后，配制成酸液的化学性质和物理性质能满足施工要求（特别是能够控制与地层的反应速率和有效地防止酸对施工设备的腐蚀）；（3）施工方便，安全，易于返排；（4）价格便宜，来源广。

下面介绍较常用的酸液及添加剂的性能和作用（视频 7-4）。

一、常用酸液种类及性能

1. 盐酸

盐酸是一种强酸，它与许多金属、金属氧化物、盐类和碱类都能发生化学反应。盐酸可以溶蚀白云岩、石灰岩以及其他碳酸盐岩，能解除高钙钻井液、氢氧化钙沉淀、硫化物及氧化铁沉淀造成的近井地带的污染，恢复地层渗透率。盐酸还可作为土酸酸化砂岩的前置液或碳酸盐含量较高的砂岩酸化液。盐酸还是某些酸敏性大分子凝胶的破胶剂，用于压裂液或封堵凝胶的破胶。盐酸作为酸化液具有成本低、生成物可溶的优点。

使用高浓度盐酸酸化的好处是：（1）酸岩反应速率相对变慢，有效作用半径增大；（2）单位体积盐酸可产生较多的二氧化碳，利于残酸的排出；（3）单位体积盐酸可产生较多的氯化钙、氯化镁，提高了残酸的黏度，控制了酸岩反应速率，并有利于悬浮、携带固体颗粒从地层排出；（4）受到地层水稀释的影响较小。

由于盐酸对碳酸盐岩的溶蚀力强，反应生成的氯化钙、氯化镁盐类能全部溶解于残酸液，不会产生沉淀，成本较低。

盐酸处理的主要缺点是：与石灰岩反应速率快，特别是高温深井。由于地层温度高，盐酸与地层作用太快，因而处理不到地层深部；此外，盐酸对管道具有很强的腐蚀性，尤其在高于120℃时更为显著。同时，盐酸还会使金属坑蚀形成许多麻点斑痕，腐蚀严重。对于二氧化硫含量高的井，盐酸处理易引起钢材的氢脆断裂。

2. 有机酸

常用的有机弱酸是甲酸和乙酸，它们在水中只有一小部分离解为氢离子和酸根离子，即离解常数很低。因此，它们的反应速率比同浓度的盐酸要慢几倍到十几倍，有效作用距离长，对金属设备和管线腐蚀弱。

1）乙酸

乙酸又名醋酸（CH_3COOH），为无色透明液体，极易溶于水，熔点16.6℃。乙酸是弱电解质，在25℃时的离解常数$K_a = 1.8 \times 10^{-5}$，沸点118℃。由于乙酸钙溶解度较小，其酸化液中乙酸的质量分数常为10%~12%，单独使用也可达19%~23%。乙酸对金属的腐蚀速度远低于盐酸和氢氟酸，腐蚀均匀，无严重坑蚀。它不腐蚀铝合金材料，可用于与酸接触时间长的带酸射孔作业。由于乙酸的酸岩反应速率低于盐酸，因而活性酸穿透距离更长，可作缓速酸。另外，乙酸对Fe^{3+}具有络合作用，可防止氢氧化铁沉淀生成。

2）甲酸

甲酸又名蚁酸（$HCOOH$），为无色透明液体，易溶于水，熔点8.4℃。甲酸的离解常数$K_a = 1.75 \times 10^{-4}$。甲酸的酸性和对钢铁的腐蚀性均大于乙酸。甲酸同碳酸钙或碳酸镁反应生成能溶于水的甲酸钙或甲酸镁。甲酸同乙酸一样具有缓速缓蚀的特点，可用于高温深井酸化作业。

有机酸处理的主要缺点是：溶蚀力小，与碳酸盐作用生成的盐类，在水中的溶解度较小。

因此，酸处理时采用的浓度不能太高，以防生成甲酸或乙酸钙镁盐沉淀堵塞渗流通道。一般甲酸的浓度不超过 10%，乙酸的浓度不超过 15%。

3. 多组分酸

多组分酸是一种或几种有机酸与盐酸或氢氟酸的混合物。酸岩反应速率依氢离子浓度而定。盐酸或氢氟酸先反应，然后甲酸或乙酸才反应。盐酸在井壁附近起溶蚀作用，甲酸或乙酸在地层较远处起溶蚀作用，混合酸液的反应时间近似等于盐酸和有机酸反应时间之和，因此可以得到较长的有效距离。

4. 乳化酸

乳化酸一般以油为连续外相，酸为分散相所组成的油包酸型体系。其特点是黏度较高，滤失少。当乳化酸进入地层时，被油膜包围的酸液不会立即与岩石接触，因此，乳化酸可增大酸的有效作用距离。另外，由于油膜的存在，使得酸在注入过程中基本不与金属设备和井下管柱直接接触，很好地解决了缓蚀问题。其缺点是摩阻较大，从而排量受到了限制。

5. 稠化酸

稠化酸是在盐酸中加入增稠剂或胶凝剂，使酸液黏度增加。稠化酸可降低酸中氢离子向岩石壁面的传递速度；胶凝剂的网状分子结构，束缚了氢离子的活动，起到缓速作用。

稠化酸具有黏度高、滤失小、穿透距离深、溶蚀性能好、可携带不溶的细小颗粒及残渣等特点。酸液增稠剂有聚丙烯酰胺、纤维素衍生物等。

6. 泡沫酸

泡沫酸是用少量起泡剂将气体分散到酸液中形成一种均匀的细小的气泡分散体系的酸液。组成：气体体积占 65%～85%，酸液体积 15%～35%，表面活性剂 0.5%～1.0%的酸液体积。泡沫酸具有密度小（300～800kg/m³）、黏度大等特点，因此有缓速、低滤失、返排能力强、用液量少等优点，适用于重复酸化的老井和液体滤失性大的低压油层处理。

7. 固体酸

酸化用固体酸主要有氨基磺酸和氯乙酸。固体酸呈粉状、粒状、球状或棒状，以悬浮液状态注入注水井以解除铁质、钙质污染。与盐酸比较，固体酸具有使用和运输方便、有效期长、不破坏地层孔隙结构、能酸化较深部地层等优点。氨基磺酸在 85℃下易水解，不宜用于高温。其酸化和水解反应如下：

$$FeS + 2NH_2SO_3H \longrightarrow (NH_2SO_3)_2Fe + H_2S \uparrow \tag{7-9}$$

$$CaCO_3 + 2NH_2SO_3H \longrightarrow (NH_2SO_3)_2Ca + CO_2 \uparrow + H_2O \tag{7-10}$$

$$NH_2SO_3H + H_2O \longrightarrow NH_4HSO_4 \tag{7-11}$$

对于存在铁质、钙质堵塞，又存在硅质堵塞的注水井，可以采用固体酸和氟化氢铵交替注入法以消除污染。氨基磺酸可以作为酸敏性大分子凝胶的破胶剂，具有延缓破胶的作用。氯乙酸酸性比氨基磺酸强且耐高温，使用时其质量分数可达 36%以上。浓度愈高，酸岩反应速率愈慢。其水解反应如下：

$$CH_2ClCOOH + H_2O \longrightarrow HCl \uparrow + CH_2OHCOOH \tag{7-12}$$

与氯乙酸特点相近的还有芳基磺酸,如苯磺酸、邻(间)甲苯磺酸、乙基苯磺酸及间苯二磺酸等。

8. 其他酸液

常用的酸液还有硫酸、碳酸、磷酸等。

硫酸:硫酸浓度比盐酸高。酸化反应产物硫酸钙为微细颗粒悬浮在残酸中返排出来。

碳酸:碳酸可以溶蚀碳酸盐。

$$CaCO_3 + H_2CO_3 \longrightarrow Ca(HCO_3)_2 \tag{7-13}$$

产物溶于水,碳酸可用于注水井酸化。

磷酸:磷酸是中等强度酸,$K_a = 7.5 \times 10^{-3}$(25℃)

其酸岩反应如下:

$$CaCO_3 + 2H_3PO_4 \longrightarrow Ca(H_2PO_4)_2 + CO_2\uparrow + H_2O(反应物包括硫化物或Fe_2O_3) \tag{7-14}$$

由于多元酸的强弱由一级离解常数 $K_1(K_a)$ 决定。因此,磷酸比盐酸酸岩反应速率慢得多。H_3PO_4 和反应产物 $Ca(H_2PO_4)_2$ 形成缓冲溶液。酸液pH值在一定时间内保持较低值(pH值不大于3),使其自身成为缓速酸,且对二次沉淀有抑制作用。磷酸适合于钙质含量高的砂岩油水井酸化,也可以同氟化氢铵或氟化铵混合对砂岩油水井进行深部酸化。

二、酸液的添加剂

酸处理时要在酸液中加入某些化学物质,以改善酸液的性能和防止酸液在地层中产生有害物质,这些化学物质统称为添加剂。

常用添加剂的种类有:缓蚀剂、缓速剂、稳定剂、表面活性剂等;有时还加入增黏剂、减阻剂、暂时堵塞剂、破乳剂、杀菌剂等。

1. 缓蚀剂

添加于腐蚀介质中能明显降低金属腐蚀速度的物质称为缓蚀剂,它是目前油井酸化防腐蚀的主要手段,其费用占酸化总成本比例较大。其缓蚀机理是通过物理吸附或化学吸附而吸附在金属表面,从而把金属表面覆盖,避免直接与酸接触,使其腐蚀得到抑制。常用的缓蚀剂包括有机缓蚀剂和无机缓蚀剂。

对高温深井采用高浓度酸施工或较长时间的酸化施工都可能对设备和管线产生严重的腐蚀。钢材经高浓度的酸液腐蚀后容易变脆,同时被酸溶蚀的金属铁成为离子在一定条件下还会造成对地层的伤害。

酸液对金属铁的腐蚀属于电化学腐蚀。由于铁的标准电极电位较氢的标准电极电位低得多,H^+ 会自动地在金属铁表面获取电子还原成 H_2 逸出。这就构成了原电池,使铁不断地氧化成铁离子而进入溶液。制造油管的钢材含有杂质导致腐蚀更为加剧。有如下反应。

阳极反应(氧化): $$Fe \longrightarrow Fe^{2+} + 2e^- \tag{7-15}$$

阴极反应(还原): $$2H^+ + 2e^- \longrightarrow H_2\uparrow \tag{7-16}$$

总反应: $$Fe + 2H^+ \longrightarrow Fe^{2+} + H_2\uparrow \tag{7-17}$$

有氧存在时,部分铁以 Fe^{3+} 的形式进入酸液中,并得以稳定。

按缓蚀机理,缓蚀剂可分为阳极型和阴极型。阳极型缓蚀剂的作用机理是通过缓蚀剂与金属表面共用电子对，由此而建立的化学键能中止该区域金属的氧化反应。基于这个机理，缓蚀剂的极性基团的中心原子应具有孤对电子，如极性基因中含有 O、S、N 等原子。阴极型缓蚀剂主要通过静电引力作用，使其吸附在阴极区上，形成一层保护膜，避免酸液对金属的腐蚀。多数缓蚀剂同时兼有上述两种作用，通过控制电池的正负极反应达到缓蚀目的。还有一类有机缓蚀剂通过成膜作用，隔离或减少酸液与金属的接触面积而抑制腐蚀。作为良好的有机缓蚀剂应具有一定的相对分子质量以达到吸附的稳定性和膜的强度。

鉴于对人体的毒害和对炼油催化剂的毒化，以往曾广泛采用的砷化合物缓蚀剂，如亚砷酸钠、三氯化砷等无机缓蚀剂，尽管它们在高温（260℃）下仍具有良好的缓蚀性能，并且价格低廉，目前已不再使用。

由于大多数缓蚀剂为强阳离子物质，使用不当会使油藏的润湿性改变，从而产生新的伤害。所以在足够的缓蚀性能条件下，不要过多使用。砂岩酸化时，应避免含有缓蚀剂的酸液进行重复酸化。

2. 稳定剂（络合剂）

为了减少氢氧化铁沉淀，避免发生堵塞地层的现象而加入的某些化学物质，称为稳定剂。

在油气田酸化施工中，高浓度的酸溶液在搅拌酸液和泵注过程中会溶解设备和油管表面的铁化合物，尽管加入了一定的缓蚀剂，但对管壁的腐蚀和铁垢的溶解仍不可能完全避免。酸液还可能与地层中含铁矿物和黏土矿物（如菱铁矿、赤铁矿、磁铁矿、黄铁矿和绿泥石等含铁成分）作用而使溶液中有 Fe^{3+} 和 Fe^{2+} 存在，通常以 $Fe^{2+}:Fe^{3+}=5:1$ 为具有代表性的比例。

1) pH 值对铁沉淀的影响

溶解的铁以离子状态保留在酸液中，直到活性酸耗尽。当残酸的 pH 值上升并达一定值时，将产生氢氧化铁沉淀。这将严重堵塞经酸化施工新打开的流动孔道。沉淀的产生与铁离子的浓度和残酸 pH 值有关。

一般认为，当 pH 值为 3.2 时，Fe^{3+} 的沉淀就比较完全了。

同样 Fe^{2+} 开始成为 $Fe(OH)_2$ 沉淀的 pH 值大约为 7.7。由于残酸 pH 值不会大于 6，故酸化施工中不考虑 $Fe(OH)_2$ 沉淀。

如果地层中含有硫化氢，由于它是很强的还原剂，可以将 Fe^{3+} 的危害大大降低。

$$H_2S+Fe^{3+} \longrightarrow S\downarrow +Fe^{2+}+2H^+ \qquad (7-18)$$

残酸 pH 值越高，产生铁沉淀物所需铁离子浓度越低。通常，残酸 pH 值大于 2，就需考虑加入铁稳定剂。

此外，铁离子还会增强残酸乳化液的稳定性，给排酸带来困难；加剧酸渣的产生，给油层带来新的伤害。综上所述，在酸化施工中（包括酸液造成的微粒运移）引起油层渗透率降低的现象称为"酸敏"。为此，需要在酸液中加入铁稳定剂。

2) 常用的铁稳定剂

为了防止残酸中产生铁沉淀，可以采用在酸液中加入多价络合剂或还原剂的方法来避免。前者是通过稳定常数大的多价络离子与 Fe^{3+} 或 Fe^{2+} 生成极稳定的络合物；而后者使 Fe^{3+} 还原成 Fe^{2+} 以防止 $Fe(OH)_3$ 沉淀产生。除此之外，还可以在酸液中加入 pH 值控制剂来防止或减少铁沉淀的产生。

在选择络合剂时要考虑残酸中可能存在的 Fe^{3+} 的量、施工后关井的时间、使用的温度范围、络合剂与钙盐发生沉淀的趋势等，以确定络合剂的种类、用量并核算成本。

（1）pH 值控制剂。

控制 pH 值的方法是向酸液中加入弱酸（一般使用的是乙酸），弱酸的反应非常慢以至于 HCl 反应完后，残酸仍维持低 pH 值，低 pH 值有助于防止铁的二次沉淀。

（2）络合剂。

络合剂是指在酸液中能与 Fe^{3+} 形成稳定络合物的一类化学剂。应用最多的是能与 Fe^{3+} 形成稳定五元环、六元环和七元环螯合物的螯合剂，以羟基羧酸和氨基羧酸为主。常用的络合剂有柠檬酸、乙二胺四乙酸（EDTA）、氮川三乙酸、二羟基马来酸、δ-葡萄糖内酯以及它们的复配物。

（3）还原剂。

使用还原剂是防止氢氧化铁沉淀生成的另一途径。

① 亚硫酸。

用亚硫酸作还原剂时其化学反应如下：

$$H_2SO_3 + 2FeCl_3 + H_2O \longrightarrow H_2SO_4 + 2FeCl_2 + 2HCl \tag{7-19}$$

反应产物中有硫酸，在酸浓度降低之后，硫酸会引起细微粒的 $CaSO_4$ 沉淀。此外还有 SO_2 气体逸出。

② 异抗坏血酸及其钠盐。

这是一种高效的铁还原剂，国内外已用作铁稳定剂。室内实验表明：异抗坏血酸比其他常用的铁稳定剂效率高得多，而且其稳定铁的性能不受温度限制，在高达 204℃ 下仍能作为优良的酸液铁稳定剂。在砂岩酸化中，优先选用异抗坏血酸而不选用异抗坏血酸钠，因为钠盐加入土酸中会引起不溶的六氟硅酸盐沉淀。

3. 表面活性剂

酸液中加入表面活性剂，其作用主要是：

（1）降低界面张力，降低挤入压力，加速返排；
（2）破乳；
（3）改变地层润湿性，使岩石油湿，降低反应速率；
（4）防止残渣形成，使颗粒分散。

加入表面活性剂时必须保证它们与缓蚀剂及其他添加剂配伍。根据其作用，主要包括减阻剂、破乳剂、缓速剂、悬浮剂等。

4. 黏土稳定剂

黏土防膨剂（黏度稳定剂）是用来抑制酸化施工中可能引起的黏土矿物的膨胀和运移，提高酸化效率。黏土防膨剂稳定黏土和微粒的作用机理为吸附在被稳定的矿物表面。吸附是因静电吸引或离子交换引起的。因为硅酸盐在 pH 值高于它们 PZC（表面电荷为中性的点）的 pH 值后带负电，所以最有效的黏土防膨剂带正电（阳离子）。常用的黏土防膨剂为带多个电荷的阳离子、季铵盐表面活性剂、聚胺、聚季铵和有机硅等。

1) 多电荷阳离子

曾广泛用作黏土防膨剂的两种多电荷阳离子为羟基铝[$Al_6(OH)_{12}(H_2O)_{12}^{6+}$]和锆($Zr^{4+}$)，锆以二氯氧锆（$ZrOCl_2$）的形式加入。注入各种前置液后一般注入加有黏土防膨剂的溶液。接着再注入与黏土防膨剂溶液配伍的后置液，以去除近井周围过多的黏土防膨剂，然后关井。这些体系不改变地层的润湿性。

这些体系的主要优点为：（1）价格不高；（2）能处理黏土运移和膨胀的伤害；（3）能处理较大的微粒。

另外也存在着一些缺点：（1）羟基铝不耐酸；（2）要求关井聚合；（3）可能引起堵塞；（4）在压裂中应用困难；（5）需要合适的前置液和后置液。

2) 季铵盐表面活性剂

季铵盐表面活性剂已作为黏土防膨剂用于干气井。在高于 PZC 的 pH 值的条件下，带正电的表面活性剂和带负电的黏土间的静电吸引使这些表面活性剂易被硅酸盐吸附。吸附造成的电荷中和降低了黏土的离子交换能力。因此，黏土不再因吸附水合阳离子而发生膨胀。

由于季铵盐表面活性剂倾向于降低硅酸盐对水的吸附，从而促使硅酸盐变为油润湿。因此，若存在任何液态烃，硅酸盐易变为油润湿。当然，这降低了岩石中烃的相对渗透率。同样，黏土因吸入流体进入其晶格结构中而发生膨胀。

3) 聚胺

聚胺为含有多个胺基的有机高分子，聚胺在酸溶液中带正电。

由于含许多胺基，聚胺可通过在硅酸盐表面的多点吸附而有效中和硅酸盐的负电荷。聚胺处理过的硅酸盐再与盐水接触，聚胺将失去它的正电性，并被冲离硅酸盐。这时，硅酸盐不再稳定。聚胺的缺点是有效期不长且费用高。

4) 聚季铵

聚季铵可用于任何水基液体中，包括酸性液体和碱性液体。常用的聚季铵有二甲胺与3-氯-1,2-环氧丙烷的缩合物和聚氯化二甲基二烯丙基铵。

黏土和微粒因电荷中和、水润湿和聚合物架桥而稳定。石英微粒比黏土的电荷密度低，因此，聚季铵优先吸附在黏土表面，而不是石英微粒表面。用氢氟酸（HF）酸化水敏地层时，应尽量使用黏土防膨剂。若不能在所有液体中加入黏土防膨剂，则须在后置液中加入，之后，应继续注入不含黏土防膨剂的顶替液以保证无黏土防膨剂滞留在井筒中。

5) 有机硅

有机硅可用作 HCl—HF 酸化用添加剂以防止酸化后的微粒运移。

作为酸化用添加剂，有机硅水解生成硅烷醇，硅烷醇不但相互间发生作用，也与硅质矿物表面上的羟基硅（Si—OH）通过缩聚或共聚反应机理生成硅氧键（Si—O—Si）。硅烷醇间以及与硅质矿物表面上的羟基硅形成油润湿性的硅烷醇聚合物，并覆盖在硅质矿物表面。

聚合硅氧烷覆盖在被稳定的微粒的表面的机理不同于离子交换。硅氧烷覆盖物通过占据离子交换场所和增加颗粒间的吸引力而稳定微粒。聚硅氧烷连接低阳离子交换能力的矿物（石英）和高阳离子交换能力的黏土。因此，有机硅氧烷添加剂很适合于既含有非黏土微粒又含有黏土微粒的地层。

除此之外，常用的黏土防膨剂还有 KCl、NaCl、$CaCl_2$、NH_4Cl 等无机盐以及含有杂环化合物的表面活性剂十二烷基三甲基氯化铵、TDC-15、PAF-1、PAF-2、DS-151 等。

现场和室内实验表明：无机盐防膨剂有效期短，高价金属离子在地层中易产生沉淀；阳离子表面活性剂能引起水湿性砂岩表面润湿反转。

5. 互溶剂

使用互溶剂能降低固体微粒对乳化的稳定作用，从而减少因乳化液而引起的地层伤害以及对残酸从地层返回井筒的阻碍。在砂岩酸化过程中需要使用缓蚀剂、破乳剂等表面活性剂，但它们往往会吸附在地层中砂粒或黏土表面，特别是阳离子活性剂的这种吸附作用尤为严重。这不仅会改变岩石表面的润湿性，使岩石变为油润性而影响原油的流动性及最终采收率，而且会使表面活性剂不能起到预期的防腐蚀、防乳、破乳等作用。

互溶剂是一类无论在油中还是在水中都有一定溶解能力的物质。例如醇类、醛类、酮类、醚类或其他化合物。这类化合物可与油和水二者相混。它们进入地层后，可以优先吸附于砂粒和黏土表面，不仅使微粒和不溶物成为水润湿，而且使地层成为水湿，改善了地层的渗透性。更重要的是，它们抑制了水基处理液中表面活性剂如缓蚀剂、防乳破乳剂等在地层表面的吸附。

互溶剂多用于砂岩酸化。也可用于碳酸盐岩酸化中作为清洗剂和除油剂。

根据不同的需要，互溶剂既可加入到预处理液和酸液中，也可以加入到后置液中。国内外各油田进行酸化作业时，大多加入了互溶剂进行酸化，取得了很好的效果。

6. 防乳—破乳剂

地层原油中含有沥青质、胶质以及环烷酸等天然乳化剂。当原油流经地层窄缝或油管、喷嘴时或由于天然气逸出的搅拌作用，均可使乳化剂与油、气、水混合而产生乳化液。酸化施工之后，随无机酸的加入强烈地影响乳化液界面膜上作为乳化剂的有机酸的离子化作用，能进一步稳定油外相的乳化液，而且随残酸中 pH 值的降低，油水界面张力变小。如图 7-11 所示，pH 值对乳化和破乳都有重要影响。此外，酸化施工使地层内产生岩石微粒或生成沉淀物，它们均能稳定油水乳化液。在黏土微粒中，直径小于 $2\mu m$ 的部分占有相当大的比例，同时，表面活性剂（如多数缓蚀剂）可能使这些微粒一部分亲水，另一部分亲油从而使乳化液更为稳定。

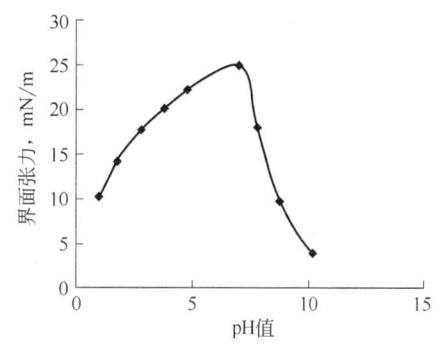

图 7-11 油水界面张力随 pH 值变化趋势

酸化施工时，如果发生乳化现象，而乳化液的黏度通常较高使其流动性差，这不仅会阻碍酸液返回井筒，而且容易造成井筒周围的地层乳堵。

常见的酸液防乳—破乳剂有阳离子型的有机胺、季铵盐和非离子型的表面活性剂。由于地层条件的复杂性（即高温、高压、地层离子等因素）和在浓酸中使用，单一的地面原油破乳剂难以达到理想的效果，通常采用两种或多种破乳剂复配，利用其协同效应满足施工要求。

预防酸化施工后产生乳化液的另一方法是通过加入互溶剂使已经变为油湿性或部分油湿性固相微粒表面恢复为水湿性。

7. 醇类

在酸化中使用醇类的目的是解除水锁，促进流体返排，延缓酸的反应和降低水的浓度。酸化中最常用的醇为异丙醇和甲醇。通常，异丙醇的最大使用浓度为 20%（体积分数），甲醇的使用浓度范围较宽，但常用的浓度为 25%（体积分数）。醇类用于酸化是为了以下几个目的。

1) 解除水堵

严重降低原油产量的原因之一为孔隙空间充填的水，即水堵。水堵易产生于高毛细管压力的孔隙介质中。气相渗透率低于 $0.12\mu m^2$ 的地层存在严重的水锁。处理液中的醇可降低油藏中的毛细管压力，从而使液相较易排出。

2) 促进流体返排

油、气井酸化的另一问题为处理液的返排。对于气井尤为重要。水或酸的高表面张力阻碍它们的注入和流出。尽管被吸附降低了活性，常用的表面活性剂仍然能促进处理液的返排。酸中加入的醇降低了其表面张力，促进了流体返排。

3) 延缓酸的反应

醇具有降低酸反应速率的功能。降低的比例与添加的醇的种类和浓度有关。

4) 降低酸液中水的浓度

某些地层含有较多的水敏性黏土。为降低酸液中水的浓度，可用醇代替稀释用水。酸处理液中使用醇的缺点主要为：

(1) 使用浓度高；

(2) 成本高；

(3) 闪点低；

(4) 增加酸液腐蚀性；

(5) 若地层盐水为高浓度，醇的注入则将引起盐析；

(6) 某些原油与甲醇和异丙醇不配伍；

(7) 醇用于酸化可能发生不可预测的副反应。

8. 其他添加剂

1) 助排剂

在酸液中加入助排剂降低了酸液与原油间的界面张力，增大了接触角，从而减小了毛细管阻力，又促进了酸液的返排。常用的助排剂有聚氧乙烯醚和含氟活性剂、阴离子—非离子两性活性剂和含氟活性剂的复配体系。

2) 消泡剂

由于酸中加有活性剂类添加剂，产生泡沫，造成配酸液时泡沫从罐车顶端入口溢出。一方面腐蚀设备，另一方面配不够体积，施工时会造成抽空，排量不够，这些都会影响酸化效果，因此在酸液中需加入消泡剂。

3) 抗渣剂

酸与某些原油接触时将在油酸界面形成酸渣。使用高浓度的酸（20%或更高）时此问题更严重。酸渣一旦形成，使之再溶解于原油中是困难的。最终，酸渣聚集在地层并降低其渗透性。阳离子和阴离子表面活性剂可防止酸渣的生成，它们吸附在油酸界面并作为一连续的保护层。另外，降低酸浓度也可抑制酸渣的生成。

9. 添加剂的配伍性

所有酸化添加剂均应在实验室进行评价。没有适合于所有地层的添加剂，酸化前必须查出并消除添加剂与地层流体潜在的不配伍性。

第三节 酸化设计及酸处理工艺

为了保证酸处理效果，本节从酸化设计和酸处理工艺两个方面分别介绍对应的设计目标、酸处理方式和酸处理工艺参数等。

一、酸化设计

前置液酸压用高黏液体作为前置压裂液。由于其黏度高，滤失量小，可形成较宽、较长的裂缝。正因为它比直接用酸液作为前置液所形成的动态裂缝宽得多，所以就极大地减少裂缝的面容比，从而降低酸液的反应速率，增大酸的有效作用距离。与此同时，由于前置液预先冷却地层，岩石温度下降，也能起缓蚀作用。当酸液进入充填了高黏度液体的裂缝时，由于两种液体的黏度相差很悬殊，黏度很小的酸液不会均匀地把高黏液顶替走，而是在高黏液体中形成指进现象，如图7-12所示。这种方法也称"填塞酸压"。这样，进入裂缝的酸液大约只与30%~60%的裂缝表面接触，由于减少了接触表面积，一方面降低了漏失量，另一方面又减缓了酸液反应速率。因此，"填塞酸压"能用较少的酸量造成较长的有效裂缝。

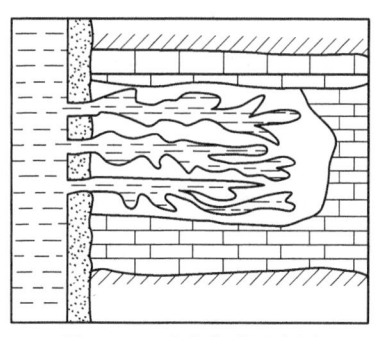

图7-12 酸液指进示意图

1. 裂缝几何尺寸

酸压中黏度较高的前置液与黏度较低的酸液是顺序泵入的。由于前后泵入液体的性质差别，在两种液体界面前后就存在不同的压力梯度，使得裂缝几何尺寸的计算复杂化。如果在界面间产生黏性指进的不稳定过程，在缝宽缝长的计算上就更为困难。在这里采取了简化计算方法，认为缝的几何尺寸由泵入的前置液造成。酸液进入既定的平均缝宽的裂缝中进行反应。

2. 缝中酸液温度

温度对酸液的反应速率是非常敏感的。酸液进入前置液所造成的裂缝后，部分酸液可能与地层温度平衡。酸液在缝中的温度分布取决于地层温度及反应热对它的影响。对于这个问题已经研究出了同时考虑地层向缝中传热及反应热对缝中酸液温度的作用的解。

3. 酸液有效作用距离

前面已全面阐述了酸液有效作用距离的计算方法，特别是在不同条件下氢离子有效传质系数的计算，其中未考虑酸液黏度、酸浓度及同离子效应对传质系数的影响。

4. 酸压后裂缝导流能力的计算

酸溶蚀后导流能力的大小与岩石强度、岩石非均质程度、岩石矿物被溶解的数量及其分布等因素有关。在壁面上均匀溶蚀后的缝宽为

$$b_a = \frac{NQt}{2L_{fe}h_f(1-\phi)} \tag{7-20}$$

式中 b_a——酸蚀缝宽，m；
N——酸液的溶蚀能力（参与反应的单位体积酸液所能溶解的岩石体积）；
Q——酸液的排量，m^3/min；
t——泵酸时间，min。
L_{fe}——酸液有效作用距离，m；
h_f——缝高，m；
ϕ——孔隙度。

裂缝的理论导流能力为

$$(bK)_f = 8.4 \times 10^{10} b_a^3 \tag{7-21}$$

裂缝的实际导流能力应计入闭合压力 p_c（MPa）及岩石的嵌入压力 p_{in}（MPa）的影响；

$$(bK)_{fa} = C_1 \exp(-142 C_2 p_c) \tag{7-22}$$

$$C_1 = 0.0403 (bK)_f^{0.822}$$

当 $0 < p_{in} < 140$ MPa 时：

$$C_2 = (13.457 - 1.3 \ln p_{in}) \times 10^{-3}$$

当 $140 < p_{in} < 3520$ MPa 时：

$$C_2 = (2.41 - 0.28 \ln p_{in}) \times 10^{-3}$$

式中 $(bK)_f$——理论导流能力，$\mu m^2 \cdot m$；
$(bK)_{fa}$——考虑应力后的裂缝导流能力，$\mu m^2 \cdot m$。

5. 增产比的计算

查增产倍数曲线或可根据实际情况选用有关公式计算。

当已知有效作用距离 L_{fe} 与供油半径 r_e 的比及裂缝导流能力 $(bK)_{fa}$ 与地层渗透率 K 的比后，与水力压裂的增产比求法一样，可查增产倍数曲线，但当 L_{fe}/r_e 小于 0.1 或查曲线不方便的时候，可根据实际情况选用有关公式计算。

二、酸处理工艺

酸处理效果与许多因素有关，诸如选井选层，选用的酸化技术，选择的酸化工艺参数及施工质量等。下面主要介绍选择处理井层的一般原则，各种酸化技术以及酸化后的排液（视频 7-5）。

视频 7-5 酸处理工艺

1. 酸处理井层的选择

一般来说，选井选层方面应从以下几个方面进行考虑：

（1）优选油气显示好、试油效果差的井层。

（2）优选邻井高产而本井低产的井层。

（3）多产层位的井，进行分层处理，先处理低渗透地层。

（4）对于生产史较长的老井，应暂堵开采程度高、地层压力已衰减的层位，选择处理开采程度低的层位。

（5）关于重复酸压问题，应根据情况分别对待，如查明为解堵不彻底的井，可进行重复解堵酸化；如堵塞已彻底解除而油气产量递减快，则说明该井供油面积小，可以进行大型酸压，以沟通远处的裂缝系统获得高产。

（6）对于生产稳定，以前酸处理均收效的井，可考虑再次进行酸处理。

2. 酸处理方式

根据施工压力与地层破裂压力的关系，将酸化分为常规酸化和压裂酸化；根据施工方式不同而进行的酸化又可称为选择性酸化和"空井"酸化。

在考虑具体井的酸化方式和酸化规模时，应对油井的静态资料和动态资料进行综合分析。例如，油井位于断层附近，鼻状凸起、扭曲、长轴等岩层受构造力较强，裂缝较发育的构造部位，岩性条件较好，电测曲线解释为具有渗透层的特征，在钻井过程中有井涌井喷、放空等良好油气显示的井，一般只要进行常规酸化，均能获得显著效果。反之，对于岩层受构造力较弱，裂缝不发育，岩性致密，在电测曲线上渗透层段特征不明显的井，必须进行酸压人工造缝，沟通远离井底的缝洞系统才能获得较好的处理效果。

常规酸化是注酸压力低于地层破裂压力的酸化，这时酸液主要发挥其化学溶蚀作用，扩大与之接触岩石的孔、缝、洞。一般用于岩性条件较好，电测曲线解释为具有渗透层的特征，在钻井过程中有井涌井喷、放空等良好油气显示的井。

酸化压裂是在高于地层破裂压力下进行的酸化作业。这时酸液将同时发挥化学作用和水力作用来扩大、延伸、压开和沟通裂缝，形成延伸远、流通能力高的油气渗流通道。一般用于岩层受构造力较弱，裂缝不发育，岩性致密，在电测曲线上渗透层段特征不明显的井。

选择性酸化是采用机械或物理化学的方法，将井中各油气层段隔开，然后针对各层特点把酸液有控制地注入各个层段的酸化工艺。优点：充分挖掘各层潜力，实现"一井多层，合理开采"；提高中、低渗透层段的注水量，使注入水均匀推进，以获得较高的采收率；加快试采速度，取得单层资料；提高复杂井酸化措施效果。

"空井"酸化是为避免洗井液漏入地层和减少配制钻井液的地面设施，利用原管串不压井，直接从油管往地层挤酸的酸化方法。优点：避免清水大量漏入油、气层；省去压井和洗井工序，缩短施工时间，降低施工成本；不放气压井，减少天然气损耗。

3. 酸处理井的排液

酸化施工结束后，停留在地层中的残酸由于其活性已基本消失，不能继续溶蚀岩石，并且随着其pH值增高，原来不会沉淀的金属会相继产生金属氧化物沉淀。为了防止生成沉淀堵塞地层孔隙，影响酸化效果，一般来说应缩短反应时间，限定残酸浓度在3%以上，尽可能将残酸快速排出。

酸化施工时,将液态 CO_2 在高压下同酸液混合挤入地层。当液体 CO_2 进入地层后,由于温度不断升高(超过31℃)而施工后压力不断下降,液态 CO_2 就转变为气态。放喷时气态 CO_2 体积不断膨胀,这种膨胀能量将挤推和携带残酸,往往无需抽汲即可排净残酸。同时 CO_2 还有缓速等多种效能,在现场施工中收到较好效果。氮气也有类似的助排效果。

4. 土酸处理工艺

(1)酸液的选择:不同地层应选择不同的酸比例。

① 当地层泥质含量较高时,氢氟酸浓度取上限。

② 当地层碳酸盐含量较高时,则盐酸浓度取上限,氢氟酸浓度取下限。

③ 对于解除井底铁锈堵塞为主的注水井,应配制以盐酸为主的土酸溶液;相反如果以泥质堵塞物为主,则应相应提高氢氟酸的浓度。

④ 在改造以黏土胶结为主的砂岩地层或钻井液堵塞中碳酸盐成分较小时,土酸溶液中的氢氟酸浓度应相应提高。

(2)盐酸预处理。

为了进一步防止 CaF_2 等不溶物的沉淀和充分发挥氢氟酸对泥质成分的溶蚀作用,在土酸处理前应预先进行盐酸处理。

预处理的作用:一是溶蚀碳酸盐类物质,防止沉淀并充分发挥土酸对泥质成分的溶蚀作用;二是把地层水顶替走,避免氢氟酸与地层水接触,防止生成氟硅酸钾、钠盐沉淀。

因此,预处理时的盐酸用量不应低于土酸用量,盐酸的浓度依地层中的碳酸盐含量而定,一般取12%~15%。

(3)土酸处理的施工工艺步骤为预处理—土酸处理—顶替酸处理。

① 预处理:用12%~15%的盐酸溶解地层中的碳酸盐类并顶走地层水。

② 土酸处理:其中盐酸进一步溶解碳酸盐类并保持酸液在较低的 pH 值水平上,防止 CaF_2 沉淀,氢氟酸溶解泥质成分和部分石英颗粒。

③ 顶替酸处理:顶替液可以用5%~10%盐酸,过滤的煤油、柴油或氯化铵,其目的是作氢氟酸与泵入液体间的缓冲液体,应有足够量的顶替液,把土酸全部顶替到地层中去。

一般情况下,土酸用量不宜超过预处理的盐酸用量,反应时间一般不超过8~12h,地层温度高时,可缩短为6~8h,最好应根据各地层岩心由模拟试验合理确定。

氟硼酸水解后产生氢氟酸

$$HBF_4 + HOH \rightleftharpoons HBF_3OH + HF \tag{7-23}$$

氟硼酸不仅可以溶解黏土,并且还可以使它接触到的黏土及微粒固结起来,减少危害。氟硼酸处理对于海上砾石完井的气井有很好的效果,对陆上油气井的处理也是成功的。

习题

1. 简述影响碳酸盐岩与酸反应的因素及影响规律。
2. 简述常规砂岩酸化的工序及每一步骤的作用。

3. 酸液中的 H^+ 是通过什么途径透过边界层传递到岩面？
4. 简述砂岩油气层的土酸处理原理。

参考文献

[1] 王鸿勋，张琪. 采油工艺原理 [M]. 北京：石油工业出版社，1989.
[2] 马建国. 油气藏增产增注新技术 [M]. 北京：石油工业出版社，1998.
[3] 李颖川. 采油工程 [M]. 北京：石油工业出版社，2002.
[4] 陈涛平. 石油工程 [M]. 北京：石油工业出版社，2012.
[5] 张琪. 采油工程原理与设计 [M]. 东营：中国石油大学出版社，2006.

第八章 油井生产维护

在油田开发过程中,油井出砂、结蜡和产水是难以避免的生产问题,它不仅严重影响油井正常生产,而且大幅度增加生产维护费用。因此,需要从完井方式、油井工作制度和工艺措施等方面开展工作,以避免或减缓油井出砂、结蜡和产水对油井生产的不利影响,确保油田高产稳产。本章简要介绍了油井防砂清砂、防蜡清蜡、堵水和稠油开采方法。

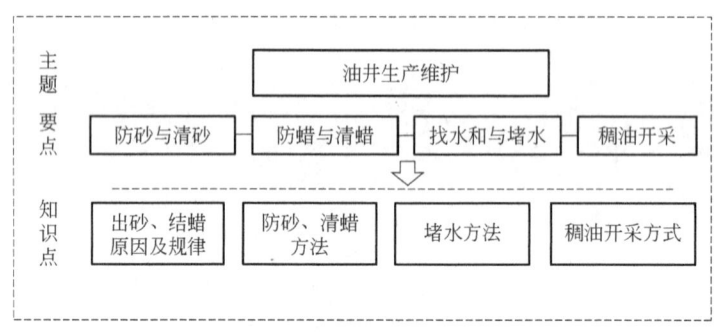

第一节 防砂和清砂

国内疏松砂岩油藏分布范围广、储量大,其中稠油油藏不仅储层岩石胶结强度低,而且原油流动性极差,常规开采条件下都存在油井出砂问题。因此,油井防砂和清砂是疏松砂岩油藏开发必须解决的技术难题。

本节拟介绍出砂储层矿物组成和结构特征、出砂主要影响因素和防砂清砂技术原理及工艺措施。

一、储层出砂原因及危害

1. 原因

1) 油层岩石物性

油层出砂与岩石胶结强度、应力状态和开采条件有关。岩石胶结强度主要取决于胶结物种类、数量和胶结方式。

砂岩胶结物主要包括黏土、碳酸盐和硅质等三种,其中硅质胶结强度最高,碳酸盐次之,黏土最低。在胶结物类型相同条件下,其含量越高,胶结强度越大。此外,岩石胶结方式也会影响胶结强度。依据胶结物在岩石孔隙内分布状况,岩石胶结方式可分为基底胶结、接触胶结、孔隙胶结和杂乱粒状胶结等四种，如图 8-1 所示。基底胶结是指岩石颗粒分布于胶结物中，颗粒间互不接触或极少接触，该类岩石胶结强度极高，渗透率和孔隙度极低，难以成为好的储层。接触胶结是指胶结物含量极少，仅分布在颗粒间接触处，岩石胶结强度极低。孔隙胶结强度介于上述两种方式之间，胶结物不仅分布在颗粒接触处，而且部分充填到孔隙内部。杂乱粒状胶结是指胶结物含量较多，且多为泥质，胶结物与基质微颗粒混杂在一起分布于较大粒径颗粒孔隙中。

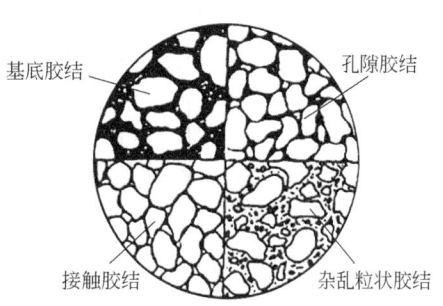

图 8-1 油层岩石胶结方式

在四种胶结方式中，接触胶结储层胶结强度较低，易于出砂。

2) 油井开采因素

除了油层自身原因外，油井开采因素也是出砂的重要原因。在油层其他条件相同下，生产压差越大，渗流速度越高，流体对井壁附近岩石冲刷破坏作用就越强，油井出砂量越多。完井方式和固井质量也是油井是否出砂和出砂量多少的重要影响因素。此外，油井酸化作业引起储层胶结强度降低，岩石结构破坏程度增加，出砂可能性增大。

2. 危害

油井出砂是由于注入流体冲刷引起部分储层岩石结构破坏，组成岩石的骨架颗粒和胶结物随驱油剂和地层流体运移到油井井底的现象。油井出砂的危害主要包括以下几方面：

（1）油井出砂会造成储层结构破坏和筛管堵塞，严重时会引起井底坍塌和套管损坏，最终影响油井正常生产。

（2）油井出砂会增大人工举升设备和管柱磨损，增加井下作业工作量和提高采油操作费用。

二、防砂方法

为防止油井出砂，一方面要依据储层岩石胶结方式选择合理完井方式，另一方面要制订油井合理开采工作制度。

1. 机械防砂

机械防砂主要分为四类，一是绕丝筛管砾石充填防砂（视频 8-1），二是滤砂管防砂，三是割缝衬管防砂，四是水平井机械防砂。

视频 8-1 筛管防砂

1) 筛管砾石充填防砂

砾石充填防砂属于先期完井防砂措施，常用砾石充填包括裸眼砾石充填和套管砾石充填等两种方式（图 8-2），它们是比较成熟和应用较广的防砂法，尤其是适用于稠油油藏防砂。裸眼砾石充填防砂法具有渗滤面积大、砾石层厚度大、防砂效果好、有效期长和油井产能影响小等优点，但实施工艺比较复杂，且要满足储层岩石强度较高、厚度较大和储层单一（不含水、气等夹层）等条件。否则，多采用套管射孔完井后再实施砾石充填作业。

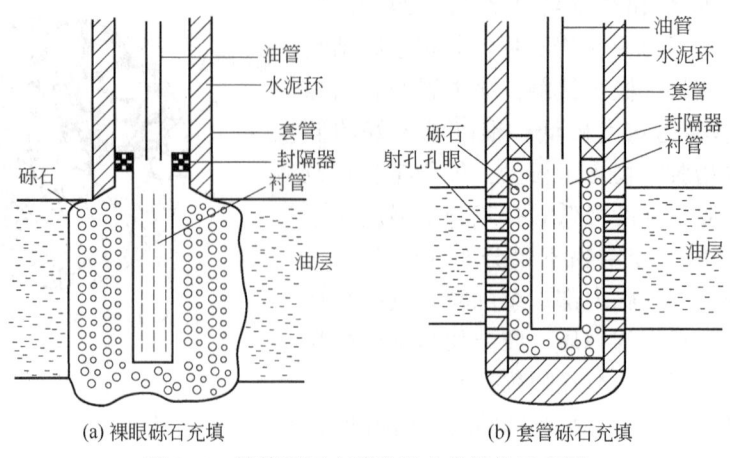

(a) 裸眼砾石充填　　　(b) 套管砾石充填

图 8-2　筛管砾石充填防砂井身结构示意图

(1) 防砂工艺原理。

砾石充填就通过携带液将地面砾石颗粒携带至井内并充填于不锈钢绕丝筛管或割缝衬管（图 8-3）与储层井壁间的空隙，形成砾石层以阻止储层内砂粒流入井筒的防砂方式。砾石层先阻挡粒径较大砂粒并形成砂桥或砂拱，砂桥又阻止更细砂粒进入井筒。由此可见，砾石充填通过自然选择形成了由粗粒到细粒的滤砂器，它不仅具备良好油气通过能力，而且可阻止储层大量出砂。

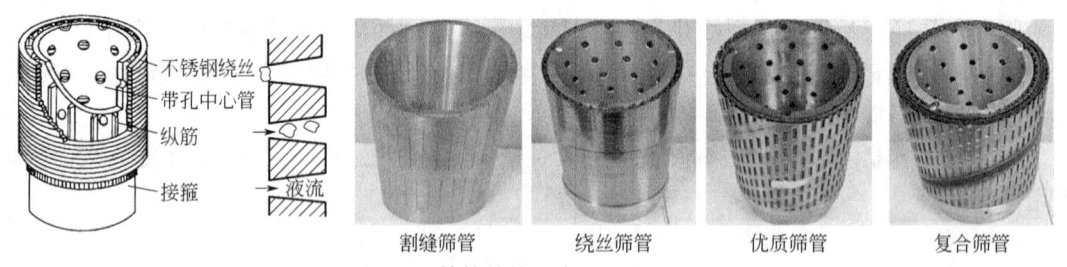

割缝筛管　　　绕丝筛管　　　优质筛管　　　复合筛管

图 8-3　筛管结构示意图和实物照片

(2) 砾石粒径与储层砂粒匹配关系。

储层砂粒与充填砾石颗粒间合理匹配关系决定了砾石充填层渗透率和储层砂粒颗粒运移能力，是砾石充填防砂效果的技术关键。Saucier 实验测得砾石与储层颗粒粒径比 D_{50}/d_{50}（简称 GS 比）与砾石充填层渗透率关系如图 8-4 所示，砾石颗粒防砂机理示意图如图 8-5 所示。

从图 8-4 和图 8-5 可以看出，当 GS<6 时，充填前后砾石层渗透率比变化幅度较小，表明砾石充填层既满足了阻挡储层砂粒要求，又对原油生产影响不大。当 6<GS<14 时，储层部分砂粒进入砾石充填层，造成桥堵和渗透率明显降低，此时尽管油井不出砂，但渗流阻力明显增加，生产压差大幅度减小，进而导致产量下降。当 GS>14 时，储层砂粒可顺利通过砾石充填层，此时渗透率虽然未受到明显影响，但油井防砂失败。由此可见，GS 合理范围为 5~6。利用筛析法确定拟防砂处理储层砂样粒径中值 d_{50}，然后计算充填砾岩颗粒粒径中值 D_{50}，即：

$$D_{50} = (5\sim6) \times d_{50}$$

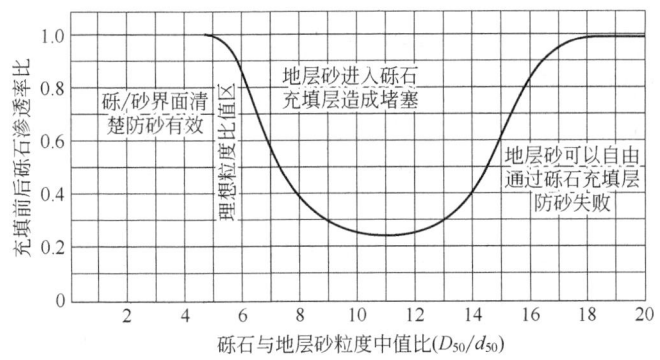

图 8-4 砾石充填层渗透率与 D_{50}/d_{50} 关系

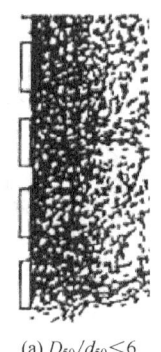
(a) $D_{50}/d_{50}<6$

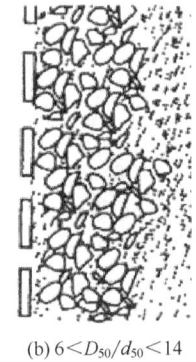
(b) $6<D_{50}/d_{50}<14$

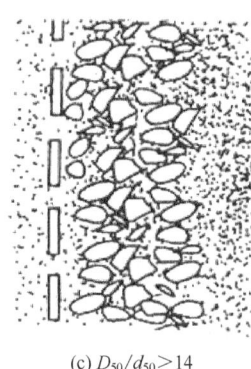
(c) $D_{50}/d_{50}>14$

图 8-5 砾石颗粒防砂机理示意图

(3) 砾岩充填防砂施工设计应遵循以下基本原则：

① 以防砂效果为基本出发点，确保砾石颗粒粒径、用量和产品质量符合设计指标要求，优化施工工艺参数和工艺步骤；

② 采用先进工艺和优良携砂液，在确保防砂效果前提条件下减小油井产能的影响；

③ 注重防砂施工综合技术经济效益，降低材料和设备占用费用，提高施工成功率。

(4) 防砂施工设计内容和程序：

充填方式设计—地层预处理方法设计—砾石粒径、用量设计—防砂管柱设计—携砂液设计—施工工艺设计。

2) 滤砂管防砂

滤砂管防砂法通常适用于射孔完成井，常用滤砂管包括树脂砂滤砂管、双层预充填筛管、多孔陶瓷滤砂管、金属棉纤维滤砂管和粉末冶金滤砂管等。滤砂管安装步骤：（1）将上部带有悬挂封隔器的滤砂管管柱下入井筒，滤砂管需正对出砂层段；（2）释放封隔器并实现丢手，将滤砂管固定在出砂层段；（3）起出施工管柱，再下入生产管柱。在油井正常生产过程中，储层流体携带砂粒流出，其中砂粒被滤砂管阻挡难以进入井筒，砂粒在滤砂管周围形成砂拱，进而阻止地层出砂。滤砂管防砂适用于中、粗砂岩（$d_{50}>0.1$mm）储层，它具有施工简便和费用低等特点。但随着油井生产时间延长，滤砂管周围砂拱渗透率逐渐降低甚至被细砂堵死，造成生产压差急剧减小和产能大幅度下降。总体来看，滤砂管防砂的有效期较短。

(1) 树脂砂滤砂管。

树脂砂滤砂管包括滤砂管、引鞋和中心管等三部分部件（图8-6），其制作步骤包括：将精筛石英砂与环氧树脂或酚醛树脂按一定配比混合并搅拌均匀，将混合物装入特制模具固化成型，脱模后得到具有一定外形尺寸和渗透率空心滤芯，最后与中心管和引鞋一起构成滤砂管。该滤砂管适用于套管质量良好的中粗砂岩储层早期防砂。

(2) 双层预充填滤砂管。

双层预充填滤砂管由内、外绕筛管、预涂层砾石颗粒和中心管等组成，图8-7(a)为一种预充填式筛管结构示意图，图8-7(b)为另一种预充填式筛管结构示意图。其制作步骤：将预涂层砾石颗粒装入内、外绕丝筛管环空中，两端密封后加温使预涂层砾石颗粒固化成型。该防砂筛管适用于砂粒度中值不小于0.1mm中、粗砂岩或部分胶结砂岩或碎屑岩储层，不适用流砂层。

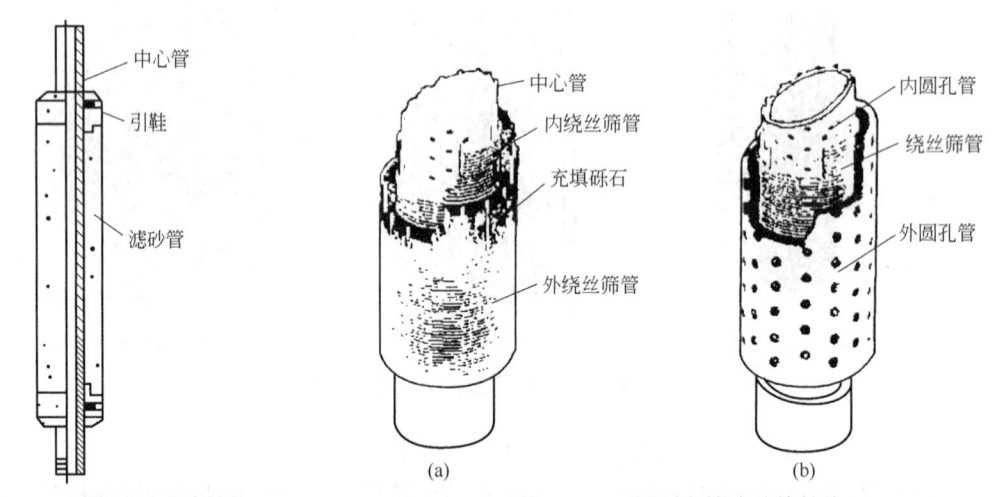

图8-6 树脂砂滤砂管结构　　图8-7 双层预充填滤砂管结构

(3) 陶瓷滤砂管。

陶瓷滤砂管以多孔陶瓷作为滤砂管过滤介质，其周围可充填砾石颗粒，也可不充填（$d_{50}>0.1mm$）。多孔陶瓷阻挡储层流体中砂粒进入井筒或滤砂管内部，而流体则可以顺利通过和采出（图8-8）。陶瓷滤砂管成功应用于胜利、辽河等油田，成功率超过95%。与其他过滤介质相比较，多孔陶瓷耐温性优良，它尤其适用于稠油热采井防砂。

(4) 金属棉滤砂管。

金属棉滤砂管以耐高温金属棉纤维作为挡砂层，它尤其适用于特稠油油藏防砂（图8-9）。考虑到稠油油藏砂粒粒度中值多在0.10~0.15mm范围，金属棉周围不必充填砾石，可直接用于热采井防砂施工，因而施工简单。

3) 割缝衬管防砂

当储层出砂不是十分严重或在裸眼完井条件下，可采用割缝衬管防止砂粒进入井筒。割缝衬管缝眼剖面为梯形，梯形两边夹角约为12°，这种外窄内宽结构可避免砂粒卡死缝眼而堵塞衬管。割缝衬管防砂机理是允许部分细小砂粒随采出液进入井筒，而将较大砂砾颗粒阻挡在衬管外并形成"砂桥"（图8-10），最终达到防砂目的。"砂桥"孔隙处流体流速较高，小粒径砂粒可以通过"砂桥"，进而兼顾防砂和减小生产压差损失双重目的。割缝衬管防砂具有成本低、操作费用低和防砂效果好等特点,但它仅适用于中、粗粒砂岩地层($d_{50}>0.15mm$),同时因缝眼尺寸易受冲刷磨损而增大,故防砂有效期短。

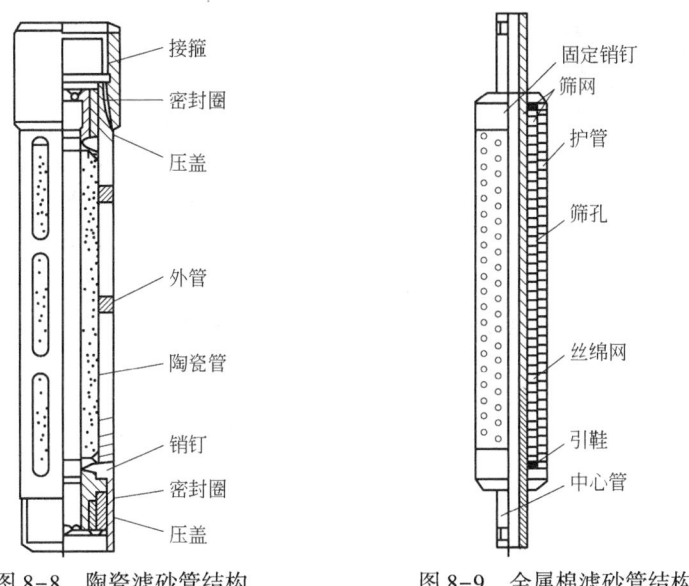

图 8-8　陶瓷滤砂管结构　　　图 8-9　金属棉滤砂管结构

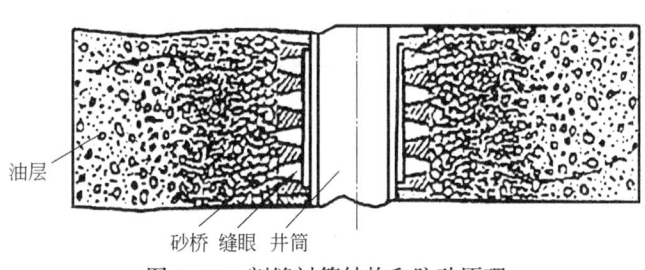

图 8-10　割缝衬管结构和防砂原理

4) 水平井机械防砂

(1) 工艺原理。

水平井防砂是利用套管射孔完井井筒与滤砂管组合构建防砂屏障,它将不同粒径砂粒阻挡在滤砂管附近区域并形成砂桥,最终实现水平井防砂和稳产目的。

(2) 射孔方式。

水平井射孔通常采用近平衡压力定向射孔技术,四排布孔(图8-11),孔径 12~16mm,孔密 16~20 孔/m。

(3) 工艺管柱。

① 防砂管柱结构。

a. 悬挂式防砂管柱,主要由悬挂封隔器、扶正器、滤砂管和丝堵等组成(图8-12)。悬挂封隔器采用液压方式操作,一次投球和分级憋压,完成悬挂、坐封和丢手等工序,坐封位置一般在井斜不大于30°垂直井段内。

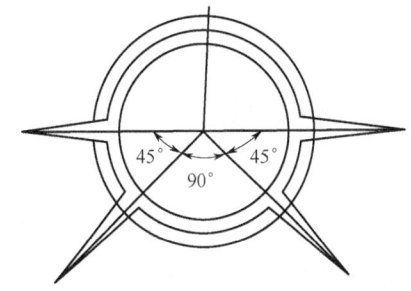

图 8-11　水平井射孔布孔示意图

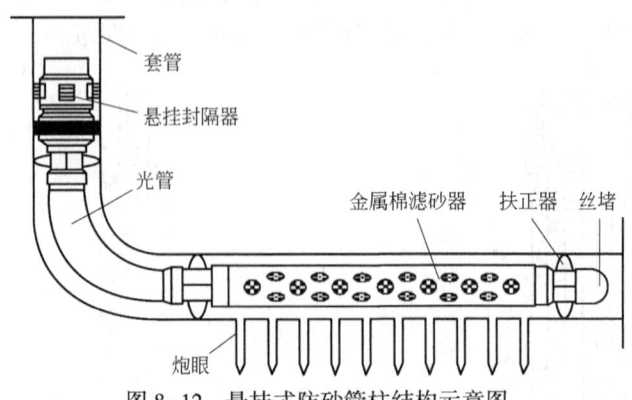

图 8-12 悬挂式防砂管柱结构示意图

b. 平置式防砂管柱，主要由皮碗封隔器、扶正器、滤砂管和丝堵等组成（图 8-13）。平置式封隔器采用实心球座，无须投球可在水平段任意位置坐封和丢手。

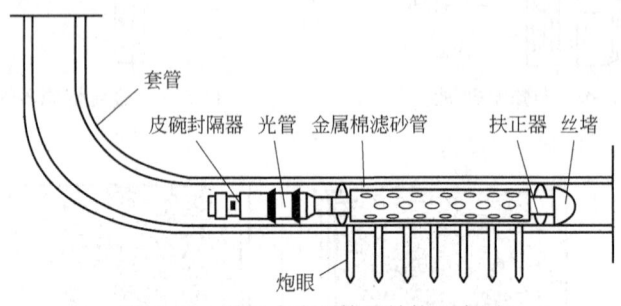

图 8-13 平置式防砂管柱结构示意图

② 滤砂管。

水平井防砂常用滤砂管包括金属毡滤砂管、金属棉多层网布滤砂管和镶嵌式金属棉滤砂管等。

③ 封隔器。

水平井防砂管柱所用封隔器为皮碗封隔器，它属于自封式防砂封隔器（由于封隔器皮碗外径大于套管内径，下井过程中已经自封），主要由丢手总成、扶正器和密封总成等组成，封隔器下部连接滤砂管和配套部件。

（4）施工工序。

水平井防砂管柱施工工序（图 8-14）：①管内防砂，替钻井液→通井→刮管→洗井→替射孔液→射孔→下防砂管柱→坐封→丢手→留井；②裸眼内防砂，通井→下防砂管柱→替钻井液→洗井→坐封→丢手→留井。

2. 化学防砂

1）化学防砂原理及特点

化学防砂是以水钻井液、酚醛树脂和环氧树脂等为胶结剂，以柴油等为增孔剂，以石英砂和核桃壳等为支撑剂，将它们按照一定比例混合均匀后挤入套管与井壁间的空间，待混合物凝固后形成具有较高强度和一定渗透性的人工井壁，用以阻止地层出砂。或者直接将胶结

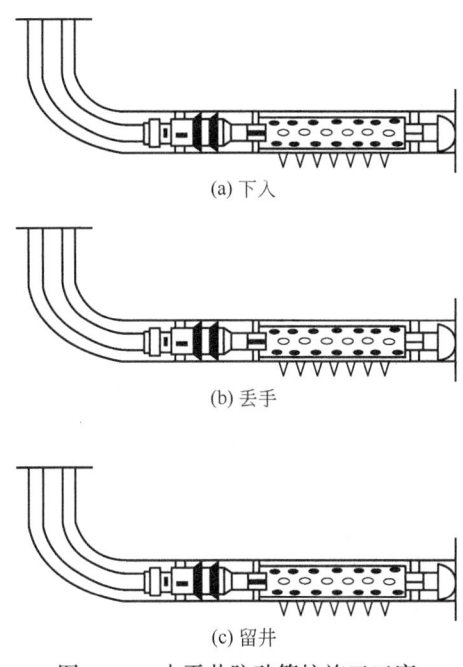

图 8-14 水平井防砂管柱施工工序

剂和增孔剂混合物挤入出砂储层内，待混合物固化后就会增加疏松砂岩强度，进而阻止储层出砂。

与机械防砂相比较，化学防砂不仅施工工艺简单，而且井筒内不留任何部件，便于后续人工举升设备安装。此外，一旦防砂效果不佳，易于采取补救措施。化学防砂适用于出砂初期或低含水细粉砂储层防砂，但不宜用于单一层段超过 7.6m 或非均质性较强储层的防砂。化学防砂措施后储层渗透率降低幅度较大，油井生产压差和产液能力损失较大。此外，在高温高压和腐蚀环境条件下，化学胶结剂即人工井壁强度随时间延长而逐渐降低，故化学防砂有效期较短。

2）化学防砂材料及方法

按照化学材料不同对化学防砂方法进行分类，各防砂方法材料组成、适用时机和特点见表 8-1。

表 8-1 化学防砂材料、适用时机和特点

防砂材料		组成（质量分数）	适用最佳时机	特点
水泥	水泥砂浆	水：水泥：砂=0.5:1:0.4	油田高含水开发后期	原料来源广，强度较低，有效期短
	水带干灰砂	水泥：砂=1:2	油田高含水开发后期	原料来源广，成本低，堵塞较严重
	柴油水钻井液	柴油：水泥：水=1:1:0.5	少量出砂油水井	原料来源广，成本低，堵塞较严重
树脂	酚醛树脂溶液	苯酚：甲醛：氨水=1:1.5:0.5	油田开发初期	适应性强，成本高，树脂储存期短
	树脂核桃壳	树脂：核桃壳=1:1.5	油田开发中后期	强度高，原料来源少，施工较复杂
	树脂砂浆	树脂：砂=1:4	油田高含水开发期	强度较高，施工较复杂
	酚醛地下合成	苯酚：甲醛：固化剂=1:2:0.33	60℃以上油井早期	黏度低，易于泵送，可分层防砂
	树脂涂层砾石	树脂：砾石=1:15	60℃以上油藏开发后期	强度较高，渗透率较高，施工简单

3) 防砂方法优选

（1）优选原则。

根据油藏地质和钻井取心资料，预判储层出砂概率，做好防砂方式初步选择。之后，从储层保护和减小油井生产压差损失角度出发，依据技术可靠性和经济合理性综合评判结果选择防砂方法。

（2）考虑因素。

① 完井方式。当储层内油、气、水关系复杂并有泥岩夹层时应考虑套管射孔完井，同时采取先期管内砾石充填防砂。当储层原油黏度偏高、岩石疏松、结构单一、无气无水和无夹层时，可考虑裸眼砾石充填防砂。

② 储层井段长度。机械防砂一般不受储层厚度限制，但若防砂井段较长和夹层厚度较大时，可采取分段防砂。化学防砂适应于短井段储层防砂，井段长度一般不超过8m。

③ 储层物性。绕丝筛管砾石充填对储层砂粒粒径、粒径分布和渗透率等参数要求不高，但不宜用于细砂砂岩储层。化学防砂对储层砂粒粒径及分布适应性较强，尤其适用于细砂储层。滤砂管防砂对中、粗砂岩储层有效。

④ 生产压差损失。无论哪种防砂方法都应在控制出砂前提下尽量减小生产压差即油井产能损失。在常用防砂方法中，砂拱防砂油井压差损失较小，但砂拱稳定性较差。裸眼砾石充填油井压差损失较小，是单一储层首选防砂方法。滤砂管易于受到粉细砂颗粒堵塞，造成生产压差极大损失，细粉砂储层不宜采用滤砂管防砂。

⑤ 成本费用。防砂费用包括材料和施工费用两部分，它是影响防砂方法选择的重要因素，同时也要考虑防砂后油井正常生产带来的长期经济效益。

主要防砂方法及特点对比见表8-2，主要防砂方法储层适应性及筛选表见表8-3。

表8-2 主要防砂方法及特点对比

分类	防砂材料	优点	缺点
机械防砂	绕丝筛管砾石充填	（1）成功率超过90%； （2）有效期长； （3）油藏适应性强，应用比较普遍； （4）裸眼充填产能较射孔完井1.2~1.3倍	（1）井筒内留有防砂管柱，后期维持难度大、费用高； （2）不适用于细粉砂储层； （3）充填后储层产能损失较大
机械防砂	滤砂管	（1）施工简便，成本低； （2）适合于粗砂、多小层油藏完井方式	（1）不适宜于细粉砂储层； （2）滤砂管易堵塞，产能降幅大； （3）滤砂管易磨蚀，寿命短
机械防砂	割缝衬管	（1）成本低，施工简便； （2）适用于出砂不严重中粗砂储层和水平井等防砂	（1）不宜用于细粉砂储层； （2）砂桥易堵塞，产能降幅大
化学防砂	胶固地层	（1）井内无管柱，后期易实施补救作业； （2）储层砂粒粒径适应范围广； （3）适用于多层分段防砂； （4）施工简便	（1）渗透率下降幅度大、成本高； （2）不宜用于多层长井段和严重出砂井； （3）化学剂易造成环境污染
化学防砂	人工井壁	（1）化学剂用量比胶固地层少，成本可降低20%~30%； （2）井内无管柱，易于实施补救作业措施； （3）适用于严重出砂井； （4）成功率超过85%	（1）不能用于多油层和长井段井； （2）不能用于裸眼井

表 8-3　常用防砂方法储层适应性评价指标

序号	对比参数	割缝衬管	筛管+砾石充填	树脂防砂	树脂涂层砾石
1	适用储层砂粒尺寸	中粗	细粗	细粉、中	各种粒径
2	泥质低渗透储层	—	—	—	—
3	非均质储层	适用	适用	—	适用
4	多储层	适用	适用	—	适用
5	井段长度	长、短	长、短	<5m	<10m
6	无钻机或修井机	—	—	适用	—
7	高压井	—	—	适用	—
8	高产井	—	适用	适用	—
9	裸眼井	—	适用	适用	—
10	热采井	—	适用	适用	—
11	严重出砂井	—	适用	适用	适用
12	定向井	适用	适用	适用	适用
13	老油井	适用	适用	适用	适用
14	套管完井	适用	适用	适用	适用
15	套管直径	常规	常规	小直径或常规	小直径或常规
16	井下留物	有	有	无	无
17	费用	低	中	高	中高
18	成功率	高	高	低中	中高
19	有效期	短	很长	中长	长

三、清砂

尽管矿场对储层已经采取了多种防砂措施，但无论是机械防砂还是化学防砂措施都不可能完全阻止出砂现象，少量细砂会随采出流体进入油井，其中部分砂粒又会沉淀在井筒内，形成砂堵并影响油井正常生产。因此，出砂油井必须定期清砂，常用清砂方法包括捞砂和冲砂等两种措施。

低压储层因漏失量大而无法建立有效循环，该类储层中油井通常采用钢丝绳下入捞砂筒方式进行捞砂。一般储层清砂是向井筒内泵入高速液流，首先将井底沉淀砂冲散并与液体混合，然后利用液流上返将砂粒携带到地面并实现液固分离。

油井冲砂效果与冲砂液类型、流动速度和冲砂方式密切相关。

1. 冲砂液

冲砂液应当具备较高黏度以确保具有良好携带能力，同时应具备较高密度和防止井喷能力。此外，冲砂液应与储层岩石间具有良好适应性，价格较低，常用冲砂液包括油、水、乳状液和汽化液等。为防止油层污染，冲砂液中可加入表面活性剂。一般油井多用原油和清水（或盐水）作为冲砂液，低压井则用混气液。

2. 冲砂方式

1）正冲砂

冲砂液沿油管（冲砂管）向下高速流动并冲击井筒内沉淀砂，被冲散砂与冲砂液混合后沿油套环空返至地面。随砂堵冲开，深度增加，逐步加深冲砂管长度，直至达到设计冲砂深度为止。为了提高冲砂液冲击力，可在冲砂管尾部安装收缩管（或喷嘴），同时将冲砂管尾部做成斜尖形，以防止冲砂管下放过快而引起憋泵现象。正冲砂液体流速较快，冲砂液冲击力较大，冲散砂堵效果较好。

2）反冲砂

与正冲砂方式不同，反冲砂时冲砂液经油套环空进入井筒，冲砂液与砂粒在井底混合后经油管返回地面。与正冲砂相比较，反冲砂时油套环空截面积较大，流体流速较慢，冲砂液携砂能力较弱。

3）联合冲砂

针对正冲砂、反冲砂方式各自优缺点，建立联合冲砂管柱（图8-15）。首先利用正冲砂方式速度快的特点冲开井底沉淀砂并使其处于悬浮状态，然后迅速改为反冲砂方式，将冲散和悬浮砂粒经油管（冲砂管）返出地面。

4）负压冲砂

负压冲砂方式是利用低密度携砂液（气液混合物）从油管中流出并冲击井底沉淀砂，冲砂液与井底砂粒混合后经油套环空返出，负压冲砂管柱和原理示意图如图8-16所示。例如，采用空气压缩机和水泥车将空气和水（0.5%起泡剂+0.2%稳泡剂）同时打入油管内形成泡沫体系，它具有黏度高、密度小和携砂能力强等特点。泡沫流经油管鞋后迅速沿油套环空上返，从而在井底与储层间建立负压，同时依靠泡沫冲砂和携砂作用清除井底积砂。

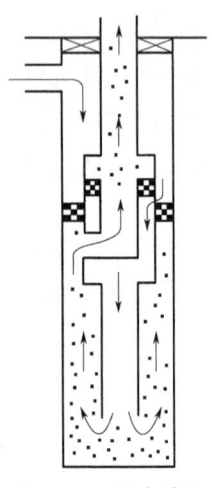

图8-15 联合冲砂管柱示意图

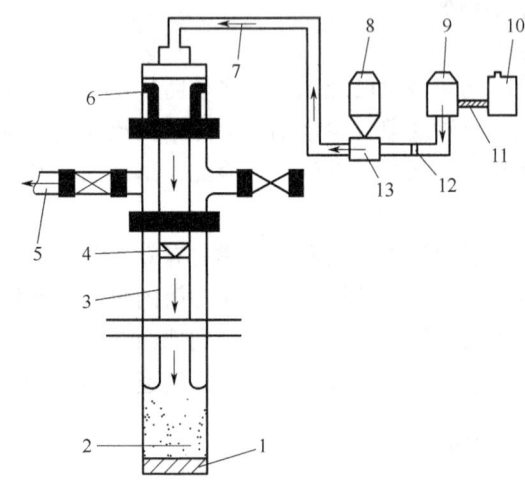

图8-16 负压冲砂原理示意图

1—水泥面；2—砂塞；3—冲砂管柱；4—单流阀；
5—返出口；6—封井器；7—负冲管汇；8—压缩机；9—水泥车；
10—泡沫液罐；11—大罐闸门；12—单流阀；13—三通；14—射孔段

第二节　油井防蜡和清蜡

原油由烷烃、环烷烃、芳香烃、非烃和胶质、沥青质等组成，原油中的蜡包括石蜡和微晶蜡，是一种混合物，它在油层条件下以液态形式存在。在油井开采过程中，由于从井底到地面采出液温度和压力逐渐降低，原油中轻质组分会不断逸出，原油溶蜡能力降低，蜡便以结晶体析出并沉积在油管内壁，产生结蜡现象（图8-17）。油井结蜡并非是纯石蜡，而是石蜡、胶质和沥青等混合物，一般还含有少量泥砂和水等杂质。

一、油井结蜡危害、影响因素和沉积规律

1. 结蜡危害

油井结蜡一方面引起油管过流断面减小和流动阻力增加，另一方面它附着在采油设备表面会增加摩擦和运动部件磨损，最终影响油井正常生产。因此，防蜡和清蜡是含蜡油井生产管理的一项重要工作内容。

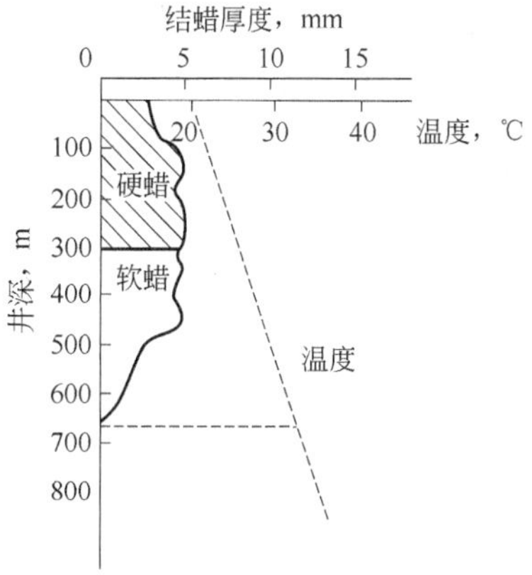

2. 影响因素

图8-17　油井结蜡剖面图

油井结蜡现象观察和结蜡过程研究表明，内因和外因是结蜡主要影响因素。内因是原油组成如蜡、胶质和沥青等含量，不可控制和改变。外因是油井开采条件如温度、压力、气油比和产量等变化以及原油中杂质（泥、砂和水等）、管壁光滑程度和表面性质，改进部分条件可以减缓结蜡速度。

1）原油组成

原油所含轻质馏分越多，溶蜡能力越强，析蜡温度越低，结蜡难度越大。当油管压力低于泡点压力后，天然气组分逐渐从原油中分离出来，原油溶蜡能力降低，析蜡温度升高。此外，原油中胶质含量越高，析蜡温度越低。胶质本身是一种活性物质，它吸附在蜡晶表面可以阻止蜡晶长大。沥青是一种不溶于油的极细小固体颗粒，它对蜡晶起到良好分散作用。当石蜡与胶质和沥青混合存在时，蜡强度明显增大，不易被流体冲击和携带。由此可见，胶质和沥青一方面可减缓结蜡，另一方面混合蜡硬度较大，运移和清理难度较大。

2）温度

当环境温度超过析蜡温度时，蜡难以析出即不会结蜡。但当温度低于析蜡温度时，蜡结晶开始析出，且温度越低，析出量越多。研究表明，析蜡温度不是固定不变的，它随开采过程中原油组分变化而变化，析蜡温度与原油组成关系可以通过室内实验测定（图8-18）。

3）压力和溶解气

当井筒内压力高于原油饱和压力时，尽管压力降低，原油中气体组分也不会逸出，但初始结晶温度随压力降低而降低。当井筒内压力低于饱和压力时，随环境压力降低，原油中气

体逸出和气体膨胀都会使温度降低，进而降低原油对蜡的溶解能力，因此原油的初始结晶温度升高，且压力降幅越大，结晶温度升幅越大。此外，原油中气体逸出和膨胀会带走一部分热量，引起原油自身温度降低和促进结蜡。

4）原油中机械杂质和水

原油中机械杂质和水滴等微粒都会成为结蜡核心，从而加速蜡析出。随油井采出液含水率升高，井筒自下而上温度会上升，析蜡点上移。研究表明，当含水率达到70%时油水搅动混合会形成水包油乳化物，它会阻止蜡晶聚积，减缓结蜡。

5）流速和管壁特性

实验表明，油井采液速度与结蜡量成正态分布（图8-19）。在流速较低时，结蜡量随流速升高而增加，并最终达到一个峰值。当流速超过临界流速后，由于冲刷作用增强，蜡不易在管壁内沉积，从而减缓了结蜡速度，减少了结蜡量。实验表明，油管管材表面粗糙度和润湿性对结蜡量存在较大影响。管壁表面粗糙度越高，结蜡量越少。管材表面亲水性越强，结蜡量越少。

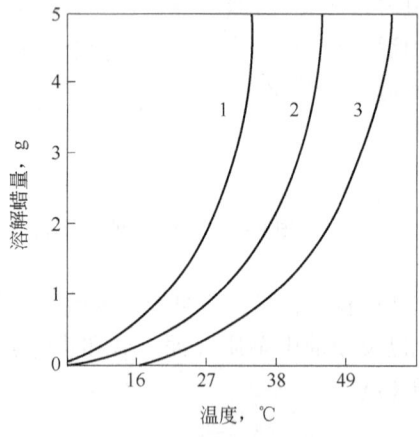

图8-18 温度对石蜡溶解度的影响
1—汽油；2—原油；3—脱气原油

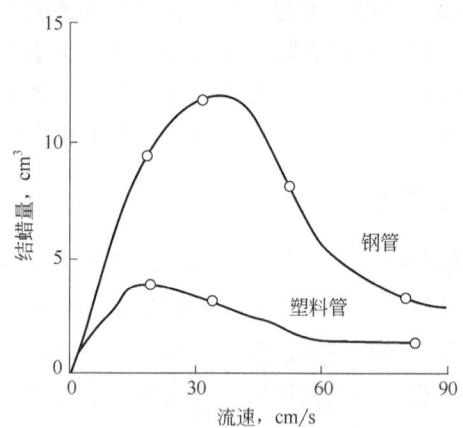

图8-19 结蜡量与流速关系

6）举升方式

人工举升方式对油井结蜡影响程度存在差异。电泵和水力活塞泵采油因流动速度大而不易结蜡，自喷井和气举井存在井下节流时会引起气体膨胀吸热，流体温度下降易引起结蜡。

3. 石蜡沉积规律

（1）收集目标油藏原油和天然气代表性样品，全面分析原油中胶质、沥青质和其他主要组分，确定不同压力下原油析蜡温度，测定原油凝点。

（2）采用冷指、冷板或循环流动等方法模拟原油流动和结蜡过程，建立结蜡规律预测模型。

（3）测试和建立井筒内流动压力和温度与深度关系，预测结蜡深度。油井正常生产过程中测试不同时间和深度油管结蜡量，修正预测模型。

二、油井防蜡

基于生产实践经验和结蜡机理认识，油井防蜡应采取以下几方面措施：（1）创造不利于石蜡沉积环境，一是提高油管管材内壁表面光洁度，二是采用润湿性亲水管材或内壁涂层；（2）抑制石蜡结晶聚集和成长条件，油井开采情况下石蜡结晶析出不可避免，但石蜡结晶开始析出到蜡沉积是一个晶体长大和聚集过程，通过向含蜡油中加入抑制剂或者采用物理场抑制晶体析出和长大，进而减缓石蜡沉积速度。

常用油井防蜡方法有下述几种。

1. 油管内衬和涂层防蜡

油管内衬和涂层防蜡作用机理是使油管内表面光滑和改变管壁表面润湿性，减小蜡沉积速度来达到防蜡目的。涂料油管是通过在油管内壁涂抹一层固化后表面光滑且亲水物质，最早采用普通清漆，但它与管壁黏合强度低，防蜡效果较差。聚氨基甲酸酯是一种应用较广的涂层材料，此种油管常用于有杆泵抽油井。玻璃衬里是另一种涂层方式，该油管则多用于自喷井。

2. 井底点滴加入防蜡抑制剂

防蜡抑制剂主要作用机理，一是它包裹石蜡分子阻止结晶生长，二是改变油管内表面润湿性防止聚集和沉积。防蜡抑制剂主要有表面活性剂和高分子材料等。

（1）表面活性剂。这类防蜡剂通过在蜡结晶表面吸附，使蜡晶体表面形成一个不利于石蜡继续结晶长大的极性表面。表面活性剂使石蜡结晶保持微粒状态，随油流运移。此外，表面活性剂还可在油管和抽油杆等构件表面吸附，同样形成一个不利于石蜡沉积的极性表面。具有防蜡功效的表面活性剂种类有很多，磺酸盐类表面活性剂如石油磺酸钠和石油苯磺酸钠等，胺型表面活性剂如尼凡丁-18等，季铵盐表面活性剂如DTC和OTC等，平平加表面活性剂如平平加A-20等。

（2）高分子材料。该类防蜡剂属于油溶性、具有石蜡结构链节和支链线性的高分子化合物，它们在浓度很小情况下就能形成遍及原油的网状结构，进而使石蜡在网状结构上析出和彼此分离，防止石蜡互相聚集长大，同时也难以在钢铁构件表面沉积。

3. 磁防蜡

磁场不仅可以降低原油黏度，而且能有效地抑制石蜡晶体生长和沉淀。国内油田油井安装磁防蜡短节收到了较好防蜡效果。需要特别指出，磁场强度并非越高防蜡效果越好，它存在一个合理范围，各油田实际应用时应通过实验确定合理磁场强度。

三、油井清蜡

油井开采过程中采取防蜡方法可以减缓结蜡速度和石蜡强度，但油井结蜡难以完全避免。油井结蜡后必须采取清除措施，常用清蜡方法主要包括机械刮蜡、热流体溶蜡和热化学溶蜡等。

1. 机械刮蜡

自喷井刮蜡是将清蜡工具如刮蜡片和清蜡钻头等下入油管内，利用地面绞车和钢丝绳拖动工具上下移动刮掉管壁上沉积蜡，有杆泵刮蜡是通过在抽油杆上安装活动式刮蜡器清除杆和管壁上沉积石蜡，这些蜡将伴随采出液运移到井口和地面管线。

2. 热流体溶蜡

1）油套环空热洗溶蜡

将高温热洗液注入油管和油套环空内循环，油管内温度达到蜡熔点温度后管壁上附着石蜡逐渐熔化并随同热洗液返出到地面。常用热洗液包括原油或地层水、活性水、采出污水和蒸汽等，它们具有热容量大、成本低和来源广等特点。为防止热洗液倒灌污染油层，应下专门的热洗管柱。

根据油井结蜡深度、程度和含水率等参数确定热洗周期、排量、热洗液温度、洗井时间和洗井方式，通常热洗周期3~15d，热洗温度60~80℃。初期热洗温度60℃左右为宜，之后逐渐升温。

2）油杆环空热洗溶蜡

油杆环空热洗溶蜡是将加热炉热水经空心抽油杆注入，热水经杆尾部水嘴喷射到空心柱塞内并与采出液混合。当抽油杆上冲程时，混合液经抽油杆与油管环空举升到地面。

3. 热化学溶蜡

利用放热化学反应所释放热也可以溶解和清除井底及其附近油层内沉积蜡，但这种方法热效率低，经济效益差，现已很少单独使用。

4. 微生物分解蜡

近年来，利用微生物分解蜡是一种新的清蜡技术，常用微生物包括食蜡性微生物以及食胶质和沥青质微生物。前者以石蜡为食物，可以减少蜡含量和降低原油黏度。后者以胶质和沥青质为食物，释放表面活性剂和气体如 CO_2、N_2 和 H_2 等，进而达到清蜡目的。

第三节 油井找水和堵水

一、油井产水原因及危害

油井产水按其来源可分为注入水、边底水、上下层及夹层水。

1. 注入水

国内主要油田多为陆相沉积油藏，储层纵向和平面非均质性较强。在水驱开发过程中，储层高渗透部位渗透率较高，吸水指数和吸水量较大，原油采出程度较高。随水驱开发时间持续延长，储层高渗透部位因采出程度提高和水冲刷作用引起岩石结构破坏，渗透率和吸液指数逐渐增加，吸液量持续增大，最终造成注入水在注采井间、储层高渗透部位低效和无效循环，同时在油井附近中低渗透部位尤其是低渗透部位以及在远离注采井主流线两翼区域形成大量剩余油。

2. 边底水

当油藏底部或边部存在水层时，若油井生产压差过大，底水对于垂直井井底附近区域产生"锥进"，对于水平井产生"脊进"。同样，边水沿储层高渗透部位产生"舌进"。一旦边底水侵入油井，将致使油井水淹，中低渗透部位剩余油难以动用。

3. 上下层及夹层水

上下层水及夹层水来源于储层以外，它们又称之为"外来水"，外来水入侵油井主要原因是固井质量差或套管损坏或误射水层等。外来水进入油井后会引起含水率快速升高，甚至水淹。

二、油井找水

目前油井出水层位主要判断方法包括资料分析法、测井法和机械法。

1. 资料分析法

利用见水油井静态资料（如测井曲线、取心资料、井身结构、开采层位和连通状况等）和采油动态资料（如采液量、流压、地层压力、含水率和水质离子分析等）以及周边注水井注入压力和注液量变化等进行综合对比分析对比，初步确定来水方向和层位。

为准确判定油井水的来源，可对比注入水与采出水离子组成和差异，据此判断油井水是注入水还是边底水或外来水。边底水或外来水矿化度（主要含钾、钠、钙及镁盐等）较高，或含有硫化氢及二氧化碳等，而注入水矿化度较低，常含有硫酸根等。

2. 测井法

1）井温测试法

当水层水温度较高时，可以采用井温测试来确定出水部位。测试步骤：先用大排量水冲洗井筒，井筒温度趋于稳定后测井温曲线。之后，人工举升降低流压和形成产液剖面，再测试井温曲线。最后，对比分析两次井温曲线，确定产水部位。由于水的比热容大于油的值，因而出水部位与相邻部位存在较大温差，据此就可以判断出水部位。若水层水温与储层油温差异不是十分明显，就必须要求井温仪具有较高灵敏度。否则，井温测试就难以识别出水层。

2）放射性同位素测井法

放射性同位素测井判断储层出水部位原理和步骤：首先测油井自然放射性曲线，再向其中注入含放射性同位素水，并顶替到出水部位深部。通常储层产水部位渗透率较高，吸液启动压力较低，吸水量较多；其次，洗井再测放射性曲线；最后，对比两条放射性曲线，若后测曲线在某处放射性异常，则说明该处放射性同位素吸入量较大，渗透率较高。据此异常并结合射孔资料，便可以确定出水部位位置。

3. 机械法

1）找水仪找水

在油井正常生产情况下，找水仪可以测得各小层产量，据此确定主要出水层位和估算出水量。找水仪由电磁振动泵、注排换向阀、皮球集流器、涡轮流量计、油水比例计和电子线路等部件构成，如图 8-20 所示。找水仪工作原理和步骤：仪器由上至下逐次下到预定位置，之后电磁振动泵开始工作，利用井内流体将集流器皮球打胀，形成封隔器，封隔仪器与套管间的环形空间，迫使全部液流经由仪器内部通过。液流带动涡轮流量计转动，同时记录涡轮转动频率，据此确定封隔器以下部位总产液量和各小层产液量。油水比例计是利用油和水间导电性差异来确定液体中含水率，它由电容换成电容大小的变化，再由电子线路转换成直流电位差的变化，由电缆传送到地面，由二次仪表记录出直流电位差值。根据直流电位差值，查图 8-21 曲线便可得到所测层位持水率，并依据持水率与流量关系计算含水率。

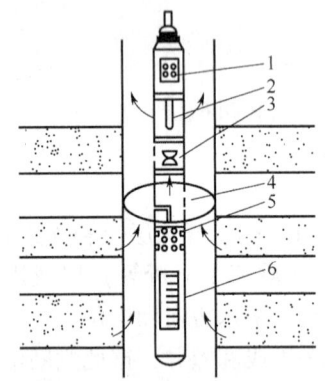

图 8-20 找水仪找水示意图
1—电子线路；2—电容含水比例计；3—涡轮流量计；4—皮球集流器；5—进液孔；6—泵阀

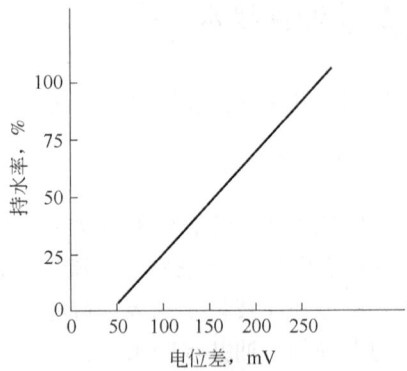

图 8-21 持水率与电位差的关系

2）封隔器找水

利用分层生产管柱和封隔器将各层段分开（与投球法测试吸水剖面原理相似），然后分层测试产液量，地面化验含水率，该方法可以准确确定含水层和含水率。

三、油井堵水方法

油井堵水方法分为机械法和化学法。

1. 机械堵水

机械堵水是通过井下管柱、封隔器和配套工具来卡堵高产水层和减少层间干扰，其基本原理和步骤：首先向井筒下入带封隔器和配产器的生产管柱，释放封隔器将出水层位卡出，然后投死嘴子堵塞配产器，进而封堵高含水层。

国内机械堵水管柱类型繁多，按举升方式可分为自喷井和有杆泵抽油井等两类堵水管柱（图8-22），按配产器类型又分为桥式、偏心式和固定式等，按管柱与套管接触方式分为支撑式、悬挂式和卡瓦式等。

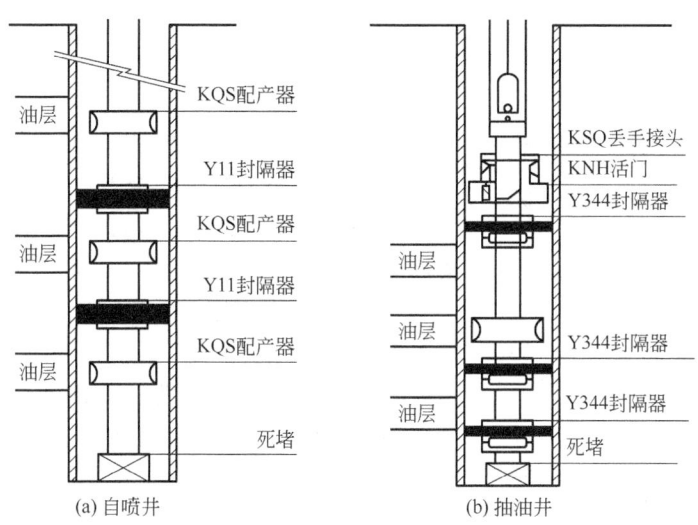

图8-22 常用堵水管柱结构示意图

机械堵水仅适用于层间非均质油藏，它能够利用管柱、封隔器和配产器封隔高含水层与中低含水层或水层，但层内非均质油藏却不能。分析认为，由于厚油层内各部位间存在"交渗"作用，即便井筒内实现了封隔，但流体会在井筒附近储层内部由高渗透部位绕流到中低渗透部位。

2. 化学堵水

油井堵水与水井调剖原理和作用相似，所用化学药剂具有一定共性，有些化学药剂和配方甚至可以共用。如前所述，堵水剂或调剖剂可分为聚合物凝胶、无机沉淀物、颗粒、树脂和泡沫等。

与水井相比较，油井端储层内拟封堵高渗透部位含油饱和度较高，堵水剂必须在较高含油饱和度条件下发挥封堵作用，含油环境对化学剂性能提出了更高要求。

1）堵水工艺

（1）分层注入。

层间（层内）非均质油藏堵水可采用由油管、封隔器和配产器等组成堵水管柱，首先利用封隔器和油管将目的层（部位）和非目的层（部位）隔开，目的层（部位）配产器打开，非目的层（部位）的则关闭；其次，地面柱塞泵向油管注入化学堵水剂和顶替液，关井堵水剂完成化学反应；最后，恢复油井举升方式，开井采油。

（2）笼统注入。

当油井堵水难以实施分层注入方式时，可以采用笼统注入方式。先向井筒下入单管柱到目的层上部，地面柱塞泵以恒压方式泵入堵水剂和顶替液，关井完成化学反应，开井采油。笼统注入堵水施工成败的关键是所采用的注入压力即恒压值是否合理，通过测试不同注入压力下油藏各个小层（部位）吸液量可以确定合理注入压力。

图8-23为油井小层吸水指示曲线，排量（横坐标）为零时对应压力（纵坐标）为吸液启动压力。当堵水注入压力所采用恒压值低于"第一小层"吸液启动压力和高于"第二小层"时，堵水剂就只能进入"第二小层"，在封堵"第二小层"过程中避免了堵水剂对非目的层的不利影响。

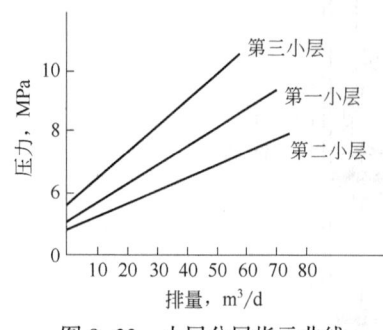

图8-23 小层分层指示曲线

2）堵水井选井选层方法

（1）砂岩油藏。

① 一般要求单层厚度超过5m。

② 各油层纵向渗透率级差大于2。

③ 纵向水淹程度不均匀，有部分层段剩余油饱和度较高。

④ 出水层位清楚，固井质量好，无层间串槽。

（2）碳酸盐岩油藏。

① 生产层段以裂缝为主要渗流通道、溶洞或以晶间孔和粒间孔为主要储存空间储层。

② 生产层段水平裂缝比较发育。

③ 产液剖面纵向差异大，主力层段封堵后有接替层段。

第四节 稠油开采技术

世界上稠油储量极为巨大，甚至远超过常规稀油储量。稠油与常规稀油物性和流动性存在较大差异，致使开采工艺也必须适应这种差异。本节简要介绍稠油分类标准、物性及降黏降凝方法及开采技术。

一、稠油分类标准及基本性质

1. 稠油

国际上将稠油称为重质油或重油，严格地讲"稠油"和"重油"是两个不同概念。"稠油"是以黏度高低作为分类标准。"重油"是以原油密度大小为分类标准。原油黏度与密度间通常存在正相关关系，但也存在原油密度大、黏度低的油藏，或原油黏度高、密度小的油藏。因此，将"稠油"与"重油"概念完全等同做法是不合适的。

为了规范稠油分类，联合国训练研究所（简称UNITAR）在第二届国际重质油和沥青砂学术会议上制定了以原油黏度为主要指标、相对密度为辅助指标的稠油分类标准（表8-4），把黏度超过1000mPa·s、相对密度大于0.934原油称为重油。

表8-4 UNITAR稠油分类标准

分类	第一指标	第二指标	
	黏度，mPa·s	相对密度（60℉）	API度（60℉）
重质原油	100~10000	0.934~1.000	20~10
沥青	>10000	>1.000	<10

注：指在油藏温度下脱气原油黏度，用油样测定或计算出。

国内稠油所含金属和机械杂质较少，胶质和沥青质含量较高，通常以黏度指标进行分类，即稠油是指地层黏度大于50mPa·s（地层温度下脱气原油黏度大于100mPa·s）、相对密度大于0.92的原油。与联合国训练研究所分类标准相比较，国内稠油分类标准主要指标黏度值范围相同，但辅助指标相对密度值偏低，见表8-5。

表8-5 国内稠油分类标准

稠油分类			主要指标	辅助指标	适宜开采方式
名称	级别		黏度，mPa·s	相对密度（20℃）	
普通稠油	Ⅰ		50*（或100）~10000	>0.920	可以先注水
	亚类	Ⅰ-1	50*~100	>0.920	热采
		Ⅰ-2	100*~10000	>0.920	热采
特稠油	Ⅱ		10000~50000	>0.950	热采
超稠油（天然沥青）	Ⅲ		>50000	>0.980	热采

注：*指油层条件下黏度，无*指油层温度下脱气油黏度。

国内稠油油藏分布广泛、类型多，埋藏深度变化大，一般在10~2000m，主要储集层为砂岩。稠油特性与世界其他地区大体相似，有以下主要特点。

（1）轻质馏分含量低、胶质沥青质含量高。

随胶质和沥青质含量增加，原油相对密度会增加。常规稀油中沥青质含量通常低于5%，稠油可达10%~30%，特稠油和超稠油可达50%或更高。

（2）烃类组分含量低。

通常稀油烃组分含量超过60%，最高可达95%，稠油小于60%，最低小于20%。

（3）含蜡量低。

多数稠油含蜡量为5%左右。

（4）凝点低。

除辽河油田稠油外，多数稠油凝点低于10℃，甚至可达-7℃。

（5）金属含量低。

国内稠油中金属元素如镍、钒、铁和铜含量低，钒含量仅为国外1/200~1/400，它是国内稠油黏度高、密度小的主要原因。

（6）稠油黏度与相对密度关系密切。

辽河油田稠油油藏或区块原油相对密度与脱气原油黏度关系（图8-24）显示，稠油黏度与相对密度关系十分密切。

2. 高凝油

高凝油是指蜡含量高、凝点高的原油。凝点是指在规定条件下原油失去流动性的最高温度。在高凝油开采过程中，当环境温度低于凝固点时原油中重质组分（如石蜡）凝固、析出和沉积到储层岩石孔隙颗粒或人工举升设备或油管或地面管线内壁上，造成渗流阻力增加和人工举升设备难以正常工作。目前，高凝油尚无统一划分标准。国内部分油田将凝点大于40℃、含蜡量超过35%原油称之为高凝油。

高凝油所含胶质和沥青质含量较低，但蜡含量较高。蜡在较高温度下就失去流动性。高凝油对温度极为敏感，在半对数坐标上黏温曲线呈多段折线，这是高凝油的明显特征

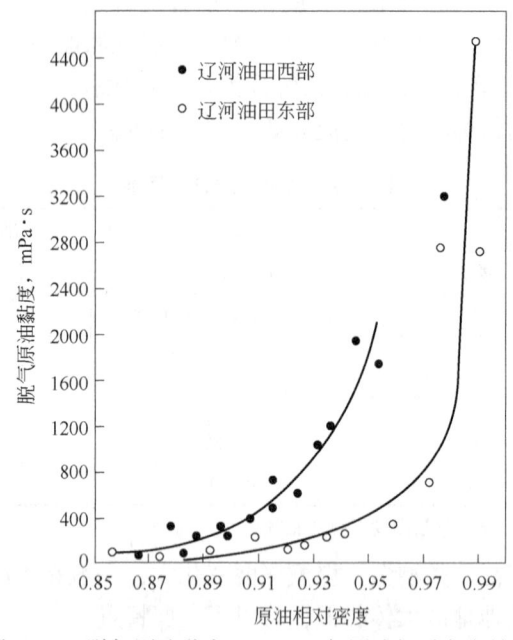

图 8-24 脱气原油黏度（50℃）与原油相对密度关系

（图 8-25）。从图 8-25 可以看出，黏温曲线上两个折点分别对应于原油凝点和析蜡点。当温度高于析蜡点时，蜡全部溶解于原油中，原油为单相液态，随温度升高黏度略有降低。当温度介于析蜡点与凝点之间时，随温度降低，原油中蜡晶体依照相对分子质量大小依次析出。此时，蜡晶为分散相，液态烃为连续相，流体仍为牛顿流体，但黏温曲线斜率增大，表明温度低于析蜡点时蜡的析出对原油黏度会产生影响。当温度低于凝点时，析出蜡晶增多、粒径增大，并互相聚集成海绵状凝胶体，原油黏度不仅与温度相关，还受剪切速率的影响，此时流体为非牛顿流体。当温度进一步降低，析出蜡晶进一步增多和增大，蜡晶互相联络形成空间网络结构。此时，蜡晶为连续相，液体烃为分散相，只有在外加剪切力足以克服其网络结构强度后原油才能流动。

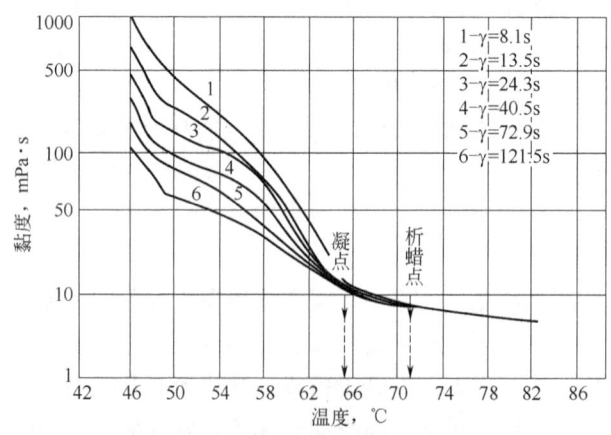

图 8-25 高凝油黏度与温度关系（辽河沈阳采油厂）

稠油与高凝油共同特点是黏度高、流动性差和黏度对温度变化十分敏感，后续开采方式介绍以稠油为例进行叙述，高凝油开采可以借鉴稠油开采方法。

二、稠油热物理性质

1. 黏温关系

稠油黏度受温度影响比较大，黏温关系是热采技术决策的重要依据。国际上广泛采用 AMTS（American Society for Testing and Materials Standards）标准黏度坐标，美国材料与试验协会（简称 AMTS）在此标准黏度坐标下稠油黏温关系为一直线，利用它可外推查得所需温度的稠油黏度，或用描述该直线的沃尔特（Walther）方程计算稠油黏度。

$$\lg[\lg(\mu_o+\alpha)] = A - B\lg(1.8t+492) \tag{8-1}$$

式中　μ_o——稠油黏度，mPa·s；
　　　t——温度，℃；
　　　A，B，α——常数，由实验确定。

此外，常用的还有安德雷德（Andrade）方程

$$\mu_o = a\exp\frac{b}{(t+273)} \tag{8-2}$$

式中　a，b——常数，可通过实验测定。

2. 热膨胀性

在稠油热力开采中，随储层温度升高，地下原油体积会产生不同程度膨胀。稠油热膨胀系数为 $10^{-3}℃^{-1}$，它比水和岩石大得多，这对开采具有重要作用。

3. 黏度与溶解气油比关系

在储层条件下，稠油中溶解天然气时其黏度会降低，溶解气油比越高，黏度降低幅度越大。

4. 压力与稠油黏度关系

压力对不含气稠油黏度影响极小，工程计算中可以忽略压力的影响。

三、稠油常规开采

稠油黏度低于 100mPa·s 时可采用常规开采方法，如水驱和化学驱以及井筒掺活性水或稀油，举升方式可以采用有杆泵抽油。

1. 掺活性水乳化降黏开采

1）作用机制
（1）乳化降黏。
当向稠油中加入水溶性表面活性剂（活性水）并采取机械搅拌作用时，稠油以微小油

珠分散于活性水中，形成水包油（O/W）乳状液，将稠油分子间摩擦变为水分子间摩擦，乳状液黏度大幅度降低。

渤海 LD5-2 油田属于普通稠油油藏，地层原油黏度 210mPa·s。采用注入水（总矿化度 8900mg/L，钙镁离子 910mg/L）配制 1000mg/L、1500mg/L 和 2000mg/L 表面活性剂（CW-2，非离子型）溶液，按不同"油：水"比与原油混合后置于 55℃恒温箱 1h，搅拌 2min（转速 250r/min）后测试乳状液黏度。黏度和降黏率实验数据见表 8-6。

表 8-6　黏度和降黏率实验数据

油：水	0 黏度 mPa·s	0 降黏率 %	1000mg/L 黏度 mPa·s	1000mg/L 降黏率 %	1500mg/L 黏度 mPa·s	1500mg/L 降黏率 %	2000mg/L 黏度 mPa·s	2000mg/L 降黏率 %
7：3	658	—	289	56.08	168	74.47	133	79.79
6：4	511	—	105	79.45	55	89.24	45	91.19
5：5	394	—	52	86.80	35	91.12	28	92.89
4：6	271	—	35	87.08	23	91.51	16	94.10
3：7	152	—	10	93.42	8	94.74	6	96.05

从表 8-6 可以看出，在表面活性剂浓度相同条件下，随"油：水"比减小即乳状液中原油含量减少，乳状液黏度降低。在"油：水"比相同条件下，随表面活性剂浓度增加，乳状液黏度下降。随表面活性剂浓度增大和"油：水"比减小，降黏率都呈现增大趋势。当含水率超过 40% 时，降黏率超过 80%。

（2）乳化引起贾敏效应。

在人造均质岩心和表面活性剂浓度不同条件下，油水乳化作用对驱替效果影响实验数据见表 8-7，驱替过程压力动态特征如图 8-26 所示。

表 8-7　采收率实验数据

实验方案	药剂浓度 mg/L	含油饱和度 %	采收率，% 水驱阶段	采收率，% 最终	采收率，% 增幅
水驱至含 80%+0.3PV 表面活性剂溶液+后续水驱至含水 98%	1000	77.6	16.83	20.11	3.28
	1500	78.2	16.69	20.89	4.20
	2500	77.2	16.63	21.44	4.81

从表 8-7 可以看出，当表面活性剂浓度低于 1500mg/L 时，油水乳化降黏作用效果较弱，形成乳状液较少，注入压力较低。随表面活性剂浓度增加，乳化降黏作用效果增强。一方面，乳状液在多孔介质运移过程中"贾敏"效应致使渗流阻力增加，注入压力升高和吸液压差增大（图 8-26），扩大了波及体积；另一方面，油水间低界面张力提高了洗油效率，二者综合作用致使最终采收率增加。

（3）降低摩阻。

在人工举升采油过程中，乳状液自身具备的润滑功效减少了抽油杆与油管、活塞与衬套间摩擦，这不仅降低了摩擦引起的能耗，而且减少了举升系统中运动部件间的磨损。

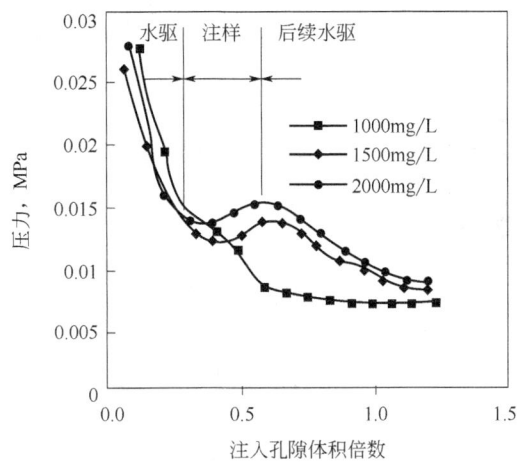

图 8-26 注入压力与注入孔隙体积倍数关系

2) 工艺参数

(1) 表面活性剂用量。

表面活性剂浓度过低不能形成 O/W 乳状液,过高对乳状液黏度降幅作用不大,增大了表面活性剂费用。此外,一些药剂如烧碱和硅酸钠浓度过高时反而会有利于形成 W/O 乳状液,促使黏度升高。研究表明,表面活性剂可将 2000~4000mPa·s 原油乳化形成 100mPa·s 左右乳状液。目前,矿场多采用非离子型表面活性剂,一般使用浓度 0.02%~0.30%,最高不超过 0.5%。需要特别强调,稠油组分对表面活性剂选择具有重要影响,实际应用时可通过实验筛选表面活性剂类型和用量,亦可依据生产经验选用。

(2) 黏度。

乳状液黏度可用经验式计算:

$$\mu=\mu_w \exp(kf_o) \tag{8-3}$$

式中 μ,μ_w——分别为乳状液和水的黏度;

f_o——原油在乳状液中所占体积分数;

k——状态指数,对 O/W 乳状液,当 $f_o \leq 0.74$ 时,$k=7$;当 $f_o > 0.74$ 时,$k=8$;并认为 k 与原油黏度无关。

在乳化过程中,温度也是一个重要影响因素。乳状液一旦形成,其黏度就基本稳定。

(3) 油水比。

稠油与水体积比将直接影响乳状液类型和黏度。按奥斯特瓦德(Qstwald)理论,O/W 乳状液中 f_o 上限值可达 0.7402。考虑温度和混合条件等因素影响,f_o 值范围在 0.26~0.74 之间。当表面活性剂浓度足够大时,f_o 可以达到 0.74,且不转化为油外相。因此,乳状液中原油比例不能超过 74%,否则会使乳状液结构破坏。按相关理论和实验验证,通常稠油与水体积比为 70∶30 即含水率超过 30% 就可以取得明显乳化降黏效果。

3) 井下管柱

掺活性水可分地面掺水、泵上掺水和泵下掺水等三种方式。地面掺水是把活性水从井口掺入出油管线中,起到降黏、降阻输稠油目的;泵上掺水是通过油管上封隔器和单流阀使活性水在泵上部进入油管与稠油乳化;泵下掺水是活性水在泵下部与稠油乳化,混合液与采出

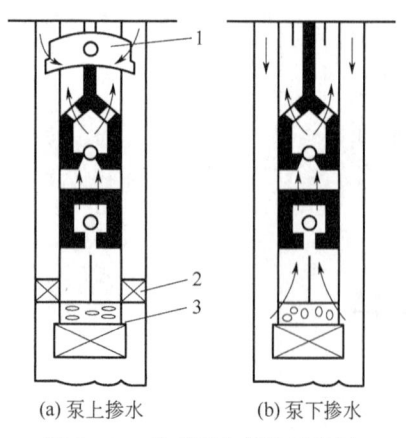

(a) 泵上掺水　　(b) 泵下掺水

图 8-27　井下掺水管柱示意图

1—单流阀；2—封隔器；3—筛管

液一起被举升到地面（图 8-27），此种方法适用于泵充满程度过低或稠油黏度过大油井，其缺点是可能发生倒灌储层现象。

2. 掺稀油降黏开采

稠油中掺入稀油后降黏效果明显，掺油降黏效果主要影响因素是掺稀油量和掺油温度。掺入稀释油数量常用指标稀释比来衡量，它为稀油占混合油中质量分数。

掺稀油开采工艺与掺活性水类似。

四、稠油热力采油

稠油热力开采方法涉及油井井筒加热和储层加热两方面，储层加热可采取两种方式：一是向储层注入热流体；二是利用储层内剩余油燃烧产生热量，即火烧油层（火驱）。

1. 油井井筒加热

油井井筒加热可以补偿井筒向周边散热，保持原油温度和避免析蜡，进而保持原油流动性和举升效率。当稠油或高凝油能够依靠生产压差流动到井底时，采用井筒加热维持正常生产的技术经济效益就要优于注蒸汽和火烧油层等开采技术。

1) 热流体循环加热技术

热流体循环加热降黏技术是利用地面高压泵组将高温热流体（油或水）通过特殊管柱注入井筒和建立循环通道，伴热井筒内采出流体，从而达到提高采出流体温度、降低黏度和增强流动性目的。根据井下管（杆）柱结构差异，热流体循环可分为两大类四种形式。

(1) 油套管环空热流体循环。

① 开式循环。

根据循环流体通道不同，开式热流体循环可分为正循环和反循环两种，井下管柱结构如图 8-28 所示。开式热流体反循环工艺是将油井采出流体加热后经油套环空注入，用以加热油管内采出流体以及套管和储层岩石，注入流体通过泵下或泵上位置进入油管，与采出流体混合后一起被举升到地面。开式热流体正循环工艺则是指热流体经油管注入，在某一位置处进入油套环空与采出流体混合 [图 8-28(a)]。该工艺技术适用于稠油或高凝油藏自喷井和抽油井等采油方式。

② 闭式循环。

与开式热流体循环工艺不同，闭式热流体循环工艺注入热流体与采出流体不接触和混合，因而循环流体不会干扰储层正常生产 [图 8-28(b)]。热流体循环井下管柱包括双层加热管和单层加热管两种，井下管柱结构示意图如图 8-29 所示。

a. 双层加热管。该管柱相当于井筒中悬挂了一个加热器，地面热流体既可以从中间油管进入、经两油管环空返出，也可以反向循环。储层流体经油套环空采出，特点是管柱尾部没有封隔器，井下作业方便，但该管柱不适宜于人工举升井。

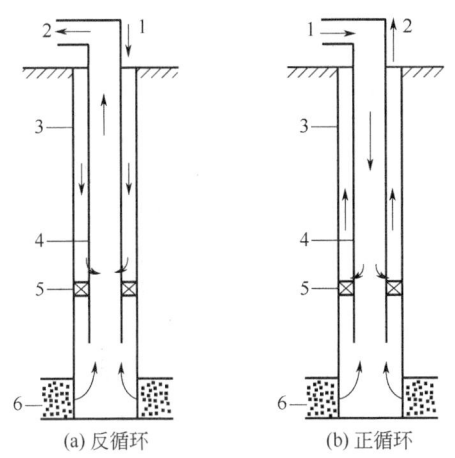

图 8-28 热流体循环管柱示意图
1—注入流体；2—产液；3—套管；4—油管；5—封隔器；6—油层

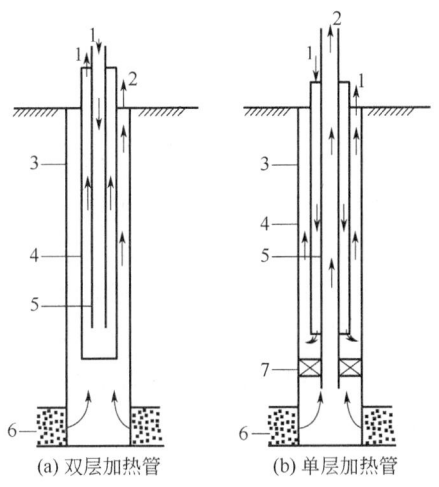

图 8-29 闭式热流体循环管柱示意图
1—注入流体；2—产液；3—套管；4—油管；5—油管；6—油层；7—封隔器

b. 单层加热管。与双层加热管不同，单层加热管柱尾部内油管上安装了封隔器，热流体从外油管与内油管环空进入，经外油管与套管环空返回地面，储层采出流体则由内油管举升到地面。该管柱适用于自喷井和人工举升井。

(2) 空心抽油杆热流体循环。

空心抽油杆热流体循环工艺井下管柱结构示意图如图 8-30 所示。

① 开式循环。

空心抽油杆开式热流体循环工艺是将空心抽油杆与地面掺热流体管线连接，热流体从空心抽油杆注入，经杆底部单流阀进入油管，并与储层采出流体混合后被一同举升到地面，如图 8-30(a) 所示。

② 闭式循环。

空心抽油杆闭式热流体循环工艺是将进入油管的储层采出流体经特殊换向装置进入空心抽油杆和流向地面，地面热流体则经杆与油管环空进入井筒，再经油套环空返回地面，如图 8-30(b) 所示。

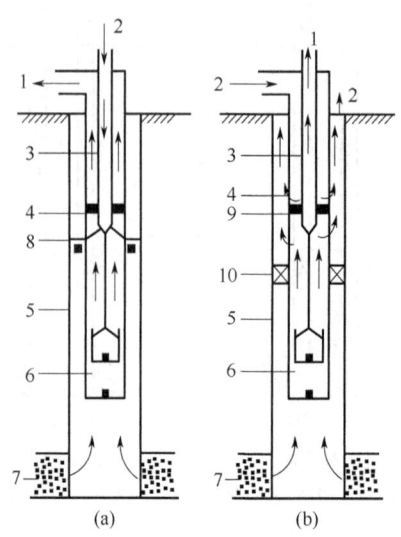

图 8-30 热流体循环井下管柱结构示意图
1—产液;2—掺入流体;3—空心抽油杆;4—油管;5—套管;6—抽油泵;
7—油层;8—动液面;9—动密封;10—封隔器

热流体循环加热降黏技术取得预期效果的关键在于确定合理流体排量、温度和循环深度等工艺参数,这些参数又受到储层采出流体物性如凝固点、黏度、含蜡量等以及流体循环过程与管壁和地层岩石换热量大小等因素的影响。循环深度主要取决于采出流体沿井筒温度和黏度分布,合理循环深度能够确保井筒中流体具有适宜黏度和较强流动性,进而满足油井自喷或人工举升能耗需求。循环排量和热流体井口温度与储层原油物性和采液速度密切相关。为确保空心抽油杆热流体循环达到预期加热效果,应依据油井完井井身结构、采出液物性和采液速度等条件选择合理工艺参数。

2) 电加热降黏技术

电加热降黏技术是利用电热杆或伴热电缆将电能转化为热能,从而达到提高井筒采出流体温度、降低黏度和增强流动性目的,常用加热方式包括电热杆和伴热电缆(图 8-31)。

(1) 电热杆。

电热杆加热工作原理是将交流电从悬接器输送到电热杆终端,致使空心抽油杆内电缆发热,或利用电缆线与空心抽油杆杆体形成回路发热 [图 8-31(a)],通过传热提高井筒采出流体温度,降低黏度和增强流动性。

(2) 伴热电缆。

伴热电缆伴热分为恒功率伴热电缆与恒温(自控温)伴热电缆两种,后者节能效果较好,但价格较高,前者则相反。在高凝油和稠油油井中,利用卡箍将伴热电缆固定在油管外部,通电后电缆发热,加热井筒内采出流体。与油管外部安装伴热电缆相比较,空心抽油杆内安装伴热电缆加热效率较高,而且减少了起下管柱工作量。

电加热降黏技术应用效果取决于加热深度和加热功率两个工艺参数,其中加热深度与采出流体温度、黏度和采液速度等参数有关,加热功率与温度增值有关。加热深度和功率选择必须确保采出流体拥有较高温度和较低黏度,同时还要考虑节省材料投入和能源消费。

电缆和电热杆在高温高压和腐蚀性环境中长期工作,对材料热稳定性和耐腐蚀性提出了

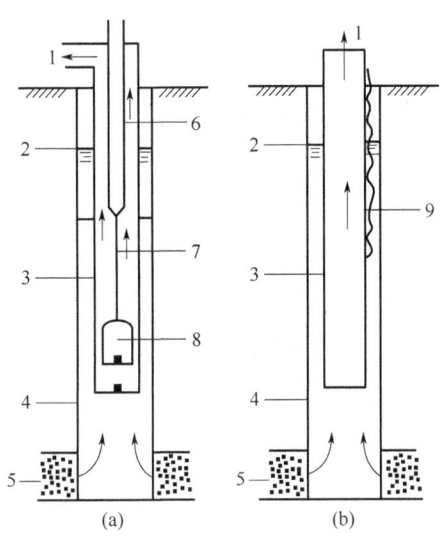

图 8-31　电加热降黏管柱结构示意图
1—产液；2—动液面；3—油管；4—套管；5—套层；6—电热杆；7—实心杆；8—抽油泵；9—伴热电缆

较高要求。电加热降黏技术地面设备简单，生产管理方便，温度调控简捷，加热均匀，热效率高，易于自动控制，环境无污染，安全可靠。电热杆安装作业和维修施工方便，具有投资少和资金回收快等特点，但电热杆需要悬点承受其重量，通常只适用于有杆泵抽油井。伴热电缆安装作业和维护工作量较大，一次性投资较高，但它不受人工举升方式影响，应用范围更广。

2. 热水驱

注水目的是补充储层能量和将储层内原油驱替到油井，但高凝油储层温度一旦低于析蜡点温度时，近井地带就会发生析蜡，引起孔隙堵塞和地层伤害。当向储层注入热水时，储层温度保持较高水平，避免了储层内发生析蜡和凝固现象。例如，辽河沈阳采油厂为高凝油油田，温度 80℃ 时储层原油流动性较好，只要注入水温度不低于储层温度，高凝油不会发生析蜡现象，就能保持原有流动性。热水是成本较低的热流体，热水驱与常规水驱原理相同，比蒸汽吞吐和蒸汽驱费用都低。

3. 蒸汽吞吐

蒸汽吞吐采油技术始于 20 世纪 50 年代，现已经成为稠油油藏主要热力采油技术。蒸汽吞吐又称循环注蒸汽方法，它是周期性地向油井中注蒸汽，蒸汽携带大量热能进入储层，热能致使原油黏度大幅度降低，从而提高储层和油井中原油流动性和产油量。

蒸汽吞吐是用同一口井注蒸汽和采油，又称为单井吞吐采油，每一个吞吐周期包括注蒸汽、焖井和采油等三个阶段（图 8-32）。

1）注汽阶段

锅炉生产高温高压蒸汽，蒸汽经地面管网和油管注入储层。蒸汽注入量一般超过千吨水当量，注入时间少则几天，多则几十天。

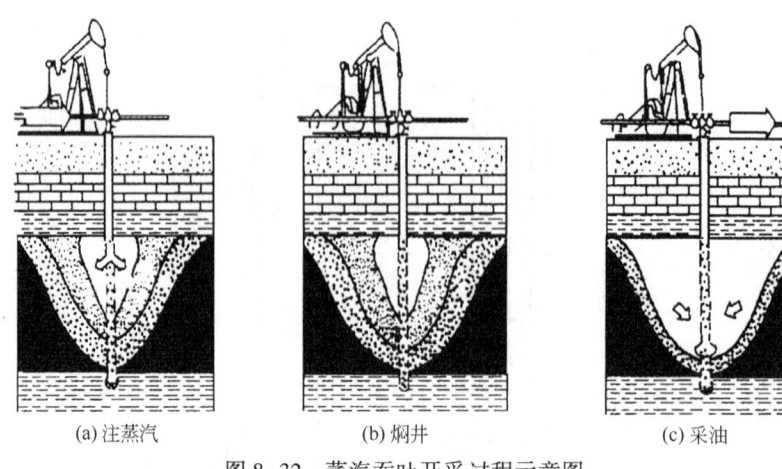

(a) 注蒸汽　　　　　　　(b) 焖井　　　　　　　(c) 采油

图 8-32　蒸汽吞吐开采过程示意图

2) 焖井阶段

焖井是指蒸汽注入完毕后关井和完成蒸汽与储层岩石和流体进行热交换的过程，焖井时间是影响蒸汽吞吐效果的重要因素，通常做法是蒸汽完全凝结成热水后开井生产，这避免了采出液温度过高和携带过多热量，提高了蒸汽热能利用率。若焖井时间过长，蒸汽热能会向顶层和底层扩散和引起附加热损失。反之，焖井时间过短则引起热能与原油交换不充分，蒸汽作用距离减小。

当稠油油藏压力较高和井底蒸汽干度小于 70% 时，合理焖井时间 2~3d，最长不宜超过 7d。油藏压力较低时焖井时间不宜超过 3d。为了提高蒸汽吞吐采油效果，争取缩短油井开井时间，利用储层压力较高条件自喷投产，有利于解除储层内堵塞物。

3) 采油阶段

焖井结束后油井生产通常分自喷和人工举升两个阶段。自喷一般可持续几天到数十天，期间主要采出油井周围冷凝水和加热原油。随储层压力降低，油井将停喷和转入人工举升采油阶段。

当人工举升采油阶段产油量接近经济极限值时，就需要开始实施下一个吞吐周期。得益于第一周期残留热量和解堵作用，第二周期峰值产量往往高于第一周期的值。从第三周期开始峰值产量将逐渐下降，直到若干周期后无法实现效益开采，此时蒸汽吞吐结束。

稠油油藏蒸汽吞吐提高采收率机理：

(1) 高温高压蒸汽优先进入储层高渗透部位，并向储层上部超覆，热对流及热传导作用使加热范围逐渐扩展形成蒸汽带。随加热范围扩大，蒸汽温度降低并逐渐凝结为热水。加热带中原油黏度大幅度降低，渗流阻力明显减小，采油量成倍增大。

(2) 当井筒附近加热带中原油运移离开和形成低压区后，加热带附近区域中原油将缓慢流入低压区，低压区岩石以及顶盖层和夹层所含余热使流入原油黏度降低，流动性增强。因此，蒸汽吞吐井开采作业通常可以持续很长时间，普通稠油（黏度小于 10^4 mPa·s）蒸汽吞吐效果尤其明显。

(3) 完井液及沥青胶质容易引起储层堵塞，常规酸化和热洗都难以解除堵塞。蒸汽吞吐对解除该类堵塞十分有效，解堵后油井增产倍数高达几倍甚至十几倍。

(4) 蒸汽加热后引起原油膨胀，原油所含溶解气会从中逸出和产生溶解气驱效果，二者共同作用可提高油井原油产量。

（5）高温引起原油裂解，重质成分减少，黏度降低。

稠油油藏蒸汽吞吐开采具有用汽少、见效快和适应范围广等特点，但通常加热距离仅20~40m，采收率低于15%。因此，蒸汽吞吐通常作为蒸汽驱的先导措施。

4. 蒸汽驱

蒸汽驱是由注汽井连续向储层注入蒸汽的热力开采方法（图8-33）。与蒸汽吞吐相比，蒸汽不仅向储层提供热能，而且具备驱替功效。由于注采井间距离大且需要补充热量，原油量多，蒸汽驱施工时间较长，费用较高，但累计增油量较大，采收率增幅较高。

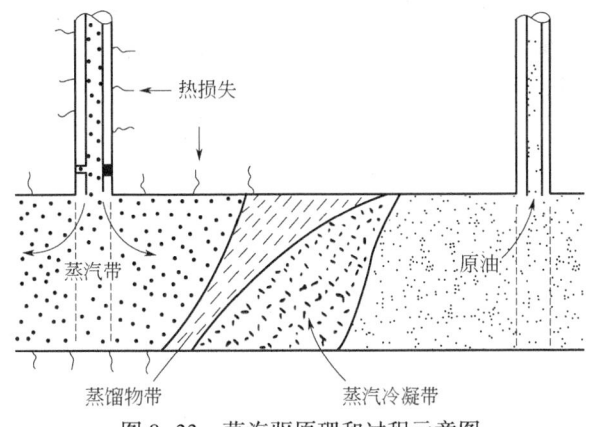

图8-33 蒸汽驱原理和过程示意图

蒸汽驱过程中储层内会形成蒸汽带、蒸馏物带、蒸汽冷凝带和原始流体带等区域。蒸汽驱后井筒附近储层吸入了大量热能，温度和压力快速升高，原油黏度大幅度降低。在蒸汽驱初期阶段，由于热能尚未传递到油井附近区域，该区域内原油黏度较高，渗流阻力较大，产油量较低。随蒸汽驱持续推进，蒸汽热能开始传递到油井附近区域，原油黏度开始降低，流动能力增强，产量升高，油井逐渐进入高产见效阶段。随储层高渗透部位原油采出程度提高，渗流阻力减小，蒸汽和热水在储层内发生突进。一旦蒸汽驱前缘发生突破，优势通道快速形成，蒸汽驱进入低效和无效循环开采阶段。此时，蒸汽注入压力下降，吸液压差减小，扩大波及体积效果变差，油井产量下降，含水率升高。

在蒸汽驱三个阶段中，见效阶段十分重要，应采取措施延长该阶段开采时间。当稠油储层非均质性比较严重时，应采取强化调剖措施防止蒸汽过早汽窜。一旦出现严重汽窜井，则应关闭油井，消除蒸汽无效循环，促使蒸汽转向进入其他方向。同时，油井关闭后井筒附近区域内保留蒸汽热能会向中低渗透部位传递，提升蒸汽超覆作用效果，最终达到提高采收率目的。

为了提高蒸汽驱开发效果，必须确保蒸汽热能尽量多地进入目标储层，这方面注汽管柱将发挥重要作用。通过在注汽管柱下部安装耐温封隔器可以避免蒸汽窜入油套环空，同时还可采用隔热油管减少热损失。隔热油管是将双层同心管环空抽真空或充填绝热材料（如蛭石、玻璃棉和珍珠粉等）或惰性气体，这些措施可以大幅度降低注汽管柱导热系数。隔热油管可显著降低井筒热损失和提高井底蒸汽干度，同时还可以发挥保护套管功效。

5. 火烧油层

火烧油层又称火驱技术，是一项重要的稠油热采方法，它通过注气井向储层续注入空气并点燃储层中原油，实现层内生热和降低原油黏度，并将储层原油驱替至生产井。火烧油层过程伴随着复杂传热、传质过程和物理化学反应，它兼具蒸汽驱、热水驱和烟道气驱等多种开采机理。

1) 技术发展历程

1958年新疆油田开始研制汽油点火器，1960年黑油山点燃了埋深14m浅层，燃烧24d，1961年黑油山又点燃了埋深18m储层，燃烧34d，两次中间试验实现了浅层稠油点火。1965年黑油山三区点燃了埋深85m储层，燃烧获得初步提高采收率效果。1966年新疆油田二西区点燃了埋深414m储层，1969年黑油山四区同时点燃了3口井行列井组。1971—1973年新疆油田又开辟了3个面积井组火驱矿场试验。1992—1999年胜利金家油田开展了4井次火驱试验，基本上完成了点火、燃烧和采油等试验过程，但火驱油期间由于空气压缩机故障致使试验被迫提前停止。2001年胜利油田草南95-2井组点燃了含水高达93%稠油储层，2003年胜利油田郑408块火驱先导试验点火成功。2009年新疆红浅1井区火驱试验点火成功，该区块前期经历了蒸汽吞吐和蒸汽驱，火驱前处于废弃状态。2011年新疆风城超稠油水平井火驱重力泄油先导试验，试验目的是为了探索蒸汽辅助重力泄油技术（简称SAGD）之外超稠油油藏高效开发方式。

2) 技术原理和实施步骤

与注蒸汽向储层提供热能不同，火烧油层是利用储层中部分剩余原油燃烧来产生热能。火烧油层采油技术与其他驱替开采方式相同，需要构建由注入井和生产井按比例和排列方式组合井网。火烧油层技术实施过程是先在注入井中下入点火装置或采用其他方式点火，然后连续注入空气或氧气和助燃气体。空气或氧气促使助燃气体燃烧和发热，在储层中形成一个狭窄高温燃烧带，并由注入井向生产井推进。高温致使储层内剩余原油蒸馏、裂化，轻质组分向前流动、与前方低温岩石和流体进行热交换，蒸馏和裂化后残留重质烃则作为燃料燃烧发热，不断提供所需热能，燃烧生成二氧化碳和水蒸气等气体向前运移，同时也发挥驱替以及加热岩石和流体作用。水蒸气在向前推进中冷凝形成热水带，产生蒸汽和热水驱油作用。在热前缘推进过程中，废气、水蒸气、气相烃类和凝析油之间会发生局部混相，从而产生混相驱油作用。只要连续不断注入空气和储层内有足够剩余油和温度，燃烧就可以持续进行，燃烧前缘不断向生产井方向推进（图8-34）。

火燃油层过程中储层内会形成几个区域：

(1) 已燃烧区：燃烧前缘经历后的区域，它还可以发挥预热注入空气或氧气作用。

(2) 燃烧前缘区：正在燃烧的狭窄区域，该区域温度取决于注入助燃气量和剩余油量。

(3) 焦化区：原油蒸馏和裂化后胶质、沥青质及残炭沉积区域，它是燃烧燃料供给区。

(4) 蒸汽区：该区域含有燃烧形成的蒸汽和原油轻质馏分气体。

(5) 热水带和轻质油区：水蒸气和原油轻质馏分气体进入储层低温区域后会冷凝为热水和轻质油，蒸汽凝析时释放大量潜热，它加热岩石和原油，提升原油流动性。

(6) 富油区：驱替作用使部分原油轻质组分运移和形成富油区域，该区域原油黏度明显降低。

(7) 原始含油区：热能尚未影响到区域，储层原油仍保持点原始状态。

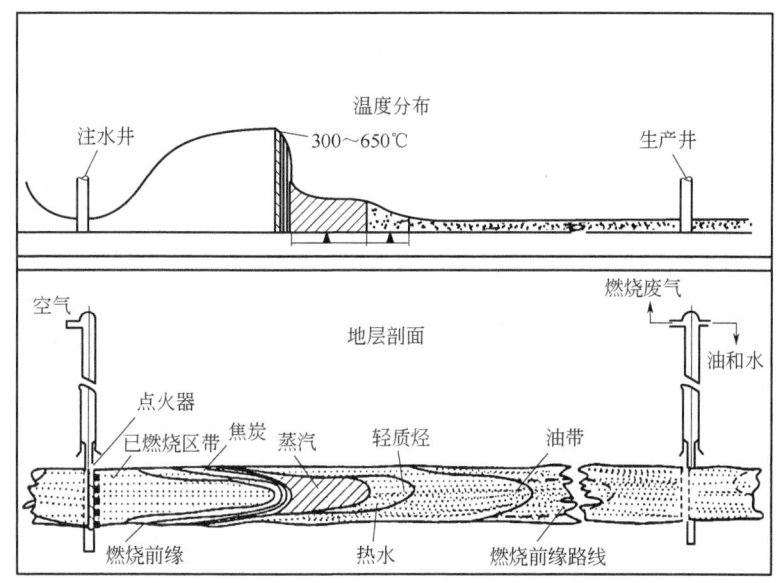

图 8-34 火烧油层原理和过程示意图

火烧油层兼具蒸汽驱、凝析气驱和混相驱等多种驱替功效，除了部分重质油作为燃料消耗掉外，波及区域驱油效率几乎达到 100%。但实际燃烧过程中，由于储层非均质性和空气与稠油间黏度差异巨大，油气重力分离现象严重，燃烧前缘波及系数较低，从而限制了总采收率。矿场实践表明，火烧油层采收率可达 55%~60%，比蒸汽驱高 30% 左右，它同时具有开采速度快和操作费用低等特点。

依据空气注入井别不同，火烧油层技术分为正燃法和逆燃法，前者燃烧前缘从注入井向生产井推进，后者燃烧前缘从生产井向注入井推进。正燃法要求未受热力影响区域原油具有流动能力，因而它不适合特稠油油藏。与正燃法相比较，逆燃法可解决特稠油油藏原油降黏和流动性问题，其实施工艺步骤：首先将生产井作为点火井点燃储层，燃烧一段距离后停止注空气，然后改由注入井注空气，此时点火井变为生产井。逆燃法采收率也可达 50% 左右，但所需空气量是正燃法的两倍以上。

为更充分利用火烧油层区域剩余热能，可在正燃法实施过程中将水和空气交替注入又称之为湿式燃烧法，水流经已燃烧区域时部分或全部汽化，蒸汽通过燃烧前缘并将热能带到更前面区域，扩大了热能影响范围。与正燃法相比较，湿式燃烧法燃料消耗量和空气用量较少，技术经济效益较好。

3）火烧油层技术储层适宜条件

(1) 比较均质单一或带夹隔层多层砂岩油藏。
(2) 原油密度 $\geq 825 kg/m^3$。
(3) 储层埋藏深度 $\leq 2000m$。
(4) 储层厚度 $\geq 3m$。
(5) 孔隙度 $\geq 18\%$。
(6) 渗透率 $\geq 0.1\mu m^2$。
(7) 含油饱和度 $\geq 35\%$。

4）点火方法

点火是实施火烧油层采油的技术关键，点火方法分为自燃点火和人工点火。自燃点火原理是利用原油与空气中氧接触时所发生的氧化和生热效应，若氧化生热量扣除热量损失后温度仍可以达到发火温度（一般为150～310℃）时原油即可发生自燃。自燃点火受到原油性质的严重制约，且用时长和空气消耗过多，技术经济效益较差。因此，矿场火烧油层多采用人工点火方法。

人工点火是通过人工干预方式提高井筒附近储层温度，一旦井底附近储层温度达到发火温度，储层内原油就会被点燃。常用人工点火方式包括两种。

（1）电加热器：将电加热器或井下燃烧器下入拟点火储层中部，启动加热器并注入空气，高温空气进入储层并与原油氧化作用，直至温度升高到点火温度。

（2）化学药剂：当化学反应为放热反应时，反应会生成大量热能，促使储层温度达到点火温度。

火烧油层采油技术能否成功的关键在于点火和维持稳定燃烧。在火烧油层现场施工中，遇到的问题包括注入能力和生产能力低、井筒腐蚀、出砂引起严重的磨蚀、乳化和爆炸的危险等。虽然火烧油层采油方法在技术上是可行的，但现场实施后的经济效益很差，特别是近年来注蒸汽采油技术的发展，火烧油层采油技术的现场试验在国内外已逐渐下降。

5）存在问题和应对措施

据不完全统计，国内外火烧油层矿场试验项目近30%未完成或失败。除了地质因素外，工程因素也是重要原因。工程因素主要包括：（1）注气系统故障，压缩机故障无法修复和压缩机润滑油泄漏导致管线爆炸等，印度Santhal、美国Bodcau和辽河科尔沁油田就发生了此类故障。（2）点火失败，当油藏原始地层温度较低或原油性质较特殊时，点火比较困难，美国Paris Valley和Little Tom超稠油油藏就出现了点火失败。（3）油井出砂和套损，油井采出流体中含有大量燃烧尾气，气液比较高，冲刷作用较强，极易引起疏松储层出砂，加拿大Whitesands油田出现了严重出砂，美国Bellevue和Paris Valley油田因热前缘突破井底，热流体引起套损问题。（4）油井管外窜，固井质量差或前期经过多轮次蒸汽吞吐或蒸汽驱的老井可能发生气体沿管外窜问题，气体可能进入非目的层或直接窜到地面，印度Balol和Santhal油田发生了多起气窜现象。（5）井筒、地面管线和设备腐蚀，采出管线腐蚀是由于产出烟道气中含二氧化碳等酸性腐蚀，注气井井筒则因富氧腐蚀。高压条件下油管表面所接触空气中氧浓度远远高于普通空气中的值，长时间连续注气致使油管氧化腐蚀概率大幅度增加，严重时会在管壁形成大量氧化铁鳞片堵塞炮眼，造成注气压力升高甚至注气困难。

对于火烧油层效果不佳储层，可采用蒸汽吞吐引效、分层注气、压裂酸化和酸化解堵等措施，尽管这些措施在一定程度上改善了火烧油层开发效果，但总体上开发效果仍然较差，亟待开展相关技术攻关。此外，直井—水平井组合、水淹油藏和低渗透油藏火烧油层技术目前处于探索阶段，技术界限和调控技术尚不明确，也是未来需要重点攻关内容。

习题

1. 油井出砂有什么规律？出砂的危害有哪些？
2. 防止油层出砂主要从哪几个方面入手？其原理与工艺技术是什么？

3. 油井清砂目前有几种有效的方法？冲砂是怎样进行的？
4. 掌握油井结蜡规律有何重要意义？怎样根据这些规律采取清蜡措施？
5. 目前确定油井见水层有哪几种方法？怎样判断来水方向？采用何种工艺方法堵水？
6. 目前我国稠油是怎样分类的？常用的开采工艺及特点是什么？

参考文献

[1] 万仁溥. 采油工程手册 [M]. 北京：石油工业出版社，2000.
[2] 张琪，万仁溥. 采油工程方案设计 [M]. 北京：石油工业出版社，2002.
[3] 张琪. 采油工程原理与设计 [M]. 东营：石油大学出版社，2000.
[4] 李颖川. 采油工程 [M]. 北京：石油工业出版社，2009.
[5] 岳清山. 油藏工程理论与实践 [M]. 北京：石油工业出版社，2012.
[6] 朱道义. 实用油藏工程 [M]. 北京：石油工业出版社，2017.
[7] 马德胜. 提高采收率 [M]. 北京：石油工业出版社，2017.
[8] 吴永超，张中华，魏海峰，等. 提高原油采收率基础与方法 [M]. 北京：石油工业出版社，2018.
[9] 廖广志，王红庄，王正茂，等. 注空气全温度域原油氧化反应特征及开发方式 [J]. 石油勘探与开发，2020，47（2）：334-340.
[10] 孙焕泉，刘慧卿，王海涛，等. 中国稠油热采开发技术与发展方向 [J]. 石油学报，2022，43（11）：1664-1674.